건강가정론

건강가정론

김성수 · 이태희 · 이종운 · 강라현 · 한승협 공저

dm 동문사

요즘 한국사회가 당면한 사회문제는 저출산과 고령화이다. 이는 사회의 가장 작은 단위인 가정에서 시작되는 문제이기도 하다. 그러므로 오늘날 우리사회가 안고 있는 문제를 해결하는 것이 건강한 가족, 건강한 가정을 만들어 가는 기본이 될 것이다.

우리는 건강가정을 무엇이라고 정의할 수 있을까? 건강가정기본법에서 건강가정이라 함은 '가족구성원의 욕구가 충족되고 인간다운 삶이 보장되는 가정'을 말한다. 또한, 건강가정사업은 '건강가정을 저해하는 문제의 발생을 예방하고 해결하기 위한 조치와 가족의 부양·양육·보호·교육 등의 가정기능을 강화하기 위한 사업'을 지칭하는 것으로 되어 있다.

지금 우리사회는 저출산, 초고령사회로 가는 복잡 다변화의 구조 속에 1인 가구의 급속한 증가로 가족구조가 다양해지고 있다. 또한 결혼이주가정인 다문화가정과 외국인노동자의 증가, 북한이탈 주민의 증가는 가족정책 행정부서의 다변화정책 추진 필요성이 요구된다. 우리사회가 경험하는 다양한 변화가 가족을 통해 나타난다고 볼 때, 가족을 치유하고 지원하는 것이 우리사회의 문제를 해결하는 방법 중의 하나라고 생각된다. 이렇게 복잡 다양화되어 가는 사회구조적인 변화 속에 가족이나 가정의 변화가 우리사회에 미치는 영향은 어떠한지? 우리의 삶에 어떤 영향을 미치는지 파악해 보고, 정부의 정책은 무엇인지? 가족정책 추진구조는 어떻게 변화해야 하는지? 우리는 어떤 역할을 해야 하는지?에 대한 성과를 되짚어 보고, 개선해 가야 할 것이 무엇인지 성찰해야 할 시기라고 생각된다.

이 책을 통해 현재 건강가정 정책과 건강가정사로서 알아야 할 내용을 보완하고, 우리에게 주어진 과제의 답을 찾는 길잡이가 되고자 한다. 이를 위해 1, 2, 3장에서는 현대사회의 가족과 그 기능, 가족관계가 어떻게 변화하고 있으며, 이로 인한 위기상황은 어떻게 나타나는지 전체적인 양상을 살펴보았다. 4, 5장에서는 건강가정을 위한 기존의 이론부터 현대에 이르기까지 다양한 관점들을 살펴보면서 가족관계의 하위구조별 문제와 이를 극복하기 위한 해결방안 등을 제시하였다. 6, 7장에서는 건강한 가족을 위한 국내외의 정책을 살펴봄으로써 우리나라가 나아가야 할 정책적 방향과 전달체계를 제시하였고, 관련 법과 기본계획, 이를 집행하는 전달체계의 구성요소와 관련 기관들을 살펴보았다. 8장에서는 건강가정을 위한 직접적 서비스실천가인 건강가정사의 역할과 직무수행을 위한 자격요건, 종사자 관련 지침 등을 제시하였다. 9, 10장에서는 혼인과 관련된 가족의 변화를 살펴보면서 가족 기능에 따른 다양한 가족의 유형을 제시하였다. 11, 12장을 통해 건강가정을 위한 실천적 접근과 운영을 위한 기술적 측면에서 문서관리, 회계관리, 사례관리 등을 살펴보았다. 끝으로 13장에서 건강가정사업의 전망과 과제를 제시하였다.

본 건강가정론을 통해 그동안 우리가 배우고 실천하고자 했던 내용을 살펴보고 건강가정을 가꾸기 위한 정책 방향을 이해하는 시간이 되기를 바라며, 건강가정을 가꾸기 위해 필요한 제반 내용을 학습함으로써 건강가정사로서의 직무 수행에 많은 도움이 되리라고 생각한다. 아무쪼록 이 책을 통해 공부하는 학도들의 건승을 기원한다.

이 책의 부족한 부분은 독자들의 이해와 조언을 통해 지속적으로 수정할 예정이다. 이 책이 나오기까지 관심과 성원을 보내준 동문사 가족 여러분께 진심으로 고마움을 전한다.

2024년 봄

저자 일동

차례

CHAPTER

1

가족의 변화와 위기

1 가족의 개념과 기능

1) 가족의 의미

가족의 의미는 문화나 시대에 따라 달라져 왔고 이 용어를 사용하는 집단이나 개인에 따라 의미가 다르기도 하다. 어떤 이들은 가족(the family)이라는 용어를 사용할 때 혈연이나 혼인에 기반한 유대를 일컫는다.

다른 이들은 가족이 '부양자인 아버지와 주부인 어머니 등 이성애의 부모와 친자녀로 이루어진 핵가족'이라는 전형적인 가족모델을 내제하고 있으며, 이는 자칫 다양한 가족의 현실에 맞지 않는다고 지적한다. 가족의 의미를 법률적, 고전적, 현대적 정의로 나누어서 살펴보고자 한다.

먼저, 법률적으로 가족의 의미를 정리하면 다음과 같다. 김하열(2022)은 사람의 가족에 대한 의미를 다음과 같이 설명한다. 가족은 "기본적이고 일상적인 생활단위로 개인의 삶의 궤적에 영향을 미치고 사회적 기능을 떠맡고 있다. 헌법상 가족은 혼인 또는 혈연으로 부양, 양육, 교육, 보호의 생활공동체"라고 할 수 있다. 이와 유사하게 "혈연·혼인·입양 등의 형태로 관계되어 생활을 공유하는 사람들의 집단 또는 그 구성원"으로 본다(성낙인, 2022: 1614-1615). 반면, 한수웅(2017: 1067)은 "헌법상 가족의 개념을 판단하는 결정적인 요소는 단지 자녀의 존재여부, 가족에는 성년이 된 자녀와의 관계도 포함"하여 정의하고 있다.

표 1-1 가족에 대한 법률적 정의

헌법 제36조 제1항	혼인과 가족생활은 개인의 존엄과 양성의 평등을 기초로 성립되고 유지되어야 하며 국가는 이를 보장한다.
헌재2005.2.3. 2004헌가5	• 오늘날 가족이란 일반적으로 부모와 미혼자녀로 구성되는 현실의 생활공동체 • 사회의 분화에 따라 가족의 형태도 매우 다변화 되고 있음 • 부모와 자녀로 구성되는 전형적 가족뿐만 아니라 자녀가 없는 부부만의 가족, 모와 자녀로 구성되는 가족, 재혼부부와 그들의 전혼소생자녀들로 구성되는 가족은 증가함 • 3세대 이상 가구는 급격히 감소함
「민법」 제779조 제1항	다음의 자는 가족으로 한다. 1. 배우자, 직계혈족 및 형제자매 2. 직계혈족의 배우자, 배우자의 직계혈족 및 배우자의 형제자매
「건강가족기본법」	혼인, 혈연, 입양으로 이루어진 사회의 기본 단위
「남녀고용평등과 일·가정 양립 지원에 관한 법률」	근로자의 가족 돌봄에 관하여 규율하면서 그 대상인 가족을 조부모, 부모, 배우자, 배우자의 부모, 자녀 또는 손자녀로 규정(제22조의2 제1항)
「가족관계의 등록 등에 관한 법률」(제18651호)	1. (제15조 제1항 제5호) 친양자가 성년이 되어 신청하는 경우 2. 혼인당사자가 「민법」 제809조의 친족관계를 파악하고자 하는 경우 제79조(친권자 지정 및 변경 신고 등) ① 부모가 「민법」 제909조 제4항에 따라 친권자를 정한 때에는 1개월 이내에 그 사실을 신고하여야 한다.

출처: 법제처 국가법령정보센터(2024). https://www.law.go.kr/(검색일 2024.1.1.)

2) 가족에 대한 고전적·현대적 정의

고전적인 관점은 가족을 결혼에서 출발한 조직으로, 혈연을 중심으로 함께 거주하는 생활공동체이자 제도로 보았다. 예를 들어, 머독(Murdock, 1949)은 '가족은 공동거주, 경제적 협동, 재생산의 특징을 지닌 집단으로, 가족은 사회적으로 인정하는 성적 관계를 유지하고 있는 최소한 두 명의 성인남녀와 한 명 이상의 자녀를 포함한다.'고 규정하였다(조희금 외, 2018). 이 정의는 가족의 제도적 측면을 강조하고 있으며, 이성애 부모와 자녀라는 특정 가족형태를 지칭한다는 점에서 가족에 대한 협의의 정의로 볼 수 있다.

반면, 가족에 대한 현대적 정의는 제도보다 관계 중심의 관점을 강조하고 있다. 이는 시대적, 사회적 변화로 인해 각 개인이 경험하는 가족은 개별적, 특수하게 되었다. 또한 실제 삶에서 이루어지는 구성체(유영주 외, 2017: 16), 실체보다는 현실 안에서 투영시킨 투사체(Project)라고 할 수 있다. 따라서 현대의 가족은 개인성(Identity)과 공동체성(Membership)의 욕구를 충족시킬 수 있는 상호작용적인 체계(System)라고 규정하고 있다(유영주 외, 2017: 14-17).

표 1-2 가족에 대한 고전적 정의

	학자 이름	가족에 대한 정의
국외 학자	머독 (G. P. Murdock, 1949)	• 공동의 거주, 경제적 협력, 그리고 생식의 특성을 갖는 사회집단 • 성관계를 허용하는 최소한의 성인남녀와 그들에서 출생하였거나 양자(養子)로 된 자녀로 이루어졌다(기능론적 입장, 통계적 모형).
	스트라우스 (C. Levi Strauss, 1966)	• 가족원의 유대, 관계결합은 중요한 요소로써 가족은 결혼에 의해 출발하여 부부와 그들의 결혼에 의해 출생한 자녀, 근친자가 포함될 수 있음 • 가족구성원 ① 법적 유대 ② 경제적 · 종교적, 그리고 그 외의 다른 권리와 의무 ③ 성적 권리와 금제, 애정 · 존경 · 경애 등 다양한 심리 · 정서적으로 결합되어 있음(기능집단과 운명공동체적 입장, 역동적 모형)
국내 학자	이효재(1968)	• 가족은 사회조직의 원초적 집단 • 개인이 나서 자라며 그의 인격이 형성되는 보금자리
	유영주(1974)	• 인간의 인성을 형성시키는 인간발달의 근원적 집단
	이광규(1975)	• 가족구성원, 동거동재(同居同財)의 생활공동체 • 가옥, 가풍을 포함하는 문화집단

출처: 유영주 외(2017) pp. 15-18과 조희금 외(2018) 재구성.

표 1-3 가족에 대한 현대적 정의

	학자 이름	가족에 대한 정의
국외 학자	웸볼트와 레이스 (Wamboldt & Reiss, 1989)	• 가족구조적 측면: 부모와 자녀 • 과업지향적 측면: 역동적 기능을 수행하는 집단 • 교류과정적 측면: 친밀감, 가족정체감, 충성심
	올슨과 디프레인 (Olson & DeFrain, 1994)	• 둘 또는 그 이상의 가족원들이 애정과 친밀감, 가치관과 의사결정, 자원을 나누는 집단
국내 학자	유영주(2000)	• 개인으로서의 "나"와 관계로서의 "나"의 욕구를 충족시킬 수 있으며, 상호작용하는 생활 공동체적 집단
	정현숙과 유계숙(2001)	• 사회의 가장 기본적 단위, 정서적 단위 • 사회의 영향에 대해 의미를 부여하여 적응 · 변화하는 집단
	고선강, 손서희, 서찬란(2023)	• 시대적, 사회적 변화에 따른 개별적이고 특수적인 형태를 가진 구성원

출처: 유영주 외(2017) pp. 15-18과 조희금 외(2018) 재구성.

3) 가족의 기능

가족은 개인과 사회를 위해 다양한 기능을 수행한다. 가족은 개인과 사회를 매개하는 중개자이며, 개인의 상위체계이자 사회의 하위체계라고 할 수 있다. 기능적인 관점에서 볼 때, 가족은 개인들의 일차적인 욕구를 충족시켜주는 기능을 수행할 뿐만 아니라, 사회의 가장 기본적 단위로서 사회의 존속과 질서유지, 문화 전달을 위한 필수적인 기능을 수행하는 제도이다.

구조기능론에서는 현대 산업사회에서 핵가족유형이 가장 적합하다고 보았다. 공장과 회사 위주의 경제 환경은 노동자의 빈번한 지리적 이동을 야기하기 때문에 많은 헌신과 책임이 요구되는 확대가족유형의 친족 집단은 직장의 요구와 상충될 가능성이 있기 때문이다. 확대가족에서 핵가족으로 지배적 가족유형이 변화되면서 가족규모는 작아졌지만 돌봄기능과 애정기능은 더욱 집중적인 기능으로 남았다. 가족은 사회 존속과 유지를 위해 지속적으로 사회 구성원을 충원해야 하며, 사회적 요구에 맞게 자녀를 사회화시켜야 한다. 기능론자들은 가족이 기능적이기 위해서는 가족생계를 부양하는 도구적 역할과 자녀의 사회화 및 심리적 지원을 담당하는 표현적 역할을 담당하고 있다(문혁준 외, 2021: 55-56).

그러나 여성의 노동시장 진출 증가로 맞벌이 부부체계에서 여성이 돌봄 역할을 전담하기가 버거워진 것이 현실이다. 이에 사회와 국가가 전통적으로 여성이 수행해 온 돌봄 역할을 분담하는 제도적 필요성이 제기되었다.

2 한국가족의 변화

1) 가족구조의 변화

한국사회에서 다양한 변화를 보이는 영역 중 하나로 볼 수 있는 가구, 가족은 개인의 삶뿐만 아니라 사회 유지, 존속에도 영향을 미치기 때문에 중요하다. 가족구조, 가족관계, 기능으로 나누어서 가족 및 가구의 현황, 변화추이를 살펴보고자 한다. 가족구조의 변화는 통계청의 『인구총조사』, 『장래가구추계』를 근거하여 가구원 수별 가구구성과 평균 가구원 수, 가구 구성비의 변화를 파악할 수 있다. 먼저, 아래 표 1-4, 표 1-5에서 제시된 바와 같이 일반가구의 평균 가구원 수는 감소하였다. 1960년에는 5.6명, 2022년 2.2명으로 감소하였다. 이에 비해 가구 수는 출산율 저하, 1인 가구 증가 등에 의한 것으로 보고 있다.

표 1-4 가구원 수별 가구구성과 평균 가구원 수(1960~2010)

연도		1960	1970	1980	1990	2000	2010
가구 수(천 가구)		4,371	5,576	7,969	11,355	14,312	17,339
가구원 수별 가구구성	1인	2.3	3.7	4.8	9.0	15.5	23.9
	2인	7.1	9.7	10.5	13.8	19.1	24.3
	3인	26.5	13.3	14.5	19.1	20.9	21.3
	4인		15.5	20.3	29.5	31.1	22.5
	5인	64.1	17.7	20.0	18.8	10.1	6.2
	6인 이상		43.8	29.8	9.8	3.3	1.8
평균 가구원 수(명)[1]		5.6	5.2	4.5	3.7	3.1	2.7

출처: 통계청(2022). 『인구총조사』 각 연도 자료.

표 1-5 가구원 수별 가구구성과 평균 가구원 수(2015~2022)

연도		2015	2016	2017	2018	2019	2020	2021	2022
가구 수(천 가구)		19,111	19,368	19,674	19,979	20,343	20,927	21,448	21,774
가구원 수별 가구구성	1인	27.2	27.9	28.6	29.3	30.2	31.7	33.4	34.5
	2인	26.1	26.2	26.7	27.3	27.8	28.0	28.3	28.8
	3인	21.5	21.4	21.2	21.0	20.7	20.1	19.4	19.2
	4인	18.8	18.3	17.7	17.0	16.2	15.6	14.7	13.8
	5인	4.9	4.8	4.5	4.3	3.9	3.6	3.3	3.1
	6인 이상	1.5	1.4	1.3	1.2	1.0	0.9	0.8	0.7
평균 가구원 수(명)[2]		2.5	2.5	2.5	2.4	2.4	2.3	2.3	2.2

출처: 통계청(2022). 『인구총조사』 각 연도 자료.

1) 평균 가구원 수 = 일반가구원 수 ÷ 일반가구 수

다음은 세대별 구성 비율 변화이다. 표 1-6은 1960년부터 2000년까지 세대별 가구구성을 비율로 나타낸 것이다. 1960년에 1세대 가구는 5.3%에서 1970년에는 6.7%로 증가하였으나, 4세대 이상 가구는 1.6%에서 1.2%로 감소하는 경향을 보인다. 1960년부터 1, 2세대 가구 비율의 증가 원인은 농촌 거주 청장년층의 이동, 베이비붐 세대의 분가로 농촌의 3, 4세대 가구가 1, 2세대 가구로 분할되었기 때문이다. 한편, 1960년과 2000년을 비교할 1세대 가구가 5.3%에서 9.4%로 증가, 2세대 가구는 65.4%에서 71.1%로 증가하였다. 이는 IMF 이후 조손가족, 한부모가족의 합가, 이혼, 재혼 등이 2, 3세대 증가에 기인한 것으로 보고 있다.

표 1-6 세대별 구성 비율

연도[3]	세대별 구성 비율(%)[4]			
	1세대 가구	2세대 가구	3세대 이상 가구	4세대 이상
1960	5.3	65.4	27.6	1.6
1970	6.7	70.0	22.1	1.2
1980	4.2	69.7	23.2	0.9
1990	10.7	66.3	12.2	0.3
2000	9.4	71.1	13.3	0.3

출처: 경제기획원(1980). 『인구 및 주택센서스 보고서(1960-1980)』.
통계청(2000). 『인구주택총조사(1990-2000)』 재구성.

2005년부터 2050년까지 평균 가구원 수, 세대별 구성 비율을 살펴보면 평균 가구원 수는 감소하였다. 2005년에는 2.9명이었으나, 2015년에는 2.5명, 2030년에는 2.1명이 될 것으로 변화를 예상하고 있다. 세대별 구성 비율을 살펴보면, 1인 가구의 비율은 2005년 20.0%, 2050년부터는 약 2배 정도 높은 39.6%의 비율을 차지할 것으로 예상된다. 2세대 가구와 3세대 이상의 가구의

2) 평균 가구원 수 = 일반가구원 수 ÷ 일반가구 수
3) 1960년부터 2000년까지는 집계자료 결과임
4) 1세대 가구는 부부, 부부+기타 친인척 등 동일 세대로 구성된 가구
2세대 가구는 부부+자녀, 부+자녀, 모+자녀 등 2개의 세대로 구성된 가구
3세대 이상 가구는 부부+미혼자녀+양친 등 3개 이상의 세대로 구성된 가구

비율은 감소하고 있다. 특히, 2015년부터 그 비율이 절반 미만으로 감소하는 추세를 보인다. 비친족 가구의 비율은 2000년 1.1%, 2010년 1.2%에서 2020년에는 2.0%로 증가한다.

표 1-7 세대별 구성 비율(2005~2050)

연도[5]	평균 가구원 수(명)	세대별 구성 비율(%)[6]			
		1인 가구	2세대 가구	3세대 이상 가구	비친족 가구
2005	2.9	20.0	16.2	7.0	1.4
2010	2.7	23.9	17.5	6.2	1.2
2015	2.5	27.2	17.4	5.4	1.1
2020	2.3	31.7	18.6	3.7	2.0
2030	2.1	35.6	21.7	2.4	2.6
2040	2.0	37.9	23.9	1.8	2.9
2050	1.9	39.6	25.0	1.4	3.1

출처: 통계청(2022). 『인구총조사』, 『장래가구추계』를 재구성함.

2) 가족기능의 변화

가족의 기능을 연구하기 위해서는 그 유형과 상호관련성 전근대 가족으로부터 현대가족으로의 변화과정을 명확히 해야 한다. 위에서 언급한 바와 같이 가족의 기능을 고유기능, 기초기능, 부차적 기능(파생기능)으로 나누어 보고 또 이들을 각각 대내적인 기능(개별적인 기능)과 대외적인 기능(사회적 기능)으로 나누어 볼 수 있는데, 그 구체적인 관계는 다음과 같다.

5) 2000년부터 2020년까지는 집계자료, 2030년부터 2050년까지는 추계치 결과임

6) 1세대 가구는 부부, 부부+기타 친인척 등 동일 세대로 구성된 가구
2세대 가구는 부부+자녀, 부+자녀, 모+자녀 등 2개의 세대로 구성된 가구
3세대 이상 가구는 부부+미혼자녀+양친 등 3개 이상의 세대로 구성된 가구

(1) 가족기능의 유형

① 고유기능(Proper function)

- 가족구성원에 대한 대내적인 기능: 성 · 애정의 기능과 생식 · 양육
- 사회 전체에 대한 대외적인 기능: 성적인 통제와 종족보존(자손의 재생산)의 기능
- 가족은 남녀의 사랑을 기초로 한 결혼을 통하여 가족구성원의 중심이 되는 부부가 성생활을 영위함으로써 성적 욕구를 충족시키는 기능이 있음

② 기초기능(Basic function)

- 경제적 기능: 대내적으로는 생산 · 소비의 기능, 대외적으로는 노동력의 제공과 생활보장의 기능
- 생산기능: 생활필수품을 가족 내에서 만드는 기능 고용노동과 임금획득의 형태의 변화로 기능이 변화함
- 소비기능: 가족 내에서 생활물자를 소비하는 기능으로써 현대가족은 단순히 소비 공동체라고 불릴 만큼 소비기능의 비중이 높음

③ 부차적 기능(Derivative function)

- 대내적 기능: 교육 · 보호 · 휴식 · 오락 · 종교 등의 기능
- 대외적 기능: 교육에는 문화전달, 보호 등 그 밖의 기능에는 사회 안정화의 기능이 있음

(2) 가족기능에 관련된 학자별 견해

표 1-8 가족기능에 관련된 학자별 견해

학자 이름	연도	기능	
W. F. Ogburn	1933	• 경제적 기능 • 교육적 기능 • 종교적 기능 • 애정적 기능	• 사회적 지위 부여 • 보호의 기능 • 오락의 기능
G. P. Murdock	1949	• 성적 기능 • 재생산 기능	• 경제적 기능 • 교육(사회화)기능
T. Parsons	1955	• 자녀의 사회화, 성인의 인성 안정	
MacIver	1962	• 본질적: 가정유지, 자녀출산 및 양육, 성적 욕구 • 비본질적: 오락, 건강, 경제, 교육, 종교, 정부	
L. Broom & P. Selznick	1963	• 개인적 만족기능: 애정과 영속성 있는 상호 인간관계의 기능, 성적 기능 • 사회유지기능: 개인보존, 사회의 성원 충족, 미성년자의 보호, 사회화, 지위 부여, 사회통제	
I. Nye	1976	• 자녀의 사회화, 친척관계, 성관계, 치료적, 가족부양 및 가정관리	
E. M. Duvall	1977	• 가족원 간의 애정도모 • 안정감 부여와 수용 • 만족감의 목적의식 부여 • 지속적인 동료감	
B. N. Adams	1980	• 애정적, 경제적 소비자, 무보수 노동, 사회화	
M. Mitterauer & R. Sieder	1984	• 경제적(소비자), 사회화(도덕교육), 문화적 기능(여가 · 소비)	
大橋薫	1969	• 고유기능: 성 · 애정 · 생식 · 양육 • 기초기능: 생산 · 소비 • 파생기능: 교육 · 보호 · 휴식 · 오락 · 신앙	
山根常男	1987	• 개인에 대한 기능: 성적 충족, 자녀출산, 고용의 충족, 수입 획득, 기본적 · 문화적 욕구의 충족, 의존자의 부양, 사회화, 정서적 안정 • 사회에 대한 기능: 성적 통제, 사회성원의 보충, 사회적 분업에 참가, 경제적 질서의 유지, 문화의 전달, 사회의 안정화	
한남제	1976	• 자녀 출산 및 양육기능 • 경제적 기능 • 우애적 기능	
유영주	1989	• 성 및 애정적 기능 • 자녀의 사회화 및 교육기능 • 경제적 협력 기능	• 친척관계 유지기능 • 정서적 지지 및 안식처 기능 • 종교 · 도덕적 기능

3) 가족주기 변화

(1) 가족주기에 대한 정의

가족주기(family cycle, family life cycle)란 사람이 가족생활에서 경험하는 미혼·결혼·출산·육아·노후의 각 단계에 걸친 시간적 연속을 말한다.

가족은 결혼으로 '형성'되고, 자녀의 출산으로 '발전·확대'되었다가 자녀의 결혼·분가로서 '축소'되면서 사망으로 그 종말을 맞이한다. 이러한 가족주기도 시대의 흐름에 따라 변화되고 있는데, 특히 최근에는 점점 출산율이 낮아지고 단산연령이 낮아져서 그만큼 마지막 자녀의 독립이 빨라지고 있으며, 사람들의 수명이 증가하고 있다. 따라서 가족주기에서는 부부만이 남게 되는 시기부터 은퇴 후 부부 모두 사망하기 전까지의 기간이 전보다 훨씬 길어졌다. 가족주기의 후기 부분이 연장되고 있어 이에 대한 중요성과 관심이 증가되고 있다. 인간이 일생을 살아가는 것과 같이 가족이라는 체계도 생성되어 성장하고 발달하며 쇠퇴하는 일련의 과정을 거친다. '시간'과 '성장'의 개념에 근거하여 가족 현상을 설명하는 가족발달적 접근으로 부부가 결혼해서 사망할 때까지 가족이 겪게 되는 주요한 경험을 중심으로 가족주기를 설정한다.

가족주기상 가족이 주요 가족사건들(결혼, 출산, 교육, 단산, 독립, 취업, 사별 등)을 경험하는 시기가 언제이며, 역사적으로 어떻게 변화되어 왔고, 그 변화의 원인이 어디에 있는지는 가족학자들의 관심을 받아 왔다(정기선 외, 1997; 조희금 외, 2018). 가족주기는 가족이 정태적 집단이 아니라 변화를 경험해 가는 과정적 집단임을 부각시키고 있다. 그럼에도 불구하고 최근 『제4차 건강가정기본계획(2021~2025)』은 정책 목표 중의 하나로 '가족의 다양성 인정'을 설정하고 이를 달성하기 위한 정책과제를 제시하였다(여성가족부, 2021). 즉, 가족주기는 개념적으로 각 단계가 고정되어 있으나, 실제로는 가구규모 축소, 1인 가구 증가, 국민의 결혼과 출산에 대한 태도 변화에 따라 졸업과 취업, 결혼과 출산 등의 순서는 다양하게 바뀔 수 있다. 이에 대한 내용은 혼인율, 출산율의 변화를 통해 살펴보고자 한다.

혼인건수 감소, 평균 초혼연령 증가, 결혼과 첫 자녀 출산까지의 기간 지연 등이 지속되면 가족규모 축소, 다양한 가족구조 등장과 같은 변화로 이어진다. 아래 표 1-9는 혼인 및 이혼과 관련된 추이로 지난 2000년 이후 혼인건수는 감소하는 추세를 보인다. 혼인건수는 인구 1천 명당 조혼인율은 감소하고 있으며 평균 초혼연령은 증가하여 2000년에 남성 29.3세, 여성 26.5세에서 2022년 남성 33.7세, 여성 31.3세로 증가하였다. 이러한 결과는 2005년 이후 혼인건수 감소에 기인하여 이혼건수가 감소하는 경향을 보이는 것으로 볼 수 있다.

표 1-9 혼인과 이혼 관련 추이(2000~2022) (단위: 건, 세, %)

연도	혼인		평균 초혼연령		이혼	
	혼인건수	조혼인율	남자	여자	이혼건수	조이혼율
2000	332,090	7.0	29.3	26.5	119,455	2.5
2005	314,304	6.5	30.9	27.7	128,035	2.6
2010	326,104	6.5	31.8	28.9	116,858	2.3
2015	302,828	5.9	32.6	30.0	109,153	2.1
2020	213,502	4.2	33.2	30.8	106,500	2.1
2022	191,690	3.7	33.7	31.3	93,232	1.8

출처: 통계청(2023). 『혼인 · 이혼 통계』 각 연도.

위에서 살펴본 바와 같이 혼인건수 감소 및 평균 초혼연령 상승, 결혼을 해도 자녀를 낳지 않거나 늦게 낳는 경우가 많아지면 가족주기 또한 변화할 수 있다. 다음 표 1-10은 혼인 1년차부터 5년차까지 자녀가 없는 부부의 비율이 2015년 35.5%에서 2021년 45.8%로 늘어났다. 평균적으로 무자녀 부부의 비율이 2021년에 46% 정도를 유지하고 있다. 혼인한 지 5년 후에 자녀 출산 여부는 알 수 없으나, 평균 초혼연령이 높아지고 혼인 후 일정기간 동안 아이를 낳지 않는 경우가 많아지면 확률적으로 무자녀 부부의 비율이 높아질 수 있다.

표 1-10 혼인연차별 자녀 없는 초혼부부 구성비(2015~2021) (단위: %)

지역	혼인 1년차-혼인 5년차 부부 중 자녀 없는 구성비		혼인 5년차 부부 중 자녀 없는 구성비	
	2015	2021	2015	2021
전국	35.5	45.8	12.9	22.5
서울	42.7	53.5	16.9	28.0
부산	34.5	44.6	12.0	22.0
대구	32.3	41.5	10.3	19.3
인천	36.0	45.9	14.0	23.4
광주	30.8	38.5	9.3	17.1
대전	34.6	45.2	11.3	20.9
울산	31.8	40.4	9.1	16.5
세종	34.2	39.9	10.4	17.8
경기	36.0	47.2	13.6	24.0
강원	34.4	44.3	12.6	21.1
충북	32.8	42.6	11.7	19.4
충남	32.4	41.6	11.0	20.5
전북	29.9	40.1	10.1	17.9
전남	27.8	36.7	9.3	16.6
경북	30.4	39.7	10.2	18.3
경남	31.3	40.1	10.2	18.1
제주	31.7	41.7	12.7	22.1

출처: 통계청(2023). 『신혼부부통계』 각 연도.

(2) 가족주기에 대한 분류

개인의 발달과 마찬가지로 가족에도 주기가 있다는 사실을 19세기 말 영국의 경제학자 라운트리(Rowntree, 1906)가 주장한 이래로, 가족생활주기라는 개념이 정식화된 것은 1930년대 미국의 농촌사회학자들, 즉 소로킨, 짐머만, 갤핀(Sorokin, Zimmernan, Galpin, 1931)에 의해서이고, 이후 많은 학자들에 의해 단계 제시가 이루어졌지만 단계구분의 다양성에 따라 몇 가지를 제시하면 다음과 같다(유영주 외, 2017 재인용).

첫째, 가장 간단한 단계분류는 2단계 분류이다.

① 확대기: 가족의 확립으로부터 자녀의 성장까지

② 축소기: 자녀들이 가족을 떠나 자녀들 자신의 가족을 갖게 되며, 그 후 부모세대의 배우자 중 하나 또는 양쪽이 사망하여 가족이 축소되는 시기

둘째, 가족구성원 수의 변천에 따라 구분한 소로킨(Sorokin, 1931)의 4단계 분류이다.

① 1단계: 자립적인 경제생활을 시작한 신혼부부 단계

② 2단계: 하나 또는 그 이상의 자녀를 낳아 기르는 단계

③ 3단계: 1~2명의 자녀가 자립하여 부모를 떠나는 단계

④ 4단계: 노인부부만 살아가는 단계

셋째, 교육제도를 기준으로 자녀의 위치에 따라 구분한 커크패트릭 등(Kirkpatrick, et al., 1934)의 분류이다.

① 학동전기 가족(preschool family)

② 학동기 가족(grade school family)

③ 고등교육기 가족(high school family)

④ 성인기 가족(all adult family)

넷째, 듀발(Duvall, 1957)이 사용한 8단계 분류는 다음과 같다.

① 1단계: 신혼부부 가족(부부 확립기, 무자녀)

② 2단계: 자녀출산 및 영아기 가족(첫 아이 출산~30개월)

③ 3단계: 유아기 가족(첫 아이 2.5세~6세)

④ 4단계: 아동기 가족(첫 아이 6세~13세)

⑤ 5단계: 청년기 가족(첫 아이 13세~20세)

⑥ 6단계: 독립기 가족(첫 아이가 독립할 때부터 마지막 아이가 독립할 때까지)

⑦ 7단계: 중년기 가족(부부만이 남은 가족~은퇴기)

⑧ 8단계: 노년기 가족(은퇴 후~사망)

다섯째, 유영주(2017)는 우리나라 도시가족의 생활실태를 근거로 하여 가족생활주기 모형을 다음과 같이 6단계로 제시한다.

① **형성기**: 결혼으로부터 첫 자녀 출산 전까지 약 1년간(23~24세)

② **자녀출산 및 양육기**: 첫 자녀 출산으로부터 자녀가 초등학교에 입학할 때까지(24~30세)

③ **자녀 교육기**: 첫 자녀의 초등학교, 중학교, 고등학교 교육기(30~42세)

④ **자녀 성년기**: 첫 자녀가 대학에 다니거나 취업, 군복무 중이며, 가사를 협조하는 시기(42~48세)

⑤ **자녀 결혼기**: 첫 자녀가 결혼으로부터 막내자녀 결혼까지(48~57세)

⑥ **노년기**: 막내자녀 결혼으로부터 배우자가 사망하고 본인이 사망할 때까지(57세 이후)

CHAPTER

2

건강가정과 가족의 관계

1 건강가정의 정의와 구성요소

1) 건강가정의 정의

건강가정 혹은 건강가족적 관점에 대한 연구는 미국에서 처음 시작되었다.

미국에서는 이혼율이 높아지고 가족해체 현상이 심각했던 1970년대에 '가족이 왜 실패하는가'를 규명하는 가족의 부정적이고 병리적인 측면에 초점을 맞춘 그동안의 연구로부터, '가족이 어떻게 성공하는가'에 대한 답을 찾는 과정을 중시하는 건강가족적 관점(Family strength perspective)으로 그 초점을 바꾸었다. 이때 연구자들은 건강가정(Healthy family), 또는 구성원이 함께 행복한 삶을 영위하는 건강한 가족을 지칭하는 다양한 표현을 사용하였다.

우리나라도 '건전가정', '건강가족' 등의 용어로 사용되어 왔으며, 용어에 따라 강조하는 의미에 차이가 있을 수 있기 때문에 용어에 따른 개념 정의를 엄격하게 할 것을 주장하였다(유영주 외, 2017). 그러나 이런 용어들이 나타내고자 하는 기본적인 의미는 가정이 안정되고, 잘(Well) 기능하는 가정, 그리고 서로의 관계에 만족하는 가족을 의미하는 것이다.

원래 건강이란 용어는 신체의 상태를 나타낼 때 적합하고 익숙한 개념이다.

건강이란 단순히 질병이 없거나 허약하지 않은 상태만이 아니라 신체적·정신적 및 사회적 안녕(Well being)의 완전한 상태를 이른다(유영주 외, 2017). 이런 의미에서 개인의 건강은 건강한 가정, 건강한 사회의 지표로서 중요할 뿐만 아니라 개인의 삶의 질 향상과 가정의 대 사회적인 기능의 수행을 위해서라도 필수적이다.

건강한 가정이란, 서로 협동하고 인내하며 그리고 타협해서 공동체로서의 유대감을 다져가는 그러한 가정으로, 가족원의 인격을 서로 존중하고 가족원의 상호작용이 잘 이루어지는, 체계(공동체)로서의 균형을 잘 유지하고 있는 가정이라고 정의한다. 건강한 가정은 건강한 개인을 만들어 내는 근원적 집단으로 필요하며, 모든 인간의 정체성 확립이 인간의 준거집단인 가정의 영향에 의해 결정되므로 인간에게 건강한 가정이 필요함을 설명한다.

특히, 건강한 가정은 태어나는 것이 아니라 만들어지는 것으로, 건강한 가정이 가족의 형성만으로 자연스럽게 이루어지는 것이 아니라 가족원들의 의식적인 노력 과정을 통해 이루어진다고 한다. 건강한 가정을 육성하기 위한 방안은 개인 및 가정적 차원의 노력이 우선적으로 필요하며, 국가적으로는 이를 뒷받침할 수 있는 제도적 행정직 체계를 갖춘 통합적인 가정정책 수립이 필요함을 지적한다.

2) 건강가정의 구성요소

가족원에 대한 존중, 가족원 간의 우대의식, 감사와 애정 그리고 정서적 안식처, 긍정적 의사소통, 가치관 목표 공유, 역할충실, 문제해결 능력, 경제적 안정과 협력, 신체적 건강, 사회와의 유대 등이다. 건강가족을 구성하는 이런 요소들은 서양의 경우와 차이가 있는데, 서양 사람들이 건강가족의 요소를 주로 가족체계 내적인 요인인 가족 간의 응집성, 적응성, 의사소통에 큰 비중을 두는 것에 비해 우리나라의 경우는 그것과 함께 가족원 간의 유대의식, 가족원의 역할충실, 가족원의 신체적 건강, 경제적 안정과 협력의 중요성을 강조하는 것에서 차이가 있음을 밝히고 있다(유영주 외, 2017).

조희금 외(2018)는 건강한 가정생활의 토대가 되는 여러 요소를 5가지 영역의 12가지 요인으로 제시한다.

- 영역 1. 기본토대: 가정의 경제적인 안정, 안정적인 의식주 생활
- 영역 2. 가족관계: 민주적이고 양성평등한 가족관계, 열린 대화, 휴식과 여가 공유
- 영역 3. 가정생활: 자녀의 성장 발달 지원, 합리적인 자원관리, 가족 역할 공유
- 영역 4. 사회와의 관계: 일-가정의 조화, 건강한 시민의식과 자원봉사활동, 지역사회 활동 참여
- 영역 5. 가정문화: 건강한 가정생활 문화의 유지 및 창조

3) 전통적 가족정책 패러다임에서 새로운 가족정책의 전환

근대 산업사회의 출현은 일과 가족을 공·사 영역으로 구분하면서 생산과 재생산 기능을 분리시키고 있다. 산업자본주의 단계로 들어서면서 생산은 노동시장 영역에서, 재생산은 가족영역에서 이루어지는 변화하면서 가족은 사회복지의 기본단위가 되었다. 따라서 전통적 가족정책은 가족의 기능을 유지와 노동시장의 기능이 제대로 기능하게 하는 데 초점을 두고 있다. 즉, 여성의 노동시장 참여가 늘어나는 상황에서 가족을 위한 시간과 경제적 급부 간 갈등은 여성의 이중부담(Double burden)을 통해 해결될 수 있는 한계를 넘어서고 있다. 이것은 새로운 패러다임의 가족정책을 요구하는 또 하나의 중요한 요인이라고 할 수 있다. 이러한 가족정책의 패러다임 변화는 여성의 노동화에 상응하는 남성의 가족화, 가족 전담에서 가족과 사회 분담을 수반하는 방향으로의 전환을 의미한다.

4) 새로운 가족정책 패러다임

한국가족은 급격한 산업화를 겪으면서 산업사회가 요구하는 기능에 순응하는 과정에서, 구조와 기능에 변화를 보인다는 사실에 동의한다. 그 변화의 핵심은 단순환 핵가족화를 넘어, 가족구성원이 가족에 의해 규정되는 가족공동체에서 개체성이 강화된 것으로 설명할 수 있다. 이에 새로운 가족정책 패러다임의 특성을 살펴보고자 한다.

① 동거, 시민연대, 생활공동체 등 다양한 대안적 삶의 형태가 등장

동반자법? 동성 커플은 혼인신고를 통해 혼인할 권리를 주장하고 있으나(서울서부지방법원 2016.5.25. 선고 2014호파1842 사건20). '현행법 체제에서 동성 커플을 사실혼 관계로 평가하기는 어렵다'는 이유로 인정하지 않았다.

- 성립요건[1]): 팍스계약의 성립요건으로 성인 2인은 자유로운 의사의 합의에 따라 팍스를 체결 가능하다.
- 법률과 재산적 효과: 팍스(PACS)의 계약이 체결되면 상호 간에 법적 권리의무, 동거의무(obligation de cohabitation) 이들의 관계는 약정에 의하여 정해진다. (프랑스 민법 제515-5조 2항).

- 계약 종료: 팍스(PACS)의 계약 종료다(프랑스 민법 제515-7조). 혼인을 하거나 사망할 경우, 상호 합의하에 일방의 의사에 따라 종료될 수 있다.

② 자유나 개인화된 삶을 지향하는 새로운 사회풍조에 의해 가속화

- **경기연구원(2023) '청년의 고립 · 은둔, 진단과 대책' 보고서:** 경기연구원은 보건복지부의 2023년 7~8월 실시한 전국 고립 · 은둔 청년 실태조사(전국 은둔형 외톨이 청년 54만 명), 국무조정실의 2022년 청년 삶 실태조사를 바탕으로 경기도 19~34세 청년 인구 278만 명의 5%인 13만 9천 명을 은둔형 외톨이로 추산했다. 보건복지부 실태조사에서 정의한 '고립 청년'은 타인과 의미 있는 관계를 맺지 못하고 어려운 일이 있을 때 도움을 요청할 수 없거나 요청하기 어려운 청년이다. '은둔 청년'은 방이나 집 등 제한된 장소에 머물면서 타인 및 사회와의 관계 및 교류가 거의 없는 청년을 뜻한다.
- **과거에는 잘 드러나지 않았던 은둔형 외톨이가 급증한 배경:** 달라진 양육 형태로 인해 약해진 정서조절 능력, 인터넷 발달과 배달 문화 등 적절한 은둔 여건, 강화된 개인의 영역과 느슨해진 공동체성 등 크게 달라진 사회적 요인들이 작용하고 있는 것으로 진단했다.
- **여성가족부(2024) '온가족보듬사업' 실시:** 가족 서비스는 1인 가구 · 다문화 가족 · 청소년한부모 등 가족 형태별로 구분해 제공되었다. 그러나 2024년 1월부터 통합서비스 지원을 원하는 경우 가족 누구나 시 · 군 · 구 가족센터에 방문해 1인 가구 긴급돌봄 · 병원동행, 노부모 부양가족, 손자녀 돌봄 조부모 양육교육, 가족관계 개선 프로그램 등 다양한 가족서비스를 신청 가능하다(여성가족부, 2024).

③ 일정기간 혹은 장기간 동안, 결혼하지 않고 혼자 살아가는 1인 가구의 증가

통계상으로도 여전히 '부부+자녀'로 이뤄진 가구가 가장 많은 수를 차지한다(그림 2-1). 그러나 2년 후면 단 한 명의 식구로 이뤄진 '1인 가구'가 '부부+

1) 생활동반자를 법으로 인정하는 국가: 13개국(네덜란드, 벨기에, 영국, 프랑스 등)

자녀 가구'의 비율을 추월할 것이란 전망이 나왔다. 통계청의 '장래가구 추계: 2015~2045년'에 따르면 2015년 기준 전국 1,901만 3,000가구 중 '부부+자녀'로 구성된 가구는 613만 2,000가구로, 가장 높은 비중(32.3%)을 차지했다. 구성원 한 명으로 이뤄진 1인 가구가 518만 가구(27.2%), 부부로만 이뤄진 가구가 295만 2,000가구(15.5%)로 그 뒤를 이었다.

그러나 2025년이 되면 전체 2,101만 4,000가구 중 1인 가구가 670만 1,000가구로, 가장 큰 비중(31.9%)을 차지할 것으로 예측됐다. 2025년 '부부+자녀' 가구는 593만 가구(30.4%)로, 비율과 절대수치 양쪽에서 10년 전에 비해 크게 감소할 것으로 전망됐다. 더구나 2035년이 되면 '부부+자녀' 가구(19.3%)가 1인 가구(34.6%)는 물론 부부 가구(20.7%)에도 3위로 밀리는 것으로 예측됐다.

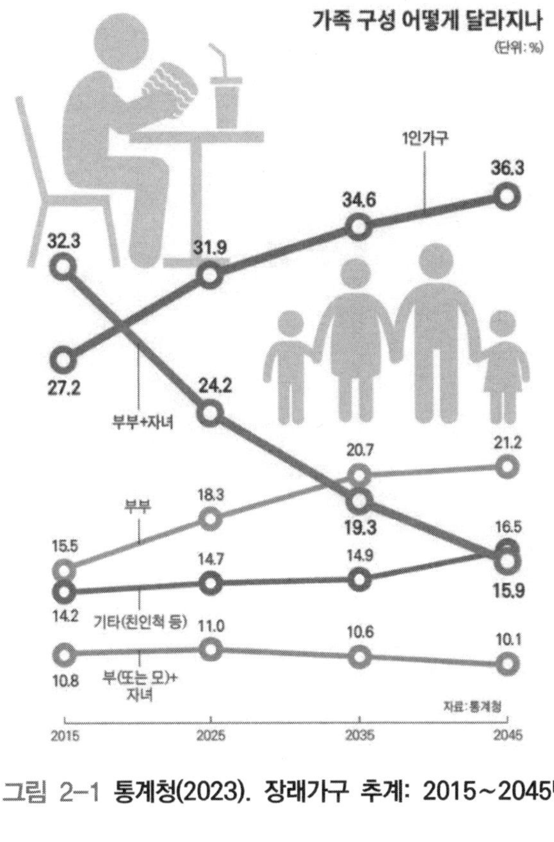

그림 2-1 **통계청(2023). 장래가구 추계: 2015~2045년**

응답자 선정

【SQ1】 귀하의 성별은 무엇입니까?

① 남성　　② 여성

【SQ2】 귀하의 연령은 만으로 몇 세이십니까?　　만 ☐☐ 세

① 18~29세　　② 30~39세　　③ 40~49세
④ 50~59세　　⑤ 60~79세

【SQ3】 귀하께서 현재 주민등록상 거주지는 다음 중 어디입니까?

① 서울　　② 부산　　③ 대구
④ 인천　　⑤ 광주　　⑥ 대전
⑦ 울산　　⑧ 세종　　⑨ 경기
⑩ 강원　　⑪ 충북　　⑫ 충남
⑬ 전북　　⑭ 전남　　⑮ 경북
⑯ 경남　　⑰ 제주

가족제도에 대한 인식 변화

1. 귀하는 '결혼은 꼭 해야 한다'는 주장에 대해 어떻게 생각하십니까?
   ① 전혀 동의하지 않는다　② 별로 동의하지 않는다
   ③ 대체로 동의한다　④ 매우 동의한다

2. 귀하는 사람들이 결혼을 하지 않거나 미루는 가장 주된 이유가 무엇이라고 생각하십니까?
   ① 출산·양육보다 부부간 애정을 중시하는 등 결혼에 대한 인식의 변화
   ② 저소득, 고용불안 상황 등 경제적 어려움
   ③ 출산, 육아로 인한 여성의 경력단절 우려
   ④ 일·가정 양립의 어려움
   ⑤ 주택가격 등 결혼 비용의 증가
   ⑥ 가족, 집단보다 개인적 삶과 여유를 중시하는 분위기 확산

3. 귀하는 부모와 자녀(출산과 양육, 부양) 중심의 전통적 가족이 감소하는 현상에 대해 어떻게 생각하십니까?
   ① 가족의 해체를 야기할 수 있는 바람직하지 않은 현상이다
   ② 사회변화에 따른 자연스럽고 불가피한 현상이다

4. 전통적 가족 외 〈비혼 1인가정, 비혼 동거, 비혼 출산 및 양육(미혼모, 미혼부) 등〉 가족에 대해 우리사회에 어느 정도 편견이 존재한다고 생각하십니까?
   ① 전혀 없다　② 별로 없는 편이다
   ③ 약간 있는 편이다　④ 매우 많이 있다

4-1. 문4의 ③, ④ 응답자만) 그렇다면, 과거에 비해 〈비혼 1인가정, 비혼 동거, 비혼 출산 및 양육(미혼모, 미혼부) 등〉 가족에 대한 편견이 감소했다고 생각하십니까?
   ① 전혀 그렇지 않다　② 별로 그렇지 않다
   ③ 대체로 그렇다　④ 매우 그렇다

가족 다양성에 대한 태도 및 수용도

5. 귀하는 다음과 같은 '가족 개념'에 대해 어떻게 생각하십니까?

항 목	동의하지 않는다	동의한다
1) 법적인 혼인, 혈연으로 연결되어야만 가족이라 할 수 있다	①	②
2) 혼인, 혈연관계가 아니더라도 함께 거주하고 생계를 공유하는 관계이면 가족이 될 수 있다	①	②
3) 함께 거주하지 않고 생계를 공유하지 않아도 정서적 유대를 가지고 친밀한 관계이면 가족이 될 수 있다	①	②

6. 귀하는 다음의 가족 형태, 가족 구성 행위를 수용할 수 있다고 생각하십니까?

항 목	전혀 수용할 수 없다	별로 수용할 수 없다	약간 수용할 수 있다	전적으로 수용할 수 있다
1) 이혼이나 재혼하는 것	①	②	③	④
2) 남녀가 결혼하지 않고 동거하는 것	①	②	③	④
3) 혼인신고 하지 않은 남녀가 아이를 낳는 것	①	②	③	④
4) 결혼하지 않은 여성이 아이를 낳는 것	①	②	③	④
5) 결혼하지 않은 남성이 아이를 기르는 것	①	②	③	④
6) 성인이 결혼하지 않고 혼자 사는 것	①	②	③	④
7) 결혼한 부부가 자녀를 가지지 않는 것	①	②	③	④
8) 외국인과 결혼하는 것	①	②	③	④
9) 미성년이 자녀를 낳아 기르는 것	①	②	③	④

7. 만약 귀하 자녀의(혹은 자녀가 있다고 가정할 때) 결혼 상대가 다음과 같은 가정 환경, 배경을 지니고 있다면 어떻게 하시겠습니까?

항 목	매우 반대	약간 반대	약간 찬성	매우 찬성
1) 한부모 가족의 자녀	①	②	③	④
2) 재혼 가족의 자녀	①	②	③	④
3) 미혼부/모(미혼부나 미혼모) 가족의 자녀	①	②	③	④
4) 비혼 동거 가족의 자녀	①	②	③	④
5) 다문화 가족의 자녀	①	②	③	④
6) 입양된 자녀	①	②	③	④

가족 다양성 관련 정책 평가

8. 현재 우리사회의 법과 제도가, 새롭고 다양한 형태의 가족구성원들이 차별받지 않도록 유연하게 대응하고 있다고 생각하십니까?
   ① 전혀 그렇지 않다　　② 별로 그렇지 않다
   ③ 대체로 그렇다　　④ 매우 그렇다

9. 다음은 정부에서 추진하고 있는 가족 다양성 관련 정책들입니다. 귀하는 이러한 정책이 얼마나 필요하다고 보십니까?

항 목	전혀 필요하지 않다	별로 필요하지 않다	약간 필요하다	매우 필요하다
1) 1인 가구에 대한 지원	①	②	③	④
2) 사실혼, 비혼 동거 등 법률혼 이외의 혼인에 대한 차별 폐지	①	②	③	④
3) 아버지, 어머니 혼자 자녀를 키우는 한부모 가족에 대한 지원	①	②	③	④
4) 결혼하지 않은 부모가 자녀를 키우는 미혼부모 가족에 대한 지원	①	②	③	④

10. 다양한 가족 포용을 위한 다음과 같은 제도 개선 내용에 대하여 어느 정도로 동의하십니까?

항 목	매우 반대	약간 반대	약간 찬성	매우 찬성
1) 현행 법령에서 가족은 혼인, 혈연에 기반하여 정의되고 있습니다. 다양한 가족을 포용하기 위하여 가족의 범위를 사실혼과 비혼 동거까지 확장하는 것에 대해 어떻게 생각하십니까?	①	②	③	④
2) 현행 법령에서는 태어난 자녀의 성과 본은 원칙적으로 아버지의 성과 본을 따르도록 하고 있습니다. 자녀의 출생신고 시에 부모가 협의하여 성과 본을 정할 수 있도록 하는 것에 대해 어떻게 생각하십니까?	①	②	③	④
3) 현행 민법에는 "혼인 중의 출생자"와 "혼인 외의 출생자"라는 용어가 있습니다. 부모의 혼인여부에 따라 태어난 아동을 구분 짓는 '혼인 중의 출생자'와 '혼인 외의 출생자' 용어를 삭제하는 것에 대해 어떻게 생각하십니까?	①	②	③	④

건강가정기본법 개정 관련 인식

11. 귀하는 '가족에 대한 교육 · 상담 · 돌봄 등 서비스 및 정책 지원에 관한 법'의 명칭으로 다음 중 무엇이 더 바람직하다고 생각하십니까?
① 건강가정기본법 ② 가족정책기본법

12. '건강가정기본법이라는 이름은 건강하지 않은 가정을 떠올리게 해 일부 가정에 대한 차별과 편견을 유발할 수 있다'(2005, 국가인권위원회)는 지적에 대해 어떻게 생각하십니까?
① 전혀 타당하지 않다 ② 별로 타당하지 않다
③ 대체로 타당하다 ④ 매우 타당하다

인구통계학적 특성

【DQ1】 귀하의 혼인상태는 다음 중 무엇에 해당하십니까?

① 미혼　② 유배우　③ 이혼 · 별거
④ 사별　⑤ 기타(________)

【DQ2】 귀하께서는 자녀가 있으십니까?

① 있음　② 없음

【DQ3】 귀하의 학력은 어떻게 되십니까?

① 중학교 졸업 이하　② 고등학교 졸업
③ 대학교 재학/졸업　④ 대학원 재학/졸업

【DQ4】 귀하의 직업은 무엇입니까?

① 농/임/어업　② 자영업
③ 블루칼라(판매/서비스직, 기능/숙련공, 일반작업직)
④ 화이트칼라(사무/기술직, 경영/관리직, 전문/자유직)
⑤ 가정주부　⑥ 학생
⑦ 무직　⑧ 은퇴
⑨ 기타(________________)

【DQ5】 귀댁의 경제적 생활수준은 어디에 속한다고 생각하십니까?

① 상　② 중상　③ 중
④ 중하　⑤ 하

【DQ6】 귀하의 가구 구성원은 모두 몇 명입니까? (본인 포함)

① 1인　② 2인　③ 3인　④ 4인　⑤ 5인　⑥ 6인 이상

【DQ7】 귀하께서 현재 함께 살고 있는 가구 구성원을 모두 말씀해 주십시오.

① 배우자(사실혼, 비혼 동거 포함)　② 자녀
③ 부모/배우자의 부모　④ 자녀의 배우자
⑤ 조부모(친조부모/외조부모)　⑥ 손자녀
⑦ 형제자매/배우자의 형제자매　⑧ 비혈연 동거인
⑨ 혼자 거주(1인 가구)　⑩ 기타(____________)

2 건강가정을 주제로 수행된 선행연구 동향

1) 가족다양성 관련 선행연구

가족다양성 연구는 가족다양성 인식과 수용을 중심으로 정형화된 가족 이외의 가족 구조와 유형을 세분화하여 제시하고 있다(유계숙 · 유영주, 2002; 이선영 · 정유진, 2018; 박정윤 외, 2019; 여성가족부, 2020; 한은주 · 설무란 · 오민영, 2021; 최은경 외, 2021; 박인옥, 2022; 고선강 · 손서희 · 서찬란, 2023). 기존 연구들은 유계숙과 유영주(2002)의 가족다양성 수용 측정 도구를 활용하여 가족다양성에 대한 수용도를 측정하였다. 최근 여성가족부(2020)에서 실시한 『가족다양성에 대한 국민여론 조사』에서는 이혼, 재혼, 동거, 독신, 무자녀 부부, 비혼 출산 등에 대한 수용 정도를 조사하고 개인적 수용성과 사회적 수용성을 제시하였다. 가족다양성 관련 선행연구의 내용은 다음 표 2-1과 같다. 따라서 가족다양성은 다양한 가족구조, 관계, 특성이 반영된 다양한 유형의 가족이라는 의미로 사용되고 있음을 알 수 있다(고선강 · 손서희 · 서찬란, 2023: 20-23).

표 2-1 가족다양성 관련 선행연구

연구자(연도)	연구주제	연구 결과
유계숙과 유영주(2002)	형태적 가족 개념 연구	가족구성의 다양성 수용 척도를 20개의 다양한 가족구성과 가족관계를 제시
이선영과 정유진(2018)	가족 구조와 유형 제시	가족의 의미를 다양한 구조, 관계, 특성이 반영된 형태
박정윤 외(2019)	가족의 특성과 다양성	통합적 가족서비스 전달체계가 전달되기 위해서 한국가족의 다양성 증가 추세에 따른 가족정책과 가족서비스가 필요함
여성가족부(2020)	가족다양성 수용정도	이혼, 재혼, 동거, 독신, 무자녀 부부, 비혼 출산, 국제결혼 등에 대한 개인적, 사회적 수용정도 측정
한은주, 설무란, 오민영(2021)	가족생활주기에 따라 변화하는 가족원, 서비스와의 관계	다양한 가족에 대한 수용성을 높이기 위한 프로그램 운영, 서비스가 필요함
박인옥(2022)	가족센터로 통합되는 과정에서 다문화감수성 증진을 위한 다문화 인식개선	다문화가족과 비다문화가족으로 분리하기보다 통합가족 대상 사업의 확대 필요성 강조

연구자(연도)	연구주제	연구 결과
고선강, 손서희, 서찬란(2023)	가족다양성 관련 사업에 대한 가족센터 실무자의 운영 경험	다양한 가족 이해 및 인식 개선 프로그램 확대, 사업주제 발굴, 예산확대, 지역 특성을 반영한 사업 운영 기획 및 실행 방안 논의

2) 가족다양성 관련 선행연구 분석결과

가족다양성 관련 선행연구 중에서 최근 여성가족부(2021) 『다양한 가족에 대한 국민인식 조사』 결과를 통해 가족다양성을 이해하고자 한다. 여성가족부(2021) 조사결과에 따르면 법적인 혼인, 혈연으로 연결된 '결혼한 부부와 그 자녀'로 구성된 전통적 가족 형태에서 한부모 · 조손가족 · 다문화가족 등 다양한 가족의 형태를 보이고 있다. 결혼과 가족, 가족 제도, 가족 개념, 가족 다양성 확보 방안 및 지원 정책, 가족 제도 관련 인식을 중심으로 살펴보면 다음과 같다.

(1) 결혼과 가족에 대한 인식

1. 귀하는 '결혼은 꼭 해야 한다'는 주장에 대해 어떻게 생각하십니까?

① 전혀 동의하지 않는다　② 별로 동의하지 않는다
③ 대체로 동의한다　④ 매우 동의한다

응답자 절반 이상(56.3%), '결혼을 꼭 해야 하는 것은 아니다' 결혼이 '바람직하고 옳은, 당연히 해야 하는' 것이라는 규범적 태도는 지속적으로 약화되는 추세에 있다. 특히, 응답자 10명 중 7명가량은 가족 형태 · 구성 다양화를 자연스럽고 불가피한 현상으로 받아들이고 있다.

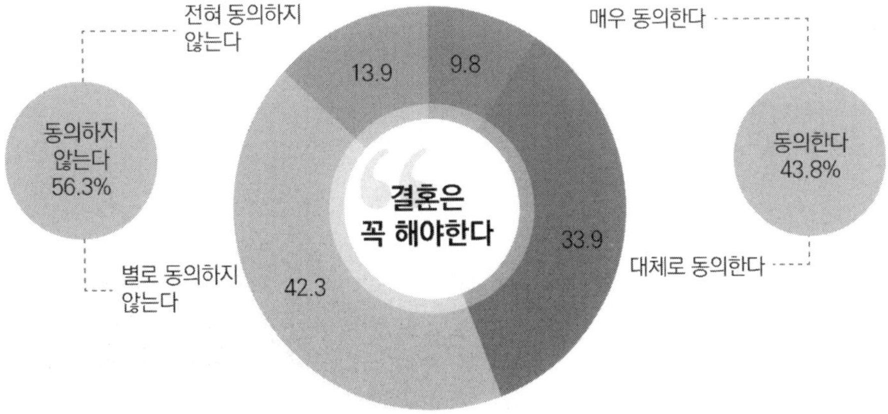

그림 2-2 **결혼에 대한 인식**

(2) 전통적 가족 감소에 대한 인식

> **3. 귀하는 부모와 자녀(출산과 양육, 부양) 중심의 전통적 가족이 감소하는 현상에 대해 어떻게 생각하십니까?**
> ① 가족의 해체를 야기할 수 있는 바람직하지 않은 현상이다
> ② 사회변화에 따른 자연스럽고 불가피한 현상이다

조사 응답자의 67.8%가 부모와 자녀 중심의 전통적 가족이 감소하는 현상을 '사회변화에 따른 자연스럽고 불가피한 현상'으로 인식하며, '가족의 해체를 야기할 수 있는 바람직하지 않은 현상'이라는 인식은 32.3%로 절반 수준으로 나타났다. 성별, 연령, 직업, 혼인상태, 가구 구성에 따라 결혼에 대한 규범적 태도와 전통적 가족 감소 현상에 대한 인식을 살펴본 결과, 남성보다 여성, 연령대가 낮을수록, 학생, 미혼, 1인 가구를 중심으로 변화하고 있다는 점을 확인할 수 있다.

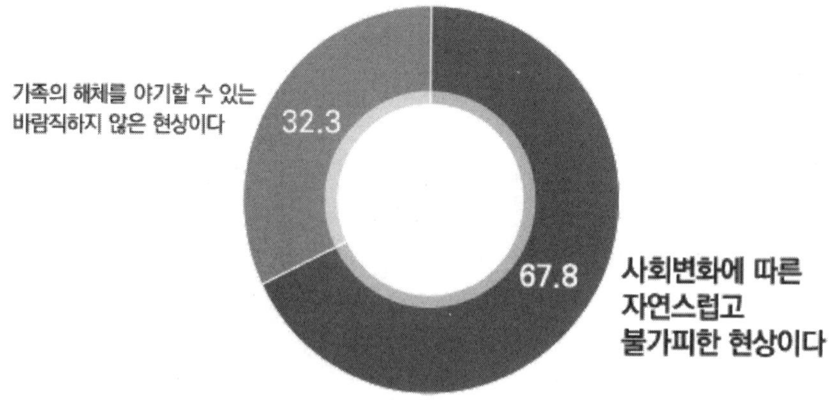

그림 2-3 **전통적 가족 감소에 대한 인식**

(3) 가족 개념에 대한 인식

5. 귀하는 다음과 같은 '가족 개념'에 대해 어떻게 생각하십니까?

항 목	동의하지 않는다	동의한다
1) 법적인 혼인, 혈연으로 연결되어야만 가족이라 할 수 있다	①	②
2) 혼인, 혈연관계가 아니더라도 함께 거주하고 생계를 공유하는 관계이면 가족이 될 수 있다	①	②
3) 함께 거주하지 않고 생계를 공유하지 않아도 정서적 유대를 가지고 친밀한 관계이면 가족이 될 수 있다	①	②

결혼과 출산에 대한 가치관 변화와 더불어 가족 개념에 대한 인식 또한 급속도로 변화하고 있다. '법적 혼인 · 혈연관계만 가족'이라는 응답은 전년(2020.6) 대비 13.2% 하락한 51.1%, '정서적 유대를 가진 친밀한 관계면 가족이 될 수 있다'는 39.9%에서 5.4% 상승한 45.3%, '전통적 가족'과 '다양한 가족' 간 간극은 29.9%(2019년 8월 조사 결과)에서 5.8%로 좁혀지고 있다.

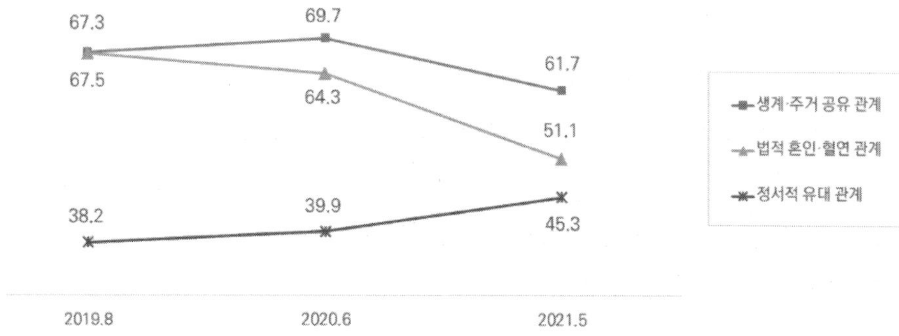

그림 2-4 가족 개념에 대한 인식 변화

법적 혼인, 혈연으로 연결되어야만 가족이라 할 수 있다는 의견에 '동의한다'(51.1%)와 '동의하지 않는다'(48.9%)는 비슷한 수준이다. 2019년 이후 동일한 질문에 동의하는 비율은 2019년(67.3%), 2020년(64.3%), 2021년(51.1%)로 감소하는 추세를 보인다. 반면, 여성보다는 남성, 연령대가 높을수록, 유배우자 및 유자녀, 5인 이상 가구 구성원 층에서 '동의한다'는 응답이 높은 경향을 보인다.

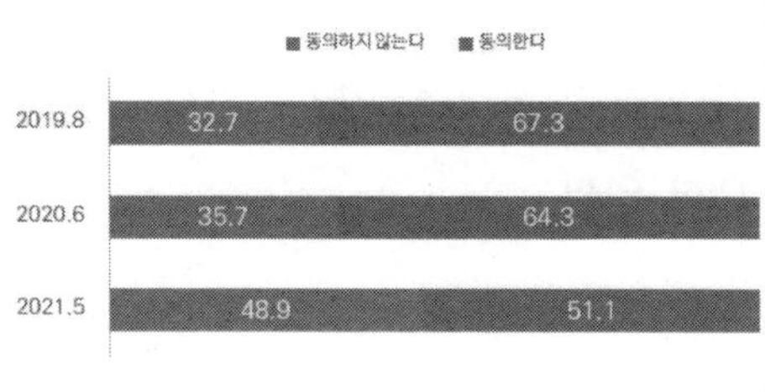

구분	2021	2020	2019	'21-'20(%p)	'20-'19(%p)
남성	56.9	68.8	68.9	(11.9)	(0.1)
여성	45.4	59.8	65.6	(14.4)	(5.8)
18~29세	38.8	39.2	51.3	(0.4)	(12.1)
30~39세	51.6	57.9	60.6	(6.3)	(2.7)
40~49세	47.0	64.8	64.5	(17.8)	0.3
50~59세	52.4	69.8	71.0	(17.4)	(1.2)
60~79세	62.0	82.3	83.2	(20.3)	(1.0)
미혼	39.5	47.1	54.6	(7.6)	(7.5)
유배우	59.6	71.8	72.1	(12.2)	(0.3)
이혼별거	40.4	67.6	62.2	(27.2)	5.4
1세대	55.6	76.7	76.3	(21.1)	0.4
2세대	52.8	61.1	64.5	(8.3)	(3.4)
3세대 이상	52.6	71.2	65.5	(18.6)	5.7
1인 가구	37.4	60.2	65.2	(22.8)	(5.0)

그림 2-5 가족 개념별 동의율: 법적 혼인 · 혈연관계

① '생계 · 주거 공유관계이면 가족이 될 수 있다'에 대한 인식

생계 · 주거 공유관계이면 가족이 될 수 있다는 의견에 조사 응답자 61.7%가 혼인, 혈연관계가 아니더라도 '생계와 주거를 공유한다면 가족이 될 수 있다'고 생각하는 것으로 나타난 반면, 동의하지 않는다('생계와 주거를 공유한다면 가족이 될 수 없다')는 응답 비율은 38.3%로 생계와 주거 공유관계를 가족으로 인정하는 비율은 감소하는 추세를 보인다.

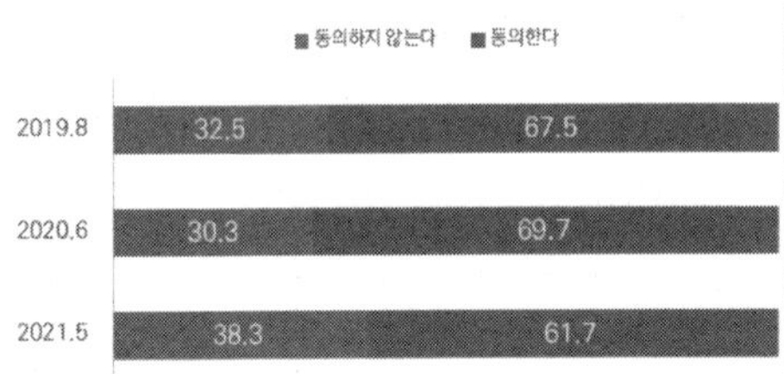

구분	2021	2020	2019	'21-'20(%p)	'20-'19(%p)
남성	58.2	66.2	66.0	(8.0)	0.2
여성	65.2	73.2	69.0	(8.0)	4.2
18~29세	66.7	78.0	71.4	(11.3)	6.6
30~39세	63.2	70.9	71.0	(7.7)	(0.1)
40~49세	67.3	74.3	69.7	(7.0)	4.6
50~59세	61.3	70.5	66.8	(9.2)	3.7
60~79세	53.1	58.2	60.6	(5.1)	(2.4)
미혼	70.9	75.1	69.9	(4.2)	5.2
유배우	55.2	66.7	66.6	(11.5)	0.1
이혼별거	66.7	79.4	78.4	(12.7)	1.0
1세대	57.2	64.0	65.4	(6.8)	(1.4)
2세대	60.5	70.7	67.9	(10.2)	2.8
3세대 이상	66.7	69.9	75.9	(3.2)	(6.0)
1인 가구	71.1	73.1	67.6	(2.0)	5.5

그림 2-6 **가족 개념별 동의율: 생계 · 주거 공유관계**

② '함께 거주하지 않고 생계를 공유하지 않아도 정서적 유대를 가지고 친밀한 관계이면 가족이 될 수 있다'에 대한 인식

함께 거주 및 생계를 공유하지 않아도 '정서적 유대를 가지고 친밀한 관계이면 가족이 될 수 있다'는 응답은 45.3%로 '동의하지 않는다'는 비율은 9.5% 낮은 54.8%로 나타났다. 2019년 이후 동일한 질문에 동의하는 비율은 2019년(38.2%), 2020년(39.9%), 2021년(45.3%)으로 증가하고 있다.

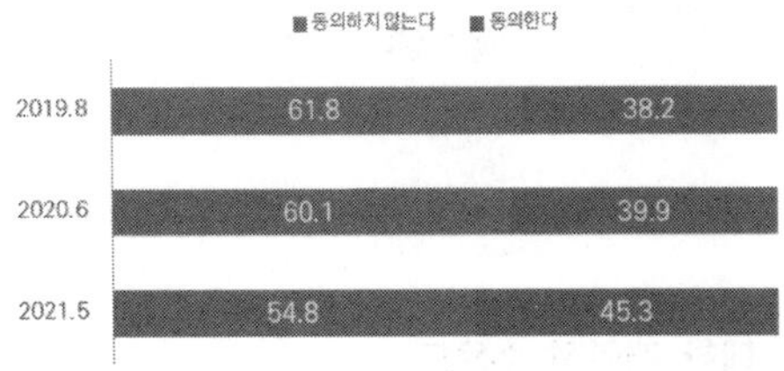

구분	2021	2020	2019	'21-'20(%p)	'20-'19(%p)
남성	42.9	36.9	36.8	6.0	0.1
여성	47.6	42.9	39.7	4.7	3.2
18~29세	48.3	54.5	46.5	(6.2)	8.0
30~39세	51.2	39.0	40.2	12.2	(1.2)
40~49세	50.8	39.5	39.5	11.3	0.0
50~59세	43.0	38.0	35.8	5.0	2.2
60~79세	36.8	31.7	31.6	5.1	0.1
미혼	52.6	47.6	45.1	5.0	2.5
유배우	41.4	35.7	36.0	5.7	(0.3)
이혼별거	40.4	26.5	43.2	13.9	(16.7)
1세대	38.5	32.0	34.0	6.5	(2.0)
2세대	45.1	42.0	39.4	3.1	2.6
3세대 이상	48.7	38.4	34.5	10.3	3.9
1인 가구	53.1	41.7	40.5	11.4	1.2

그림 2-7 **가족 개념별 동의율: 정서적 유대관계**

③ 비혼 가족(가구)의 출산 양육에 대한 사회적 수용도

'결혼하지 않은 여성이 아이를 낳는 것'(55.3%), '결혼하지 않은 남성이 아이를 기르는 것'(56.1%), '혼인신고 하지 않은 남녀가 아이를 낳는 것'(46.6%)에 대한 수용도는 전체 응답자의 절반 수준, '미성년자가 자녀를 낳아 기르는 것'(24.1%)에 대한 수용도가 매우 낮은 수준을 나타내고 있다.

④ 다양한 가족에 대한 개인적 수용도

자녀의 결혼 상대가 다양한 가족구성원인 경우를 가정하고 찬반(수용 여부)을 질문한 결과, '입양 가족 자녀'에 대한 수용도가 70.1%로 가장 높았으며, '한부모가족의 자녀'(69.6%), '재혼가족의 자녀'(65.3%), '다문화가족의 자녀'(61.8%) 순으로 나타내고 있다.

반면, 다양한 가족에 대한 개인적 수용도는 사회적 수용도보다 낮은 경향을 보인다. 비혼에 대한 사회적 수용도는 '비혼 여성 단독 출산'(55.3%)과 '비혼 남성 단독 양육'(56.1%), '비혼 부부의 출산'(46.6%)이었으나, 개인적 수용도는 '미혼모 · 미혼부 가족의 자녀'(49.0%), '비혼 동거 가족의 자녀'(39.9%)로 차이를 볼 수 있다.

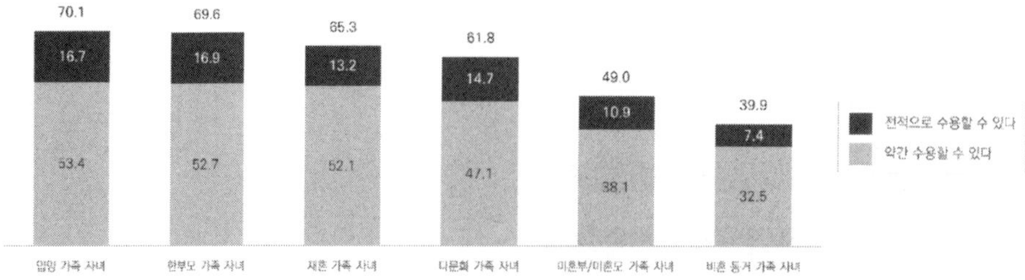

그림 2-8 **다양한 가족에 대한 개인적 수용도**

⑤ 다양한 가족에 대한 사회적 수용도(시계열)

가족 다양성 확보 방안 및 지원 정책 관련 인식을 통하여 새롭게 등장하는 가족에 대한 의미를 설명할 수 있다. 조사 응답자(92.2%)가 한부모가족에 대한 '지원이 필요하다'고 생각하며 '미혼부모가족'(80.6%), '1인 가구'(70.6%)에 지원 필요성에 공감하는 비율이 높게 나타났다. 그리고 '법률혼 이외 사실혼 · 비혼 동거 등 혼인에 대한 차별 폐지가 필요하다'는 응답은 2019년(66.0%), 2020년(70.5%), 2021년(76.9%), 매년 점진적으로 증가하는 추세에 있다. 다양한 가족 포용을 위해 '자녀의 성과 본을 부모가 협의하여 결정'할 수 있도록 제도를 개선하자는 데 2019년 70.4%, 2020년 73.1%에서 2021년에는 74.6%가 찬성하며 찬성 비율은 증가하고 있다. '혼인 외의 출생자 용어를 삭제'해 부모의 혼인 상태에 따른 아동 차별을 폐지하자는 데 2019년 75.6%, 2020년 75.9%, 2021년 74.1%로 오차범위 내에서 찬성 비율은 75% 수준을 유지하고 있다. 법률적 가족 범위 확대에 반대하는 비율이 높은 조사 응답층은 60세에서 79세 미만, 가정주부, 유배우자, 유자녀, 5인 이상 가구로 '혼인 혈연에 국한된 가족에 대한 정의를 사실혼, 비혼 동거까지 확장'시키자는 데 64.6%가 찬성하는 것으로 나타났다.

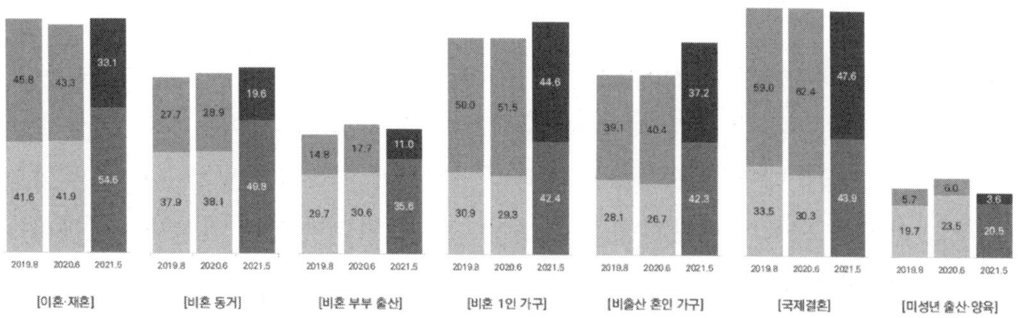

그림 2-9 **다양한 가족에 대한 사회적 수용도(시계열)**

⑥ 비혼 여성의 단독 출산에 대한 수용도

결혼하지 않은 여성(비혼 여성)이 양육하는 것을 '수용할 수 있다'(55.3%)는 응답이 '수용할 수 없다'(44.8%)는 응답보다 10.5% 높았다. 연령대가 낮을수록 비혼 여성의 단독 양육에 대한 수용도가 높게 나타나 연령에 따른 인식차가 존재하는 것으로 확인된다.

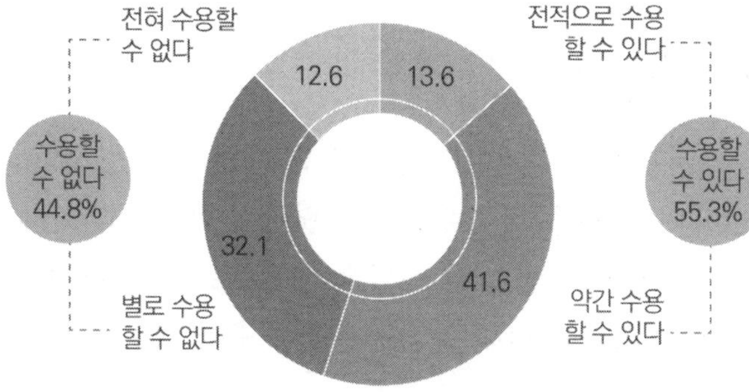

그림 2-10 **비혼 여성의 단독 출산에 대한 수용도**

⑦ 비혼 남성의 단독 양육에 대한 수용도

결혼하지 않은 남성(비혼 남성)이 양육하는 것을 '수용할 수 있다'(56.1%)는 응답이 '수용할 수 없다'(43.9%)는 응답보다 12.2% 높았다. 이는 비혼 여성의 단독 출산에 대한 수용도 조사 결과와 유사하게 연령대가 낮을수록 비혼 남성의 단독 양육에 대한 수용도가 높게 나타나 연령에 따른 인식차가 존재하는 것으로 확인된다.

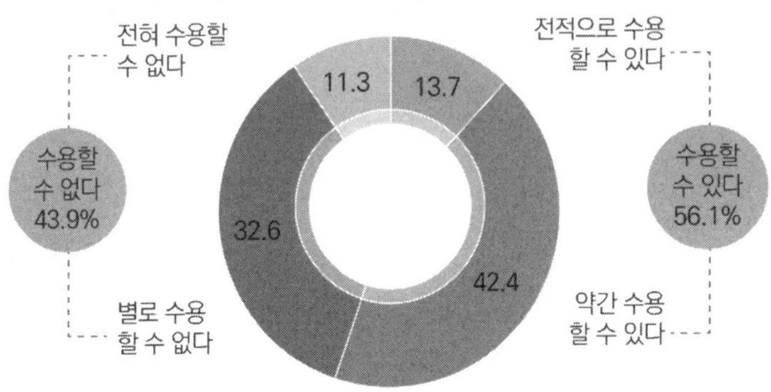

그림 2-11 비혼 남성의 단독 양육에 대한 수용도

⑧ 1인 가구에 대한 인식

조사 응답자의 87.0%가 성인이 결혼하지 않고 혼자 사는 것을 '수용할 수 있다'고 응답했으며, 응답층 내 수용도의 뚜렷한 변화는 확인되지 않는다. 반면, '1인 가구를 수용할 수 없다'는 응답은 13.0%로 60세부터 97세 미만, 자영업 계층에서 전체 평균에 비해 높았으며 전체 응답 비율에 비해 전년 대비 6.1% 상승하고 있다.

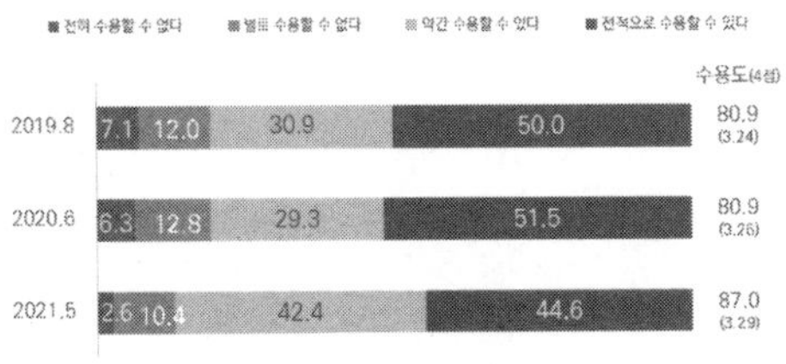

구분	2021(%)	2020(%)	2019(%)	'21-'20(%p)	'20-'19(%p)
남성	82.4	75.2	77.3	7.2	(2.1)
여성	91.6	86.7	84.5	4.9	2.2
18~29세	91.5	95.5	94.4	(4.0)	1.1
30~39세	90.3	94.9	94.2	(4.6)	0.7
40~49세	91.4	90.1	90.1	1.3	0.0
50~59세	86.0	74.4	76.1	11.6	(1.7)
60~79세	79.0	58.2	57.2	20.8	0.9
미혼	92.8	96.0	95.4	(3.2)	0.6
유배우	83.5	74.6	76.5	8.9	(1.9)
이혼별거	85.9	82.4	67.6	3.5	14.8
1세대	82.1	64.4	68.0	17.7	(3.6)
2세대	88.0	84.2	85.2	3.8	(1.0)
3세대 이상	87.2	74.0	82.8	13.2	(8.8)
1인 가구	88.2	88.9	83.8	(0.7)	5.1

그림 2-12 **1인 가구에 대한 수용도**

CHAPTER 3

한국가정의 변화

1 한국사회의 변화와 가족

오늘날의 가족은 사회변화에 따라 한부모가족, 무자녀가족, 재혼가족 분거가족 등의 다양한 형태가 등장하고 있으므로 가족에 대한 정의도 시대와 문화에 따라 달라지고 있다. 따라서 학자들은 가족을 정의하는 데 하나의 '가족(the family)'이라는 고정된 시각에서 '가족들(families)'이라는 새로운 개념으로 바뀌어야 한다고 주장한다. 그 이유는 가족에 대한 고전적 정의가 현대의 모든 가족을 포함하지 못하고 사회변화에 따라 발생하는 다양한 가족을 편견없이 바르게 이해하기 위해서이다(최규련, 2005: 15).

모든 시대와 문화에 적용할 수 있는 가족을 정의하는 것은 제한이 있지만 가족을 포괄적인 의미로 정의하면 "혈연, 입양, 결혼으로 연결되는 두 명 이상의 사람들로 구성되고, 장기적 현신과 역할수행을 통해 유지되는 집단"임을 알 수 있다(양재민, 2007: 14).

현대가족의 변화요인을 보면 가족의 크기와 세대구성이 작아지고 있다. 통계청(2006)에서 조사한 가구구조 변화 추이를 보면 지난 30년간(1975-2005년) 1인 가구의 비중이 4.2%에서 20%로 급증하고 평균 가구원 수는 5명에서 2.9명으로 감소하였다. 1세대로 구성된 가구 비중도 7%에서 16.2%로 증가하였고, 반면 3세대로 구성된 가구 비중은 20.1%에서 6.0%로 하락하였다(최규련, 2005: 57 재인용).

최근의 사회문제에서 많이 제기되고 있는 출산율 저하, 이혼율 증가, 가족해체의 위기 등은 모두 가족과 관련된 문제들이다. 이로 인해 가족에 대한 관심과 정책, 서비스가 집중되고 있는 가운데 한국가족의 변화와 향후 전망을 살펴보는 것은 정책수립과 서비스 제공에 있어서 기본 토대가 될 것이다. 현대가족의 변화는 다양하게 이루어지고 있지만 특징적인 변화를 들어보면 다음과 같다(정재훈, 2005: 8-12).

첫째, 개인주의 가치관 확산과 가족가치관의 약화가 급속히 진행되고 있다. 결혼관도 가족중심에서 개인중심으로 점차 바뀌어 가고 있어 결혼은 필수가 아닌 선택으로 받아들여지고 있을 정도로 결혼에 대한 부정적 인식이 증가하고 있다. 이는 양성평등 의식과 기존의 가부장제적 가족의식 사이의 지체현상이 커져 미혼의 젊은이들에게 결혼을 통한 가족구성이 더 이상 필수가 아니며, 매력적인 유인도 되지 못하기 때문이다(김승권, 2008). 가족구조 변화와 가족 내 돌봄의 한계에 대한 논의는 산업화 과정과 사회구조 변동과 연결되어 1970년대 이후 학계를 중심으로 지속적으로 제기되어 왔다. 그러나 1990년대 후반, 특히 2000년 이후 이혼율의 급속한 증가, 합계출산율의 급격한 감소는 우리나라 전반에 가족에 대한 위기의식을 높였으며 이에 대한 사회적 대안을 마련해야 한다는 주장이 강해지기 시작하였다. 표 3-1의 산업화 과정의 가족 관련 지표의 변화를 살펴보면, 지난 30년간 우리나라 인구가 1970년 31,435,252명에서 2000년 45,985,289명으로 약 1,400만 명 증가했음에도 불구하고 결혼건수는 1980년까지 증가하다가 이후 지속적으로 감소하는 경향을 보이고 있는데 특히 2000년 이후 감소율이 현저하다.

둘째, 이혼의 증가로 한부모가족이 급증하고 있다. 이혼건수는 1970년대와 1980년대에는 별다른 변화가 없다가 1990년 증가하는 양상을 보이다가 2000년 이후에는 더욱 급격히 증가하고 있다. 인구 천 명당 이혼 비율인 조이혼율은 1970년 0.4명에서 2003년 3.5명까지 이혼 현상이 폭발적으로 증가하는 현실을 보여주고 있다. 이에 따라 한부모가구는 1990년 889,000가구에서 2005년 1,370,000가구로 증가하였고, 전체 한부모가족 중 이혼에 의한 경우는 더욱 높은 증가율을 보였다(김승권, 2008).

표 3-1 **가족 관련 자료 변화 추이(1970~2004)**

연도	결혼건수	이혼건수	조이혼율	합계출산율
1970	295,137	11,615	0.4	4.53
1980	403,031	11,361	0.6	2.83
1990	399,312	45,694	1.1	1.59
1995	398,484	68,279	1.5	1.65
2000	334,030	119,982	2.5	1.47
2002	306,573	145,324	3.0	1.17
2003	304,932	167,096	3.5	1.19
2004	310,944	139,365	2.9	1.16

자료: 통계청(각 연도), 인구동태계연보.
주 1) 조이혼율=(이혼수/해당연도 인구) X 1,000
2) 합계출산율=이사 1명이 가임기간 동안 조사 시 연령별 출산율과 동일한 출산을 할 때 낳을 수 있는 자녀 수.

셋째, 가족규모의 축소와 세대 구성의 단순화에 의해 설명되는 가족구조의 변화이다. 가족규모의 변화는 가구원 수가 감소된다는 것으로 핵가족화, 소자녀화, 결혼을 저하 등에 기인한다. 인구주택총조사에 의하면, 평균가구원수는 1975년 5.0명에서 2005년 2.9명으로 약 40% 이상 감소하였다. 가임여성의 합계출산율은 30년간 급격히 감소하여 1970년 평균 4.53명에서 2002년 1.17명까지 떨어지면서 인구 재생산의 위기 차원으로 확산되고 있다(정재훈 외, 2005: 8-9). 세대 구성원 단순화는 1세대 및 1인 가구의 증가와 2~4세대 가구의 감소에 의해 특징지어진다. 즉, 1세대 가구는 1980년 8.3%에서 2005년 16.2%로 약 2배 증가하였고, 1인 가구는 동 기간에 4.8%에서 20.0%로 약 4배 증가하였으며, 반면에 2~4세대 가구는 동 기간에 86.6%에서 43.8%로 절반 정도 감소되었다(김승권, 2008).

넷째, 다문화가정이 급속하게 증가하고 있다. 이는 국제결혼에 의해 간접적으로 파악될 수 있다. 외국인과의 혼인은 2000년 이후 지속적으로 증가하고 있으며 향후에도 세계화로 인한 국제인구이동의 증가에 따라 한국남성의 아시아계 여성과의 국제결혼이 급증하면서 다문화가정이 증가할 것으로 전망된다(김희성, 2011 재인용).

위에서 살펴본 것과 같이 현대가족은 그 크기가 작아지고 있다. 확대가족에서 핵가족, 소인수 가족으로 변화되고 있는 것이다. 현대가족 친척들과의 접촉이 감소되었으며, 상호부조의 정신이 약화되어 가고 있는, 즉 가족이 불안정한 상태로 변화하고 있는 것이다. 또한 배우자 선택에 있어서도 결혼은 두 당사자 사이의 문제로 한정되어 이성이 만날 수 있는 기회가 많아짐에 따라 자유연애 결혼의 형태로 되어 가고 살림의 형태 또한 두 사람이 새로이 건설하는 단가살이 독립생활의 경향으로 되어 가고 있는 것이다.

또한 우리나라는 전통적으로 가족주의가 매우 강하며, 가부장적 가족주의는 삶을 지배하는 중심원리이다. 그에 따라 가족관계에서 역할과 의무가 인간관계의 토대가 되고 부모와 조상, 우리 집과 가문이 삶의 우선순위에 놓이게 된다. 그 결과 구성원들에게 공동체 의식과 소속감, 책임감을 갖게 하고 사회질서를 유지시켰다는 장점을 지닌다. 한편 전통적 가족주의의 문제점으로는 여성에 대한 차별, 권위주의 친소의식, 배타적 집단주의를 양산하여 시대변화에 역행한다는 것이다.

그동안 한국사회는 짧은 기간 내에 정치적 민주화, 산업화를 이루고 정보화, 국제화 사회로 변하면서 여성의 지위가 향상되고 이혼과 재혼의 증가와 출산율의 감소, 호주제의 폐지 등 실로 전통적 가족가치관으로 따라가기 어려운 현상이 발생하였다. 사회변화에 따라 양성평등 사상과 인간해방 사상, 개인주의, 편의주의, 경쟁적 업적주의가 사회에 확산되면서 결혼가치관, 부부관계 가치관, 자녀에 대한 가치관, 부모부양에 관한 가치관 등 가족가치관에 대한 변화가 나타나고 있다(양재민, 2007: 21-23 재인용).

우리나라는 6 · 25전쟁과 4 · 19 및 5 · 16을 겪은 후, 제3공화국이 들어서면서부터 정부 주도의 경제개발 5개년 계획이 수립되었으며, 이에 따라 산업구조는 물론, 전반적으로 가족의 변화, 즉 가족형태, 가족기능, 가족주기, 가족관 및 가족관계에 변화를 초래하였다.

1960년대 이후 도시화, 산업화의 물질로 현재에는 전체 국민의 80% 정도가 도시에 거주하고 있다. 이 때문에 우리의 전통적인 대가족 제도는 도시화에 밀려 대부분 붕괴되고 핵가족 제도로 변화하게 되었다.

우리나라 가족은 전통적으로 부모와 자녀관계가 부부관계보다 중시되어 왔으며, 핵가족화 현상은 자녀양육방식에 관한 지혜가 부모세대로부터 자녀세대로 전수되는 기회를 차단하여 새로이 가족을 구성하는 자녀세대에 시행착오를 겪을 뿐만 아니라 설혹 부모세대의 도움을 받을 수 있을 때조차도 양육방법을 둘러싸고 세대 간의 갈등을 보이고 있으며 급격한 사회변화는 부모의 성장경험과 자녀의 경험 사이에 심각한 단절을 초래하여 가족성원들의 의식, 가치관에서부터 행동양식, 언어, 생활습관 등에 이르기까지 세대 간에 심각한 갈등과 소외를 경험하고 있다.

이러한 가족의 변화는 자연히 자녀의 양육 및 나아가 아동복지적 문제를 발생시켰다. 여성의 경제활동참여율은 점차 높아가고 있으며, 기혼여성의 취업률은 전체 여성경제활동 참가인구의 75.5%를 차지하고 있다. 따라서 어머니의 취업, 부모질병, 이혼 등으로 부모의 보호가 부적절하거나 제한되어 있을 때 하루의 일정기간 동안 보호해 주는 보육사업이 필요하게 되었다. 보육의 개념은 시대와 상황에 따라 변화되어 왔다. 기존의 탁아라는 용어는 '아동을 위탁한다'라는 의미로 전통적으로 어머니가 개별적인 사유로 영유아를 양육할 수 없을 때 다른 사람이 보호자의 위탁을 받아 보충적, 개별적 차원에서 양육을 하는 것을 의미하는 보완적이며 선별적인 서비스를 말한다.

탁아는 주로 빈민층 자녀를 보호하거나 근로여성들의 취업을 도와주는 것으로 인식되어 왔으며, 보육에 대한 일반적인 사회적 통념은 아는 사회적으로 혜택 받지 못하는 저소득층 또는 빈곤계층을 대상으로 제공되는 질적으로 낮은 보호서비스라는 의미로 받아들여졌다.

그러나 급속한 산업화, 도시화로 가족제도 및 구조, 기능, 역할이 변화함에 따라 보육의 개념도 사회변화와 함께 크게 변화되게 되었다. 여성들의 학력신장, 경제구조의 변화, 여성 지위에 대한 새로운 시각, 가족구조의 변화 등은 보육의 문제를 한 여성, 한 가정의 문제가 아닌 사회적 국가적인 문제로 보게 되었고 보육의 기능도 보호뿐만 아니라 교육의 기능을 강조하게 되었다. 보육대상에 있어서도 저소득층 아동에게만 국한시키지 않고 모든 아동을 대상으로 보육서비스를 제공하며 아동의 권리로서 보호와 교육을 받을 수 있는 보편적인 서비스로 변화되었다.

한때는 영유아 보육에 대한 전통적인 관점에서, 1950년대에 주장된 보울비(Bowlby)의 애착형성 이론으로 인해 어머니와 일찍 격리되어 시설에 수용되어 있는 어린이들은 인지적 결함과 함께 정서적 장애의 문제점을 갖게 되며 성장한 후에도 이러한 효과가 지속되어 정서적 불안의 원인이 제거되어야 정상적으로 성장할 수 있으며 그렇지 않으면 문제아가 될 것이라는 일반적인 개념이 팽배해 있어, 보육이 나쁘게 평가되기도 하였다.

그러나 이제는 아동을 보호와 교육을 받을 권리를 지닌 주체로서 보호자가 누구든지 상관없이 자신의 개성을 발달시키고 장차 자아실현을 할 수 있는 기반을 닦을 수 있도록 평등하게 보호와 교육을 받을 기회를 누려야 한다고 보고 있기 때문에, 보육시설의 질적인 성장을 위해 표준보육과정 편성과 평가인증제도 등이 도입되면서 보육시설 나름의 철학적 기초를 갖고 프로그램을 구성하는 등의 보육 목적과 목표를 갖고 있다.

최근 많은 심리학자들은 인간의 성장발달에 있어서 유아기의 경험은 매우 중요하며, 유아기의 경험 중에서도 가정 내에서의 경험과 부모와의 관계 경험은 특히 중요하다고 제시하고 있다. 유아는 출생 후 가정에서 대부분의 시간을 보내게 되므로 이 시기에 유아는 가정환경으로부터 가장 큰 영향을 받게 되며, 가정환경 중에서도 가장 중요한 요소는 부모로부터 받는 영향이다. 왜냐하면 부모는 유아가 접하는 최초의 경험대상이며 사회의 일원으로서 성장하도록 하는 데 중요한 역할을 하며, 유아는 부모를 통해 세계에 대한 지식을 습득하고 사회화의 기초를 형성해 나가게 되기 때문이다.

부모의 영향은 자녀를 다루는 양육방식에 따라 달라지며, 이 양육방식은 유아의 사회적 적응행동에 영향을 주는 중요한 변수가 된다는 점에서 그 중요성이 강조된다. 그러나 요즘 젊은 부모들은 과거와는 달리 성장과정에서 양육과정에 참여할 기회를 거의 갖지 못한 채 자라왔다. 그리고 고등학교나 대학에서도 예비부모 또는 부모교육 강좌 등을 통해 부모로서의 올바른 역할과 자세를 바르게 습득할 학습기회를 한 번도 제공받지 못하였다. 또한 현대사회는 부모의 역할과 기능이 변화적이다. 취업, 이혼, 별거, 사별, 장기 출장 등으로 인해 이전까지 지속해 온 부모의 역할을 유지하기 어려운 경우가 많다. 최근에는 가족의 형태도 다양해져 가고 있다. 맞벌이 부모, 편부모 10대부모, 혼합부모 등이 증가되고 있어 보육시설이 아이의 양육을 담당하는 경우가 많아졌다.

보육시설의 역할에 대한 인식이 단순히 아동의 기본적인 물리적, 정서적, 생리적 기본욕구를 충족시켜 주고 아동의 건강을 돌보고 안전을 지켜주는 보호기능만을 강조하던 과거와 달리, 유아의 신체적·사회적 지적 및 언어적 발달에 기여할 수 있는 기초를 제공하고 자아존중을 발달시키는 교육기능의 통합을 지향하는 방향으로 변화하면서, 보호와 교육 및 각종 사회적 서비스의 기능까지 동시에 수행하면서 보육시설에 대해 요구되는 역할은 더욱 다양해지고 있다. 구체적으로는 영유아의 발달을 촉진시키고 영유아가 최적의 발달을 보이도록 이끄는, 보다 전문적이고 다양하고 적극적인 역할을 수행할 것이 요구되고 있다.

어린이집에서의 양육방식은 아동을 연령이나 발달 정도 등을 고려하여 학급을 나누어 보유하게 된다. 어린이집의 보육활동의 중심은 각각의 학급을 기준으로 한 명의 보육교사가 일정수의 아동을 보호하고 교육하는 데서 이루어지며, 아동의 일상생활이 거의 대부분 보육시설에서 이루어지기 때문에 아동은 보육교사로부터 부모와 같은 편안함과 신뢰감을 필요로 한다. 보육교사가 아동에게 심리적인 편안함과 안정감을 제공해 주고, 아동의 일상생활 중에 요구하는 기본적인 생리적 욕구를 충족시켜 준다는 점에서 양육자의 역할을 하고 있는 것이다(http://cafe.naver.com/social86).

1) 가족의 부양기능 변화와 세대 갈등

가족에 의한 노인부양 형태에는 노인이 필요로 하는 금전이나 물질 등을 제공하는 경제적 부양, 노인에게 고립감과 불안을 해소시킴과 동시에 인격적, 정서적 욕구에 대한 만족을 추구하는 정서적 부양, 취사, 목욕, 세면 등 노인의 신체에 서비스를 제공하는 신체적 부양 이렇게 세 가지로 나눌 수 있다(조추용, 1999: 262). 이러한 세 가지 부양 형태는 서로 밀접한 관계를 지니고 있다. 어느 하나의 형태라도 제대로 이루어지지 않는다면 다른 부양에서 받는 부담감에 영향을 미치기 때문이다. 이렇게 가족으로부터 받게 되는 가족부양행동의 중요한 역할은 노년기에 나타나는 역할상실, 능력감퇴, 사회적 접촉의 감소와 고립 등에 대한 완충지대의 역할을 담당함으로써 만족할 만한 노년기의 생활유지를 도모하여 노인세대의 삶의 질을 유지하는 데 기여하는 것이다(이정아, 2001: 2).

특히 정서적 부양행동을 통한 가족의 지지가 높을수록 노인의 자아존중감 상실 및 우울을 예방할 수 있다. 또한 노인의 고독감과 불안을 해소하고 인격적, 정서적 욕구의 충족을 제공한다. 대부분 연구들에서 정서적인 부양행동이 경제적인 부양행동보다 중요한 것으로 나타나고 있고, 정서적 부양행동은 어떠한 공적인 기능에 의해서도 보완될 수 없으며 가족에 의해서만 가능한 것이다(이정아, 2001: 8). 이러한 정서적 부양기능에 대한 가족의 부양행동은 그 형태가 어떻게 변하든 앞으로도 계속 중요한 위치를 차지할 것이다. 그렇다면 이러한 부양이 사회적인 문제가 되는 이유는 무엇일까? 부양에 대한 어려움들이 오늘날 새롭게 생겨난 것은 아니다. 오래전부터 노인을 부양하는 데 있어 어려움은 존재했었다. 하지만 이러한 부양에 있어 어려움 이 최근에 사회 문제시되는 것은 삶의 모습이 변화된 것이 큰 몫을 차지하고 있다(김미혜 외, 2006).

(1) 고령화

우리나라는 1960년대 이후 소득수준이 향상되면서 식생활의 개선, 의학의 발달 그리고 보건 위생의 향상 등으로 인해 평균수명이 지속적으로 증가하고 있다. 보건복지가족부가 공개한 '2008 OECD 건강데이터'에 따르면 2006년 기준으로 한국인의 평균수명은 79.1세를 기록해 경제협력개발기구(OECD) 국가 평균수명 78.9세를 0.2세 앞질렀다. 이러한 평균수명의 증가와 함께 인구억제정책으로 인해 출산율이 감소하면서 우리나라는 2001년에 65세 이상의 노인인구가 차지하는 비율이 7.4%로 UN이 규정한 고령화사회에 접어들었다.

선진국일수록 대개 높은 평균수명을 나타낸다. 소득수준이 낮은 나라일수록, 예를 들어 아프리카의 경우 평균수명이 낮아 40세 안팎에 머무르고 있다. 단순하게 긍정적으로 생각하면 평균수명의 증가는 생존 환경이 좋아졌음을 나타내는 것으로 받아들일 수 있다. 하지만 우리나라의 경우는 급속한 고령화로 인하여 노인인구의 노후생활에 대해 개인적으로나 사회적으로 준비하지 못했다는 심각한 사회문제를 야기하고 있다. 삶의 질이 무시된 채 다만 무의미한 삶의 연장이라는 것이 숨길 수 없는 현실이다. 평균수명이 79.1세라는 것은 젊어서 죽는 사람도 있기에 대부분이 80세를 넘는다는 것을 의미한다. 30세에 일자리에서 물러나면 20~30년 일거리 없이 지내게 된다. 경제적인 어려움은 제쳐 두더라도 수십 년을 마땅한 일거리 없이 지내는 삶으로 인한 스트레스와 무력감은 더욱 큰 문제이다.

이렇게 노인들은 외적으로 역할상실 및 지위저하를 겪고 내적으로는 고독감과 소외감을 느끼게 되는데 특히 질병으로 인해서 오는 문제는 노인 자신뿐만 아니라 주변 사람들에게도 많은 어려움을 주게 된다. 물론 고령 노인에게서 기능 손상과 만성질환의 발생 비율이 높게 나타나는 것은 어느 나라나 공통적인 현상이다. 우리나라의 경우 75세 이상의 집단에서 28%를 넘는 높은 비율의 노인이 수발을 필요로 하는 것으로 나타났다(김연옥 외, 2005: 430).

(2) 가정역할의 변화

농경사회의 가족형태는 노동력 이용을 위한 대가족 제도이다. 이 제도 아래에서는 자녀가 부모를 부양하는 것은 당연한 것이었기에 노인은 우대받으며 안락한 삶을 향유할 수 있었다. 더욱이 노인의 풍부한 경험은 가족의 일상생활에 방향을 제시하였고, 그 힘은 절대적이기에 노인의 가치는 컸다. 또한 경로효친의 윤리와 규범이 엄격하게 지켜졌던 사회였다. 이러한 환경에서 노인부양은 사회적으로 문제시되지 않았다. 하지만 지난 수십 년 동안 우리나라는 산업화와 도시화의 과정에서 정치, 경제, 문화 등 각 분야에 다양하면서도 급격한 사회적 변화를 체험하였다. 개인은 생존을 위해서 이러한 사회적 변화에 맞추어 변화할 수밖에 없었고 가정 역시 그 역할과 기능상의 변화를 겪을 수밖에 없었다.

가족의 가장 큰 변화는 관계라 할 수 있다. 우선 부부간의 관계를 보면, 남존여비 사상에 의한 군림과 복종의 관계에서 평등한 관계로 변화하였다. 모든 인간은 평등하다는 인권사상의 실현과 여성이 경제활동을 할 수 있는 기회가 확대되고, 여성교육의 보편화에 따른 여성의 자각 등은 부부관계에 변화를 가져다주었다. 부모와 자식 간의 관계 역시 마찬가지다. 부모와 자식 간의 전통적인 관계는 부자유친으로 철저한 상하관계였다. 그러나 합리성의 토대 위에서 형성되는 인격 대 인격의 관계로 전환되고 있다. 이에 따라 부모는 자신의 노후를 자녀에게 의탁하려는 기대를 버리게 되었으며, 자식들 또한 부모를 봉양할 의무에서 해방되려고 한다. 그 결과 경제적 독립을 토대로 다세대 가족은 2세대 가족으로 분가되어 상호 간섭이나 통제를 배제하게 되었다. 이렇게 종래의 직계가족은 핵가족, 부부중심가족으로 변화하였다. 함께 사는 가족구성원의 감소는 친밀감을 형성하고 대화를 추진시키는 긍정적인 역할을 하기보다는 오히려 부모와 자녀 사이의 가치관 차이를 가져다주었고 이는 노인을 소외로 이끄는 결과를 가져왔다(임미영, 2002: 10 재인용).

사회학자들은 가정의 기능을 자녀출산과 양육하는 기능, 경제적 기능, 심리적 기능으로 나눈다. 오늘날 특히 변화한 기능은 경제적 기능인데 전통적으로 가정은 생산과 소비의 공동체였다. 그러나 현대의 가정은 소비 공동체가 되었다. 기존에 가정에서 해오던 생산적인 기능들인 가족구성원들에 대한 보육이나 교육, 그리고 부양은 보육원, 학교 그리고 복지시설 등 전문기관에서 맡게 됨으로써 사회와 더욱 밀접한 관계를 맺게 되었다. 이렇게 가정이 맡아오던 기능들을 기업, 학교, 국가 등 전문적인 제도가 흡수함으로 인해 가정은 사회의 변화에 민감하게 되었고 급속한 사회의 변화와 사회구성원들 사이에서의 경쟁으로 인해 사회가 점점 불안해지면서 가정은 약해지는 다른 기능들과는 달리 정서적 기능을 더 강조하고 있다.

오늘날 가정은 개인의 정체성과 의미를 실현하는 공간이면서, 심리적인 안정과 힘을 재충전하는 요소로서 더욱 중요해지고 있는 것이다. 감정의 공동체로서, 의미를 채워주는 장소로서 그리고 정서적 욕구를 만족시키는 장소로서 가정은 현재 주로 개인의 행복에 봉사함으로써 대단히 개인주의화 되었다. 이러한 경향은 한국사회의 급속한 이혼율 증가의 한 요소로 작용한다. 특히 중년층의 이혼율 증가가 가장 높은 것으로 나타나고 있다. 이러한 결혼 불안정성의 증가는 전적으로 가족에게 의지하고 있는 한국의 치매환자 부양체계를 위태롭게 할 수 있고 이러한 상황에서 치매환자를 부양하는 부양자의 사회, 심리적 스트레스 또한 더욱더 커질 수밖에 없다는 점을 간과할 수 없을 것이다(백주희, 2007: 256).

(3) 사회적 무관심

오늘날과 같은 기능사회와 소비사회에서 건강이란 "노동능력과 향유능력"을 뜻한다. 때문에 이 능력이 손상된다면 그 삶은 무의미한 것으로 여겨지기에 사람들은 각별히 건강에 유의한다. 이로 인하여 장애자, 병자 그리고 노인들은 사회의 변두리로 쉽게 밀려 나가게 된다. 특히 우리나라의 경우 급속한 경제 성장 속에서 이러한 성향이 뚜렷이 드러나면서 노인들은 어느새 공경의 대상에서 주책맞고 귀찮은 존재로 비하되어 버렸다. 한국사회는 노인공경 의식이 낮아지고 노인 차별주의가 확산되어 가고 있는 추세 속에서 사회적으로 노인은 열등한 지위에 처하게 되고 부적절한 처우를 당할 가능성이 높아지고 있다. 이러한 상황의 극복을 위해서는 변화하는 사회 안에 자신을 통합시키고 적응시키기 위한 노인들의 사회화 과정이 반드시 필요하다(권중돈, 2004: 6). 이미 이 과정에서 노인들은 다음과 같은 어려움을 겪고 있다.

첫째, 사회는 젊은 사람들이 새로운 지식과 기술을 습득하게 하여 사회적 역할을 수행하도록 하는 데 관심을 두지만 중년기 이후의 사람들에 대한 배려가 부족하다.

둘째, 사회화가 자발적인 차원에 맡겨져 있기에 개인의 특별한 노력 없이는 이루어질 수 없다는 것이다.

셋째, 노년기의 사회적 역할이 확립되어 있지 않음에 따른 어려움인데, 이는 새로운 지위와 역할에 대해 미리 준비하는 예기적 사회화(anticipatory socialization)를 할 수 없게 만든다. 성인, 특히 노년의 사회화에 대한 올바른 정립이 시급하다 하겠다(김철호, 2004: 11-12).

노인들이 사회적으로 관계를 맺고 생활해 나갈 수 있도록 가정의 노력과 함께 사회적 관심과 노력이 병행되어야 한다. 고독하게 되는 것은 이미 '사회적 죽음'이라고 할 수 있기 때문이다(권중돈 외, 2002: 20).

요양시설도 사회적 무관심 속에 시설이 턱없이 부족한 실정이기에 장기요양보호와 관련해서 공식보호를 받고 있는 노인은 소수에 불과하다. 시설보호를 필요로 하는 노인의 증가에 비례하여 시설설립이 너무나 부족한 실정이다. 이러한 상황은 부양을 필요로 하는 대부분의 노인들이 전문성이 보장되어 있지 않은 가족보호를 받거나 거의 방치되어 있다는 것이다. 때문에 가족의 노인수발기능을 지원하기 위한 재가복지서비스는 매우 중요하다. 그런데 우리나라의 사회복지정책은 간호와 수발을 원조해 줄 수 있는 전문 간호인력이나 전문봉사인력을 양성하기보다는 시설을 먼저 설치하고, 가족지원서비스보다는 시설설치비에 거의 대부분의 예산을 투입하고 있다. 이러한 이유에서 우리나라의 노인부양가족은 서비스 수혜자로서의 권리를 거의 보장받지 못한 채 서비스 제공자로서의 의무만을 강요당하고 있다. 이는 그동안 우리나라의 복지정책에서 부양의 의무를 사회가 책임지기보다는 가족에게 떠맡겨져 왔기 때문으로 볼 수 있다.

전체적으로 가족의 부양기능 변화와 세대 갈등의 가족생활주기(family life cycle)에 따르면 노년기는 퇴직으로 인해 경제력을 상실하게 되는 시기이며, 이때 노인들은 어떠한 형태로든 자신의 노후를 가족이나 사회에 의존하지 않을 수 없게 된다. 또한 노년기에는 장기적인 요양보호를 필요로 하는 만성퇴행성 질환의 발생이 증가하기 때문에, 노인인구의 증가는 곧 가족이나 사회적 부양부담 비용의 증가를 의미한다.

부양이란 '노후에 경제활동을 할 수 없기 때문에 나타나는 경제적 빈곤, 신체적 퇴화로 인해 나타나는 불건강, 그리고 사회 · 심리적인 고독에 대해 필요한 사항을 지원해 주고 돕는 것'을 말한다. 노인부양문제는 가족의 구조와 기능의 변화라고 하는 맥락에서 고려되어야 한다.

일반적으로 대가족 구조를 바탕으로 한 전통적 사회에서의 노인들은 자신의 노후를 주로 가족에 의해서 부양받게 되고, 산업이 발달한 핵가족 구조의 현대사회에서는 주로 연금이나 공적부조에 의한 사회보장제도에 의해 노후부양이 이루어지고 있다. 우리나라는 1960년대 이후 산업화로 인해 사회 · 경제적으로 커다란 변화가 있어 왔으나, 아직도 많은 노인들이 자녀와 함께 살고 있을 뿐만 아니라 자녀와의 동거기대가 매우 높다. 따라서 가족은 여전히 노인부양의 기능을 수행하는 가장 중심적인 위치에 놓여 있다.

이러한 현실을 고려한 정부는 경로효친의 미풍양속을 중시하는 가족제도를 유지·발전하도록 「先 가정보호, 後 사회보장」을 노인복지정책의 기본방향으로 추진해 오고 있다.

그러나 현재 우리나라에서 실시되고 있는 노인복지정책은 가족구성원 모두를 대상으로 하는 정책이라기보다는 대체로 노인만을 강조한 정책으로써의 한계성을 보이고 있으며, 실질적으로 가족의 부양기능을 지원하는 제도는 미흡한 실정이다.

현대사회의 가족기능은 전통사회에서와는 크게 달라지고 있으며, 사회여건의 변화로 인하여 가족 자체의 능력만으로는 노부모 부양보호 기능을 전담하기 어려운 실정이다.

따라서 정부는 가족의 노부모 부양기능을 보완하고 가족해체를 예방할 수 있는 다양한 사회적 서비스를 제공해 줄 필요가 있으며, 가족에 의한 노부모 부양정책이 보다 실질적인 효과를 거둘 수 있기 위해서는 노부모 동거가족을 위한 간병수당제도의 도입, 금융 및 주택지원제도의 개선, 재가 및 시설 보호 서비스의 확대가 필요하다.

아울러 노인복지정책이 전통적인 부양자로서의 여성들의 역할에 의존하기보다는 남녀 모두 동등하게 참여할 수 있는 지원체계를 구축해야 할 것이다. 즉, 노인복지정책에 있어 가족구성원들이 수행하는 부양자로서의 다양한 역할수행을 지원하며 이들의 보호노동의 가치를 인정할 필요가 있는 것이다.

결론적으로 노인과 가족의 복합적인 부양욕구에 적합한 정책과 서비스를 개발하기 위해서는 보다 거시적이고 장기적인 정책이 필요하다고 하겠다. 노인부양은 가족, 지역사회, 국가 간의 적절한 역할분담을 통하여 공동의 노력으로 이루어져야 할 것이며, 가족구성원의 부양능력과 의사를 고려한 사회적 지원체계를 구축해야 한다. 또한 가족이 노인부양 기능을 적절히 수행할 수 있도록 적극 지원하는 보다 다양한 정책이 수립되어야 할 것이다 (http://www.idjnews.co.kr).

2) 노부모 부양과 부모자녀관계

평균수명이 길어지고 노인인구가 늘어난 반면 출산율은 낮아지면서 가족구조 및 가족관계에 큰 변화를 초래하게 되었다. 특히, 출산율 저하로 인해 세대 간의 관계가 강해지고, 수명연장으로 부모-자녀관계를 유지할 수 있는 기간이 점점 길어지고 있으며, 더 많은 세대와의 상호작용이 가능해짐으로써 성인자녀와의 관계도 그 중요성이 더욱 부각되고 있는 실정이다. 또한, 자녀세대의 부양부담이 커지고, 노인세대의 노후준비도가 높아지고 있다. 이로써 성인자녀부모관계는 일방의 부양관계가 아닌 세대 간의 자원의 교류로 전 생애에 걸쳐서 지속되는 관계로 발전하면서 각각의 가족마다 생활환경에 따라 다양한 양상을 보이게 된다.

이처럼 복잡하고 다양한 사회변화로 인해 자녀의 직접적인 부양행위가 현실적으로 어려워지고 있다. 이에 대한 대안의 하나로 노인부모들이 근거리에 살면서 자녀의 부양을 받는 준동거 형태를 채택하거나, 공간적으로는 분리되어 있지만 위층이나 아래층에 사는 식의 분리를 통해 부모를 부양하는 형태, 또는 원거리인 경우 지속적인 만남을 통해 심리적 거리감을 줄여 나가면서 노인부모와 자녀 간의 관계를 유지하고 있다.

또한, 노부모들 입장에서도 자녀와 함께 동거하면서 부양받는 것에 심리적인 불편함을 느끼고 오히려 떨어져 사는 것을 더 선호하는 측면도 있어, 지금까지 전통적으로 유지되어 온 부양에 대한 가치관이 많이 변하고 있음을 알 수 있다.

따라서 물리적으로 따로 떨어져 있는 자녀의 경우를 포함하여, 노인부모와 함께 동거를 하는 성인자녀들 모두 심리적인 거리감을 좁힐 수 있는 새로운 부모자녀관계를 형성하기 위한 노력이 필요하다 하겠다.

즉, 노인의 생활만족도는 자녀와의 동거여부보다 가족 내 역할과 자녀와의 유대관계가 오히려 더 영향을 미친다는 연구결과를 통해서도 알 수 있듯이, 노년기 부모와 성인자녀관계는 관계의 질적 측면에서의 중요성이 더 부각되기 때문에 고려해야 할 필요성이 있다고 본다.

이처럼 부모-자녀관계의 질적인 측면에서 강조한 '가족'이라는 개념을 살펴보기로 한다. 뱅슨과 스크래더(Bengrson & Schrader)가 세대 간 결속의 기본적인 요소들로 정의했던 부모-자녀 간 관계의 6가지 차원을 정리하면 다음과 같다.

① **연합적 결속**(associational solidarity): 가족원들이 참여하는 여러 가지 활동

의 상호작용 빈도로 세대 간 상호작용의 빈도(대면 대화, 편지, 공유되는 보편적 인 활동(오락, 특별한 작업 등))이다.

② **애정적 결속**(affectual solidarity): 가족원들에 관하여 주어지는 긍정적인 정서의 유형과 정도와 이러한 정서의 상호작용 정도로 가족에 대한 애정, 온정, 친밀함, 이해, 신뢰, 존경 등의 정도, 가족원들 사이의 긍정적인 정서 속에서 지각된 상호작용의 정도이다.

③ **합의적 결속**(consensual solidarity): 가족원들 사이의 가치, 태도 신념에 대한 동의 정도로 특별한 가치, 태도, 신념들에 대한 개인적인 측정치들 사이의 가족 내 일치와 가치, 태도, 신념들 속에서 지각과 다른 가족원과의 유사성의 정도이다.

④ **기능적 결속**(functional solidarity): 지원과 자원교환의 정도로 세대 간 지원교환의 빈도(재정적, 신체적, 정서적 지원 교환) 및 세대 간 자원교환의 상호교환의 정도이다.

⑤ **규범적 결속**(normative solidarity): 가족역할 수행과 가족의무 수행에 대한 헌신의 강도(가족주의)로 가족과 세대 간 역할의 중요성 및 자식으로서의 의무의 강화 정도이다.

⑥ **구조적 결속**(structure solidarity): 가족원의 수, 형태, 지리적 근접성에 반영되는 세대 간의 관계를 위한 기회구조로 가족원들의 주거 근접성, 가족원의 수, 가족원의 건강이 있다(http://www.itall.or.kr).

3) 부양에 관한 기대와 부양동기

한국 전통사회의 생활문화 전반에 걸쳐 커다란 영향을 끼친 사상은 유교이다. 공자(孔子)는 논어(論語)에서 인간의 기본적 가치를 '인(仁)'이라고 하였고 '인(仁)'을 도덕규범의 근본원리이며 핵심개념으로 보고, "효(孝)와 제(弟)는 인(仁)의 근본이다"라고 하여 부모에 대한 효도와 형제간의 우애와 같은 가족적 도덕규범을 인의 실천방법으로 제시하였다.

유교의 사상은 일원론을 바탕으로 유한한 생명과 생명을 연결함으로써 인간의 유한성을 극복한다. 즉, 나의 생명은 조상으로부터 나고, 또 나는 나의 생명을 후손에게 물려주는 것이다. 그렇게 효를 통해서 조상으로부터 나를 거쳐서 후손에게까지 연결됨으로써 가족이 영구적으로 존재하게 되는 것이다. 그렇기 때문에 나의 존재를 가능하게 해준 부모에게 보답해야 한다는 것이 바로 효의 기본 정신이다.

한국의 유교적인 가족제도하에서는 엄격한 부계 혈통주의를 고집하고 있다(김동춘, 2002). 장남이 부모의 가문을 계승하고 딸은 출가하며, 다른 형제들은 결혼 후 따로 세대를 구성하는 식의 가족행태, 즉 부모와 장남 부부 그리고 손자가 함께 거주하는 전형적인 직계가족제도가 바로 그것이다. 효경(孝經)에 의하면, 전통적인 생육, 공정, 봉양에는 아들선호가 그 중심에 있다고 밝히고 있으며, 아들–특히 장남–에게 부모부양을 기대하였다.

예기(禮記)에서는 효에 대한 세 가지 중요한 방법들을 제시하고 있다. 첫째는 부모를 공경하는 것으로, 부모를 모심에 있어서 정신적, 정서적으로 편안히 해드리는 것이고, 둘째는 부모와 가족을 욕되게 하지 않는 것이며, 셋째는 부모에게 좋은 음식, 의복 및 따뜻한 잠자리를 제공하는 등의 물질적인 봉양이 그것이다(박재간, 2004). 이처럼 효의 방법은 정신적인 것뿐만 아니라 물질적인 것까지 포함하고 있다.

실용주의, 즉 프래그머티즘(Pragmatism)은 19세기 후반에 미국을 중심으로 일어난 새로운 철학사조이다. 그 근본사상은 진화론을 출발점으로 하였고, 생물학 · 생리학 · 심리학에 영향을 받아 철학의 기초를 구체적 경험에 두고 있기 때문에 관념론과는 대립되는 사상이다. 실용주의자들은 지식은 확고한 토대를 갖춘 절대적이고 정적인 것이 아니고, 오히려 항상 수정 가능하며, 새로운 발견과 개념의 발전에 따라서 끊임없이 변한다고 주장한다(Aune, 1970).

실용주의적인 관점에서 가정을 살펴보면, 가족관계의 영구성이란 부모와 자녀 사이에는 존재하지 않고 단지 부부관계에서만 한정된다. 따라서 아이들은 가정에서 연장자에 대한 의무 같은 것을 교육받지 않고, 단지 아이들의 권리나 자유에 대해서 교육을 받게 되는 것이다. 또한, 관념이나 사상은 현실보다 우선시되는 개념이 아니어서 현실의 필요나 환경에 의해 달라질 수 있는 가변적인 성질을 지닌다. 따라서 도덕이나 윤리도 고정된 것이 아니라 인간의 필요에 의해 항상 변할 수 있는 것이다. 실용주의에 있어 더 유용한 결과를 낳기 위한 행동인 관념의 변화는 당연한 것으로서, 이러한 가족형태 변화 또한 환경의 변화에 따른 필연적인 결과로 해석할 수 있다(유승주 · 이성우, 2007: 201-227).

4) 부양형태와 부모자녀관계

(1) 부양형태

부모부양의 형태로는 경제적 부양, 정서적 부양, 신체적 부양 등 세 가지로 나뉜다. 이 중 경제적 부양은 노부모가 필요로 하는 금전이나 물질을 공급하는 것을 말하는 것으로, 그 공급의 원천과 방법에 따라서 공적부양과 사적부양으로 나누어진다. 공적부양은 사회부양이라고도 하여 국가의 사회보장체제에 의한 연금, 보험, 공적부조 등 국가재정에 의한 경제적 보장이고, 사적부양은 가족에 의한 경제적 부양이 주된 것으로, 노인 스스로의 경제활동에 의한 자활적인 부양을 말한다. 김명자 · 조재화는 노인에게 경제적 지원을 하거나 경제적 자립을 도와주는 부양형태라고 하였다. 즉, 노년기에 경제적 안정은 물론 생계유지, 건강유지, 여가활동, 나아가서는 자아실현과 관련된 활동을 수행하기 위하여 노인들에게 가장 필요한 형태라고 하였다.

정서적 부양은 노인의 정서적 욕구를 충족시키고자 하는 부양으로서 노인의 감정과 정서를 이해하고 따뜻하게 대해주며 외로움을 달래주는 것을 의미한다고 하였다. 차풍로(1977)는 노인부양은 경제적으로 아무리 충분한 부양이 이루어진다고 해도 인격적 주체로서 다른 사람과 만족스러운 정서적 관계가 유지되어야 보다 만족을 느낄 수 있다고 하였으며 노인은 사회적 활동으로부터 은퇴하여 생활하고 있으므로 가족, 이웃, 친구 등과의 인격적 · 정서적 관계를 만족스럽게 유지한다는 것이 더욱 중요하다고 하였다. 최성재(1986)는 노년기에 체험하게 되는 경제적 고립은 공적 기관에 의해서 처리될 수 있다고 하지만 감정에 근거한 정서적 부양은 어떤 공적 기관에 의해서도 보완될 수 없으며 가족에 의해서 가능한 것이라고 하였다.

서병숙 · 이신숙(1991)은 노년기는 정신적 · 신체적 힘의 쇠퇴와 배우자 상실 또는 배우자나 자신의 질병이나 사고, 자녀의 분가와 같은 지금까지 경험했던 생활과는 다른 생활 형태를 겪게 되어 고립감이나 소외감을 느끼기 쉬운 시기이므로 정서적 부양은 특히 중요하다고 하였다. 김태현 · 한은주(1994)는 노인의 고독감과 불안을 해소하고 인격적 · 정서적 요구의 부양을 제공하는 부양을 의미하며, 구체적인 부양행동으로 접촉을 들 수 있으며, 접촉의 종류로 방문과 전화 등을 할 수 있다고 하였다. 민무숙(1995)은 정서부양의 종합적 견해로서, 노부모와의 질적인 접촉과 지지, 격려, 마음을 알리고 이해할 수 있는 대화나 감정적 교류로 인한 신뢰, 공평, 사랑, 존경심 등이 노부모에 대한 구체적인 정서적 부양의 행위라고 하였으며, 정서적 부양의식은 경제적, 신체적 부양의식에 비해 가장 상위적인 영역으로 외형적으로 보이는 것이 아니라 추상적이고 이념적인 측면이 강하므로 장기적이고 구체적인 계획이 선행될 필요성이 있다고 하였다.

신체 · 서비스 부양을 서병숙(1996)은 노인의 신체적 조건에 따라 식사, 목욕, 세탁 등의 보살핌과 시중을 제공하는 부양을 의미한다고 하였다. 이가옥 · 이미진(2000)은 노인의 일상생활에 있어서 신체적 거동 및 가사 운영에 필요한 부조, 간호, 심부름, 청소, 세탁, 요리, 식사, 목욕, 보살핌과 시중을 제공하는 부양이라고 하였다. 강유진 · 한경애(1997)의 연구에서는 집안일 돌보기, 병원 갈 때 동행, 휴일이나 휴가 시 함께 지냄, 야외나들이, 바깥 용무 돕기 등이 있으며, 노인이 되면 생리 · 신체적으로 노화현상이 나타나 신체적 기관의 기능이 감퇴하고 통합능력이 부족하여 제대로 적응할 수 없게 되므로 노후에 발생하는 또 하나의 심각한 문제는 신체적 노화와 질환 문제라고 하였다. 또 신체 · 서비스 부양은 노인인구, 특히 고령후기노인의 증가와 더불어 가족부양의 한계성을 드러내고 있는 부분으로 가족성원 중 여성이 주로 노인의 부양을 담당하나 기혼여성의 사회진출, 핵가족화, 적은 가족성원 등으로 노인과 동거하는 경우조차도 큰 부담이 된다고 하였다(민미정, 2009: 12-13).

(2) 부모-자녀관계

가정은 건강한 성인 남녀가 깊은 사랑과 신뢰가 계기가 되어 부부가 되고 그 결실로 자녀가 출생 · 양육 · 생활하는 사랑의 공동체이다. 가정은 건강한 부모와 건전한 가정문화 속에서 생활하면서 신체적 · 철학적 · 지적 · 정서적 · 도덕적 · 종교적으로 양질의 인격자가 되도록 그 기초를 가르치고 생활화 시키는 교육의 장소로(김흥규, 2005), 부모는 자녀가 독립할 때까지 자녀를 돌보아야 하는 의무와 책임이 있으며, 자녀의 신체적 · 정서적 발달을 돕는 가장 중요한 역할을 한다. 따라서 부모자녀관계는 개인의 인성 형성과 사회화에 매우 중요하다.

인간의 성장발달에 영향을 미치는 환경요인은 크게 가정, 학교, 사회의 측면으로 구분할 수 있는데, 이 중 가정환경은 출생 시부터 인간이 성장하고 발달하는 곳으로 최초의 사회적 경험을 제공하는 환경이다(이진숙, 2005). 이러한 가정환경은 물리적 환경과 심리적 환경으로 나눌 수 있는데, 물리적 환경은 거주지의 생태적 환경, 가옥의 크기, 문화시설 등을 말하는 물적 요인으로 다시 나누어진다. 또 심리적 환경으로는 부모의 양육태도, 가정의 분위기, 언어모형 등과 같은 가족과 자녀와의 상호작용의 환경을 들 수 있다(정원식, 1998).

부모-자녀관계에 대해 경험적, 양적 연구를 시도한 김의철 · 박영신(2004)의 연구에서는 희생과 헌신을 통해 신뢰를 구축하게 되는 부모-자녀관계가 관계주의 사고의 심리적 원형으로 작용하여 교사-학생관계나 배우자관계 등에서도 강력하게 영향을 미치고 있다고 한다. 예컨대 교사-학생관계에서 청소년들이 교사를 신뢰하는 이유로서 '학생을 위한 고생과 희생', '부모와 같은 존재'라는 반응이 나타났으며, 배우자와의 관계에 있어서도 배우자의 개인적 특성보다는 배우자가 가족을 위해 헌신적으로 기여하는 관계적 역할에 충실할 때 신뢰하게 된다는 것이다. 또한 직장상사나 동료를 신뢰하는 이유로서 '관계에 대한 무조건적 신뢰'와 '인간관계에서 정서적인 배려를 해줌'을 가장 중요한 이유로 꼽았다. 이윤을 주된 목표로 추구하는 기업에서조차 한국사람들은 업무처리 능력보다 가족적인 인간관계와 정서적인 교류를 상대방 신뢰의 중요한 기준으로 삼는 등 일관된 경향을 보인 것이다(김명언 · 이영석, 2000). 이는 가정에서의 부모-자녀관계 양식이 다른 사회 조직에서의 인간관계 양식에 확대 적용되고 있음을 보여주는 것이다. 따라서 우리네 부모자녀관계는 관계주의 문화의 특성을 반영하고 있다고 할 수 있다. 일단 형성된 부모자녀관계는 이후 개인이 경험하게 되는 다양한 사회생활에서 인간관계 양식의 토대를 제공할 뿐만 아니라 사회적응의 기초가 되는 매우 기본적이고 핵심적인 관계라 할 수 있는 것이다(민미정, 2009: 7-8).

5) 새로운 부양문화 변화

가정 안에서 부모는 건강한 육체 및 정신적 발전과 사회의 구성원으로서 필요한 모든 것을 자녀에게 제공할 의무가 있다. 이와 같은 의무는 근본적으로 그들이 부모라는 사실에 달려 있다. 마찬가지로 자녀들은 가정에 속해 있기에 가족의 발전에 관심을 둘 의미가 있으며, 부모의 사랑에 대한 보답으로 그들에게 사랑을 베풀어야 한다. 이런 것들은 교환적 정의를 바탕으로 하여 지불해야 할 빚이 아니라 가족구성원으로서 가지게 되는 본성과 처지에 의하여 요구되는 것이다(강두호, 2003: 197-198). 이러한 요구로 인하여 생기는 책임을 조나스(Jonas, 1984)는 "자연에 의해 만들어진, 즉 자연적으로 존재하는 책임"이라고 했다. 그 때문에 이 책임은 합의 여부에 상관없으며, 취소할 수 없고, 예측할 수 없으며, 전 세계에 공통된다. 부모를 모시는 것은 가족구성원의 자연적 책임이라고 할 수 있다. 하지만 국가가 지는 공적부양은 국가의 구성원으로서 지니게 되는 국가와의 계약관계에 의한 계약적 책임이라고 할 수 있다. 때문에 이 책임은 사회구성원들과 사회와의 합의에 영향을 받으며, 취소할 수 있고, 예측가능하다. 그리고 그 사회의 구성원들과 사회가 어떻게 계약을 맺는지에 따라 다양하게 나타난다.

사회와 그 구성원 간의 계약을 통한 경제적인 복지국가의 개념이 정립되었던 시기는 서구 선진국의 경우 정치적인 민권의 확립과 산업혁명을 거친 후인 18-19세기 이후이며, 물질문명의 혜택을 입지 못하고 낙후된 후진국에서는 제2차 세계대전 이후에서야 비롯하였다(황경식, 1995: 550). 제2차 세계대전 이후 등장한 복지국가의 개념은 선진국을 중심으로 하여 발전되어 왔다. 국민들이 사회에 거는 복지에 대한 기대치는 그 사회의 상황에 따라서 다르게 나타나지만 일반적으로 국가 경제력과 비례하여 나타난다. 우리나라의 경우도 경제가 발전하면서 복지에 대한 기대치는 높아졌으나, 실제적으로는 충분한 혜택을 누리지 못하기에 겪는 갈등이 노인부양 문제에서 확연히 드러난다.

사회가 개인화되어 가는 것과 더불어 더욱 자유를 누리고자 하는 갈망이 생겨난다. 이로 인해 기존에 의무로서 강요되던 부양에서도 선택할 수 있는 자유를 누리고자 한다. 하지만 자유를 누리는 가운데서도 특정한 목적만을 받아들이게끔 교육되기도 한다. 이러한 교육은 사회적인 통제에 의한 것일 수도 있고, 신문, 방송 등 언론매체에 의한 것일 수도 있다. 치매환자를 부양하는 부양자들도 부양을 선택하게 되는 데는 사회적인 영향이 크다고 할 수 있다. 왜냐하면 부양자들이 부양을 선택하는 이유로 크게 나타나는 것 중의 하나가 주위의 시선이기 때문이다. 이와 함께 우리나라는 아직 치매에 대한 인식이 부족하고, 전통적인 윤리관에 입각하여 가족들이 가정에서 치매환자를 모시면서 겪는 심리적 및 신체적인 고통을 당연하게 받아들이고 있다. 하지만 '부모를 모시고 사는 것이 좋다'는 응답은 많이 나왔지만 부부 역할에 있어서 주부가 집에 있어야 한다는 생각은 18.2%에 불과하다(김철수, 2000: 92). 이는 우리사회에 강하게 남아 있는 전통적 가족윤리와 현재 가족이 담당하는 기능이 서로 상충되는 것을 보여주는 증거이다. 부모를 모셔야 한다는 생각과 이를 감당하지 못하는 가족의 기능변화, 그리고 주부와 기혼남성과의 생각차이가 빚어내는 갈등의 두 축은 치매환자를 모실 경우 가족문제를 야기하는 원인이 된다는 것이다.

이와 같이 전통적인 의식 속에 가족이 거의 전적으로 부양을 책임져 왔지만 핵가족화, 결혼율 저하, 출산율 저하, 여성의 경제활동참가율 증가, 이혼율 증가 등으로 잠재적 보호제공자로서 가정의 존재 기반 자체가 약화되고 있다. 의식적인 측면에서도 가족의 보호제공 의지가 점점 약화되고 있어서 가족보호에만 의존한다는 것이 현실적으로 불가능한 상황을 맞고 있다(박창제, 107). 때문에 노인 시설수용은 가족들로 하여금 신체적, 정신적 및 경제적 부담을 덜어준다는 의미에서 긍정적으로 받아들여진다. 노부모의 시설수용은 가족 간의 결속을 강화시켜 주고 부양부담이 적은 접촉을 하게 되어 가족 간의 유대관계를 유지시켜 주기도 한다. 이런 이유로 많은 사람들은 국가가 나서서 노인의 부양을 책임지고 복지를 제공해야 한다고 주장한다. 한국의 노인문제는 산업화가 가져다준 전통적 가족제도의 변화에도 그 원인이 있다. 사회의 변화는 전통적 가족규범과 생활양식, 가치관에 많은 영향을 주었다.

산업사회에서 나고 성장한 젊은 세대는 부모세대의 부양에 대해 전통적인 가치관을 그대로 따르지 않는다. 노인세대의 부양과 보호에 큰 역할을 담당했던 여성들의 사회적 역할이 증가하고 산업사회의 생활주기의 특성상 젊은 세대가 노인세대와 함께 지낼 시간이 부족해진 것도 원인이다. 급속한 산업화, 근대화된 사회의 문화권에서 부모세대와 판이하게 다른 직업적 특성과 생활주기를 가진 젊은 세대가 전통사회의 노인부양의식을 따르지 않게 된 것은 필연적이다. 더군다나 지금의 노인세대는 전통사회의 가족부양의식을 지녀왔고 자녀들을 위해 희생했던 세대이다. 자녀의 교육비와 결혼비용 등에 재산을 대부분 소비하고 노후가 거의 준비되어 있지 않은 세대들이다.

여기서 노인문제의 해결방안을 가족의 기능 강화나 당위적인 경로우대사상 주입을 통해 결국 개별 가족의 문제로 떠넘기는 것은 바람직하지 못하다. 변화된 사회여건과 사회의식에 맞춰 노인문제를 전사회적인 차원에서 해결할 수 있는 기반이 마련되어야 한다.

아울러 노인문제 해결에 있어서 노인세대에 대한 시선을 새롭게 검토할 필요가 있다. 노인세대의 신체적, 정신적 특성상 유약하고 젊은 세대에게 보호를 받을 필요가 있다고 할지라도 단순히 노인세대를 소극적이고 수동적인 인격체로 받아들이는 시각은 곤란하다. 공식적인 사회활동에서 물러났다고 해서 노인세대가 가지고 있는 오랜 경험과 능동적인 인생관을 모두 무시하는 시각은 노인문제 해결에 올바른 방향을 제시해 주지 못한다. 노인문제의 해결방안 모색은 노인세대를 노인문제의 주체로 세우는 것에서부터 시작한다 (http://cafe.naver.com/social86).

6) 노부모와 성인자녀 간의 갈등문제

평균수명의 연장, 출산율 감소 등으로 노인의 비율이 증가하면서 과거에 비해 노인부양의 필요성은 더욱 증가한 반면, 노인을 부양할 자녀의 감소로 그 부담도 크게 증가하였다. 그 가운데에서도 심한 장애가 있는 노인이나 치매노인의 부양문제는 그 심각성이 매우 크다. 현대사회가 진행되는 과정에서 가족의 부양은 점점 어렵게 되어 노인부양은 사회적 문제가 되었다. 가족의 노인부양이 어려워진 이유를 자녀가 예전에 비해 불효하게 되었기 때문으로 생각하는 사람이 적지 않다. 그러나 가족의 노인부양이 어렵게 된 이유는 현대사회 인구의 노령화, 가족구조의 핵가족화의 경향이라든가 이성의 경제활동 증가 등에 있다.

우리사회는 성인자녀는 노부모를 부양하는 데 일차적인 책임을 져야 한다고 생각하고 있다. 따라서 가족 중 특히 여성들은 많은 노인부양의 역할을 제공하여 왔다. 이러한 상황에서 여성의 취업은 부양의 정서적, 신체적, 심리적 상황을 이렇게 만들고 있다.

노인부양은 이제 노인부모와 성인자녀 모두에게 부담과 갈등 소외감을 가중시키는 문제가 되었다. 급격한 사회변화에 따른 가치관의 변화와 가족구조의 변화로 노인부양의식과 행동은 약화되고 있으며, 이와 더불어 노인부양에 따른 갈등은 심화되고 있다. 또한 이에 따른 실질적인 규범의 부재는 심각한 갈등과 문제를 초래하고 있다.

한편 아직도 가족은 노인부양의 중요한 역할을 담당하고 있으며, 노인부양은 가족들이 경험하는 보편적인 스트레스가 되고 있다. 노인부양자는 자신의 노부모를 부양하는 책임뿐만 아니라 자신의 가족, 즉 배우자와 자녀를 보살필 의무도 가지고 있으며 이를 직업생활과 병행하여야 한다. 따라서 노인부양가족에서는 다양한 가족역할 수행에 따르는 어려움이 있으며 이와 관련된 가족문제나 갈등이 발생할 수 있다.

노인부양은 크게 공적인 부양과 사적인 부양으로 나뉜다. 사적인 부양은 다시 자기부양과 가족부양으로 나뉘는데, 가족부양은 자녀와 동거하면서 부양받는 형태와 독립세대 또는 시설에 거주하며 자녀에게 지원을 받는 형태로 나타나게 된다. 기혼여성의 취업률 증가와 같이 특히 신체적 서비스가 필요한 노인의 부양을 불가능하게 하는 요인이 증가되고 있으므로, 부양방법에 대한 적절한 대안이 모색되어야 하겠다.

최근에 여러 나라에서는 주간에는 노인이 공동으로 생활하다가 야간에는 가정으로 돌아가게 하는 복지정책이나 가정에서 노인을 모시되 그 비용을 세금감면, 직접적인 혜택 등으로 국가가 부담하는 복지정책들이 있는데, 이는 매우 바람직한 방법들이라고 여겨진다.

노인과 자녀 세대와의 동거여부를 떠나 노인은 자녀와의 관계가 원만할수록 자녀와의 교류가 많을수록 만족도가 증가하는 것으로 나타나고 있다. 일상생활에서 가사의 원조나 의존 상태보다도 자녀와의 정서적 관계가 더욱 큰 영향을 미치는 것이다.

세대관계에서 발생할 수 있는 구체적인 가족갈등을 살펴보면 다음과 같다.

정서적 관계가 밀접한 자녀와의 분리를 제대로 감당할 수 없을 때에는 갈등이 발생하게 된다. 급격한 사회변동 속에서 부모가 지닌 전통적 가치관과 자녀 세대의 미래지향적 가치관은 일치될 수 없고 갈등의 원인이 된다. 부모자녀 간에 서로 돕는다는 개념이 형성되지 못할 때 갈등이 발생하게 된다. 부모는 오랫동안 자식에게 투자하였고, 자식은 이에 대한 적절한 보상을 자발적으로 행하여야 한다.

이제 노인부양의 문제는 전통사회로의 회귀를 강요하여 해결할 수 있는 문제가 아니다. 우리나라는 전통적인 '효'사상 등으로 노년기의 독립적인 삶에 대한 가치관이 확고하게 수립되어 있지 못하며, 노인정책도 일관성을 가지고 시행되지 못하고 있다. 더군다나 평균수명의 연장으로 독자인 자식이 결혼하여 부모 세대와 조부모 세대를 동시에 부양하는 일도 드물지 않게 발생할 것으로 보인다.

이러한 문제점을 해결하기 위하여 특히 사회복지정책이 취약한 우리나라는 노인연금제도, 보험제도 등 노후생활을 스스로 준비할 수 있는 제도가 마련되기 시작하였다. 이러한 경제적 안정과 동시에 노화에 따른 정신적인 무장과 훈련을 위하여 노인 재교육 기회도 늘어나고 있는 추세이다.

우리나라의 노인복지정책은 1981년 「노인복지법」이 제정 · 시행되면서 촉진되었으나, 아직 미미한 수준이다. 노인복지의 재정규모는 국가 전체 예산의 약 0.1%에 불과하고, 이 중 반수가량은 노령수당지급, 즉 70세 이상의 생활보호대상의 노인에게 지급되고 있고 나머지도 노인복지시설 운영 등에 대부분 지원되고 있다.

더욱이 우리나라 노인복지정책의 골격은 경로효친사상의 전통적인 배경과 문화적 규범에 근거하여 '선가정보호 후복지사회'의 원칙을 고수하고 있는 형편이다. 실제로 가족부양 기능을 강화하려면 정부가 적극적으로 가족에 대한 부양조건을 지원해 줌으로써 가급적 노인이 가정으로부터 일탈하지 않도록 제반조건을 조성하여 주어야 한다. 미래사회가 고령화사회인 것은 자명한 사실인 만큼 국가에서는 장기적인 관점에서 노인복지정책을 개발하고 재정을 확립하는 한편, 가족부양기능 강화 노력과 노인인력 활용 등의 방안을 관련이 있는 기관의 협력 아래 모색함으로써 고령화사회로의 진입에 대비하여야 할 것이다(http://living.snu.ac.kr).

이상의 내용을 바탕으로 노부모와 성인자녀 간의 갈등문제에 대해 종합해 보면 다음과 같이 요약될 수 있다.

(1) 노인학대

합리성과 경제적 생산성에 높은 가치를 두는 현대문화의 영향으로 인지능력에 결함이 있을 경우 삶의 가치가 없다고 판단한다면, 우리는 이들을 위해 삶의 질을 높일 수 있는 일은 아무것도 하지 않을 것이다. 또한 치매나 정신지체를 겪는 사람 그리고 뇌와 관련된 질환을 앓는 이들을 무시하게 될 것이다. 실제로 오늘날 그 가치를 상실해버린 노인들의 많은 경우가 학대를 경험하고 있다. 노인학대에 대한 개념을 일률적으로 정의하기는 어렵고 그 범위가 다소 차이가 날지라도 오늘날 광범위하게 자행되고 있는 것이 사실이다. 넓은 의미에서 노인학대는 신체적 학대, 심리적 학대, 정서적 학대 또는 언어적 학대, 의료적 학대, 성적 학대를 포함한다. 좁은 의미에서는 신체적 증거가 명백한 학대만을 노인학대로 간주하기도 한다.

신체적 학대는 노인의 신체에 직접적으로 해를 가하거나 자유스러운 신체이동을 제한하고 가해를 하겠다고 협박하는 등의 행위를 말한다. 신체적 학대는 다른 형태에 비해 드물게 나타난다.

언어적 학대는 분노와 비난 그리고 강한 불쾌감을 나타내는 언어를 사용하거나, 혹은 목소리의 음조가 분노적이고 비아냥거리는 언어를 사용하거나, 치욕적인 욕을 하는 행위 등으로 신체적 학대와 동반되는 경우가 많다. 정서적 학대는 언어적 학대와 부분적으로 중복되기도 한다. 계획적으로 노인의 인간성을 부정하고 스트레스를 주어 자살이나 가출을 유도하는 행위이다. 이는 비언어적 행동으로 직·간접적으로 심리적 고통을 주는 행위와 비난과 분노, 불쾌한 음조의 의사소통 그리고 치매환자의 자극에 반응을 하지 않는 무시행위 등이 포함된다. 유기와 시설입소 역시 다른 정서적 학대의 한 형태일 수 있다. 우리나라에서 가장 발생빈도가 높은 학대유형이다. 방임은 부양자의 무능력에 의해 치매환자가 생존에 필요한 음식을 주지 않는 행위, 의약적 처치를 하지 않는 등의 수동적 방임과 감금 이후에 장시간 외출하는 행위 등 의도적으로 부양자로서의 책임을 이행하지 않는 능동적 방임이 있다. 또한 노인이 자신의 건강이나 안전을 유지하기 위한 조처를 취하지 않거나 오히려 안전을 위협하는 자기방임이 있다.

노인학대 요인 중 하나인 노인부양으로 인한 부양부담 스트레스의 가족적인 요인으로는 가족원과의 관계, 가족스트레스, 가족결속력, 관계만족도, 노인의 자녀와의 접촉수준 등 가족기능과 관련한 요인들이 있다. 그리고 노인의 질병의 종류와 질병으로 인한 문제적 특성 또한 노인학대를 유발하는 요인이 되는데 노인의 건강이 나쁘거나 일상생활에서 의존성이 높을수록 노인학대의 발생가능성이 높다. 노인의 의존성이 증가하는 자체가 노인학대를 유발하는 요인이 되기도 하지만 대개의 경우 부양자의 스트레스나 과중한 부양부담을 촉발시키는 요인으로 작용하고, 그 결과로 인해 노인학대로 이어지는 경우가 많다. 치매환자 부양자의 경우도 부양부담이 가중되면, 치매환자가 치매에 걸렸기 때문에 자신이 고생을 한다는 생각이 들고, 치매환자를 보면 화가 나고 짜증이 나고, 치매환자를 대하기가 싫어지는 등 치매환자와의 관계가 악화된다.

또한 노인과 부양자의 과거 관계의 질이 낮을수록 학대 발생 가능성이 높아진다. 치매환자를 돌보는 주 부양자가 배우자인 경우에도 과거의 관계적 수준이 현재까지의 부부간의 친밀도에 영향을 미쳐 주 부양자의 생활만족도를 결정짓는 중요한 요인이 된다(최인섭, 2003).

(2) 자살과 안락사

우리나라의 자살률(인구 10만 명당 자살자 수)은 경제협력개발기구(OECD) 국가 가운데 최고를 기록하고 있다[1]. 그 원인으로는 경제난으로 인한 가족해체가 주요 원인으로 분석되고 있다. 우리나라 65세 이상 노인들의 자살률 역시 경제협력개발기구(OECD)에 가입한 나라 가운데 1위로 급속도로 늘어나고 있는 추세이다. 힘들고 어려운 현재의 상황을 탈피하기 위하여 가장 손쉽게 생각하는 방법이지만 자살은 자기학대이고 대사회적인 문제이다. 특히 자살은 방임의 한 유형인 자기방임에 속한다고 볼 수 있다. 치매환자의 경우에도 자신의 신체와 정신기능의 저하를 비관하여 자살을 시도하게 된다. 이러한 자기방임은 여성노인과 고령노인일수록 높은 것으로 나타났다(정진희, 2005: 20).

통계청 관계자는 "자살은 아무래도 경제적인 요인과 떼어 생각하기 힘든 측면이 있지만 경기 못지않게 가족과 사회적 유대감도 자살에 영향을 끼친다."고 설명한다. 경남자살예방협회 사무국장 또한 노인들의 높은 자살률을 언급하면서 "전통적인 대가족 제도에서 핵가족화 되면서 가족해체가 가속화되고 있어 가족에 대한 의미를 되새기고 국가와 사회가 노인들의 안전과 보호에 적극적으로 대처해야 할 것"이라고 말한다(이데일리, 2008.9.9.).

안락사의 경우 이를 지지하는 이들은 무엇보다도 환자의 고통을 제거해 주고자 호소한다. 불치환자의 경우 단순한 생물학적 생명의 연장이 삶의 질 차원에서 본인의 이익에 도움이 되지 못할 뿐만 아니라 가정과 사회에 지게 하는 부담을 정당화시키지 못한다는 것이다. 이런 이유에서 치매환자들의 안락사는 품위 있는 죽음으로써 정당하다고 주장한다. 이런 점에서 치매환자들에게 있어서도 안락사를 인정해야 한다고 이야기한다.

(3) 가정의 해체

가족은 일상적인 상태를 유지하고 가족구성원 모두가 행복하기를 원한다. 그러나 어떤 문제가 지속되거나 이겨내기 어려운 위기상황을 직면하게 되기도 한다.

치매환자를 부양하는 것은 장기적인 문제이다. 치매환자의 평균 부양기간은 3년 8개월 정도로 나타나는데(이춘우, 2006: 15), 치매환자의 부양을 맡은 후 초기에는 노인과 수발자의 결속이나 친밀감이 강화되는 긍정적 변화가 있는 경우도 있으나, 시간이 지남에 따라 부정적 방향으로 변화된다. 부양자는 치

---

1) 2001년에는 15.3명, 2002년 19.1명이었으며, 2007년에는 24.8명으로 증가 추세에 있다.

매환자의 요구와 지나친 의존성에 대해 분노와 불만을 느끼는 경우가 많다. 그리고 치매환자의 배우자가 부양을 맡을 경우 더 이상 의사소통이 불가능하고 이전과 달라진 치매환자의 상태를 받아들이지 않으려고 한다. 이러한 외적인 문제뿐만 아니라 정신적인 동반자로서 인생에 있어 서로 의지하고 돌보는 양방관계가 일방적인 관계로 전환됨으로써 그 어려움은 더욱 증가하게 되어 부부간의 관계가 악화되기도 한다(김연옥 외, 2005: 430).

자녀의 교육비 지출이 급속히 증가하지만 치매환자 부양에 따른 재정적, 사회적 어려움 때문에 부양자들이 부모로서 자녀양육이나 교육에 많은 신경을 쓰지 못하거나 자녀의 보호욕구를 충족시켜 주지 못하게 되어 부모-자녀 간의 관계가 위기를 맞게 되기도 한다.[2] 또한 주 부양자가 며느리인 경우 며느리와 아들의 관계가 원활해지지 않기도 하는데 치매환자의 과도한 보호 욕구로 인한 스트레스가 부부생활에 필요한 시간을 갖지 못하게 하여 부부관계의 질적 저하를 초래하기도 한다. 보건사회연구원에서 조사한 '2006 전국 출산력 및 가족 보건복지 실태조사'에 따르면 이혼 사유로 가장 높게 나타나는 것이 성격차이로 나타났다. 치매환자의 부양으로 인한 부부관계의 질적인 저하는 서로를 이해하고 받아들이는 것을 더욱 힘들게 하기에 성격 차이를 심화시키는 계기가 되고 이혼으로 쉽게 이어지게 된다. 이것은 이혼 사유로 높게 나타나는 것 중의 하나가 가족부양 의무 불이행으로 인한 것임을 통해서도 입증되고 있다.[3] 형제자매 간의 불화도 생기는데 치매환자가 처음 가족 중에 발생했을 때 형제들이 서로 도와서 치매환자를 돌보지만 결국 한 가정이 책임을 지는 경우가 많다. 이 경우 다른 형제들이 적절한 원조를 해주지 않고 오히려 치매환자에게 적절한 원조를 제공하지 못한다고 비난받는 경우가 생기게 된다. 이때 부양자는 다른 형제들에 대한 섭섭함과 실망감으로 형제에 대한 신뢰가 무너지기도 한다.

---

2) 통계청 자료에 의하면 2007년 도시근로자 교육비 비중은 14.1%로 해마다 급속히 증가하고 있다.

3) 연령대별 비율은 29세 이하 17.8%, 30~39세 11.2%, 50세 이상 11.5%로 나타난다.

(4) 부양자의 부담 가중에 따른 스트레스 심화

부양자의 성, 나이, 수입, 교육 정도가 부양자의 부담감에 영향을 주며, 여성인 경우와 학력이 낮고 나이가 어린 부양자일수록 스트레스가 심하며 많은 부담감을 느낀다(유광수, 2001: 129 재인용).

(5) 재정적 어려움

세계의 노인부양비는 1950년에 8.5%에서 1990년에는 10.0% 그리고 2010년에는 11.2%, 2050년에는 22.7%로 높아질 것으로 예상된다. 우리나라 역시 1950년에 5.5%이던 것이 1990년에는 7.2% 그리고 2010년에는 12.7%, 2050년에는 34.9%로 매우 빠르게 높아질 전망이다(정대현, 2005: 23). 가치관 변화로 인해 중년의 부부들은 노부모보다 자녀에게 더 많은 경제적 지출을 하고 있다(김송애, 1990: 16). 뿐만 아니라 자녀들의 교육비와 자녀의 결혼비용과 자신의 노후생계를 위해 저축해야 하는 시기이므로 노부모의 경제적 부양이 뒷전인 것이 현실이라 하겠다.

2 글로벌 환경의 변화

가족은 근대의 가족이 경험하지 못했던 다면적 사회변동을 경험하면서 사회와 경제의 흐름에 신속하고 유동적으로 대응하고 개인주의적 가치관의 확산에 적응하는 형태로 거듭나게 되었다. 이러한 현상은 다양화, 제도화, 개인화로 규정되며, 이를 하나의 현상으로 포괄하는 개념으로서 '포스트모던(post-modem) 가족'이라는 신조어가 탄생하였다. 이러한 변화에 발맞추어 발전한 복지국가에서의 가족정책은 가족의 변화와 가족의 복지욕구를 반영하여, 가족유형에 상관없이 가족기능을 수행하는 집단의 공동체적 삶을 실현하고, 더불어 개인, 특히 여성 삶의 질적 발전까지도 도모할 수 있도록 보편주의적으로 확대하는 방향으로 발전되고 있다. 이에 따라 가족정책의 대상인 가족은 EU 국가들의 경우 결혼, 출산, 입양에 의해 형성된 제도가족과 더불어 이혼가족, 동거가족, 재혼가족, 한부모가족, 계부모가족을 포괄하여 동일한 권리보장과 지원을 하고 있다(성정현 외, 2005).

이렇듯 선진국가의 가족정책을 세계여성정책보고(2005)에서는 아래와 같이 설명하고 있으며, 이를 통하여 우리나라 가족정책의 과제를 전망하여 보고자 한다.

1) 핀란드

핀란드의 가족업무는 사회보건부(Ministry of Social Affairs and Health)의 가족사회국(Department for Family and Social Affairs)에서 담당하며, 여성(gender equality) 업무는 재정기획국(Finance and Planning Department)에서 담당하고 있다.

핀란드 가족정책의 목적은 자녀가 안전하게 자랄 수 있는 환경과 부모가 자녀를 출산하고 기를 수 있는 정신적, 물질적 조건을 제공하는 것이다. 사회가 다양한 재정적 지원, 보육시스템을 제공함으로써 자녀를 가진 가족에게 경제적·시간적 비용을 어느 정도 보상해 주고 있다.

최근 자녀를 가진 가족들이 감소하고 있고 동시에 가족구조가 바뀌고 있으며 동거가족, 한부모가족 등 다양한 가족의 수가 증가하고 있기에 조직의 위기상황을 극복하기 위하여 다양하고 개선된 서비스를 제공하고자 노력하고 있다.

(1) 가족정책

핀란드는 5백만 이상의 인구에 약 140만 가족 중 자녀와 함께 사는 가족은 63만5천 가족이며, 이 중 18%가 한부모가족이고 한 가족당 평균 1.8명의 아이가 있다(1998년 기준).

① 아동수당제도

- 1948년에 가족정책지원시스템을 세우기 시작하면서 도입

- 1950년 가족정책의 유일한 혜택이 되었으며, GDP의 약 4%의 경제적 지원을 차지
- 그 후 아동수당 지급의 지속적 상향조정

② **가족 지원 예산**

- 아동수당 33.1%, 보육지원 32.8%, 부모수당 10.8%, 아동가정양육수당 8.1%, 사설 보육시설아동지원수당 0.2%, 주택수당 5.0%, 생활보조수당 1.9%, 기타 8.1%

③ **임신 · 출산 · 양육**

- 출산휴가, 부성휴가, 부모휴가를 받을 수 있으며, 휴가기간 동안 수당 지급
- 모든 수당은 부모의 수입에 따라 지급되며 휴가기간은 주말을 산입하지 않음
- 사회보장기관의 지역사무국에서 수당 지급

(2) 출산휴가

① 출산휴가기간은 주말을 제외한 105일

② 어머니들은 출산 전 30~50일, 출산 후 55~75일을 출산휴가로 받을 수 있음

③ 임신부가 화학물질이나 방사선에 노출될 수 있는 환경 등 태아에게 해로운 곳에서 근무하고 있다면 의사의 지시하에 임신기간을 쉴 수 있음 (특별출산휴가, special maternity leave)

(3) 부모휴가

① 출산휴가가 끝난 후 어머니나 아버지 중 한 사람이 부모휴가를 신청할 수 있음

② 부모휴가는 158일

③ 쌍둥이를 출산했을 경우 한 자녀당 주말을 제외한 60일이 더 늘어나며 조산인 경우 부모휴가기간은 208일이 됨
④ 부모휴가 후 가족은 자녀가 취학 연령인 7세가 될 때까지 국가에서 지원하는 세 종류의 육아지원방법 중 하나를 선택할 수 있음
• 무급육아휴가를 받아 집에서 아이를 돌보고 가정육아수당을 받는 것
• 사설보육시설에 아이를 맡기는 것
• 시립보육시설에 아이를 맡기는 것

(4) 부성휴가

① 아버지는 18일간 부성휴가로 받을 수 있음
② 아버지가 부모휴가를 받을 경우 부성휴가는 12일

(5) 입양아 부모휴가

① 입양아의 나이에 따라 다른 기간이 적용됨
② 신생아를 입양할 경우 234일, 7세 미만일 경우 180일 육아휴직이 주어짐

(6) 아동지도 및 가족상담

① 가족문제와 자녀를 키우는 것, 아동이 바람직하게 자라도록 하는 데 사회적 · 정신적 · 의학적 연구에 관한 전문적 도움 제공
② 지방자치단체에서 담당

(7) 주택지원

① 주택지원의 목적은 가족에게 알맞은 크기와 적당한 가격의 주택을 얻도록 도움을 주기 위한 것
② 자녀를 가진 가족을 위한 주택지원의 종류는 주택수당, 정부대출금, 세금감면, 주택 융자금

③ 주택수당은 가족의 규모, 수입, 주택비용, 주택크기에 따라 달라지며 저소득가족에게 적당한 주택가격의 비용 일부를 지원함

2) 노르웨이

노르웨이는 아동가족부(Ministry of Children and family Affairs)의 가족보육서비스 및 양성평등국(Department of family. Daycare services and Gender Equality)에서 가족정책 가족법, 양성평등, 보육시설을 담당한다. 유관기관으로 양성평등 옴부즈맨, 양성평등센터, 국가보험행정국(National Insurance Administration)이 있다.

아동가족부는 아동과 청소년이 성장하기에 안전한 환경을 조성하고 사회의 의사결정에 참여할 수 있는 기회부여, 가족을 위한 사회보장 업무, 남성과 여성을 위한 참된 평등 기회를 제공하는 업무를 수행한다.

그 외 아동청소년정책국(Department of Children and Youth Policy)은 일반아동 및 청소년 정책, 아동 및 청소년복지, 입양업무를 담당한다. 산하기관으로 아동위원, 청소년 및 입양사무국이 있다.

아동가족부의 예산 대부분이 아동수당(child benefit), 부모수당, 어린아이(small children)가 있는 부모에게 지급하는 현금수당(cash benefits) 등 자녀를 가진 가족을 위한 수당으로 사용되고 나머지 예산은 보육시설과 아동복지서비스를 위해 사용된다.

(1) 부모수당 및 입양에 따른 혜택

① 부모휴가는 부모가 자녀출산 후 1년간 자녀와 함께 지낼 수 있도록 52주를 받을 수 있음

② 15세 미만의 아이를 입양하는 가족은 아이가 출생할 때 제공되는 것과 같은 동일한 혜택을 받음

③ 부모수당으로 52주 동안 임금의 80%를 받거나 42주 동안 100%를 받을 수 있으며, 입양수당은 49주간 임금의 80% 또는 39주 동안 임금의 100%를 받을 수 있음

④ 부모는 유급휴가기간을 나눠서 사용하는 것을 선택할 수 있지만 어머니는 출산 전 부모휴가를 3주 받아야 함
⑤ 부성 할당제(paternity quota)에 따라 출산 후 첫 6주는 어머니가 받고 전체 부모휴가 기간 중 4주는 아버지가 받아야 함

(2) 가족수당

① 1946년에 처음으로 제정
② 가족수당은 자녀양육비용을 지원해 주고 자녀가 있는 가정과 없는 가정의 공평한 재분배를 도모하기 위해 계획되었음
③ 정부지원 가족수당은 국가보험행정국과 지역사회보험국에서 운영함

(3) 어린애가 있는 부모에게 현금수당 지급

① 자녀를 돌보는 부모가 자녀를 돌보는 데 더 많은 시간을 갖도록 돕고 자녀를 보육시설에 보낼지 직접 돌봄지 선택의 자유를 주기 위해 시작됨
② 현금수당은 국가가 지원하는 보육시설에 등록하지 않았거나 단지 시간제로 등록한 1~3세의 유아에게 해당함
③ 주당 33시간 이상 보육시설에 등록한 아이는 수당을 받을 수 없음

3) 스웨덴

스웨덴의 가족정책 은 보건사회부(Ministry of Health and Social Affairs)에서 담당하고 있으며 여성부는 산업고용통신부(Ministry of Industry, Employment and Communication)에서 담당한다. 스웨덴의 가족정책은 아동과 가족수당, 부모보험(parental insurance), 양질의 보육을 포함한다.

가족에 대한 재정적 지원은 자녀가 있는 가정과 없는 가정 사이에 생활상태의 격차를 줄이기 위한 것이다. 가족수당을 수행하고 분배하는 업무는 국가사회보장위원회(National Board of Social Security)에서 담당한다.

(1) 아동수당

① 부모의 소득에 관계없이 16세 미만(아동이 학교를 다니면 연장될 수 있음)의 아동이 있는 모든 부모에게 지급

② 아동부모는 아동이 1명인 경우에는 매월 1,050크로나(141,750원)를 지급받고, 아동의 수가 증가할수록 아동당 수당이 증가하여 3명이면 3,604크로나(486,540원)를, 6명이면 9,714크로나(1,311,390원)를 받는다.

(2) 생활보조비 지급

① 부모와 떨어져 사는 자녀를 위한 생활보조비가 지역사회보장국에서 아이를 돌보는 사람에게 지급됨

② 부모는 아이에게 지급된 금액에 대하여 국가에 되갚아야 하며 그 금액은 부모의 수입과 자녀의 수에 따라 달라짐

(3) 부모급여

① 임신현금급여는 임신부가 임신으로 일을 할 수 없을 때 지급되며 최대 50일간 월평균소득의 80%를 받음

② 출산급여

- 출산급여는 480일간 지급되며 390일간은 월평균소득의 80%가 지급되고 나머지 90일간 매일 24,300원(180크로나)씩 지급됨
- 수입이 없는 부모는 1일 24,300원(180크로나)을 받음
- 480일간의 수당지급기간은 부모가 공평하게 나눠서 받음
- 240일은 아버지가 받고 나머지 240일은 어머니가 받지만 휴가를 받은 어머니(또는 아버지가 240일 중 180일까지 아버지(또는 어머니))에게 받도록 할 수 있음

③ 아동간병급여

- 아동간병급여는 질병이 있는 12세까지의 아이를 돌보는 부모가 받음
- 월평균소득의 80%에 해당하는 급여를 받음

(4) 아버지 휴가

① 아이가 출생하면 아버지는 출산 후 60일 이내에 10일간의 특별휴가를 받음(아동을 입양한 아버지는 입양 후 60일 이내에 5일간의 특별휴가를 가질 수 있음)
② 이 기간을 아버지는 새로 출생한 아이를 돌보거나 다른 자녀를 돌보는 데 사용할 수 있음

(5) 자녀가 있는 세대주에게 주택수당 지급

① 아동이 있는 가정과 아동이 없는 18~28세의 사람에게 지급
② 가구 수(가족 수), 소득, 주택가격, 주택의 크기(방 수 등) 등에 따라 결정
③ 자녀가 있는 스웨덴 가정의 30% 정도가 주택수당을 받음

4) 스위스

스위스는 내무부(Federal Department of Home Affairs)의 연방사회보험국(Federal Social Insurance Office) 내의 가족센터(Center for Family Affairs)에서 가족업무를 다루고 있으며 여성업무는 내무부의 남녀평등연방사무국(Federal Office for Equality Between Women and Men)에서 담당하고 있다. 가족센터의 직원은 총 16명으로 대부분 이 시간제로 근무하고 있다.

가족센터는 연방법에 따라 농업분야(Agricultural Sector)에 있는 가족수당시스템의 수행을 관리하나 그 외 다른 모든 가족수당은 주 당국의 책임하에 있다. 가족센터는 연방 정부 내의 가족업무에 대한 조정을 하며 가족에 영향을 끼칠 수 있는 연방정부의 프로젝트에 대하여 의견을 제시한다. 또한 스위스 전역에 가족 및 아동정책과 연관된 기관들에 보조금을 지원하고 지속적으로 상호교류한다. 가족센터 내에 연방가족조정위원회(Federal Coordinating Committee)를 운영한다. 센터는 아동보호와 관련된 예방프로젝트를 지원한다.

(1) 가족정책

① 스위스의 가족정책은 가족을 장려하고 지원하기 위해 만들어진 기관들과 모든 정책 들을 포함함

② 연방주의(federalism)와 보완주의(subsidiarity)의 원칙에 따름(이 원칙들에 따르면 중앙 정부는 지방정부가 가족정책을 효율적으로 다룰 수 없는 부분만을 수행한다)

③ 사회정책 업무는 시당국(municipalities)과 민간조직(private organizations)에 의해 운영되며, 다음 단계로 주정부(cantons), 최종적으로 연방정부(federal authorities) 순으로 운영됨

(2) 가족수당

① 가족수당은 기본적으로 주정부에서 지급함

② 자녀양육에 대해 본질적으로 부모가 수당을 요청할 수는 없으나, 수당을 받는 자격 은 부모의 직업에 달려 있음

③ 고용인들은 모두 가족수당을 받을 자격이 있지만 일을 그만두면 가족수당을 받을 수 없음

④ 제네바 등 10개 주(Cantons)에서는 자영업자들도 특별한 상황하에서 가족수당을 받을 수 있음

⑤ 연방정부는 농부, 농업분야 고용인, 연방정부 고용인에 대하여 가족수당을 지원하고 지방정부는 유급 고용인, 주정부와 시정부 고용인, 농업분야 이외의 분야에서 자영업을 하는 사람들에게 가족수당을 지원함

(3) 출산보험

① 출산보험은 다양한 법에 명시되어 있음

② 노동법은 임산부, 분만 중인 여성, 아이를 양육하는 여성을 보호하는 규정들을 포함하고, 출산 후 8주 동안 산모가 일하는 것을 법률상으로 금하고 있음

③ 스위스 계약법에는 고용주는 여성이 고용 후 1년이 되면 출산휴가 동안

3주간의 월급을 지급하도록 명시되어 있음

3 가족가치관의 변화

'가치'는 인간 행동과 관련된 모든 분야의 다양한 관심을 통합할 수 있는 요인이 되기 때문에 다양한 관점으로 해석되고 있다. 가치는 행위를 위한 여러 목표와 수단 및 양식의 선택에 영향을 미치며, 개인이나 집단이 소유하고 있는 바람직한 것에 대한 개념이다. 또한 이러한 가치에 대한 생각이나 관념을 '가치관'이라고 한다(김혜경 외, 2006).

'가족가치관'은 가족에 대해 다양한 측면에서 갖는 바람직성에 대한 일반적이며 지속적인 신념으로 정의될 수 있다. 이를 바탕으로 가족은 다양한 환경과의 상호작용에 의해 영향을 받고 하나의 가족이란 집단에서 나름의 가치 기준을 세워 나가며 생활양식을 만들어 간다.

현재 우리나라의 가족가치관의 커다란 틀은 전통적으로 오랫동안 유교의 영향을 받아왔다. 그러나 최근 서구 문화의 영향으로 개인주의와 평등주의, 자유주의 의식이 강조되면서 가족가치관도 변화되어 가고 있다.

이러한 가족가치관에는 결혼에 대한 가치관, 자녀에 대한 가치관, 가족 내 성역할에 대한 가치관, 가족부양에 대한 가치관 등 여러 가지 가치관들이 복합적으로 포함되어 있다고 할 수 있다(강기정 외, 2009).

첫째, 결혼에 대한 가치관은 결혼과 관련된 개인적 인식과 가치 기준을 의미한다. 즉, 결혼 및 그 과정에서 배우자 선택, 결혼 후의 가정 설계 등에 관련된 가치관을 말한다. 통계청(2006) 조사에 의하면, 결혼가치관이 성별과 세대 간에 차이가 있음을 알 수 있는데, 남성보다는 여성이, 높은 연령보다는 낮은 연령이 결혼을 일정 연령이 되면 '반드시 해야 하는 것'이 아니라 '개인이 선택할 수 있는 생활의 여러 조건 중 하나'로 인식하고 있는 것으로 나타났다(강기정 외, 2009).

한편 이혼에 대한 인식도 바뀌어 전통적으로 부정적인 인식이 강하였으나, 이제는 불행한 결혼의 지속보다는 선택의 무제로 받아들여져 청년층의 이혼이 증가하고 있다(조선일보, 2008.05.19). 동시에 재혼에 대해서도 점차 허용적인 태도를 보임으로써 재혼가정의 수가 증가하고 있다. 이와 함께 혼인연령에서 여자가 연상인 경우가 점차 증가하고 있고 과거의 '남자 연상'의 결합이나 생활연령에 의한 '결혼적령기' 등의 혼인연령에 대한 규범 역시 변화하고 있음을 보여준다.

둘째, 자녀에 대한 가치관에 있어서의 변화가 가장 두드러진 특징이다. 특히 자녀의 필요성에 대한 의식이 변화하였다. 과거에는 가계의 대를 잇고 농업노동을 수행하기 위하여 가계계승자와 노동력제공자 및 노후부양자 등의 역할을 수행하기 위하여 자녀, 특히 남아가 반드시 필요한 존재였다. 그러나 오늘날 자녀양육 및 부양비와 교육비가 증가하면서 자녀는 오히려 부모의 경제적·심리적 부양부담을 증가시키고 노후재정 준비에 장애가 되는 요인이 되기도 한다. 따라서 자녀 수의 증가가 가계 지출비 증가의 막대한 부분을 차지하다 보니 앞서 가족유형의 다양화에서와 같이 경제적·시간적 여유를 추구하기 위하여 자발적으로 무자녀를 선택하는 부부가 증가하고 있다. 이는 가족의 중심이 자녀 중심에서 점차 부부관계의 질(質) 중심으로 변해 가고 있음을 의미한다.

셋째, 가족 내에서 성역할 가치관은 '성역할 분업'에서 '성평등주의'로 변화되고 있다. 여성들의 학력이 높아지고 경제활동 참여가 증가하면서 생계적·도구적 역할인 가계부양은 남성이, 수단적·정서적 역할인 자녀양육과 가사노동은 여성이 담당하던 '성별 분업'에서 가계부양, 자녀양육, 가사노동을 부부가 공유하고 의사결정에서 여성의 권한이 커지는 '성평등'적 역할수행 행태가 증가하고 있다. 이는 성역할에 대한 과거의 고정관념이 점차 허물어지고 상황에 따라 역할을 조절할 수 있는 융통성 있는 사고가 점차 확산되고 있음을 의미한다.

넷째, 가족부양에 대한 가치관 변화의 가장 두드러진 특징은 무엇보다 노부모 부양에 대한 의식의 급격한 감소이다. 이러한 경향은 과거 전통적으로 조부모 부양이 장남과 아들의 의무로 여겨지던 상황에서 벗어나 유산상속법의 변화와 남녀 평등사상의 확대로 능력 있는 자녀가 부양하거나 노부모 스스로 노후 준비를 해야 하는 의식이 증가하면서 나타나고 있다. 현재 노부모를 부양해야 하는 40대와 50대의 중장년층은 1950년대와 1960년대에 전후 궁핍한 경제상황에서 베이비붐 세대로 태어나 대가족제도 안에서 형제자매 간에 서로 희생하고 절제하며 성장하였으나 서구적 교육제도의 영향으로 노부모 부양을 기피하고 자신의 가족은 핵가족 형태로 자유롭게 독립하여 생활하려는 경향이 강하게 나타나고 있다.

이러한 현상을 반영하여 통계청 조사(2011)에 따르면 자녀의 부양 없이 혼자 생활하는 독거노인의 수가 2010년 100만 명(전체 노인인구의 20%)을 넘었다. 또한 노인부부만 생활하는 노인 단독세대의 수도 급증하고 있어 사회정책적 차원에서 노인가족 부양에 대한 대책이 시급히 이루어져야 할 것이다.

특히 일반가정의 월평균 소득이 300만 원 이상인 것에 비해 이들 독거노인과 노인 단독가구들은 월평균 130만 원의 소득으로 궁핍하게 생활하는 것으로 파악되고 있어 다양한 서비스 지원 정책이 필요한 상태이다. 현재 노인 생활비에 대한 정부지원은 기초노령연금제도로 이루어지고 있으며 2009년에는 전체 노인의 69%가 기초노령연금의 혜택을 받았다.

그러나 한국조세연구원에 따르면 고령화에 대한 재정 지출이 2010년 국내총생산 대비 5.63%이나 2020년 7.10%, 2030년 9.74%, 2050년 17.26%로 3배 이상 증가할 것으로 예측되어 노인을 대상으로 한 소득을 창출할 수 있는 일자리 시스템을 정착해 나가는 것이 더욱 필요하다(파이낸셜뉴스, 2010).

4 가족유형의 변화

1) 가족구조의 변화

가족구조의 변화는 가족 외형상의 변화로서 크게 가족규모상의 변화와 가족형태상의 변화로 분류할 수 있다. 가족규모 면에서는 핵가족화, 소가족화,

가족해체가 증가하고 있으며, 형태 면에서는 한부모가족, 조손가족, 재혼가족, 맞벌이가족, 다문화가족, 미혼모·부자가족, 기러기가족, 새터민가족, 독신가족, 동거가족 등 다양한 가족이 등장하고 있다. 먼저 가족규모에 있어서의 변화를 살펴보고 다양한 가족의 형태 중 건강가정사업의 주요 관심의 대상이 되는 가족형태의 특징을 살펴보고자 한다.

가족구조적 변화의 한 형태로서 가족규모의 변화는 인구구조적 변화와 밀접하게 관련되어 있다. 가장 뚜렷한 변화 양상은 가족의 크기가 줄어든다는 것과 가족해체가 늘어나고 있다는 점이다. 이 중 가족크기의 면에서는 외형상 핵가족 2세대의 비중이 급격히 줄어들었고, 자녀 출산 기피 현상과 함께 가구당 평균 가족 수 역시 감소하고 있다. 이와 함께 기혼여성들의 사회활동이 증가하면서, 과거 오랫동안 여성에 의해 이루어져 오던 가족원에 대한 정서적 지지와 부양 및 돌봄에 있어서의 공백이 확대되어 가족갈등이 증가하고 가족해체가 늘어나고 있다. 또한 가족의 외형상 변화는 단순히 가족규모의 변화에 국한되지 않고 대안적인 다양한 가족의 형태가 등장하는 계기가 되고 있다. 가족규모에 있어서의 변화의 특징을 먼저 살펴보면 다음과 같다.

(1) 핵가족화 현상

우리나라의 가족은 외형상으로 핵가족화되고 있다. 먼저 세대구성이 단순화 되면서 3세대 확대가족에서 2세대 핵가족형태로 변화해 왔다. 현재 우리나라의 가장 보편적인 가족형태는 2세대 가족, 특히 부부와 자녀로 이루어진 2세대 가족이다(2010년 51.3%). 그러나 이들 대다수 세대 가족의 비율도 지난 30년간 꾸준히 감소되고 있다.

전통적인 가족형태로 여겨졌던 3세대 가족은 과거 우리나라의 대표적인 가족형태였으나 2세대 가족보다 전체 가구 수에서 차지하는 비율은 낮으며, 그 비율이 확연히 줄어들고 있다. 이는 과거 유교적 가족관의 영향으로 대(代)를 잇기 위해 양친부모를 장자가 모시는 3세대 가족이 우리나라의 가장 대표적인 가족형태로 인식되었기 때문이며, 1960년대 이후 산업화와 도시화의 영향으로 핵가족화가 늘어나면서 최근에는 거의 찾아보기 힘든 상황이다(2010년 6.2%). 반면 1세대 가족은 꾸준히 증가하여 3세대 가족보다 많아졌다.

지난 30년간 가족 세대구성의 추이를 살펴보면, 가족형태는 일반가구 중 친족가구의 비율이 아직까지 가장 많으나 그 비율이 93.7%에서 74.9%로 크게 감소하고 있다. 또한 친족가구 중 대다수가 핵가족(1세대+2세대, 2010년 68.8%)으로 전형적인 부부 혹은 부부+자녀가구가 가장 많다(2010년 17.5%와 51.3%). 또한 비친족가구의 비유에 있어서는 미소한 감소 경향이 있는 반면, 도시화와 직업상의 이유로 1인 가구는 4.8%에서 23.9%로 빠른 속도로 증가하고 있는 것이 두드러진 특징이다(2000년 15.5% → 2005년 20.0% → 2010년 23.9%), 특히 친족가구의 비율이 줄어드는 만큼, 1인 가구의 비율이 증가하여 상반된 현상을 보이고 있다. 특히 친족가구 중 1세대 가구의 증감률은 줄었으나(증감률, 26.6% → 17.6%) 수적으로 크게 늘어난 반면, 3세대 가구와 4세대 가구는 감소속도도 줄었으며(증감률 각각 -7.1% → 2.7%, -27.6% → -19.7%) 전체 가구 중 그 비율도 크게 감소하였다.

이러한 핵가족은 대가족과 비교할 때 사적 네트워크가 취약하여 친족관계에서 얻을 수 있는 정서적 지원과 가족돌봄에 있어서의 문제를 심각하게 경험하고 있는 것으로 나타났다(박주현 외, 2011). 따라서 건강가정지원사업의 주요 대상이 되고 있다. 즉, 최근 늘어나고 있는 맞벌이 2세대 부모자녀가족은 자녀양육과 돌봄 문제에 있어서의 어려움으로 인해 아이돌보미사업의 주된 대상이 되고 있으며, 최근 급격히 증가하고 있는 1세대 핵가족 중 노부부가구에 대한 경제적 부양과 돌봄 문제가 심각하게 제기되고 있다.

(2) 소가족화 현상

가족규모가 점차 축소되어 소가족화 현상이 나타나고 있다. 지난 30년간 5인 가족과 4인 가족이 가장 많았던 반면, 2010년에 와서는 2인 가족이 가장 많았고, 그다음으로 1인 가족이 많은 것으로 나타나 이러한 현상을 반영하고 있다. 이 같은 소가족화 현상으로 인해 대가족관계 속에서 자연스럽게 배울 수 있었던 다양한 인간관계의 기초와 정서적 교류의 기회가 줄어들어 가족갈등이 쉽게 표면화되고 가족해체의 위험이 높아지고 있다. 또한 친척, 인척들과의 교류가 점점 줄어들어 가족 간의 심리적 지원과 상부상조의 정신 및 강한 유대관계도 약화되고 있다.

특히 1인 가구(독신가구라고도 함) 중 노인 단독가구의 비율이 40%를 넘고 있어 지역사회 차원에서 이들 노인 단독가구의 부양을 위한 네트워크사업의 활성화가 모색되어야 할 것이다. 또한 지역별 분포에 있어서 1인 가구 중 농촌의 70세 이상 고령인구의 비중이 크게 증가하고 있어 이들 농촌 독거노인가구에 대한 의료보장 및 경제적 부양이 사회적 관심의 대상이 되고 있으며(박주현 외, 2011), 취업과 교육을 목적으로 가정을 떠나 생활하고 있는 1인 가족의 심리적 고독과 사회적 관계에 있어서의 부적응과 갈등 역시 심화되고 있다. 따라서 건강가정사업에 있어서 농촌지역센터를 중심으로 도심에 분가하여 생활하는 자녀세대와 정서적 유대를 강화시키고, 세대 간 교류를 활성화시키며, 1인 가족의 심리 · 사회적 지지망을 확대할 수 있는 특성화사업의 모색이 필요하다.

(3) 가족해체 현상의 증가

우리나라의 가정은 지난 30년간 이혼자의 수가 8배 이상 증가하여 이혼율, 즉 가족해체 현상이 급격히 심화되고 있으며, 기혼 상태의 가정이 꾸준히 줄어들고 있다. 이와 같이 기혼가정, 유배우자가정의 수가 줄어드는 이유 중에는 실제로 혼인을 기피하는 미혼자 수가 증가하는 것이 가장 큰 원인이지만(6.3% → 14.4%), 우리나라에서는 법적 혼인신고를 한 합법적인 기혼자만을 혼인 통계에 추산하는 것도 주요 원인의 하나로 작용하고 있다. 즉, 서구 선진국에서와 같이 우리나라에서도 지속적으로 늘어나고 있는 사회적 결혼관계나 동거커플, 즉 사실혼 상태의 부부들이 결혼 통계에 합산되지 않기 때문이다(조흥식 외, 2006).

한편 가족해체의 경향과 원인이 변화하고 있다. 전체적으로 지난 30년간 이혼자 수가 지속적으로 증가해 왔으나, 2004년 이후 약간의 편차는 있으나 이혼건수가 줄어드는 경향을 보이고 있어 상당히 고무적이다. 또한 자녀가 어린 초기에 이혼하는 조이혼율이 감소하고 반면 결혼관계를 오랫동안 유지해 왔던 중장년층 부부와 황혼부부의 이혼 비율이 증가하고 있다. 65세 이상 여성의 이혼도 1996년 198건에 비해 2007년 1,251건으로 6.3배 증가하여 20년 이상 살아온 부부들의 황혼이혼이 지난 10년 사이에 크게 증가한 것을 알 수 있다. 2010년 서울시의 경우에는 이혼한 부부 중 동거기간이 '20년 이상인 부부'가 1990년 6.6%에서 2010년 27.3%로 4배 이상 증가한 것에 비해 '4년 이내 이혼'은 같은 기간 동안 38.3%에서 25%로 줄어 황혼이혼이 신혼이혼을 처음으로 앞지른 것으로 보고되었다(연합뉴스, 2011.12.26).

동시에 지난 30여 년간 이혼 사유도 변화되고 있다. 1979년까지는 이혼 사유 중 배우자의 외도로 인한 것이 26.2%로 가장 높았으나 1980년대에는 경제문제, 성격차이, 배우자 외도 순으로, 1990년대에는 경제문제, 성격차이, 가족부양의무 불이행 등의 순으로, 2000년대에는 성격차이와 가족부양의무 불이행 순으로 주요 원인이 바뀌었다(보건사회연구원, 2007). 과거 배우자 부정과 경제문제로 이혼하는 경우가 줄어드는 반면 성격차이나 가족부양의무 불이행 등으로 인한 이혼과 별거가 증가하는 추세이다.

이러한 가족해체가 원인이 되어 한부모가족이나 조손가족이 증가하고 있다(증감률이 한부모가족 21.9% → 36.2%, 조손가족 28.5% → −11.9%). 앞서 부부+미혼자녀 가족의 증감률이 2005년 −2.8%에서 2010년 −4.3%로 지속적으로 감소한 것에 비해 한부모가족의 비율은 꾸준히 증가하고 있다. 조손가족의 경우에는 2005년을 기점으로 이후에는 감소하는 경향을 보이고 있어 가족의 형태가 다양화될 것을 예고하고 있다.

그러므로 이들 가족들이 건강성을 유지할 수 있도록 필요로 하는 특정한 서비스를 지원하고 가족해체를 사전에 예방하기 위해 생애주기별 가족교육과 가족갈등 해소를 위한 상담 및 치료사업, 그리고 가족유대 강화를 위한 문화사업과 가족돌봄 지원 등의 건강가정지원사업의 중요성이 더욱 커지고 있다.

5 생애주기별 가족교육

생애주기별 가족교육은 생애주기 관점에서 각 발달단계에 있는 가족으로 하여금 그 단계에서 수행해야 하는 발달과업을 잘 성취하고 다음 단계를 잘 준비하도록 하여 안정적으로 성장하는 건강한 가족이 될 수 있도록 돕는 것이다. 프로그램에 따라 개인, 커플, 부부를 대상으로 실시하며, 각 단계에 있는 부부의 관계 증진과 가정생활 향상, 그리고 부모교육 등이 주 내용이다.

1) 예비부부/신혼기 부부 교육

이 사업은 미혼 남녀가 성공적으로 결혼할 수 있도록 유도하고 신혼기에 있는 부부로 하여금 결혼 초기에 잘 적응할 수 있도록 도와서 부부갈등과 문제를 미리 예방하고 가족생활적응력을 높여서 가족해체를 예방하고 가족의 안전성을 높이고자 하는 것이다. 이러한 교육을 통칭 결혼준비교육이라 하며 교육대상은 미혼 남녀 개인이나 커플, 결혼을 앞두고 있는 예비부부, 결혼 5년 이내인 신혼부부이며, 대상자에 따라서 교육내용은 조금씩 다르다.

결혼을 앞둔 예비부부들은 자칫 결혼예식(wedding) 준비에 바빠서 결혼(marriage) 준비를 소홀히 하는 경향이 있다. 결혼준비에는 화려한 결혼식, 멋진 해변에서의 신혼여행 못지않게 가정경제와 가사노동의 책임 분배, 가족들과의 관계 등 필요한 것들이 많다. 그럼에도 불구하고 미처 준비가 안 된 상태에서 결혼의 문턱을 넘는 부부가 많다. 전체 이혼율 중 신혼부터 결혼 4년차까지의 부부가 26.5%, 결혼 5년차부터 9년차까지의 부부가 21.9%로 결혼 10년 미만인 젊은 부부들의 이혼문제가 심각한 것이 그 증거이다(통계청, 2007).

가정문제는 문제가 발생한 후에 해결하는 것보다 사전예방하는 것이 비용도 적게 들고 효과도 크다. 결혼생활 과정에서 불화와 갈등이 생겼을 경우에는 이미 부부 사이 감정의 골이 깊어지고 서로에 대한 분노와 불신이 쌓여 반복되기 때문에 이를 치료하고 건강한 부부관계를 회복하는 것이 어렵고 시간과 노력이 많이 요구된다. 하지만 결혼 전, 결혼 후 발생할 수 있는 문제들을 이해하고 그에 대비한다면 갈등과 불화의 정도를 약화시키면서 훨씬 만족스러운 결혼생활을 시작할 수 있다.

결혼준비교육은 건강가정지원센터의 공통필수사업이다. 결혼준비교육이 효과적이라는 것은 많은 연구에서 확인되고 있다. 한 방송사(MBC)의 조사에서도 결혼예비학교 수료자의 이혼율이 통계청 이혼율의 1/7 수준이었다는 결과를 보여주었다. 따라서 결혼준비교육이 가족의 안전성을 높이는 데에는 효과가 탁월하지만, 실제로 결혼준비교육을 진행하는 것은 쉽지 않다.

그 이유는 첫째, 교육대상자 모집이 어렵다는 것이다. 결혼을 앞두고 있는 커플의 경우, 결혼준비교육의 필요성에 대한 인식이 부족하고 혼수나 다른 결혼준비에 우선적으로 시간을 할애하고 있기 때문이다. 또 신혼부부들은 결혼 초기 양가 부모 방문이나 가족 대소사 참석 등 결혼 후 적응해야 할 많은 일들에 밀려서 교육에 참석할 시간을 내기가 어렵기 때문이다.

둘째, 교육 진행에 관한 것이다. 사업 대상자들이 몇 주에 걸쳐서 참가하기가 어려우므로 집중적으로 단기에 진행하는 것이 더 효과적일 수 있다. 또한 영유아 자녀가 있는 신혼기 부부를 대상으로 교육할 때에는 자녀를 돌보기 위한 프로그램도 함께 준비하여야 한다. 젊은 세대의 취향에 맞추어 보다 적극적으로 참여하여 주체적으로 자신들의 이야기를 풀어내고 서로 공감하는 기회를 줄 수 있도록 하여야 한다.

셋째, 교육내용에 대한 것이다. 결혼준비교육의 내용이 주로 갈등해소법이나 대화법 등 정서적인 부부에 집중되어 있고, 부부관계의 어려움이나 부부갈등의 심각성에 초점을 맞추고 있어서 자칫 결혼을 앞둔 예비부부나 신혼기 부부에게 결혼에 대한 부정적인 인식이나 불필요한 불안감을 주기 쉽다.

중앙건강가정지원센터에서는 결혼준비교육을 위하여 4회기로 구성된 프로그램을 개발하고 시·군·구 건강가정지원센터에서 이 매뉴얼을 기준으로 사업을 실시하도록 하고 있다.

2) 부모교육 - 영유아/아동/청소년기 부모 대상

불과 몇 년까지만 해도 결혼하면 누구나 부모가 되는 것으로 알고 있었지만 오늘날 우리나라는 OECD국가 중 저출산율 1위를 기록할 정도로 출산 기피 현상이 심각하다. 자녀출산 및 사회화는 가족의 중요한 기능이며, 부모는 건강한 사회를 위하여 아주 중요한 역할을 수행한다. 자녀의 출산과 양육, 즉 부모됨은 개별가족의 행복이나 가계 계승 차원의 일에 국한되는 것이 아니라 사회와 국가의 존립과 발전의 뿌리를 흔들 수도 있는 매우 중요한 일이다.

그런데 오늘날의 부모들은 부모됨의 가치 혼란, 맞벌이가족의 증가와 일-가정 양립 문제, 친인척을 통한 자녀양육 지원체계의 상실, 자녀양육에 필요한 지식, 기술, 실질적인 정보를 제공해 줄 부모교육에 대한 요구가 높아지고 있다.

부모교육 대상은 예비부모로부터 자녀의 발달단계에 따라 영유아기, 아동기, 청소년기, 성인자녀를 둔 모든 부모가 될 수 있으며 발달단계별로 교육내용도 달라진다. 부모교육에는 부모됨의 이해와 수용, 발달단계에 따른 자녀의 특성과 부모의 역할, 바람직한 부모 양육태도, 자녀와의 의사소통 기술, 자녀의 소비생활이나 컴퓨터 중독 예방방법, 학습 진로 및 지도방법, 생활설계 지도방법 등이 포함된다.

3) 중년기 가족교육

우리나라 가족의 생활주기에 나타나고 있는 큰 변화 중 하나는 중년기의 장기화 현상이다. 자녀 수의 감소로 자녀양육 기간이 짧아지면서 부모역할에서 벗어나 다시 부부 중심의 생활을 하게 되는 나이, 중년기가 빨라지고 있고 그 기간도 길어지고 있다. 중년기에 있는 가족이 당면하는 문제는 크게 세 가지이다(Arcus, 1990; 가족관계학회, 152 재인용). 첫째는 상호 세대 간의 문제이다. 중년기에 있는 자녀와 노부모와의 관계 또는 중년기 부모와 그들 자녀와의 관계어서 오는 문제이다. 둘째, 개별적인 문제로 중년기에서 조기은퇴 등에서 오는 문제이다. 셋째, 부부문제로서 부부 두 사람의 관계에서 일어날 수 있는 부부갈등, 부부 성문제, 부부대화 등 부부 상호관계에서 대두되는 문제이다.

중년기는 '사추기'라고 하기도 하고, '제2의 정체감 확립 시기'라고도 한다.

이제까지 살아온 인생을 돌아보고 냉정하게 재평가를 해보며 앞으로 어떻게 살아야 할 것인가 고민하고 남은 인생을 다시 한 번 준비하는 시기이다. 중년기 가족교육에서는 중년기의 특성에 대한 정보를 제공하고 자신과 배우자, 부부관계의 잠재력과 가능성을 볼 뿐만 아니라 현재의 상태를 직시할 수 있는 기회를 주어야 한다.

중년기 가족을 위한 교육내용에는 중년기의 신체적 · 심리적 변화, 중년기 위기, 자아정체감 혼돈 등 중년기의 특성과 이를 극복할 수 있는 방안이 포함된다. 자신과 배우자의 부부관계와 노부모와 자신 부부, 자신 부부와 자녀세대와의 관계 변화를 이해하고 원만한 관계를 형성할 수 있도록 도우며, 은퇴 이후의 삶을 위한 경제적 준비의 평가, 경제적 문제의 극복방법과 소비생활 지도 등도 포함된다.

4) 노년기 가족교육

고령화사회가 급격히 진행되면서 노인의 평균수명 연장과 노인인구의 증가가 사회문제화되고 있다. 노년기에는 사회활동이 축소되면서 가정생활에 의존하는 비율이 높아지므로 노년기 적응을 위해서는 노년기 가족교육이 중요하다.

만족스러운 노년기를 위해서는 우선 원만한 가족관계 유지가 필수적이다. 노년기에 접어들면 배우자와의 관계뿐만 아니라 성인자녀, 손자녀와의 관계 맺기를 잘해야 한다. 가족의 중심에 서서 주도적으로 가족을 부양했던 위치에서 성인자녀들에게 그 자리를 내어주고 자녀들로부터 돌봄을 받게 되면서 가족관계가 변하게 되는데 노년기의 가족들은 이를 잘 수용하고 새로운 역할에 적응 잘 해야 하는 것이다. 또한 노년기는 인생에 있어 경험해 보지 못한 삶이며 신체적 · 경제적으로 많이 쇠퇴하여 가는 시기로 죽음을 준비하는 시기이다. 노년기 가족교육은 노년기 가족이 건강하면서도 활기 있게 노년기를 보내고 죽음에 대하여 잘 준비할 수 있도록 돕는 것이다. 교육내용으로는 노년기의 가족관계, 죽음에 대한 준비, 건강하게 생활하는 방법, 현명하고 알뜰하게 소비생활하는 법 등 노년기에 겪는 생활사건에 가족들이 잘 적응할 수 있도록 하는 내용이 포함된다.

6 생애주기에 따른 가족관계 및 가족 건강성 변화

1) 부부관계

가족의 생애주기에서 부부관계의 변화를 살펴보면, 대부분의 부부는 결혼 시점에서 둘의 관계에 매우 만족하지만, 신혼기 이후부터 지속적으로 감소하여 자녀양육기 내내 감소추세를 이어가다가 자녀 청소년기 및 진수기 이후부터 회복세를 보이는 것이 일반적이다. 또한 전통적으로 여성은 자녀양육에 대한 책임이 남성보다 크기 때문에 생애주기에 따른 결혼만족도의 낙폭이나 변화의 폭도 상대적으로 크다.

그러나 우리가 가족생활주기의 각 단계를 이해한다고 해도 이것만으로 결혼생활만족도를 정확히 예측할 수는 없다. 즉, 부부의 건강성과 관련된 추가적 요인들을 고려해야 하는 것이다. 행복한 결혼생활을 하고 있는 사람은 불행한 결혼생활을 하고 있는 사람에 비하여 자신감, 사회적 성숙, 타인을 돌보는 능력 등 긍정적인 성격을 가지고 있는 경향이 있다(Skolnick, 1981). 또한 부부간의 성격도 유사한 경향을 보이는 반면, 불행한 결혼생활을 하는 사람들은 결혼 전 자신과 반대되는 상대방의 특징을 매력으로 느꼈지만, 결혼 후 부부 문제를 겪으면서 예전의 매력이 성격차이임을 발견하게 된다(Skolnick, 1981). 행복한 결혼생활을 하는 부부들은 서로를 성심껏 좋아하며, 배우자의 친지나 동료와도 즐거운 시간을 갖는다. 그들은 편해서 함께 사는 것이 아니라 자신 들이 결혼생활에 평생 헌신해야 하며, 그렇게 하는 것이 자녀에게 최상이라는 신념을 가지고 있다(Lauer & Lauer, 1986; Skalnick, 1981).

부부관계가 성인의 생애주기에서 핵심적이면서 중요한 부분임은 의심의 여지가 없다. 만족스러운 결혼생활을 영위하는 성인은 자신의 삶에 대해서도 긍정적으로 평가한다(Campbell, 1981). 친밀하고 헌신적인 관계를 유지하는 건강한 부부관계는 생애주기 전반에 걸쳐 부모 자신뿐만 아니라 자녀에게도 긍정적인 영향을 주며, 부부의 이혼은 부모와 자녀 모두에게 어려움을 줄 수 있다.

2) 형제관계

성인기의 형제·자매는 만나는 횟수가 줄어들게 되는데(Dunn, 1984; Goetting, 1986), 이는 사회적 관계가 넓어지고, 결혼을 하게 되면서 다른 지역으로 옮겨가기 때문이다. 시시렐리(Cicirelli, 1982)에 따르면, 성인기의 형제자매들은 1년에 가끔씩 만나거나 전화 혹은 편지로 서로의 안부를 묻는다고 하였다. 이들 중 대부분은 서로의 속 깊은 이야기는 하지 않고, 정말 힘든 일이 아닌 이상 서로를 직접 돕는 경향은 덜하다. 즉, 성인기의 형제-자매관계는 아동기나 청소년기에 한집에서 살면서 친밀하게 지내던 시기에 비해 친밀도가 상대적으로 낮은 경향이 있다.

흥미로운 것은 아동기의 형제자매관계에서 종종 나타나는 양가감정이 성인기까지 지속된다는 것이다. 이는 성인이 된 형제자매가 자주 만나지 않더라도 서로에 대한 돌봄과 친밀감이 여전히 존재하기 때문이다(Gold, 1989). 성인기의 형제자매의 경우 나이가 들수록 가까워지는 경향이 있는데, 중년기 성인의 68%, 노년기 성인의 83%가 자신의 형제자매와의 관계를 '가깝다' 혹은 '매우 가깝다'고 응답한 것으로 나타났다. 그러나 이러한 친밀함 외에 경쟁의식 또한 여전히 존재한다. 성인기의 형제자매간 갈등이 비록 아동기만큼 빈번하지 않더라도 이들의 관계에서 갈등은 여전히 존재한다.

로스와 밀그램(Ross & Milgram, 1982)이 22~93세 성인을 대상으로 인터뷰를 실시한 결과에 따르면, 성인기의 형제-자매관계는 생애주기에서 특정 사건에 따라 더욱 좋아지기도 혹은 나빠지기도 하는 것으로 나타났다. 일반적으로 지리상 가깝거나 아플 때, 이혼 혹은 사별로 배우자를 잃었을 때 형제-자매관계는 가까워진다. 반면 이사를 가게 되어 거리상으로 멀어지거나 결혼할 때, 교육적, 직업적 위치나 가치가 다를 때에는 형제자매관계가 소원해지기도 한다. 또한 노부모가 아프거나 사망하였을 때, 형제-자매관계는 더욱 친밀해지기도 하고, 한편으로는 적대적인 관계가 되기도 한다. 아동기에 친밀한 관계를 유지했던 형제자매는 시간이 지나고 성인이 되어 여러 가지 사건이 생기더라도 대체로 우호적인 관계를 유지한다. 그러나 아동기에 소원한 관계를 가졌던 형제자매는 성인이 되어서도 특정 사건에 대해서는 더욱 경쟁적인 관계가 될 수 있다.

결국 형제–자매관계는 생애주기 전반에 걸쳐서 매우 오랫동안 지속되는 관계인데(Goetting, 1986), 이러한 관계는 친밀할 수도, 적대적일 수도 혹은 이 둘 모두를 경험할 수도 있다. 노년기에 들어 형제자매관계가 친밀한 사람은 자신의 삶이나 스스로에 대해서 더욱 긍정적으로 평가하는 경향이 있다(Cicinelli, 1989).

3) 세대관계

가족 내의 다양한 세대관계는 친밀하며 애정적인 관계로 구성된다. 자녀가 성인이 되어 집을 떠나게 되는 것은 부모와의 관계가 단절되었다는 의미는 아니다. 오히려 성인기의 부모와 자녀는 이전의 '부모', '자녀' 역할에서 벗어나 새로운 관계를 형성하면서 더욱 친밀해지는 경우도 있다(Greene & Boxer, 1986; Richard, Bengtion, & Miller, 1989). 케네스 설리반(Kenneth Sullivan, 1980)이 대학 입학 후 집에서 통학하는 자녀와 집을 떠나 생활하는 자녀를 비교한 결과, 집을 떠나 객지에서 생활하는 자녀는 집에서 통학하는 자녀보다 부모와 더 친밀한 경향을 보였다. 특히 어머니의 경우는 자녀에 대하여 보다 많은 애정과 관심을 보였다. 화이트와 스페이스맨, 코스토스(White, Speisman & Costos, 1983)의 연구에서도 이와 유사한 결과가 나타났는데, 성인이 된 자녀 중 일부는 자신이 성장하면서 가졌던 '부모'의 이미지보다 자신과 동등한 한 개인으로서 부모를 바라보는 경향이 나타났다. 특히 결혼한 딸은 아들에 비하여 어머니와의 관계를 새롭게 조정하는 경향을 보였다. 이와 관련하여 연구에 참여한 한 여성은 다음과 같이 말했다.

"나는 이제야 어머니를 이해할 수 있게 되었다. 나는 내 삶의 모든 것을 어머니 탓으로 여겼던 생각을 멈추고, 이제 진정으로 어머니를 이해하기 시작했다. 예전에 나는 어머니를 싫어했다. 그러나 지금의 나는 어머니를 한 개인으로 이해할 수 있다. 아직 나에게 어머니는 '어머니'로 받아들여지기도 하지만, 한편으로는 비로소 어머니를 한 개인으로 이해할 수 있게 되었다(White, Speisman, & Costos, 1983: 73)."

이상과 같이 성인기의 부모와 자녀가 서로를 새로운 방식으로 이해하게 된다면 자녀를 진수한 빈둥지 시기 이후에라도 부모-자녀관계는 보다 친밀해질 수 있다. 대다수 노인들이 노년기에 사회적으로 고립되고 외로울 것이라는 통념과 달리 상당수의 노인들은 자녀를 포함한 그들의 가족과 친밀한 관계를 유지하고 있기 때문에 외롭지 않다. 미국의 노인들은 자녀와 함께 살거나(18%) 10분 거리 내에서 따로 사는 노인들(34%)이 절반 정도였으며, 3/4은 자녀가 1주일에 최소 한 번 이상 부모를 방문하는 것으로 나타났으며(Shanas, 1980), 중년기의 자녀들 역시 자신의 노부모와 매우 가깝다고 느꼈다.

현대의 가족형태는 고립된 핵가족도, 그리고 전통적인 확대가족도 아니다.

대신 핵가족 형태로 각기 거주하면서 친족들과 빈번한 의사소통과 상호작용을 유지하는 수정확대가족의 형태를 취하고 있다(Licwak, 1960). 대다수의 노인 들이 이러한 가족형태를 선호하며, 가능하다면 자녀와 한집에서 동거하는 것을 원하지 않는다(Brody, Johnsen, & Fulcomer, 1984; Okraku, 1987).

한편 성인기의 세대관계는 친밀하고 애정적일 뿐만 아니라 공평하기도 하다. 즉, 성인기의 세대관계는 상호호혜적이라고 할 수 있다. 예컨대, 멕시코계 미국인의 세대관계는 서로 주고받는 상호호혜적 관계가 일반적이다(Markids, Bolde, & Ray, 1986). 노년기의 부모는 중년기의 자녀로부터 개인적 문제에서 집안 수리까지 도움을 받고, 중년기의 자녀는 노년기의 부모로부터 삶의 지혜나 조언을 얻는다. 이와 마찬가지로 가족 내의 다양한 세대관계는 상호 도움을 주고받는다. 부모세대는 자녀세대에게 가치나 태도를 전수해 주며, 자녀세대 또한 부모세대의 가치와 태도를 본받게 된다(Glass, Bengtson, & Dunham, 1986). 그러므로 가족 내 세대관계는 전 생애를 통해 지속적으로 상호 영향을 주고받는다.

한편 중년기의 자녀세대는 위로 노년기의 부모세대와 아래로는 자녀세대에게 그들로부터 받는 것보다 더 많은 사회적 지지와 실제적 도움 등을 제공한다. 브로디(Brody, 1981; 1985)는 이들 세대를 '샌드위치 세대'라고 표현하였다. 즉, 중년기 세대가 윗세대와 아랫세대 사이에서 너무 많은 부담을 지고 있다는 뜻이다. 예를 들어, 직장생활을 하고 있는 47세의 기혼여성은 자녀의 대학입학으로 인한 재정문제, 가족부양, 폐경기 등 다양한 사건들을 동시에 처리해야 한다. 이러한 이유로 중년기 세대는 '샌드위치 세대'로 혹은 '낀 세대'로 묘사되는 것이다.

CHAPTER 4

건강가정에 관한 이론

본 장에서는 건강가정을 설명하는 데 적용되는 다양한 이론적 접근을 살펴보고자 한다. 현대사회는 가정과 가족이 갖는 사회문화적 의미가 다양하고 가족의 구조와 기능, 가족구성원의 역할과 지위, 가족관계 등이 변하기 때문에 건강가정 관련 연구와 실천분야에 널리 적용되는 몇 가지 이론들을 살펴보고자 한다.

1 가족체계이론

가족체계이론(family system theory)은 가족에 대해 체계론적 관점을 적용한 이론으로 가족은 주변의 사회환경과 끊임없이 상호작용하면서 가족의 기본욕구를 충족시키기 위해 필수자원과 지지를 확보한다. 체계로서의 가족은 구조와 기능에 균형을 유지하려는 속성(항상성)을 갖는 것으로 역동적인 균형 상태를 유지하기 위한 체계의 경향성을 갖는다.

또한 가족체계이론은 가족의 복잡한 내외적 환경 속에서 어떻게 적응하고 성장해 가는지를 다룬다. 그리고 가족을 하나의 체계로 보면서 가족 안에서 가족구성원들이 어떻게 관계를 맺으며 외부체계와 교류하는지를 본다.

1) 주요 개념

(1) 가족 하위체계

가족은 하위체계로 부부관계, 부모관계, 형제자매관계, 부모-자녀관계의 하위체계를 갖는다. 각각의 하위체계들은 위계질서를 가지고 있어서 하위체계와 상위체계로 구성된다. 가족은 문제가 발생하면 가족체계의 다른 구성원의 행동에 영향을 주기도 하고 받기도 한다.

부부 하위체계는 가족의 중심체계로서 사랑과 친밀성을 전제로 상호 지지와 협동이 이루어져야 하고, 동시에 독립적 행동을 할 수 있는 능력이 있어야 한다. 부모 하위체계는 자녀에게 초점을 두고 전체 가족을 이끌어 가는 책임과 리더십이 필요하다. 형제자매 하위체계는 대부분 같은 세대로 이루어지므로 동년배 정신과 우정을 발달시킨다. 부모-자녀 하위체계는 세대가 다른 가족구성원들로 구성되므로 역기능적일 가능성이 높다. 따라서 부모는 자녀에게 엄격함과 허용의 수준을 적절히 조화롭게 유지해야 한다.

이들 하위체계는 체계 간 경계가 명확하고, 서로 개방적인 의사소통이 많을수록 건강한 가정이라고 할 수 있다. 가족구성원은 여러 하위체계에 동시에 소속되어 있기에 어떤 하위체계에 소속되느냐에 따라 상호작용을 일으키며, 그 상황에 따라 다른 보완적 관계를 맺는다(유영준 외, 2018: 55).

(2) 가족항상성

가족항상성(homeostasis)은 가족 내에서 일어나는 내적이고 지속적인 관계를 유지시켜 주는 상호작용적 과정으로 내적인 균형을 추구한다. 가족 간에 존재하는 균형 상태가 위협을 받으면, 예전의 평온한 상태로 돌아가려고 하는 것으로 가족규칙을 활성화함으로써 지속적인 관계를 유지하도록 한다. 즉, 모든 가족구성원은 칭찬이나 야단치는 것과 같이 상대방의 행동을 강화하는 피드백을 통해 가족의 균형을 유지한다(유영준 외, 2018: 56).

(3) 가족규칙

모든 가족은 일상생활의 안정을 위해 가정 내에 규칙을 정하고 가족구성원들은 그것에 따라 행동한다. 이러한 규칙은 가족의 항상성 유지를 위해 가족구성원들에게 특정방식으로 행동하는 것을 허용하거나 그렇지 않을 수 있으며 가족구성원들 간에 지켜야 할 의무나 태도에 대한 구체적 지침을 갖는다.

가정 내에는 암묵적 규칙이 존재하며, 가족구성원들은 이 규칙의 지배를 받는다. 이를 통해 가족구성원들 간의 관계를 어떻게 규정짓고 있는지를 알면, 가족치료 진행 시 가족의 성장과 성숙을 방해하는 가족의 역기능적인 규칙을 찾아내어 수정시킴으로써 가족구성원의 성장을 도울 수 있다(유영준 외, 2018: 56).

(4) 가족의 경계

경계(boundary)선은 사물이 어떠한 기준에 의하여 나누어지는 한계를 말하는 것으로 건강한 가족의 기능을 위해서는 체계의 경계가 명확해야 한다. 경계는 체계를 보호하는 기능으로 명확한 경계, 경직된 경계, 밀착된 경계를 갖는다. 가족의 경계는 명확하면서 융통성이 있는 것이 바람직하며, 지나치게 경직되었거나 밀착될 경우 가족 내 문제가 발생할 가능성이 높다. 따라서 건강한 가정은 충분한 소속감과 애정을 유지하면서 서로 간에 적절한 독립성을 유지하는 것이 필요하다(유영준 외, 2018: 57).

(5) 순환적 인과성

가족 내에서 일어난 문제는 원인과 결과가 순환적인 관계를 형성한다. 즉, 가족 내 한 구성원의 변화는 다른 구성을 반응하게 하고 이 자극은 다른 가족에게 영향을 미치게 되어 전체적으로 영향을 주고받으며, 처음 변화를 유발한 구성원에게 다시 순환적으로 영향을 미친다. 이처럼 가족구성원의 행동은 단선적인 것이 아니라 순환 반응적이기 때문에 가족구성원과 그들 사이에서 발생하는 사건들은 상호영향, 상호작용의 맥락 속에 존재한다(김은수, 2008).

이처럼 가족문제는 가족문제를 일으키는 특정인물만의 문제가 아니라 순환 중인 가족체계의 맥락 속에서 파악되고 이해되어야 한다. 즉, 문제가 있는 가족은 문제를 일으키는 사람만 있는 것이 아니라 문제를 일으키는 상호작용 유형이 지속적으로 존재하는 것이다(유영준 외, 2018: 57).

(6) 가족 삼각관계

가족구성원이 정서적 관계를 맺을 때 두 사람 사이에 어려운 문제가 발생하면 긴장을 줄이기 위해 제삼자나 문제를 끌어들여 삼각관계를 형성한다. 이는 역기능을 일으킬 수도 있으나 때로는 자유롭게 효과적으로 기능하도록 하는 대안이 될 수 있다(유영준 외, 2018: 57-58).

(7) 스트레스에 대한 대처

스트레스는 개인과 환경 사이의 교류에서 지각된 요구와 이를 충족시키는 자원이 불균형 상태일 때 발생하는데 그 종류에 따라 다음과 같은 특징을 갖는다.

첫째, 새로운 경험, 변화, 도전 등으로 인한 긴장감으로 성장과 발전을 촉진시키며, 일반적으로 단기간에 걸쳐서 발생하는 것으로 업무의 효율성이 증가하며, 적절한 긴장감이 유지되면서 삶의 질을 높여주는 긍정적 스트레스(eu-stress)가 된다.

둘째, 과도한 작업으로 인한 피로, 과부하, 갈등, 부정적 사건 등으로 인한 장기간 지속되는 스트레스로 심리적, 신체적 건강상의 문제를 일으키는 부정적 스트레스(di-stress)가 된다.

가족들은 불가피하게 가정 내에 다양한 스트레스를 경험한다. 그러나 이 스트레스가 항상 문제가 되는 것은 아니다. 가족구성원들이 긍정적인 자아존중감을 가지고 자신을 유능하다고 판단할 경우 스트레스에 잘 대처할 수 있는데, 이러한 유능성은 개인과 환경이 효과적으로 상호작용하는 능력으로서 스트레스에 직면하면 건강한 자아개념 및 효능감을 최대한 발휘하여 외부 자원을 동원하며, 문제에 적극적으로 대처하는 경향이 있다(유영준 외, 2018: 58).

2) 가족체계이론의 적용

가족체계이론은 가족문제에 접근할 때 특정 방법이나 기술보다는 가족문제를 폭넓게 이해하고 사정하는 개념적 틀로서 유용하다. 그러므로 가족구성원 개인에게 접근하기보다는 가족을 한 단위적 측면에서 총체성을 가지고 전체적인 관점에서 개입해야 한다. 가족문제는 가족체계 내부 및 외부와의 상호작용에 의해 발생하는 역기능 또는 적응상의 불균형으로 가족문제를 사정할 때에도 다양한 체계를 고려하여 정보를 얻고, 가족의 역기능을 변화시키는 개입에 적용할 수 있어야 한다(유영준 외, 2018: 59).

+ 참고하세요

1. 항상성(homeostasis): 생체가 여러 가지 환경변화에 대응하여 내부 상태를 일정하게 유지하는 현상
2. 홀론(holon): 부분으로서 전체의 구성에 관여함과 동시에 각각이 하나의 전체적, 자율적 통합을 갖는 단위
3. 총체성(totality, 전체성): 가족구성원들이 상호 유기적으로 밀접한 관련을 맺으면서 전체를 이루고 있으므로 부분이 아닌 한 단위 전체로서 의미를 가짐

2 상징적 상호작용이론

실용주의 전통을 이어받은 상징적 상호작용이론은 1920년대와 1930년대를 풍미했던 가족학 관련 주요 이론으로 오늘날 가장 대중적인 가족이론 중의 하나이다(유계숙 외, 1999: 141). 이 이론은 개인이 선택적으로 반응하는 주관적 입장에서 사회현상을 파악하고 사회현상을 하나의 과정으로 이해하며, 행위자의 정신적 능력, 행위와 인간의 상호작용에 초점을 둔다. 이 과정에서 행위자들은 의미 있는 상징을 사용하며 이 상징들은 그 의미에 근거한 반응을 한다. 그러므로 개인은 사회환경과의 상호작용을 통하여 가치를 파악하고 지위와 역할 개념을 획득하며, 사회의 변화에 따라 수정되고, 그 과정에서 가족의 안정성이나 갈등도 분석된다.

1) 주요 개념

(1) 주제와 가정

상징적 상호작용이론의 주제는 인간 행동에서 갖는 중요성, 자아개념의 발달과 중요성, 개인의 자유와 선택 제약 사이의 관계에 초점을 두며, 이에 따른 각각의 가정은 다음과 같다.

표 4-1 상징적 상호작용이론의 주제와 가정

주제	가정
인간 행동에서 의미가 갖는 중요성	1. 인간은 사물이 그들에 대해 지니는 의미에 근거하여 사물에 대해 행동한다.
	2. 의미는 사람들이 상호작용하는 과정에서 나타난다.
	3. 의미는 개인이 사물을 다루면서 사용하는 해석적 과정을 통해 조정되고 수정된다.
자아개념의 발달과 중요성	4. 개인의 자아개념은 타고나는 것이 아니라 사회적 상호작용을 통해서 발달시킨다.
	5. 발달된 자아개념은 행동에 중요한 동기를 부여한다.
개인의 자유와 사회적 제약 사이의 관계에 초점	6. 개인과 소집단은 그보다 큰 문화적·사회적 과정의 영향을 받는다.
	7. 개인들은 일상에서의 사회적 상호작용을 통해 사회구조의 미세한 부분들을 이루어 간다.

출처: 유영준 외(2018), p. 67.

(2) 주요 개념의 이해

① 정체성

정체성(identities)은 특정 역할에 대한 자신이 갖는 의미로 현저함(salience)에 의해 위계적으로 조직된다. 그 예로 아버지보다 어머니가 자녀에게 직접적 양육행동을 더 많이 하는지, 왜 어머니가 자녀의 심리적 복지에 더 많은 책임감을 느끼게 되는지 등을 설명할 때 정체성을 알 수 있다(유영준 외, 2018: 67-68).

② 역할

역할은 특정 위치를 점하고 있는 사람에게 적용되는 공유된 규범으로 상호작용하는 타인들로 하여금 미래의 행동을 예측하고, 사회적 상호작용의 규칙을 유지할 수 있도록 해주는 의미의 체계들이다. 역할은 지식이나 능력, 동기를 구체화할 뿐만 아니라 적절한 범위와 방향, 느낌과 감정에 대한 기대까지도 구체화한다. 그 예로 조부모의 역할은 손자·손녀들에게 선물을 사 주고 아이를 봐달라는 자녀들의 요청에 응해 주는 것이 기대된다(유영준 외, 2018: 68).

③ 상호작용

개인은 사회적 상호작용을 통해 널리 공유되는 상징을 적용하고 자신과 타인 및 상황이 지니는 특별한 의미들을 능동적으로 만들어 간다. 그 예로 일상생활에서 자신을 내보이기 위해 언어적 또는 비언어적 단서들을 사용하여 자신의 역할과 정체성의 의미를 전달한다(유영준 외, 2018: 68).

2) 상징적 상호작용이론의 적용

상징적 상호작용이론은 형식적 또는 체계적 이론으로 발전하기에 한계를 갖는다. 또한 주관적 개념의 개입으로 인하여 연구 과정의 방법도 엄격하지 못하다는 비판과 자신만의 현실을 창조하는 개인의 능력을 과대평가하여 자신이 만든 현실이 아닌 개인이 몸담고 있는 세상에 대해서 간과한다는 비판을 받는다(유영준 외, 2018: 69).

3 가족발달이론

가족발달이란 가족이 생성되어 그 성장이 한 단계에서 다음 단계로 이동하는 것을 말한다. 1930년 미국의 농촌사회학자와 경제학자들에 의해 가족발달이라는 용어가 사용되다가 1950년대부터 본격적으로 체계화되어 만들어진 이론이 가족발달이론이다(김희성 외, 2009). 가족이 경험하는 사건과 변화에 따라 가족구성원들은 그들만의 독특한 방식으로 발달을 경험하고, 이에 따라 같은 가족 내에서도 역동성이 다르게 나타난다.

가족의 발달은 가족 내에서 중요한 역할을 재배열하고 변화시키며 발전시키는 데 요구되는 것으로, 가족구성원의 증가나 감소 또는 새로운 규범의 출현으로 인해 계속 변화한다. 그러나 발달과업이 한 단계에서 성공적으로 수행되지 않으면 다음 단계로의 진행에 방해가 되므로 건강가정 유지를 위해 주어진 발달과업을 완수하는 것이 중요하다. 건강가정은 가정생활의 긴장을 줄이고 성공적인 발달과업을 수행하기 위해 생애주기별 과업에 대한 사전지식과 과업수행 능력의 습득이 필요하다.

가족발달이론은 인간의 발달과업을 정리해 주어 예측 가능한 가족기능과 가족문제, 삶의 우선순위를 결정하는 데 도움을 주며, 각 단계에서의 발달과업을 성공적으로 수행하며 다음 단계로 이행하고 발달해 가는지에 대한 판단의 근거가 된다.

1) 주요 개념

(1) 핵가족의 가족생활주기

핵가족 관련 가족생활주기의 대표적 학자인 듀발(Duvall, 1977; 유영준 외, 2018: 61-62)은 2세대 핵가족 중심의 가족생활주기를 제시하면서 부부와 자녀 중심의 단계별 특징과 과업을 다음과 같이 제시한다.

표 4-2 듀발의 핵가족 가족생활주기표

가족생활주기 단계	가족 내 지위	가족 발달단계에 따른 과업
1. 결혼 전기	• 아내 • 남편	• 서로 만족하는 결혼 • 임신에 대한 적응과 부모됨에 대한 희망
2. 신혼기	• 아내–모 • 남편–부 • 유아(딸, 아들)	• 아이를 낳고 적응하고 아이의 발달을 고무 • 부모와 아이 모두에게 만족스러운 가족 꾸미기
3. 자녀 아동기	• 아내–모 • 남편–부 • 딸–자매 • 아들–형제	• 학령 전 아동의 욕구와 관심을 성장 지향적으로 적응하도록 함 • 부모 역할로 인한 에너지 소모와 프라이버시가 없어지는 문제에 대처
4. 자녀 학동기	• 아내–모 • 남편–부 • 딸–자매 • 아들–형제	• 건설적 방법으로 학령기 아동을 가진 가족집단에 적응 • 아동의 교육적 성취 고무
5. 자녀 청소년기	• 아내–모 • 남편–부 • 딸–자매 • 아들–형제	• 10대 자녀의 성숙을 위해 책임과 자유의 균형을 이루도록 스스로를 해방 • 나이가 들어가는 부모로서의 관심과 경력 설정
6. 자녀 독립기	• 아내–모–조모 • 남편–부–조부 • 딸–자매–이모 • 아들–형제–삼촌	• 성인이 된 자녀들을 직장, 군대, 대학, 결혼 등으로 내보내되 적절한 격식과 도움 실시 • 지지적 가정 유지
7. 중년기	• 아내–모–조모 • 남편–부–조부	• 결혼관계의 재정립 • 젊은 세대와의 유대감 유지
8. 노년기	• 과부/ 홀아비 • 아내–모–조모 • 남편–부–조부	• 유족 및 홀로됨에 대한 대처 • 가정을 마감하고 노화에 적응 • 은퇴에 적응

출처: Duvall(1977); 유영준 외(2018), pp. 61-62.

(2) 확대가족의 가족생활주기

확대가족 관련 가족생활주기는 카터와 맥골드릭(Carter & McGoldrick, 1988)이 3세대 이상의 대가족 체계를 중심으로 가족생활주기를 제시하였다.

표 4-3 카터와 맥골드릭의 확대가족 가족생활주기표

가족생활주기 단계	정서적 이슈	다음 단계로 이행하는 데 필요한 가족과업
1. 결혼 전기	부모-자녀 간 분리 받아들이기	• 원가족과 관련된 자아 분화 • 친밀한 동년배 관계 확대 • 직업에서의 자아 설정
2. 신혼기	새로운 체계에 관여하고 헌신하기	• 결혼체계 형성 • 배우자의 확대가족 및 친구와의 관계 정립
3. 자녀 아동기	가족경계의 융통성 증가	• 자녀를 위한 공간을 만들어 결혼체계에 적응 • 부모역할 수행 • 부모역할 및 조부모역할을 포함한 확대가족과의 관계 정립
4. 자녀 청소년기	새로운 구성원을 가족체계로 받아들임	• 청소년이 가족체계의 안팎을 넘나들 수 있도록 부모-자녀관계에 변화 시도 • 중년의 결혼 이슈에 초점 • 노년기에 대해 관심 갖기 시작
5. 자녀 독립기	가족체계에서 나가고 들어오는 것 수용	• 2인 결혼체계에 대한 재협상 • 부모-자녀관계를 성인관계로 발전시키기 • 시부모와 손자녀의 관계 설정 • 부모(조부모)의 장애와 죽음에 대처하기
6. 노년기	세대 간 역할 변화 받아들이기	• 신체적 노쇠에 대한 인정과 자신과 배우자의 기능 및 관심 유지: 새로운 친밀관계 및 사회적 역할 탐구 • 중년세대가 중심역할을 하도록 지원 • 노년기의 지혜와 경험으로 가족체계 내에 여유 만들기: 노년기에 대한 과잉기능 없이 노년세대 지지 • 배우자, 형제, 친구의 상실에 대한 대처 및 죽음 준비: 생에 대한 재검토 및 통합

출처: Cater & McGoldrick(1988); 유영준 외(2018), pp. 61-62.

(3) 이혼 및 재혼가족의 가족생활주기

급변하는 사회의 변화 앞에서 이혼가족과 재혼가족의 발달단계는 일반가족과는 달리 독특한 발달단계를 경험할 뿐만 아니라 그에 따르는 내외적 과업이 존재한다. 특히 재혼가족은 이전의 가족관계에서 이미 갈등과 위기를 겪은 경우가 많기 때문에 새로운 가족을 형성할 때 유사한 문제가 발생하지 않도록 신중할 필요가 있다. 관계 상실로 인한 상처를 다루는 것과 2개의 가족체계 내에서 겪는 두려움, 충성심에 대한 갈등, 소속감 등의 문제가 중요한 주제가 된다.

카터와 맥골드릭(1988)에 의하면 이혼가족의 경우 ① 이혼에 대한 결정, ② 가족체계의 해체 계획, ③ 별거, ④ 이혼, ⑤ 이혼 후 한부모의 단계를 경험한다. 이 과정에서 자녀가 있을 경우 가족구성원이 모두 아픔을 경험하는 중대한 생활사건이 된다. 따라서 이혼으로 인한 발달과업을 원만하게 해결하지 못할 경우 그 피해는 자녀들의 삶에 부정적으로 나타난다. 또한 재혼가족의 경우 ① 새로운 관계 시작, ② 새로운 결혼생활과 가족에 대한 개념화와 계획, ③ 재혼과 가족의 재구성이라는 단계를 밟는다.

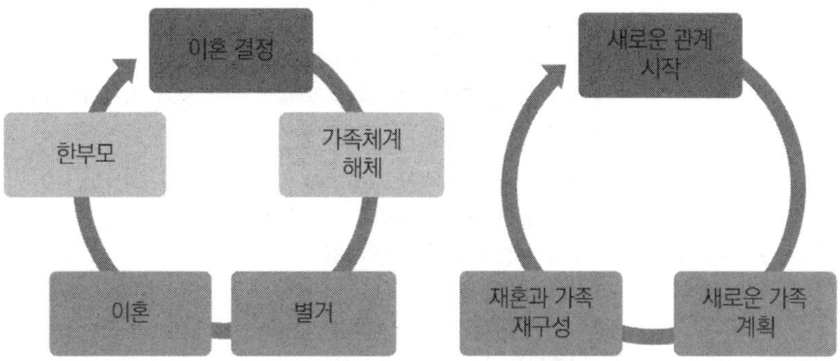

그림 4-1 **이혼과 재혼가족의 가족생활주기**

(4) 우리나라의 가족생활주기

우리나라는 산업화와 도시화, 고령화의 시기를 지나면서 가족의 구조와 기능, 가족관계, 가족에 대한 가치관 등에서 많은 변화가 있었다. 이에 우리나라 가족이 갖고 있는 독특성과 관련하여 가족생활주기를 살펴보면 다음과 같다.

표 4-4 가족생활주기 단계에 따른 가정생활 과제

<table>
<tr><th colspan="2">가족생활주기</th><th>특징과 과제</th></tr>
<tr><td rowspan="2">1. 형성기</td><td>신혼기</td><td>• 새로운 가정과 부부관계의 기초 확립
• 부모가정과의 협력관계
• 가정의 장기 기본계획 수립(교육, 주택, 노후 설계 등)
• 가족계획(임신, 출산 준비)
• 주부의 가사노동 합리화
• 부부가 함께하는 여가생활 계획
• 가계부 기록</td></tr>
<tr><td>유아기</td><td>• 유아중심의 생활 설계
• 유치원, 놀이방 활용계획
• 조부모와의 협력관계
• 가사노동 능률화와 시간의 합리화
• 자녀성장에 대한 교육비와 주택 중심의 장기 가계계획 재검토
• 부부역할 재조정</td></tr>
<tr><td rowspan="2">2. 확대기</td><td>학교교육
전기</td><td>• 가족의 여가를 위한 지출계획
• 자녀의 교육비와 부부의 교양비 설계
• 자녀 성장에 따른 용돈계획
• 자녀의 공부방 계획
• 자녀 성장에 따른 부부역할 재검토
• 단체활동 참가</td></tr>
<tr><td>학교교육
후기</td><td>• 자녀의 진학과 교육비 계획
• 자녀의 학습환경 설계
• 수험생 자녀를 위한 의식주 계획
• 주부의 의식생활 재검토
• 자녀의 역할 분담
• 성인교육 참가계획</td></tr>
<tr><td rowspan="2">3. 축소기</td><td>자녀
독립기</td><td>• 부부관계 재조정
• 부인회 활동 및 단체활동에 적극 참가
• 자녀 부부와의 역할기대 관계 조정
• 노후를 위한 가계 소득, 지출의 설계
• 유산 분배계획
• 자녀의 취직, 결혼 지도</td></tr>
<tr><td>노부부기</td><td>• 노후생활 설계
• 건강과 취미를 위한 자주적 생활시간 설계
• 사회적 활동시간
• 성인병 예방, 건강증진 계획
• 취미, 문화그룹에 참가
• 노인학교, 노인그룹 참가</td></tr>
</table>

출처: 최경석 외(2003); 유영준 외(2018), pp. 64-65.

2) 가족발달이론의 적용

가족발달이론은 서구에서 만들어진 가족생활주기로 부모와 자녀로 구성된 핵가족을 중심으로 단계를 구분함으로써 최근 증가하는 다양한 형태의 가족에게는 적용하는 데 한계가 있다. 그럼에도 불구하고 현장에서 가족을 도와주는 실천가들에게 가족문제를 파악하고 해결하는 데 적용의 유용성이 있다. 즉, 가족이 당면하고 있는 문제와 발달주기상의 발달과업이 어떤 연관성이 있는지를 파악하는 데 좋은 자료가 된다. 또한 건강가정을 이루기 위한 건강가정사업이나 프로그램 기획에 있어서 예방과 관련된 생애주기별 가족교육의 중요성을 제시하는 데 근거가 된다.

4 여성주의(페미니스트) 이론

가족과 관련된 전통적 연구에서 여성은 종종 '가족'이라는 개념으로 한정된 존재로 보았으며, 여성의 경험과 남성의 경험은 왜곡되는 경향을 보였다. 양성평등사회를 추구하는 오늘의 시대에 젠더, 권력, 가족에 대한 특성을 살펴보면 다음과 같다.

1) 주요 개념

여성주의 입장에서는 '가족이 여성을 위해 무엇을 하는가?'를 질문함으로써 가족에 매몰되지 않은 여성으로 인식하고자 한다. 다음의 주제들은 가족생활을 여성주의적 관점에서 이론화한 연구들이다(유계숙 외, 2003; 유영준 외, 2018: 74).

(1) 여성의 경험

여성주의에서는 여성(또는 소녀)의 경험에 중심을 두며, 이러한 경험을 정상적·가치적인 것으로 가정하면서 시작한다. 이것은 새로운 출발 지점으로서 여권주의 이론들이 남성과 소년의 삶에도 적용되기는 하지만 여성과 관련된 쟁점들(예: 낙태, 자녀양육, 직업상의 차별 등), 정치경제적 측면과 연결시켜 파악한다. 이처럼 다양한 여성의 생활경험은 세계를 이해하는 방식이나 새로운 인식론에 대해 개방된 자세를 갖게 한다(유영준 외, 2018: 75).

(2) 젠더

젠더(gender)란 사회가 승인하는 사회적으로 정의된 성을 뜻한다. 일명 성역할에 따라 '남자답다', '여자답다'라고 하는 개념으로 여성주의 학문은 젠더를 기본적 개념으로 한다. 젠더에 대한 개념은 크게 두 가지로 첫째, 여성과 남성 간의 차이는 사회에서 구성된 것이며 과장된 것이라고 본다. 둘째, 여성과 남성 간의 권력관계를 합법화하고 영속화하기 위해 남녀를 구분하는 측면이 있다고 본다.

사회계급과 인종처럼 젠더는 하나의 사회구조로 불평등이나 사회적 층화의 기초가 되며, 젠더관계는 권력관계를 형성한다. 이러한 측면에서 여성주의자들은 여성이 수동적 희생자가 아니라 역사를 만드는 참여자이고, 문화를 창조하는 주체자, 행동가, 행위자라고 본다. 여성주의자들은 성(性)을 지속적인 사회화 과정으로 보면서 젠더 관계에 초점을 두고, 남성의 삶도 여성의 삶과 마찬가지로 젠더에 의해 강하게 영향을 받는다고 말한다(유영준 외, 2018: 76).

(3) 사회문화적 · 역사적 맥락

여성주의자들은 젠더 관계가 특정한 사회문화적 · 역사적 맥락에서 분석되어야 한다고 본다. 이들은 가족에 대한 많은 연구처럼 개인과 대인 간의 관계에만 한정되는 것이 아니라 거시적 측면에서 사회문화적 맥락을 포함시켜야 한다고 본다. 그 예로 아내 구타에 대한 해석이 사회문화적 상황에 따라서 다르게 해석되는 것을 볼 수 있다(유영준 외, 2018: 76).

(4) 정상가족에 대한 문제 제기

여성주의자들은 여성의 경험과 젠더의 구조에 초점을 두면서 정상가족만 언급하는 부분에 문제를 제기한다. 정상가족이라는 획일적 형태는 가정에 대한 부적절한 틀을 제공할 뿐만 아니라 계급, 문화, 여성적 편견과 여성의 억압을 포함하는 이데올로기라고 본다(유영준 외, 2018: 76).

(5) 사회적 변화 강조

여성주의자들은 사회적 변화를 강조하며, 가치 개입적인 방법론을 선호하면서 세상에 대한 지식뿐만 아니라 세상의 변화도 추구한다. 모든 기존의 젠더관계와 여성의 억압을 수용하지 않으며, 변화가 필요하다는 입장에서 타당한 지식이라든가 객관적 지식이라는 학문적 풍토에 문제를 제기한다(유영준 외, 2018: 67-68).

참고하세요

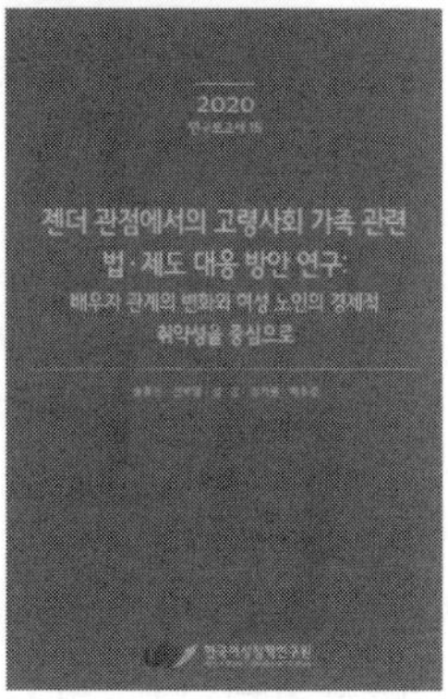

저자: 송효진 외 / 한국여성정책연구원 / 2020

주제: 가족의 유연한 구성과 해체는 특히 배우자 관계를 중심으로 활발하게 이루어지고 있다. 가족 구성의 선택성 증가, 규범적, 의무적 관계에서 친밀성에 기반한 관계적 속성 변화 등 최근의 가족변화는 가족 구성의 유지 및 해체에 있어 배우자와 파트너십 관계(횡적 관계)에 주목할 필요가 있음을 시사한다.
이에 본 연구는 젠더 관점에서 고령 사회에서 배우자 관계의 변화(횡적 관계)와 여성 노인의 경제적 취약성 이슈를 중심으로 현상을 진단하고, 가족 관련 법과 제도적 대응방안을 모색하는 것을 목적으로 한다.

2) 여성주의 이론의 적용

여성주의 이론은 가족에 대한 미시적이고 보수적인 시각에서 벗어나 거시적이고 진보적인 입장에서 가족의 본질과 가족의 변화를 이해하려는 건강가정 연구와 실천에 유용한 적용점을 제공한다. 특히 우리나라와 같이 남녀간의 불평등이 오래된 사회 속에서는 빈번하게 발생하고 있다. 가족 내에서 가부장 중심의 권위적 가족관계가 지속되고 있으며, 여성들의 가사노동도 정당한 사회적 평가를 받지 못하고 있다. 부부간 폭력과 갈등도 불평등한 가족관계에서 발생하는 경우가 많은데 이러한 문제들은 단지 가족기능이나 역할수행과 관련된 부적응의 문제이기에 앞서 전통적인 성역할 사회화로 인한 성차별적 태도와 가치관에 기인하는 경우가 많다.

여성주의자적 관점은 성차별적이고 여성 억압적인 사회구조에서 벗어나 남녀 모두 평등하게 살아가는 건강가정을 지향하고, 평등사회 구현을 통해 민주적이고 합리적이며 양성평등한 가족관계를 만들어 가는데 긍정적인 기여를 할 수 있어야 할 것이다.

5 교환이론

1) 주요 개념

교환이론에서는 인간을 최대의 이익을 추구하려는 합리적 경향을 갖고 있는 존재로 보았고, 사회적·물질적 자원의 교환을 인간 상호작용의 근본 형태로 파악한다. 상호작용에는 반드시 교환이 이루어지고 쌍방 간에 교환행위가 반복될수록 개인이나 집단 간의 사회적 관계가 더욱 강화된다는 것이다. 보상이나 이익은 관계에서 도출되는 긍정적 결과로 심리적 안정, 사회적 지위, 만족감과 같은 결과물뿐만 아니라 경제적·물질적 이익까지 포함한다. 이러한 점 때문에 모든 교환과정 속에서 비용이 보상보다 커지면 그 관계는 유지가 어렵게 되고 불평등한 교환관계가 발생할 수 있으며, 이로 인해 권력 구조가 생길 수 있다고 본다(이태희 외, 2023: 58-59).

교환이론의 핵심개념과 주요 가정은 가족학의 경우 주로 구애 과정과 같은 주제의 연구에 활용되었다. 예를 들면 만족, 호혜성, 공평성, 몰입, 신뢰, 의존과 같은 요인들이 구애관계를 특징짓는 몰입 수준을 심화하는 매개요인으로 기능한다고 보았다. 예를 들어, 부부 권력을 연구하고자 한다면 배우자 각자의 자원과 관계에 대한 의존성이 고려되어야 한다.

일반적으로 보상은 상호작용하는 개인에게 주는 만족감, 기쁨 등 가치가 있다고 생각되는 모든 것으로 심리적 · 신체적 · 사회적인 것들이 포함된다. 한편 교환자원에는 물질적인 것과 비물질적인 것이 포함되는데, 예를 들면 금전, 물품, 칭찬, 복종, 존경 등이 있다. 상대에게 주는 교환자원은 비용이 되고, 받는 교환자원은 보상이 되는데, 인간은 가능한 한 비용에 비해 보상이 큰 행동을 한다.

교환과정에서 교환자원의 부족, 고갈 또는 가치의 저하 등으로 문제가 발생할 수 있는데, 이때에는 ① 동등한 가치의 다른 자원으로 보상, ② 다른 보상의 개발, ③ 새로운 자격이나 지위 획득, ④ 강제력 사용, ⑤ 취약한 교환 당사자들의 연합활동, ⑥ 소유한 자원의 질 향상 등을 통해 교환관계의 균형을 추구한다(최입섭 외, 1998).

2) 교환이론의 적용

가족관계와 같이 친밀하고 지속적인 관계에서는 시간의 흐름에 따라 상대방에 대한 보상을 늘리려는 관심이 존재한다. 즉, 상호의존성이 높은 가족관계에서는 개인의 이익을 극대화하는 측면에서 상호이익을 극대화하는 측면으로 교환이 이루어진다. 이러한 인간의 심리적 측면을 반영한다면 가족 간에도 교환가치를 높이기 위해 자기개발, 매력관리 등의 노력이 필요하고, 생애주기에 따른 발달과정에서 맞이하는 신체적 · 심리적 변화도 긍정적으로 받아들이는 성숙한 자세가 필요하다.

가족구성원 간의 교환은 부부관계, 부모-자녀관계를 기점으로 하여 교환관계 자체가 보상으로 작용하는 경우가 많지만 산업사회가 진행되면서 점차 가족 간의 교환적 특성이 감소하고 있다. 부부관계에서는 배우자 선택 시 교환개념이 시작되어 부부 권력, 의사소통, 결혼의 안정성, 성역할, 성행동, 가정폭력 등에 적용되고 있다. 배우자 선택과정에서는 상호 간에 소유한 제반 자원에 의해 보상정도가 평가되어 선택행위가 일어나며, 부부간의 권력에 있어서도 각자의 자원이 심리적·사회문화적 맥락 속에서 평가되어 작용하게 된다.

6 갈등이론

갈등이론은 사회의 권력과 자원 등이 불평등한 관계에서 발생한다고 본다. 또한 사회의 본질적 현상에서 희소자원의 배분을 둘러싸고 일어나는 불가피한 것으로 경제적 자원, 권력, 권위 등의 불평등한 배분관계에 의해 형성되고, 이익 또는 자원의 차이가 갈등을 유발한다고 본다(이태희 외, 2023: 55-56). 그럼에도 이 갈등은 가정을 변화시키는 원동력이 되고, 갈등을 극복하는 과정을 통해 가족 간 참여의식과 연대감, 소속감을 고취시킨다.

가족연구에서 갈등이론은 가족 내의 이해관계나 권력, 혹은 불평등에 초점을 둔다. 가족 내에서 갈등이 반복된다고 해서 반드시 가족해체가 발생하는 것은 아니며, 이로 인해 가족체계가 더욱 구조화되기도 한다. 그러므로 갈등은 긍정적 혹은 부정적인 측면에서 어떻게 보고 받아들이는가에 따라 갈등의 강도와 지속성이 결정된다. 대부분의 가족갈등은 처리되는 과정이 중요한데, 특히 부부관계나 부모-자녀관계 등에서 자원과 권위의 독특한 특성이 파악되고 존중되어야 한다.

7 생태이론

생태이론은 흔히 생태체계론, 생태적 관점, 생태체계적 관점 등으로 불리는데 이는 체계적 관점과 생태적 관점이 합성된 것으로 볼 수 있다. 환경과 인간의 상호작용에 초점을 두는 이론으로 가족을 복잡한 환경 속에 존재하는 유기체로 본다. 즉, 가족은 환경과 지속적인 상호작용을 하면서 유지되고 성장 발전하므로, 가족을 둘러싸고 있는 환경과의 상호작용에 따라 가족이 갖는 자원의 양이 달라지며 삶의 질 역시 달라진다(정지영 외, 2013: 76). 가족을 연구함에 있어서 인간과 상호작용하는 가장 밀접한 환경으로서의 가정에 대한 접근방식은 건강가정에 대해 많은 시사점을 준다.

1) 주요 개념

브론펜브레너(Bronfenbrenner, 1979; 김효선 외, 2023: 154-157)는 출생에서 사망에 이르는 인간발달 과정에서 개개인이 경험하는 생활의 직접성 정도에 따라 체계를 미시체계, 중간체계, 외체계, 거시체계, 시간체계 등으로 나누었다.

(1) 미시체계(micro system)

개인 혹은 인간이 속한 가장 직접적인 사회적·물리적 환경들로서 모든 체계는 상호작용한다. 미시체계에서는 인간과 직접적인 대면적 상호작용을 함으로써 인간에게 영향을 미치며, 개인의 특성과 성장 시기에 따라 미시체계는 달라진다. 그 예로 어릴 때는 가족이 가장 중요하지만 청소년기에는 또래집단이 더 큰 영향을 미칠 수 있다.

(2) 중간체계(meso system)

인간의 환경 속에 두 가지 이상의 미시체계들 간의 관계 혹은 특정 시점에서 미시체계들 간의 상호작용을 의미한다. 가족, 직장, 여러 사교집단 등 소집단 혹은 가족과 같은 개인을 둘러싸고 있는 두 가지 이상의 환경에서 일어나는 과정과 연결성을 갖는다. 그 예로 아동의 입장에서 학교(교사)와 가정(부모) 간의 관계, 형제간의 관계, 가정과 또래 집단과의 관계 등이 있다.

(3) 외체계(exo system)

개인과 직접 상호작용하지는 않지만 미시체계에 영향을 주는 사회적 환경들을 말한다. 한 개인이 외부체계에 직접 참여하지는 않지만 이러한 환경들은 인간의 행동에 여러 영향을 미친다. 그 예로 어머니의 취업여부에 따라 아동의 생활패턴이 달라지고, 대중매체나 문화시설, 교통통신시설 등의 영향을 받는 것을 볼 수 있다.

(4) 거시체계(macro system)

개인이 속한 사회의 이념이나 제도의 일반적 형태 혹은 개인에게 영향을 미치는 환경적 요소를 말한다. 이는 개인의 생활에 직접적인 개입을 하지는 않으나 간접적으로 강한 영향을 발휘하는 것으로, 하위체계에 대한 지지기반과 가치 준거를 제공해 준다. 그 예로 정치, 경제, 사회, 문화, 법, 관습 등이 있다.

(5) 시간체계(time system)

브론펜브레너가 처음 발표한 생태학적 모델에는 포함되지 않았으나 후에 포함된 개념으로 개인의 전 생애에 걸쳐 일어나는 변화와 역사적 환경을 포함하는 체계이다. 어떤 시대에 출생하여 성장했는가에 따라서 개인은 발달과 삶에 큰 영향을 받는다. 모든 생태체계는 개인에게 영향을 미치며 이러한 생태환경은 과거, 현재, 미래의 시간체계의 변화 속에서 작용한다. 그 예로 가족제도의 변화, 결혼관의 변화, 자녀 출산의 변화, 직업관의 변화 등이 있다.

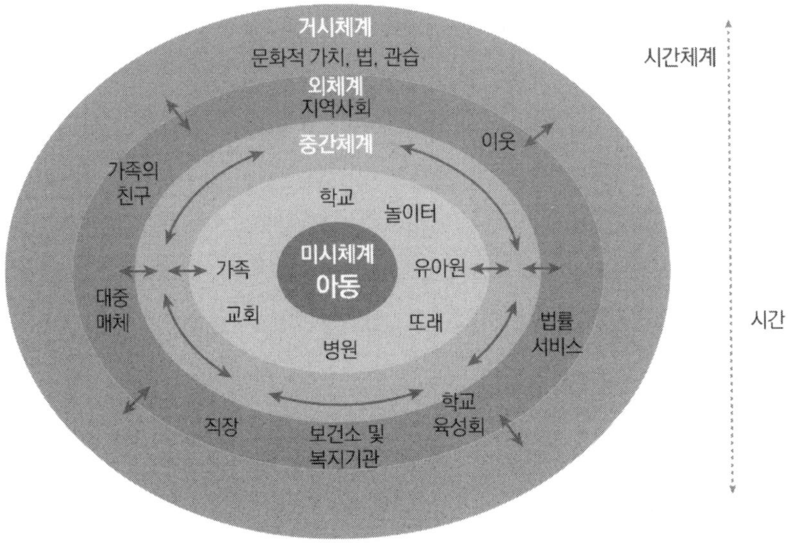

그림 4-2 브론펜브레너의 생태체계 모형

출처 김효선 외(2023), p. 157.

2) 생태이론의 적용

생태이론에서는 인간을 사회문화적 존재로 보고, 생활환경 속에서 타인과 가치 있는 사회적 관계를 맺고, 존경과 관심을 주고받으며 자아를 발달시키고, 사회적 역할기대를 적절히 이행하는 존재로 본다. 그러므로 인간과 환경은 특별한 문화와 역사적 맥락 속에서 서로에게 끊임없이 영향을 미치기 때문에 인간과 환경의 관계를 이해하는 것은 중요하다.

개인은 그가 처해 있는 환경적 맥락에서 이해한다고 볼 때에 가장 중요한 환경 중 하나가 가족이다. 따라서 개인에게 가장 유용하며 보완적 지지체계로서의 환경이 되기 위한 가족을 만드는 것, 가족의 역할이 수행되게 하는 것이 건강가정론에서 도입할 수 있는 개념이다. 또한 건강한 가족의 기능 수행을 위해서 지역사회, 더 나아가 사회문화적 제도와의 상호작용도 중요하다. 생활환경이 양육적인 경우 환경과의 조화를 이루면서 생활하는 경향이 강하며, 환경이 비양육적일 경우 환경과의 부조화가 일어나는 경향이 많다. 그러므로 인간에게 최적의 적합성을 만들어 내기 위해 환경, 자신 또는 양자를 변화시키기 위한 노력이 필요하다.

CHAPTER

5

가족과 건강가정

건강한 가정은 건강한 가족구성원들 속에서 이루어진다. 그럼에도 불구하고 부부관계를 비롯한 가족구성원들 간의 다양한 관계와 의미, 특징, 사랑과 친밀함 등에 갈등이 존재하게 된다. 이에 본 장에서는 가족 간의 관계에 어떤 갈등과 유형이 있으며, 이를 해결하기 위해 어떤 개입 방안 등이 있는지 살펴보면서 건강한 가족관계 형성 및 유지에 도움을 주고자 한다.

1 부부관계

부부관계란 결혼이라는 제도에 의해 이루어지는 관계로 다른 가정환경에서 성장한 남녀가 만나서 이루어지는 가장 밀접한 인간관계이다. 부부는 생리적·심리적 및 사회적 욕구 충족에 상호보완적이며, 각자의 삶이었던 모습에서 벗어나 공동체의 삶을 살아가는 최소한의 관계이다(유영준 외, 2018: 83).

1) 부부간 갈등

부부간의 갈등은 매우 사소한 것에서부터 심각한 갈등까지 다양하게 나타날 수 있는데 이때 부부가 얼마나 인내심을 가지고 있는지, 또는 가족체계 외부로부터 어떠한 도움을 받을 수 있는가에 따라서 갈등의 해결 방법과 효과가 달라진다. 갈등을 어떻게 바라보고 극복하느냐에 따라서 긍정적 측면과 부정적 측면이 있는데 그 내용을 살펴보면 다음과 같다(김윤재 외, 2022: 150-151).

(1) 갈등의 긍정적 측면

① 갈등에 대한 표현을 통해 마음속에 갖고 있던 감정과 긴장감이 제거되어 건강함과 치료의 효과를 볼 수 있다.

② 감정의 표현으로 분노감이 감소되고, 그동안 표현하지 않았던 상대방에 대한 불편한 감정을 완화시켜서 표현하고 해소할 수 있다.

③ 갈등을 해결하는 과정에서 실제의 문제가 무엇이었는지 정확하게 인식하게 한다.

④ 갈등의 해결 과정에서 상대방에 대한 이해가 가능해지고 서로에게 긍정적 이익을 제공한다.

⑤ 갈등해결 과정에서 쌓인 신뢰감과 가능성으로 인해 부부는 친밀감을 느낄 수 있다.

⑥ 부부간의 갈등은 상대방의 가치, 요구, 목표 등을 깨닫는 계기가 되며, 갈등해결을 통해 상대방의 자아를 새롭게 발견하는 계기가 된다.

⑦ 갈등의 원만한 해결 과정을 통해 배우자 간에 상호작용을 강화시켜 주며, 잘못된 정보에 대한 오해를 해소하면서 효과적인 의사소통이 가능하게 해준다.

⑧ 갈등을 건강하게 극복하면 "비 온 뒤에 땅이 굳는다"는 속담처럼 더 건강하고 문제해결력을 갖는 부부관계를 유지할 수 있게 된다.

⑨ 이러한 과정에 익숙해지면 갈등을 갈등으로 보는 것이 아니라 갈등해결 과정에서 얻어지는 새로운 결과물들을 기대할 수 있다.

(2) 갈등의 부정적 측면

① 갈등의 해결과정에서 미해결 갈등은 긴장감과 신체적 질병의 원인이 될 수 있으며, 상대방에 대한 계속적 공격으로 부정적 자아상을 가지게 되어 결국 부부 사이가 소원해질 수 있다.

② 부부간의 신뢰감 감소는 심리적인 긍정적 변화의 실패요인이 될 수 있다.

③ 갈등이 깊어질수록 부정적이고 복잡 미묘한 감정의 변화로 결혼을 후회하거나 이혼에 대해 고려하게 한다.

④ 부부간의 갈등은 가족 모두의 인격 형성에 부정적 영향을 준다.

(3) 부부갈등이 자녀에게 미치는 영향

① 부부갈등은 상대 배우자에게서 얻지 못하는 욕구 충족의 대치물이나 방패용으로 자녀를 이용한다.

② 부부관계가 최악일 경우 위기의 결혼관계 유지수단으로 자녀를 인질로 삼거나 계획적으로 이용하기도 한다.

③ 적대적 부부관계에서 자녀는 한쪽 부모의 심복이나 부하 또는 서로의 비밀을 말하고 의지하는 동맹자적 역할을 강요받으면서 삼각관계에 빠질 수 있다.

④ 위기의 부부들이 보여주는 가장된 평화, 냉전 또는 갑작스러운 폭력 등에 부딪히면서 불안과 막연한 분위기에 노출될 수 있다.

⑤ 위기의 부부관계는 자녀들에게 집중할 수 없게 되므로 자녀들은 사회성 발달이 지연되거나 지나친 의존심이 생길 수 있다.

참고하세요

부부관계 만족도 검사지

※ 각각의 문항에 '매우 아니다'에서부터 '매우 그렇다'까지, 귀하께서 해당되는 곳에 √표 해 주십시오.

문항	질 문	매우 아니다	아니다	보 통	그렇다	매우 그렇다
1	나의 모든 심정을 배우자에게 잘 털어 놓는다.	①	②	③	④	⑤
2	우리 부부의 대화는 아주 만족스럽다.	①	②	③	④	⑤
3	배우자는 항상 내말에 귀를 기울인다.	①	②	③	④	⑤
4	어떤 문제를 의논할 때는 마음을 열고 서로 차이를 줄이려고 애쓴다.	①	②	③	④	⑤
5	금전사용에 대한 우리의 의견은 일치한다.	①	②	③	④	⑤
6	우리는 우리가 정해 놓은 저축목표액에 만족한다.	①	②	③	④	⑤
7	빚이 있긴 하지만 그것으로 인해 부부간에 문제가 되지는 않는다.	①	②	③	④	⑤
8	우리는 함께 가계부를 쓰고 예산도 함께 짠다.	①	②	③	④	⑤
9	자식을 훈계하는 방법에 대한 우리 부부의 의견이 서로 같다.	①	②	③	④	⑤
10	나는 배우자의 모든 친구들과 즐겁게 잘 지낸다.	①	②	③	④	⑤
11	배우자가 이미 내 심정을 알고 있으라는 생각으로 말하지 않는 경우가 가끔 있다.	①	②	③	④	⑤
12	배우자가 자신의 감정을 나에게 좀 더 말해 주었으면 한다.	①	②	③	④	⑤
13	가끔 내가 원하는 바를 배우자에게 부탁하기가 두렵다.	①	②	③	④	⑤
14	배우자의 흡연습관, 음주습관이 문제된다.	①	②	③	④	⑤
15	우리가 남들과 함께 있을 때 나는 간혹 배우자의 행동으로 당황한다.	①	②	③	④	⑤
16	배우자는 가끔 너무 고집을 부린다.	①	②	③	④	⑤
17	간혹 나는 배우자의 성질 때문에 걱정이 된다.	①	②	③	④	⑤
18	가끔 배우자의 기분을 맞추기가 어렵다.	①	②	③	④	⑤
19	부부간에 문제가 있을 때 흔히 배우자는 나에게 말을 못하게 한다.	①	②	③	④	⑤
20	가끔 배우자가 나에게 해 주는 것을 믿기 어렵다(좋은 쪽으로).	①	②	③	④	⑤
21	말다툼을 끝내려면 의례히 내가 먼저 기권한다.	①	②	③	④	⑤
22	우리는 가끔 별로 대수롭지 않은 문제(일)로 심하게 다툰다.	①	②	③	④	⑤
23	가끔 우리의 부부싸움은 앞으로도 계속되고 결코 해결되지 않을 것이라 느껴진다.	①	②	③	④	⑤
24	배우자는 나와 심각할 정도의 의견대립을 하지 않는 편이다.	①	②	③	④	⑤

문항	질 문	매우 아니다	아니다	보 통	그렇다	매우 그렇다
25	둘이 다툴 경우 일반적으로 모두 나 때문이라는 느낌으로 끝낸다.	①	②	③	④	⑤
26	배우자의 승낙 없이는 돈을 쓸 수 없다는 것이 괴롭다.	①	②	③	④	⑤
27	배우자가 자주 늦게 들어와 괴롭다.	①	②	③	④	⑤
28	가끔 배우자가 돈을 좀 더 신중하게 쓰기 바란다.	①	②	③	④	⑤
29	돈을 효율적으로 쓰는 방법을 모색하는데 우리 둘이 의견이 다르다.	①	②	③	④	⑤
30	때때로 배우자는 신용이 없고 항상 일을 끝까지 마무리 짓지 못한다.	①	②	③	④	⑤
31	배우자는 가끔 너무 많은 시간을 친구들과 보낸다.	①	②	③	④	⑤
32	배우자는 나와 오락을 즐길만한 충분한 시간과 정력이 없는 것 같다.	①	②	③	④	⑤
33	배우자가 적당한 흥밋거리나 취미를 갖고 있지 않아 걱정된다.	①	②	③	④	⑤
34	우리가 즐겨하는 모임(파티, 집안모임 등)의 유형은 서로가 비슷하다.	①	②	③	④	⑤
35	배우자가 함께 사교적 모임(부부동반 모임, 직장에서의 가족 야유회 등)에 가게 될 때 부담감을 느끼지 않는다.	①	②	③	④	⑤
36	우리가 결정하는 여행과 휴가는 무엇이나 마음에 든다.	①	②	③	④	⑤
37	우리는 휴일인 경우 어디에서 어떻게 보내든 부부가 함께 보내는 것이 좋다.	①	②	③	④	⑤
38	우리 부부가 함께 여가시간을 제대로 보내지 못하는 것이 걱정스럽다.	①	②	③	④	⑤
39	여가시간을 보낼 때 배우자와 함께 우리가 아니라면 전혀 재미가 없다.	①	②	③	④	⑤
40	배우자가 나에게서 성적인 흥미를 잃을까 봐 걱정된다.	①	②	③	④	⑤
41	배우자가 나에게 주는 애정은 매우 흡족하다.	①	②	③	④	⑤
42	우리는 흥미롭고 즐거운 성관계를 유지시키기 위해 서로 노력한다.	①	②	③	④	⑤
43	성적인 문제에 대해 편안하고 자연스럽게 배우자와 대화를 나눌 수 있다.	①	②	③	④	⑤
44	배우자에게 부당한 방법으로 성을 이용당하거나 그런 것을 거절하는 것이 어렵다.	①	②	③	④	⑤
45	가끔 배우자가 나 이외의 사람과 성관계를 가질까 봐 걱정된다.	①	②	③	④	⑤
46	가끔 배우자의 성적 흥미가 나와 같지 않아 걱정이 된다.	①	②	③	④	⑤
47	혹시 배우자가 성적으로 통달한 것같이 오해할까 봐 애정표시를 마음대로 하지 못하겠다.	①	②	③	④	⑤
48	부인은 직업을 갖더라도 집안일을 계속해 나갈 책임을 져야 한다.	①	②	③	④	⑤

문항	질 문	매우 아니다	아니다	보 통	그렇다	매우 그렇다
49	우리에게는 남편의 직업이 항상 부인의 직업보다 더욱 중요한 것으로 간주된다.	①	②	③	④	⑤
50	우리 집의 중요한 일을 결정할 때에는 대개 남편이 결정을 내린다.	①	②	③	④	⑤
51	만일 부부 모두가 직장에 다닌다면 남편도 부인처럼 집안의 허드렛일(밥 짓고, 청소하고, 빨래하는 일)을 좀 해야 한다.	①	②	③	④	⑤
52	만일 자식이 아주 어리다면 부인은 직장을 쉬는 것도 좋다.	①	②	③	④	⑤
53	여자는 근본적으로 가정에 있어야 한다고 믿는다.	①	②	③	④	⑤

※ 아래 항목은 자녀가 있으신 분만 체크하시면 됩니다.

문항	질 문	매우 아니다	아니다	보 통	그렇다	매우 그렇다
54	아내는 꼭 필요한 일(세금이나 적금 내는 일, 동호회, 구청 일 등) 이외의 집 밖의 일은 무슨 일이든 해서는 안 된다.	①	②	③	④	⑤
55	우리 집에서 아버지는 자식들과 충분한 시간을 보내지 못한다.	①	②	③	④	⑤
56	우리 부부의 상호관계에 문제를 일으키는 주요 요인은 자식문제이다.	①	②	③	④	⑤
57	배우자가 우리의 결혼보다 자식을 더욱 중요시한다는 생각을 하니 괴롭다.	①	②	③	④	⑤
58	자식이 생기게 되면서 우리 부부만의 시간을 거의 갖지 못하였다.	①	②	③	④	⑤
59	우리는 자식들을 위해 해주어야 할 일들을 같이 고민한다.	①	②	③	④	⑤
60	자식이 생기면서 우리는 부부로서 더욱 가까워지게 되었다.	①	②	③	④	⑤

가족 역량강화 척도 검사 결과표

◇ 부부관계 만족도 진단 질문지 평가

진단내용	총점수	점수	점수범위
배우자와의 대화 만족도	65점	점	0~150: 매우 낮음 151~200: 낮음 201~270: 보통 271~300: 높음
배우자의 성격 · 생활태도 만족도	85점	점	
여가활동의 만족도	45점	점	
성관계 만족도	40점	점	
역할분담의 만족도	35점	점	
자녀문제에 대한 만족도	30점	점	
종합 진단	300점	점	

출처: 해윰 심리상담센터(2024.01.06 인출).

(4) 부부간의 갈등해결

① 갈등해결의 장애요인

부부간의 갈등은 자신이나 상대방의 변화, 환경의 변화 등으로 갈등이 약화되거나 개선될 수 있다. 그러나 갈등해결이 어려운 상황이 있음을 기억하여 갈등해결에 활용할 수 있어야 할 것이다(유영준 외, 2018: 84).

- **미성숙**: 미성숙한 사람은 혼란스러운 정보에 익숙하며, 불완전한 지식으로는 만족스러운 해결 방법을 찾아내기가 어렵다.
- **의견 불일치에 대한 인내심 부족**: 부부간에 의견의 불일치를 참지 못하고 분노나 비난 등의 부정적 감정을 노출하거나 관계를 정리한다면 그 관계는 더 악화된다.
- **무의식적 왜곡**: 상대방에 대하여 자기도 모르게 무의식적 사고로 상대방을 왜곡하거나, 사건을 바르게 인식하지 못하는 상태에서는 갈등해결이 어렵다.
- **과음**: 음주상태에서의 갈등해결 시도는 언쟁으로 보일 수 있기에 갈등해결의 장애요인이 된다.
- **피로**: 대부분의 사람들은 피곤하고 지친 상태에서는 자제력을 잃기 쉽고, 이해심의 폭도 좁아지므로 다투게 되는 경향이 증가한다.

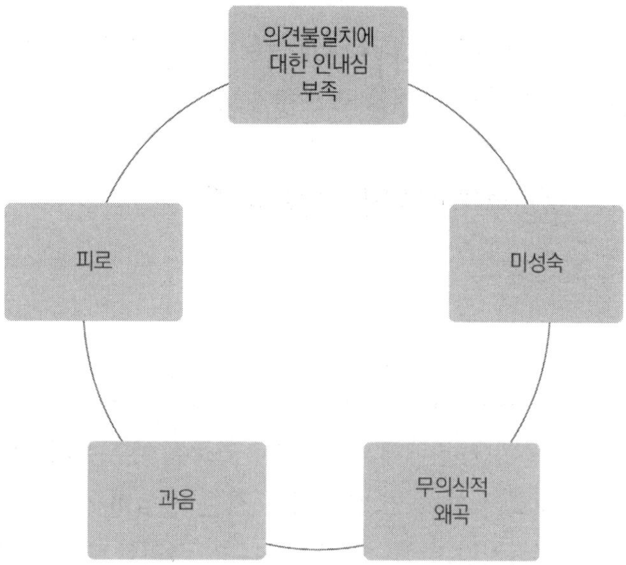

그림 5-1 부부간 갈등해결의 장애요인

② 갈등의 해결방법

갈등해결의 방법은 학자들마다 다양하다. 블러드와 울프(Blood & Wolfe, 1960)는 성숙, 사랑, 집중 등을 갈등해결의 조건으로 보았다. 성숙한 성격과 사랑을 가지고 상대방에게 관심을 기울여야 하며, 문제가 해결될 때까지 관심을 가지고 집중해야 한다는 것이다. 유영주 외(2015)에서는 동일시, 부부간의 역할 구분, 협동, 이상화 증진, 습관 연결 등이 갈등해결의 방안이라고 제시하였다(유영준 외, 2018: 85).

부부간의 갈등해결은 상대방에게 진심으로 집중하면서 이해하고, 적절하게 부정적 감정과 경향들을 적극적으로 해결해 내는 성공 경험을 쌓아간다면 좋은 부부관계를 유지하게 될 것이다.

2) 부부관계의 적응 유형

(1) 갈등의 습관화

부부간의 갈등이 습관화된 경우 긴장, 갈등, 말다툼이 계속될 것이고, 서로를 비난하는 데 익숙하다. 이들은 대부분의 상황에서 견해의 차이가 있으며, 때로는 함께 있기만 해도 싸움이 일어나는 이유가 된다. 다행인 것은 결혼을 해체시킬 만한 이유는 아니고, 이러한 습관이 오히려 결혼관계를 지속시키는 요인으로 작용하기도 한다.

(2) 생기 없음

결혼초기에는 사랑하는 감정이나 적극적 관계에 있었으나 차츰 결혼기간이 지나면서 함께 지내는 시간이나 즐기는 활동이 적어지면서 의무적 관계로 변하는 경향을 보인다. 주로 부부 사이의 관계보다는 자녀와 관계된 일에 관심을 가지며, 긴장이나 갈등이 노출되지 않고, 상호작용도 거의 일어나지 않으나 때때로 가족행사와 같은 의례적 행사에 동참한다. 결혼관계를 위협하는 심각한 일도 없으며, 특별한 불만도 없지만 특별한 활력도 없이 부부관계를 유지한다.

(3) 소극적-동조적

외형적으로는 생기가 없는 유형의 부부와 유사하지만 이들은 결혼초기부터 서로 몰입하지 않은 사람들이다. 이들의 관계는 각자의 관심이나 활동, 가정 내 역할보다는 사회적 존재로서의 책임을 더 중요시하며 그렇게 행동한다. 상대방의 영역에 깊이 관여하지도 않고, 각자의 역할에 충실하며 이러한 상황을 다행이라고 생각한다. 이들은 갈등이나 분노, 좌절을 그다지 노출하지 않으며, 흥미, 견해, 판단, 직업 등에서 서로 일치하는 경향을 보인다.

(4) 생기발랄함

생기발랄한 부부는 많은 시간을 함께 보내고 자녀를 사랑하는 등 가정을 소중하게 여기며, 직업생활에서도 성공적인 경향을 갖는다. 이들은 서로에게 친밀감과 공감을 느끼며, 심리적 유대감도 강하다. 취미, 직업, 지역사회 활동 등에 함께 참여하는 등 부부가 함께함으로써 만족을 느낀다.

(5) 통합적 관계

통합적 관계의 부부는 생활의 많은 부분을 함께 공유하며, 성실하게 참여한다. 이들은 부부간의 불일치를 쉽게 해결하는 성공 경험이 많기 때문에 긴장감이 적고 때로 갈등이 있다 하더라도 타협이나 양보에 의해 쉽게 문제를 해결하여 부부관계를 악화시키지 않고 문제의 해결을 위해 함께 노력한다(유영준 외, 2018: 85-87).

3) 건강한 부부관계를 위한 적용

건강한 가정생활은 문제가 없는 것이 아니라 문제를 바라보는 관점에 유연성과 문제를 해결하는 방법이 다양하여 문제를 극복한 이후에 더 서로를 알아가고, 이해하게 되는 것을 말한다. 이를 위해 스티넷 외(Stinnett et al., 1984)는 부부간의 성공적 의사소통과 적응을 위해 다음과 같은 방법을 제안하였다(유영준 외, 2018: 87-88).

① **긍정적 마음을 갖는다.** 긍정적 마음은 부부 상호간의 인정, 신뢰, 존중, 이해를 잘하게 한다.

② **부부 상호간에 존중한다.** 부부간에 솔직하게 표현하고 이해한다면 위협을 느끼지 않게 되어 방어적인 의사소통이 감소하고 소통하는 것이 두렵지 않게 된다.

③ **부부 공통의 준거틀을 가진다.** 비슷한 문화적 배경을 가진 부부는 경험, 생각, 태도 등이 비슷하여 의사소통이 더 잘된다. 또한 준거틀을 통해 불일치를 극복하는 힘을 키울 수 있다.

④ **반영적 경청을 한다.** 반영적 경청이란 단지 잘 들어주는 것뿐만 아니라 반응을 해가면서 듣고 보는 일체의 행위를 말한다. 상대의 말을 듣고 관찰하면서 상대방의 메시지를 존중하며 반응을 한다면 상대방은 자신의 생각이나 감정을 더 많이 표현하게 되고 이를 통해 배우자의 말과 함께 감정을 듣는 계기가 된다.

⑤ **메시지의 의미를 확인한다.** 불명확한 메시지에 대한 부정확한 해석은 오해와 갈등의 원인이 되므로 메시지의 의미를 정확하게 파악하는 것이 좋다.

⑥ **공감한다.** 부부간에 공감을 한다면 큰 일이든 작은 일이든 감정, 분위기, 요구 등에 대한 이해가 높아진다. 공감의 정도가 높아지면 언어적 의사소통이 없더라도 배우자의 감정상태를 알 수 있다.

⑦ **상대방의 감정을 알고 있음을 전달한다.** 감정은 논리적이기보다 감정적인 경향이 많아서 배우자가 자신의 감정상태, 특히 힘들고 부정적인 감정을 알아준다면 부정적인 경향과 감정이 많이 해소될 수 있다. 이는 마음으로만 알아주는 것보다는 언어와 비언어적 메시지를 통해 내가 상대방의 감정을 알고, 이해하고 있으며 나도 충분히 공감이 된다는 것을 전달하는 것까지를 포함한다.

⑧ **자신의 의견을 분명히 말한다.** 상대방을 배려한다는 측면에서 말을 안 하

고 아끼는 경향은 오히려 또 다른 문제를 야기할 수 있다. 그러므로 사소한 일과 감정에 대해 말하는 것이 필요하다. 이는 상대방을 공격하는 것이 아니라 자신의 감정을 직접적으로 표현하는 방법으로 활용해야 한다.

⑨ **자기 노출을 한다.** 상대방과의 긍정적 관계형성 및 유지를 위해 적절한 수준의 자기 노출은 필요하다. 부정적 노출이 부부관계를 악화시킬 가능성도 있으나 부정적 감정도 긍정적으로 표현하는 기술이 필요하고, 상대방 또한 적절하게 노출할 수 있도록 잘 들어주고, 환경을 조성하는 것이 필요하다.

+ 참고하세요

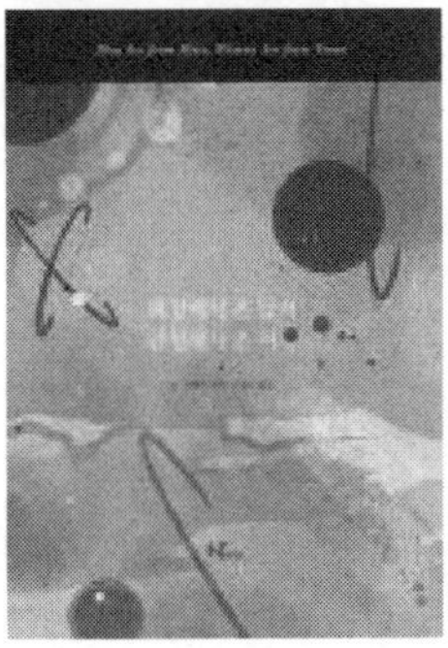

저자: 존 그래이(2021). 김경숙 역. 동녘라이프.
제목: 화성에서 온 남자 금성에서 온 여자

'남녀 관계의 바이블', '연애의 교과서'로 불리는 세계적인 베스트셀러로 추천되는 도서이다.

40년간 관계 상담 전문가로 활동하고 있는 존 그레이 박사는 25,000여 명의 커플과의 상담을 통해 남녀 사이에 일어나는 갈등의 원인을 규명했다. 바로 남자와 여자가 서로의 본질적인 차이점을 인지하지 못하고 있기 때문이라는 것이다.

각기 전혀 다른 언어와 사고방식을 가지고 행성에서 왔지만 상대가 자기가 생각하는 것처럼 생각하고, 자기가 원하는 것을 원할 거라고 믿는 믿음 때문에 갈등이 시작된다고 보았다. 이는 남녀가 근본적으로 다르다는 사실을 인식하지 못하기 때문이다.

이 책은 남녀가 서로 다르다는 것을 제대로 인식한다면 상대를 이해할 수 있게 되고, 자신의 사고나 행동의 틀에 맞추지 않고 받아들일 수 있다는 것을 보여준다.

2 부모-자녀관계

결혼생활에 자녀가 있음으로써 부모-자녀관계가 성립된다. 자녀들이 사회적으로 독립적 지위를 획득하기까지는 부모의 사회경제적 지위에 의해 자녀의 신분이 규정되는 경향이 있고, 그들의 인성에 부모의 영향력이 크게 작용한다. 그러므로 부모-자녀 간의 관계는 개인의 인성 형성과 사회화에 중요한 요인이 된다. 이 관계는 자녀의 연령에 따라서 변화를 맞이하는데 특히 자녀가 청소년 시기에 많은 변화를 겪게 되고 이 시기에 건강하게 대처하지 못하는 경우 갈등이 발생할 수 있다(유영준 외, 2018: 90).

1) 부모-자녀관계의 의미

자녀가 성년기에 이르기까지 중요한 성장기를 부모의 영향 아래에서 보낸다. 이는 신체적 성장, 심리적 발달, 지식의 습득, 직업 선택 및 사회적 적응을 위한 능력의 토대가 되는 것으로 가족 안에서 형성된다. 이처럼 부모-자녀관계는 상호작용하는 부분이 크기 때문에 관계가 더욱 중요하다.

(1) 부모가 자녀에게 끼치는 영향

① 부모-자녀관계는 태내에서부터 입양 직후까지 형성된다. 인간 발달이 인생의 초기 경험에 크게 영향을 받는 것을 생각하면 이 시기의 부모-자녀관계는 그들의 발달에 매우 중요한 역할을 한다.

② 부모-자녀관계는 영원한 것으로 특별한 경우를 제외하고는 출생 직후부터 성숙할 때까지 지속적인 상호작용을 한다. 특히 어머니와 직접적이고 대면적인 관계를 많이 갖기 때문에 받는 영향이 크다.

③ 부모는 자녀와 밀접한 관계를 유지하면서 자녀들의 대중매체를 사용하는 것, 사회적 관계의 유지 정도, 여러 가지 직업적 정보 입수 및 선택 등의 문제해결 방법에 많은 영향을 끼친다.

④ 부모는 자녀와 광범위한 경험을 함께하며, 책임을 진다. 부모는 자녀의 어린 시절에 다양하고 광범위한 경험을 함께하며, 자녀의 발달에 애정과 관심을 가지고 항상 노력하는 모습을 갖게 한다(유영준 외, 2018: 90-91).

(2) 자녀가 부모에게 끼치는 영향

① 자녀양육을 통해 부모는 새로운 흥미와 관심을 확대하면서 자녀의 성장과 교육에 관계되는 경제적 문제와 사회적 문제에 관심을 갖는다.
② 자녀양육을 통해 부모됨이라는 만족감을 갖는다. 대부분 시간적으로도 계속 유지되는 것으로 후손을 남긴다는 감정적 안정감과 만족감은 부모만이 느낄 수 있는 행복한 감정이다.
③ 자녀양육을 위해 모범을 보이기 위해 생활을 개선하거나 반성의 기회를 갖는다. 자녀에게 옳은 것을 요구하기 이전에 삶으로 보여주기 위해 부모 스스로 올바른 태도를 갖기 위해 노력한다.
④ 자녀는 부모를 보면서 모델링을 한다. 부모가 적절하게 타인을 지도하고, 조정하는 능력을 보여준다면 자녀들은 이를 통해 신속한 판단과 가치를 선택하면서 부모로부터 확실한 신념과 가치관을 가지게 된다.
⑤ 자녀는 부모에게 생의 의미를 부여한다. 부모는 자녀를 키워봄으로써 인간의 생활 주기를 경험하고, 생활의 의미를 이해할 수 있게 된다(유영준 외, 2018: 91-92).

2) 부모-자녀 간의 의사소통

부모와 자녀는 가족 내에서 위치와 역할, 권한이 다르고 세대 간의 차이가 있으므로 상호작용이 원만하지 못한 경우가 있을 수 있다. 부모가 어떤 유형으로 자녀를 양육하는가에 따라서 상호작용의 양상이 달라질 수 있다. 이에 부모-자녀 간의 효율적인 의사소통을 살펴보면 다음과 같다.

(1) 부모-자녀 간의 의사소통 유형

부모-자녀 간의 의사소통은 미성년인 자녀를 양육하는 부모와의 관계이기 때문에 부모가 자녀의 사회화에 영향을 미치는 중요한 시기이다. 고든(Gordon, 1975)은 부모가 자녀에게 의사소통을 하는 전형적 방법으로 다음과 같이 제시한다(유영준 외, 2018: 92).

① 명령, 지시형, ② 경고, 위협형, ③ 훈계, 설교형, ④ 충고, 제언형, ⑤ 강의, 논쟁형, ⑥ 판단, 비평, 비난형, ⑦ 칭찬, 동의형, ⑧ 비웃기, 창피함 주는 형, ⑨ 해석, 분석, 진단형, ⑩ 재확인, 동정, 지지형, ⑪ 캐묻기, 질문형, ⑫ 물러서기, 농담하기, 화제 돌리기형 등이 있다. 이를 통해 부모는 자녀로 하여금 말을 중단하게 하거나 죄의식과 열등감을 느끼게 할 수 있다. 때로는 자존심을 상하게 하거나 방어하게 하고, 분노를 폭발하게 하거나 수용되지 못한다고 느끼게 한다. 또한 자녀를 조종하기 위해 칭찬을 하거나 지지하고, 무시하거나 충고, 제언을 하는 등의 의사소통 방법을 사용하는 경우도 있는데 이는 모두 바람직하지 못한 방법이다. 부모-자녀 간의 효과적이고 지속적인 대화를 위해서는 반영적 경청, 나-메시지(I-message) 전달법, 무패 방법 등을 적용하여 소통하도록 한다.

(2) 부모-자녀 간의 의사소통 장애요인

부모-자녀 간의 원활하지 못한 의사소통의 장애요인은 다음과 같다(유영준 외, 2018: 93-94).

① **부모-자녀 간의 수용성 결여이다.** 부모가 자녀의 정서나 능력 등을 고려하지 않고 부모가 원하는 바를 일방적으로 이야기하고, 자녀도 부모의 요구가 부당하다는 판단하에 부모를 비난하고 이야기를 수용하지 않는다면 결국 의사소통은 단절된다.

② **부모-자녀 간 세대 차이로 인해 용어 사용의 차이가 있다.** 의사소통 시 자녀들만 사용하는 단어가 있는가 하면, 최근에는 단어의 의미를 다르게 해석하여 사용하기도 한다. 따라서 세대 간에 다르게 사용되는 단어나 그 의미를 정확히 이해하지 못하면 의사소통에 어려움이 발생한다.

③ **부모의 권위주의적이고 독단적인 양육 태도이다.** 권위주의와 독단주의적 입장에서 자녀는 무시당하기 쉽고 상호작용이 아닌 일방적인 지시가 될 뿐이다. 이렇게 되면 자녀는 부모와의 의사소통을 거부한다.

④ **부모가 보이는 지속적인 불쾌한 정서 상태이다.** 자녀는 부모의 상태나 행위에 민감하게 반응을 나타낸다. 특히 자녀가 자신의 잘못된 점이나 요구를 이야기하고자 할 때에는 부모의 상태를 살피게 되는데, 이때 부모

의 감정이 지속적으로 나쁘다고 판단된다면 부모로부터 좋은 결과를 기대하기 어렵다고 생각해서 의사소통을 망설이게 된다.

⑤ **부모의 부정적인 대화방식이다.** 협박, 비난, 조롱, 분노, 설교, 명령, 경고 등의 부정적 대화 방법은 자녀로 하여금 반발하고 반항하게 하여 원활한 의사소통이 어렵게 된다.

⑥ **부모가 자녀를 이해하지 못한다는 자녀 스스로가 갖는 생각이다.** 부모가 연장자이고 주 양육자이기에 자신의 견해를 강력하게 피력하면, 자녀는 자신을 부모에게 이해시키기보다는 부모가 자신을 이해하지 못한다고 단정 지으며 의사소통의 필요성을 부인한다.

⑦ **자녀의 자존감 결여이다.** 일반적으로 자녀가 부모의 기대치에 부응하면 자존감이 높아지는데 그렇지 못한 경우 낮아질 수밖에 없다. 이 경우 자녀는 부모와의 관계에서 위축되는 경향을 보이기 때문에 의사소통 시 불안의식이 유발되어 편안하게 의사소통이 이루어질 수 없다.

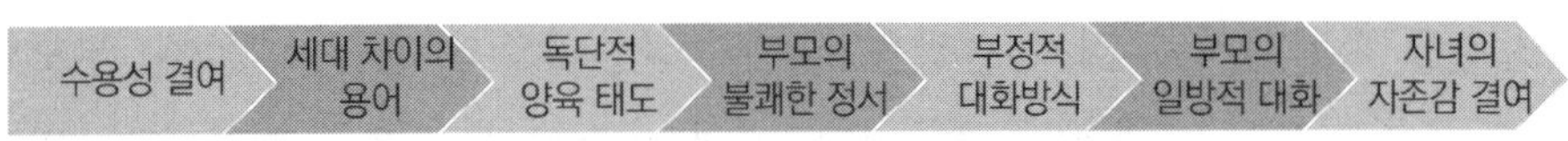

그림 5-2 부모-자녀 간 의사소통의 장애요인

3) 건강한 부모-자녀관계를 위한 적용

부모는 자녀를 양육, 훈육, 교육하는 입장이므로 그 영향력이 크다. 그러므로 부모-자녀 간 바람직한 의사소통 방법을 통해 건강한 가정생활이 유지되어 할 것이다. 이에 고든이 제시하는 효율적인 의사소통 방법을 살펴보면 다음과 같다.

(1) 적극적 경청

적극적 경청은 부모가 자녀를 수용하는 것뿐만 아니라 자녀가 자신이 수용된다는 것을 느끼게 하는 방법이다. 부모의 수용을 자녀가 느껴야 영향을 미칠 수 있는데 이러한 경청의 기술을 살펴보면 다음과 같다(유영준 외, 2018: 95).

① **비언어적 수용이다.** 자녀가 이야기를 할 때 부모는 말을 가로채지 않고 침묵을 지키면서 고개를 끄덕이는 등 수동적 자세로 경청하면서 부모가 자녀의 이야기를 잘 듣고 있음을 전달한다.

② **언어적 수용이다.** 대화를 시작하게 하거나 말을 계속할 수 있도록 말하는 것이다. 예를 들면 "그렇구나", "음", "그래", "좀 더 듣고 싶구나", "네 의견이 흥미롭구나"처럼 계속 상대방의 입장이 되어 듣고 있음을 전달해서 말을 지속할 수 있도록 반응하는 것이다.

③ **자녀의 감정 상태를 피드백하는 적극적 경청이다.** 부모는 자녀가 한 말을 자신의 말로 바꾸어 자녀가 표현한 것을 내가 이렇게 이해했는데 그것이 맞는지, 틀리는지를 질문하면서 반응한다. 자녀의 독특한 감정 상태와 감정처리 능력, 문제해결 능력을 인정하면서 충분히 들을 수 있는 시간적 여유를 가질 때 효과적인 방법이다.

적극적 경청의 장점을 살펴보면 다음과 같다. 첫째, 문제가 되는 감정의 정화작용을 촉진하여 부정적 감정을 두려워하지 않도록 돕는다. 둘째, 부모와 자녀 사이의 온정적 관계를 증진한다. 자녀 스스로가 문제를 해결할 수 있도록 격려하여 자녀가 부모의 생각과 견해를 잘 경청하고 이해할 수 있도록 돕는다. 셋째, 자녀가 자신의 문제를 분석하고 해결책을 찾도록 격려하여 독립심을 고취한다(김윤재 외, 2022: 153-154).

(2) 나-메시지 전달법

나-메시지 전달 방법은 자녀로 인해 부모에게 문제가 발생한 경우 자녀로 하여금 부모의 말을 받아들이게 하는 효과적인 방법이다. 이는 부모가 문제 삼고 있는 자녀의 행동이 부모에게 어떤 느낌을 갖게 하는지, 현재의 상태를 자녀에게 솔직하게 말하는 방법이다. 이때 조심할 것은 나-메시지로 위장한 너-메시지이다. 예를 들면, "내가 보기에 너는 참 경솔해 보여"와 같은 표현은 조심해야 한다(유영준 외, 2018: 96).

+ 연습해보세요

I-message로 내 감정 표현하기

[상황]	[연습하기]
시험을 앞두고 긴장도가 높아진 민수는 옆에서 떠들고 왔다 갔다 하는 사람들로 인해서 마음이 불편하고 그 사람들을 향해서 화가 많이 나 있다. 이때 불편하지 않게 나의 감정 상태를 전달하는 방법을 연습해 보세요.	나는 ~~ 이러한 상황(사실)이면 ~~ 내 감정(마음)이 ~~

(3) 무패 방법

부모-자녀 간에 갈등이 있을 때 효과적인 방법이다. 갈등이 있을 수 있음을 인정하고 갈등이 반드시 나쁜 것만은 아니라는 것을 인식하여 갈등을 건설적으로 해결하는 방법이다. 부모-자녀 중 어느 한쪽이 이기는 방법이 아니고 부모-자녀 모두 받아들일 수 있는 제3의 방법을 찾아내어 효과적으로 해결하는 것이다(유영준 외, 2018: 96). 무패 방법으로 제시된 해결단계 6단계를 살펴보면 다음과 같다(김윤재 외, 2022: 154-155).

① **갈등확인**: 부모-자녀 간의 갈등 요인을 함께 점검하고 분명하게 정의를 내린다.

② **해결책의 가능성 검토**: 해결방법을 여러 각도에서 검토하되 이 과정에서 자녀의 문제해결책에 대한 비판은 피하고 반영적 경청을 사용하여 가능한 한 모든 해결책을 기록해둔다.

③ **가능성 있는 해결책 평가**: 가능성이 있는 여러 형태의 해결책에 대하여 결함은 없는지, 실천 가능한지의 여부, 모두에게 공평한 해결책인가 등을 평가한다.

④ **최상의 해결책 결정**: 결정된 해결방법을 수행할 구체적 방법을 결정한다. 또한 해결책에 대하여 기록으로 남겨두어 추후 발생할 수 있는 오해를 방지하는 것이 좋다.

⑤ **결정된 해결책 시행:** 결정된 해결방법을 어떻게 수행할 것인지 구체적 방법을 결정한다. 이때 결과에 대해 충실하게 수행할 것이라고 믿는 마음이 필요하며, 나중에 자녀가 합의된 것을 이행하지 못할 경우 나-메시지를 활용한다.

⑥ **후속 평가:** 선택하여 시행된 방법과 그 선택한 일이 올바른지 평가하는 단계로 문제점이 발견되면 합의하여 결정과정을 번복한다.

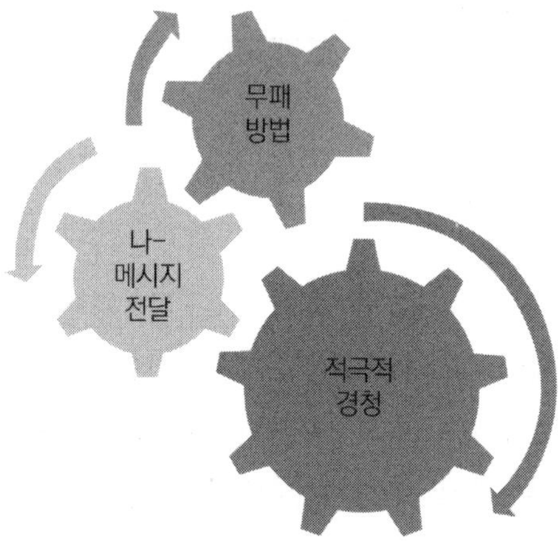

그림 5-3 **건강한 부모-자녀 간 의사소통 방법**

3 형제자매관계

형제자매는 같은 부모로부터 유전자를 물려받아 가장 가까운 혈연관계를 맺으며, 매우 유사한 환경에 살고 있으며, 많은 시간을 함께 보내고 일상생활에서 밀접한 경험을 나누는 관계이다(유영준 외, 2018: 97). 하지만 갈등의 요인이 잠재적으로 내재되어 있는데 만약 갈등이 원만히 해결되지 못한다면 인생의 적대적 관계로 발전할 수 있다.

1) 형제자매 간의 상호작용

상호작용이란 둘 이상의 사람이 의사소통을 통해 서로를 자극함으로써 상호 간의 행동을 조정하는 것을 말한다. 가족의 상호작용도 가족구성원 사이에 상호적 관계를 맺는 것으로 형제자매는 중요한 가족구성원이고, 때로 가족 간 상호작용의 질적 또는 양적인 역할을 하므로 이들의 상호작용은 중요하다.

형제자매 간의 상호작용은 성, 연령, 형제 수, 터울, 남녀비율, 출생 시 부모의 나이 등에 따라서 달라진다. 또한 가족구성원의 건강, 격리, 부재, 유동성 등도 영향을 미친다. 형제자매는 방이나 침구, 장난감, 옷 등이 공유되고 부모, 친척, 가족의 지위까지 동일하다. 이들은 같이 하는 기회가 많고, 서로 즐기며 돕기도 하고, 때로는 갈등을 일으키거나 싸우기도 하면서 애정이나 미움이 반복되어 이를 쉽게 조정하기도 하고 저항하기도 한다.

형제자매 간의 갈등은 부모의 일관성과 일치성에 연관된 것으로 부모가 비일관적일 때 싸움을 통해 원하는 바를 쟁취하려고 한다. 그러나 부모가 명확한 규범에 따라 일관성 있게 자녀들을 중재하면 형제자매 간 갈등은 적어진다. 때로는 형제자매 간의 관계를 강화하는 충성, 애정, 협동 등에서 갈등이 발생할 수 있는데, 상호 영향의 정도는 연령, 성, 출생 순위에 따라 달라진다. 다수 가족보다 2인 자녀 가족에서 형제자매관계가 더 친밀하며 대가족에서는 가족에 대한 희생과 가족 가치에 복종을 요구하기도 한다(유영준 외, 2018: 97).

2) 형제자매 간의 갈등 요인

(1) 형제자매 간의 경쟁

형제자매 간에 비교 의식을 갖게 되는데 이때 열등한 사람이라면 형제간에도 질투하고 시기하게 된다. 형제자매 간에 서로를 경쟁적 관계로 의식하면 어떤 사이보다도 관계가 악화되며 심하게 왜곡될 수 있다.

(2) 성격 및 능력의 차이

같은 부모에게서 같은 유전자를 갖고 태어났지만 그 능력과 성격은 다 다르다. 그러다 보면 성격과 능력 측면에서 갈등이 초래될 수 있다.

(3) 역할기대의 차이

형제자매 간의 서열에 따라 가족 내에서 기대되는 역할이 달라진다. 오늘날 현대사회는 핵가족화되어 1인 혹은 2인의 자녀를 두지만, 이 가운데에서도 부모는 자녀마다 기대하는 바가 다르다. 따라서 부모의 기대수준에 따라 형제간에도 불만을 가질 수 있다(김윤재 외, 2022: 156).

3) 형제자매 관계의 기능적 역할

(1) 자아감 형성

형제자매들은 동일시와 차별화의 기능을 반복한다. 아동은 형제자매 관계를 통해 자신을 알아가며, 그들과의 행동을 통해 경험을 쌓고, 경험을 학습함으로써 자신의 가능성을 확장한다. 이와 반대로 형제와의 연합이 아닌 고유의 위치를 확보하면서 주체의식을 형성하면서 차별화되는 경향을 보이기도 한다(유영준 외, 2018: 98).

(2) 상호규제

상호규제란 형제자매가 서로를 거울처럼 여기면서 성장하고, 시험의 장(場)으로 이용하는 과정을 말한다. 이 과정을 통해 공정성과 정직성을 기르며, 서로 개방적이고 보복과 실패에 대해 크게 두려워하지 않는다. 형제자매 간의 상호작용은 보상을 극대화하고 손실을 최소화하기 위해 구체적 행동과 지도를 진행하는 것으로 단합을 증가시킨다(유영준 외, 2018: 98-99).

(3) 직접적 봉사

형제자매는 일상생활에서 직접적인 영향을 서로에게 주어 생활의 편리함을 도모한다. 때로는 침착하거나 능숙하게, 때로는 방해가 되거나 협동적 관계를 형성한다. 이 과정에서 재화나 용역의 교환은 집단 내의 상호작용을 용이하게 하고 단결을 증진시킨다(유영준 외, 2018: 99).

(4) 중재와 중개

형제자매는 필요시 연합체를 형성하여 부모와 협상을 시도한다. 이러한 연합은 부모 또는 다른 형제자매와 힘의 균형을 유지하고, 갈등을 없애기 위한 것이기도 하고 거대한 부모의 권력을 상쇄하기도 한다.

또한 형제자매는 중개자와 대변자의 역할을 하기도 한다. 이때의 중개는 부모-자녀 간의 관계 또는 부모와 가족 밖의 일들과의 중재가 될 수 있다. 아동은 가끔 동생의 언어를 부모에게 이해시키는 해설자로서의 역할을 하기도 한다(유영준 외, 2018: 99).

(5) 개척과 지도

형제자매 중 한 사람은 어떤 일을 시작하여 다른 형제로 하여금 그것을 보고 따라 하도록 하는 학습의 과정을 진행한다. 이때 앞서 나아가는 형제는 보상을 얻는 반면, 추종자는 모방의 이득을 얻으며, 이 모방과정에서 책임을 면제받기도 한다. 주로 윗형제가 선도적 역할을 수행하고 이 과정을 통해 지위나 권력을 즐길 수 있다(유영준 외, 2018: 99-100).

(6) 가사분담

아동의 가사분담 정도는 크지 않지만, 가사를 맡게 되면 형제자매 간에 책임분담이 이루어진다. 특히 어머니가 직장생활 시 역할을 분담하는 경우가 많은데 이때 아버지가 가사를 진행하면 자녀들도 일정 부분 분담한다(유영준 외, 2018: 100).

(7) 성역할 개발

형제자매 간의 상호작용의 지속성과 강도는 성역할 학습의 중요 요소로 가족 내에서 권위를 많이 가진 자녀가 성역할 취득 과정에서 영향력이 가장 크다. 이성의 형제자매가 있는 아동은 이성적 특성을 나타내는 경향이 강하며, 특히 이성의 형제자매가 연장자인 경우 더 큰 영향을 받는다(유영준 외, 2018: 100).

(8) 규범 학습

형제자매 간에도 행동의 규범적 기대가 있다. 성장 과정에서 아동은 형제간 비행에 더 완고하므로 규율을 세우고 이에 따라 생활하는데, 흔히 충성과 경쟁으로 뭉쳐져서 협상과 계약을 효과적으로 하는 법을 배우며 서로를 조정하거나 반대하는 등 일정거리를 유지하기도 한다(유영준 외, 2018: 100).

(9) 권력관계 형성

형제자매는 상호관계에 영향을 주는 지도영역 또는 권력관계를 형성한다. 권력은 타인에게 자신의 의지를 실현시키는 것으로 아동의 연령이나 성에 따라 권력은 달라진다. 형제자매 간 권력의 종류를 살펴보면 다음과 같다(유영준 외, 2018: 101).

① **보상적 권력**: 형제자매 중 다른 사람에게 보상을 제공할 수 있는 능력에 기반을 두는 권력으로 장난감, 금전, 기구 등이 있다.

② **강압적 권력**: 형제자매 중 누가 벌을 줄 힘이 있는지에 따라서 발생하는 권력이다.

③ **합법적 권력**: 행동을 명령할 합법적 권리가 주어졌을 때 갖게 되는 권력으로 부모로부터 주어진다.

④ **준거적 권력**: 동일시의 대상이 될 수 있는 형제자매가 갖는 권력이다.

⑤ **전문적 권력**: 특별한 지식이나 숙달된 기술을 갖고 있을 때 발생하는 권

력이다.

이처럼 권력은 부모로부터 받은 합법적인 것으로 주로 부모가 연령이나 성에 따라 자녀에게 책임을 분담할 때 생긴다. 또한 다른 형제자매가 수행할 수 없는 특별한 수행능력이 있을 때 권력은 발생한다.

4) 건강한 형제자매관계를 위한 적용

형제자매는 유전적으로나 환경적으로 비슷한 여건에서 성장할 뿐 동일 조건에서 성장하지 않으며, 각자는 상호입장에서 볼 때 가족 환경의 일부가 되기 때문에 실제 행동 측면에서 다양한 행동을 보인다. 형제자매관계의 유사성과 특이성은 부부관계나 부모-자녀관계 못지않게 가족 내외에서 중요한 기능을 행하고 있으므로 이에 대한 가족의 이해와 방향성에 대한 논의는 중요하다(유영준 외, 2018: 102).

① 가족은 부부관계, 부모-자녀관계, 형제자매관계의 하위구조로 구성된다. 이러한 구조는 가족 내에서 반개방적 형태로 작용하는데 형제자매관계는 기타의 구조와 밀접한 연관을 가진다. 형제자매관계가 부부관계나 부모-자녀관계에 영향을 주므로 형제자매관계에도 관심을 가져야 한다.

② 형제자매는 서로 영향을 주고받는 역동적 체계로서 사회화에 상호작용을 한다.

③ 형제자매의 상호작용은 특정 연령에만 작용하는 것이 아니라 지속적으로 발달하는 과정이다. 이를 강점으로 인식하여 긍정적인 변화 가능성을 적극 탐색해 보고 적용하면서 건강한 형제자매관계를 유지해야 한다.

④ 형제자매 간의 상호작용은 그들 형제자매의 인성발달, 사회적 행동 등에 영향을 미친다. 따라서 사회적 관계의 전초전이 되므로 형제자매 간의 긍정적 관계는 사회적 관계의 긍정적 관계를 예측할 수 있다.

⑤ 형제자매들은 이 관계를 통해 집단으로부터 배울 수 있는 경쟁, 타협, 배려 등을 습득할 수 있는 고유한 집단적 특성과 기능을 갖는다.

4 고부관계

고부관계란 결혼으로 인해 새롭게 시작되는 가족 내 새로운 상호작용의 관계이다. 이 관계는 남성을 매개로 법적·인위적 관계를 맺는 것으로 일생 동안 서로 밀접한 유대관계를 유지하면서 가족의 발달을 이루어 나가야 한다. 그러나 이 관계는 복잡하고 많은 문제가 발생할 수 있는데 유영주 외(2015)가 제시한 내용을 중심으로 살펴보면 다음과 같다(유영준 외, 2018: 103).

1) 고부간의 갈등원인

급격한 사회 변화와 더불어 개인주의와 평등주의가 만연한 오늘날의 가족관계는 부부관계 중심으로 변화하여 고부간의 여러 문제가 표면화됨으로써 고부갈등은 실제적으로 더욱 해결이 어려워지는 가족문제 중 하나가 되고 있다. 이러한 고부간의 갈등은 그 발생 원인이 매우 광범위하지만 몇 가지 측면에서 살펴보면 다음과 같다.

(1) 권력 구조적 측면

고부간에는 경제권, 가사 처리권, 집안의 대소사 주도권, 자녀양육권 등 다양한 영역에서 갈등이 일어날 수 있다. 농촌은 시어머니가 여전히 지배적 영향력을 행사하고 있으나, 도시 가구에서는 가사 주도권 및 경제 주도권이 며느리에게 이양된 경우가 많다. 따라서 절대적 권력을 행사하던 시어머니의 권한이 현저히 쇠퇴하여 며느리에게 의존적·협력적 관계로 전환되고 있는 현실이다. 경우에 따라서는 고부간의 세력관계가 역전 현상을 보여서 시어머니가 '며느리 시집살이'를 하는 경우가 늘어나고 있다. 이처럼 시어머니의 권위는 약화되고, 가계의 주도권이 며느리 우위형으로 변화하면서 고부간의 갈등이 일반적으로 나타나는 양상을 보인다(유영준 외, 2018: 103-104).

(2) 역할 구조적 측면

고부간에는 상호 역할기대의 불일치와 역할수행의 불일치 그리고 역할기대와 역할수행 간의 불일치로 인한 갈등이 발생한다. 과거에 자신이 며느리로서 수행했던 역할을 며느리를 통해 받기 원하는 시어머니는 그 역할을 안 하는 며느리에게 불만을 느끼게 된다. 또한 역할수행 면에서도 시어머니는 의식주 및 자녀양육, 가내 대소사에 전통적 방법으로 처리하려 하지만, 며느리는 새롭고 편리한 문명적 방식을 택하려 하면서 고부간의 갈등이 유발된다.

이러한 갈등은 시어머니가 며느리의 가정 내에서의 역할수행에 대해 못마땅해 하면서 발생하는 것으로, 시어머니의 며느리에 대한 역할기대와 며느리의 실제 역할수행 간에 차이가 있음을 볼 수 있다(유영준 외, 2018: 104).

(3) 애정 구조적 측면

고부간의 갈등을 초래하는 근본적 요인 중 하나가 밀착된 모자관계라고 본다. 시어머니는 근대화 과정을 거치면서 전통적 가치관을 지닌 채 사회적 격변의 시대에 어려움을 감수하면서 자식을 키우고 교육시켰기에 아들에 대한 기대가 남달리 크다. 이에 비해 서구 사상에 입각한 교육을 받고 자유로운 핵가족화 및 부부 중심의 애정적 결합을 결혼에 대한 이상으로 생각하는 며느리들은 시어머니를 이해하기 어렵다(유영준 외, 2018: 105).

(4) 세대 차이적 측면

고부간의 갈등이 다양한 측면에서 발생하는데 그중 하나가 연령의 차이와 세대 간의 차이가 만들어 내는 불가피한 생활 경험과 가치관의 차이로 볼 수 있다. 고부간에는 각각 다른 시대에 태어났으므로 생리적·심리적·사회적 특성이 다르고, 생활환경과 경험의 차이로 인해 의식이나 가치관에 차이가 있을 수밖에 없다. 이로 인해 자녀양육, 가정관리, 자녀교육관 등 다양한 영역에서 갈등이 표출된다(유영준 외, 2018: 105).

(5) 이해 관계적 측면

부모의 연령이 늘어나면서 부모는 아들 부부에게 의존하려는 경향이 늘고 이는 고부갈등의 새로운 원인이 된다. 교환 이론적 측면에서 보상과 비용을 분석해 보면, 노쇠한 부모는 아들 부부에게 상호교환적 기대를 충족시키기 어렵고 이러한 이해 상충이 갈등의 요인이 된다(유영준 외, 2018: 105).

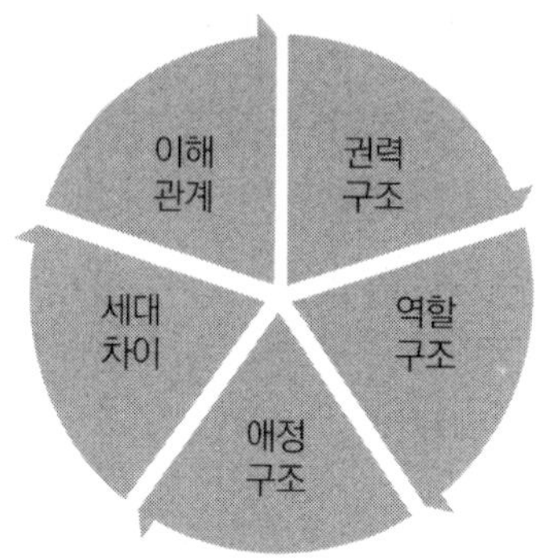

그림 5-4 **고부간의 갈등 원인**

2) 장모(인)-사위관계의 갈등

사위를 백년손님으로 표현하면서 어렵고 조심스러운 존재로 여기던 과거와는 달리, 핵가족화에 따른 가족구조의 변화로 장모(인)-사위의 갈등 또한 새로운 가족관계의 문제로 등장하고 있다. 1인 자녀관계의 부모 입장에서는 딸과 함께 생활하거나, 자녀양육 문제로 처가집과 밀접한 관계를 가지면서 새로운 형태의 가족 갈등 문제가 발생하는 것이다. 과거에는 처가집과의 교류가 적어 장모(인)와 사위가 접할 수 있는 기회가 적었으나, 현대사회에서는 접촉의 기회가 증가하면서 갈등의 가능성도 증가한다(유영준 외, 2018: 106).

3) 건강한 고부관계를 위한 적용

고부간의 갈등을 해결하고 관계를 개선하기 위해서는 개인적 · 가족적 · 사회적 측면에서 다각도로 노력해야 한다.

(1) 개인적 측면

원만한 고부관계의 개선을 위해 서로 애정과 신뢰를 바탕으로 존중하는 태도를 갖고, 대화를 통해 소통하고 상대방의 입장에서 이해하고 배려하는 자세가 필요하다. 또한 주변인들이 어떻게 역할을 감당하느냐에 따라서 그 양상이 달라질 수 있다.

① 시어머니 입장

- 시어머니는 자신이 과거에 수행했던 며느리의 역할을 기대하지 말고, 사회가 변화해 가는 현상과 가치관의 변화를 인식하여 스스로 변화를 받아들이도록 한다.
- 노년기가 되면서 마음의 평화와 안정을 도모하여 성숙한 노년기를 보내도록 자신을 개발한다.
- 작은 것에도 감사하면서 칭찬에 인색하지 않는 시어머니가 되도록 한다.
- 동거가족의 경우 자녀 세대에 대해 간섭과 구속을 하지 말고 아들과 며느리의 독립된 생활영역을 인정해 준다.
- 권위적이기보다는 상황과 편의에 따라 역할을 분담한다.
- 경험적 측면에서 의견을 제시하되 일반적인 가정 운영의 주도권은 며느리에게 이양한다(유영준 외, 2018: 107).

② 며느리 입장

- 시어머니에 대한 부정적 선입관을 버리고 긍정적 인식과 태도를 취한다. 또한 시댁 식구들과의 유대관계 형성과 화합에 관심을 기울인다.
- 자신의 생활방식을 고수하기보다는 전통사회 가치관을 가진 시어머니의 입장을 고려하여 유연성을 가지고 시어머니를 이해하려고 노력한다.
- 시어머니의 삶의 경험과 지혜를 존중하여 집안의 대소사는 물론 일상생

활에서도 의논하고 조언을 구한다.

- 의무와 책임을 다하면 된다는 식의 형식적 관계에서 벗어나 자발적이고 진정 어린 마음으로 관계를 맺는다.
- 조부모의 역할에 보람을 느낄 수 있도록 자녀를 활용한다.
- 상황에 따라 적절한 선물이나 용돈을 드려 사회적 관계 유지를 돕는다.
- 확대가족으로 동거 시 시어머니의 생활 습관 존중 및 적절한 역할 부여를 통해 존재감을 갖게 하고, 분리된 생활일 경우 전화·방문 등 문안인사를 자주 한다(유영준 외, 2018: 107-108).

③ 아들/남편의 입장

- 아들은 아내와 어머니의 불만에 대해 충분히 들어주고 위로해 주면서 그들의 특성, 과거의 성장 배경 등을 이해시켜 서로에 대한 오해와 마찰을 최소화하도록 한다. 이때 중립적 입장을 견지함으로써 고부관계를 원만하게 풀어간다.
- 아내에게는 신뢰와 애정을 통해 동반자로서의 역할을, 어머니에게는 부모에 대한 존경심을 표현하면서 섭섭한 마음이 들지 않도록 역할을 감당한다.
- 가족여행이나 외식 등을 통해 가족구성원들이 모일 수 있는 기회를 마련하여 가족원 간 화목을 도모한다(유영준 외, 2018: 108).

(2) 가족적 측면

① 거주형태의 변화

- 고부간의 갈등은 동거 시 더 심각할 수 있으므로 며느리가 어느 정도 자유로운 생활을 영위할 수 있도록 동거 형태의 변화를 도모한다.
- 부모와의 동거는 물론이고 딸과의 동거도 고려해야 하는 시대적 필요성이 있음을 기억한다.
- 경제적 여유가 있다면 유료 양로시설의 활용도 고려해야 한다(유영준 외,

2018: 108-109).

② 융통성 있는 가족역할 배분

확대가족으로 생활하는 고부간의 관계에는 무엇보다 가사분담이 중요하므로 시간과 능력, 경험, 상황에 따라 적절하게 가족구성원들이 서로의 역할을 배분하여 효율적인 가사분담이 이루어져야 한다.

③ 가족 전체의 문제 점검

고부간의 갈등은 부모, 아들/남편, 손자녀 등 모든 가족구성원에게 영향을 끼치므로 가족구성원 모두 서로를 이해하고 도우려는 의식이 필요하고, 가족구성원 간의 협동과 건강한 의사소통을 통해 문제들을 해결해 나가는 것이 필요하다(유영준 외, 2018: 109).

④ 독립과 의존의 적절한 조화

현대 가족관계에서 성인 자녀와 노부모가 성취해야 할 가장 중요한 과정이 독립과 의존의 적절한 조화를 이루는 것이다. 부모세대와 자녀세대는 생활에 있어서 경계를 적절히 유지하여 독립적이면서도 유대감을 갖는 가족생활이 될 수 있어야 한다(유영준 외, 2018: 109).

(3) 사회적 측면

① 시부모를 부양하는 며느리의 경제적 부담 완화를 위해 노인 자신의 노후 소득보장을 위한 제도가 마련되어야 한다.
② 노후의 여가생활 확보와 평생 교육적 차원에서 경로당이나 노인대학의 프로그램들이 활성화되어야 한다.
③ 지역사회 건강가정지원센터와의 연계를 통해 고부관계 개선을 위한 구체적이고 실질적인 의사소통 기술과 방법 등을 교육하여, 역기능적 요소를 제거하고 성숙한 인간관계를 유지할 수 있도록 돕는다.

④ 경로효친 사상을 현대사회적 의미에서 해석하고 교육하여 건강한 고부 관계의 새로운 모습을 제시한다(유영준 외, 2018: 109-110).

CHAPTER 6

외국의 건강가정 정책

1 건강가정기본법 제정

'건강가정' 그리고 '가족의 건강성' 개념의 바탕이 되는 '건강가족적 관점(Family strength perspective)'에 대한 이해가 필요하다. '건강가족적 관점'은 건강 또는 비건강의 이분법적 분류에서 벗어나 가족의 문제, 부정적인 면보다는 강점요소를 통합적으로 고려한 개념이다. 조희금 외(2018) 연구에 따르면 가정의 건강성에 관련한 구성요소들의 충족 정도를 건강성으로 제시하고 있다. 이는 '어느 정도 충족하는가?' 또는 충족하지 못할 경우 '어느 정도 부족한가?'와 같이 가정의 건강성 정도를 측정하고 대처방안, 보완할 방법을 모색할 수 있다(고선강 · 송혜림 · 강은주, 2023: 26-27).

2 한국의 건강가정 정책

1) 가정의 건강성 증진

건강한 그 가정에 속해 있는 개인의 행복에 기여할 뿐만 아니라 건강한 사회, 건강한 국가의 기본이 된다. 「건강가정기본법」은 가정의 건강성 증진을 통하여 건강한 사회를 구현하는 것이 궁극적으로 개인의 행복과도 불가분의 관계를 가진다는 개인-가정-사회의 상호작용적인 관점을 가진다. 종종 개인은 가정이라는 공동체 안에서 자신의 자유와 권리를 제한받을 수 있다.

그러나 가정 공동체의 해체가 아닌 존립이 궁극적으로 자신의 행복으로 환원되기 때문에, 우리는 가정의 유지가 개인의 자유를 무시하는 것이 아닌 개인의 선택과 행복으로 귀결된다는 것을 안다.

즉, 개인의 행복은 개인의 자유와 함께 건강한 가정의 유지에 포함된 개념으로 받아들여야 한다. 나아가 「건강가정기본법」 제정은 법의 지향성으로, 그리고 현장의 실천과제로 확장되었다는 점을 강조할 수 있다(조희금 외, 2018;

고선강 · 송혜림 · 강은주, 2023: 26).

「건강가정기본법」에서 건강가정이란 가족의 모든 욕구가 충족되고 인간다운 삶이 보장되는 가정으로 정의한다(법 제3조). 모든 국민은 가정의 구성원으로서 안정되고 인간다운 삶을 유지할 수 있는 가정생활을 영위할 권리를 가지고 있다(법 제4조). 이는 헌법에서 보장하는 개인의 행복 추구의 권리(헌법 제10조)와 인간다운 생활을 할 권리(헌법 제34조)를 구체적으로 반영하고 있는 것이다.

건강한 가정이 개인의 행복과 사회적 건강성을 담보할 수 있기 위해, 무엇보다 우선적으로 국가와 지방자치단체는 가정이 최소한의 경제적 안정과 의식주 생활의 안정을 유지할 수 있도록 지원해야 한다. 가정의 건강성 증진을 위한 내용은 「건강가정기본법」의 제15조(건강가정 기본계획의 수립)와 제21조(가정에 대한 지원)에서 강조하고 있다.

2) 건강가정기본법의 방향

(1) 가정 단위의 통합적인 서비스 제공

가족정책의 주 지원대상은 가족을 통해 부양을 받을 수 없는 취약 계층으로 장애인, 요보호아동, 요보호여성 등으로 문제가 발생한 개인을 대상으로 하는 서비스 제공이 큰 비중을 차지하고 있어서 사정을 단위로 한 통합적인 서비스의 제공은 이루지지 않았다(문혁준 외, 2021).

「건강가정기본법」에서는 생활공동체인 가정을 단위로, 가정이 원활한 기능을 수행할 수 있도록 지원할 것을 강조한다(법 제21조). 이제는 우리나라도 가정, 가족문제를 파악하는 패러다임을 변환시킬 때가 되었다. 지금까지 복지서비스의 제공이 개별 복지법을 통해 개인을 대상으로 하거나 요보호가정을 중심으로 이루어졌다면 앞으로는 생활의 단위인 가정을 중심으로 통합적인 서비스의 제공이 이루어져야 한다.

「건강가정기본법」은 국가가 제공하는 복지서비스의 대상을 일반가정으로 확대시킨 최초의 법이다. 이 법을 통해 우리나라의 복지는 그동안 요보호 대상자에게 제공되던 지원 서비스 중심의 잔여적 복지에서 일반가정을 대상으로 하는 보편적 복지로, 복지의 패러다임을 바꾸게 되었다(조희금 외, 2018: 31-33).

(2) 양성평등의 가족정책에서 통합적인 가정정책 제시

「건강가정기본법」은 양성평등한 가족관계를 강조할 뿐만 아니라 세대 간의 민주적인 관계를 강조하고 일상생활 및 문화의 중요성을 명시하는 통합적인 가정정책을 제시하고 있다.

즉, 「건강가정기본법」 제1장 총칙의 제7조(가족가치)에서 가족구성원은 부양·자녀양육·가사노동 등 가정생활의 운영에 함께 참여하여야 하고, 서로 존중하며 신뢰하여야 한다고 양성평등의 가치를 기본으로 전제하고 있으며, 나아가 양성평등의 관점뿐만 아니라 세대 간의 민주적인 관계를 강조하고 있다. 법 제15조(건강가정 기본계획의 수립)에서 민주적인 가족관계와 양성평등적인 역할 분담에 대한 기본계획을 세우도록 하고 있으며, 제26조(민주적이고 양성평등한 가족관계의 증진)에서는 더 구체적으로 성 및 세대 간의 민주적이고 양성평등한 관계를 정립하기 위한 내용을 명시하고 있다. 또 본 법에서는 자녀의 임신, 출산 및 양육에 대한 지원(제21조, 제26조)과 영유아나 노인 등 부양 지원을 요하는 가정에 대한 지원(제25조)을 강조하고 있다. 나아가 가족의 주거생활, 경제적 소득보장 및 가족 단위의 복지증진을 비롯해 가족원의 생애주기에 따른 건강증진 대책 마련을(제21조, 제24조) 규정하고 있다.

(3) '가정에 의한'에서 '가정을 위한' 지원 강화

자원이 부족했던 경제개발 시기의 복지서비스는 요보호 대상에 대한 복지서비스 지원만으로도 힘에 겨웠다. 앞으로도 자원이 필요한 요보호가정에 대해 제공되는 극가의 복지서비스 지원은 더 확충되어야 한다. 그러나 해체 위기에 있는 가정, 스트레스와 문제를 가지고 있는 일반가정에 대하여도 국가의 적극적인 지원이 필요하다. 문제가 있는 일반가정이 붕괴하지 않도록, 국가는 모든 필요한 노력을 기울여야 하며, 이렇게 함으로써 가정붕괴로 예상되는 보다 많은 사회적 비용을 줄일 수 있다.

과거 개발도상국 단계에서 요보호가정에 주어지던 의존하던 '가정에 의한' 복지사회가 아니라 '가정을 위한' 복지사회의 단계로 나아가야 한다. 본 법의 건강가정사업은 요보호가정을 포함한 일반가정에 대한 교육, 상담 등을 통한 사전 예방적 서비스의 제공, 가정의 기능강화 및 잠재력 개발을 통한 가정 중심의 통합적·보편적 서비스의 제공을 제시하고 있다.

(4) 가정문제에 대한 사전 예방적 정책과 지원 강조

가정문제에 대한 사전 예방적인 정책의 내용을 살펴보면 다음과 같다. 먼저 국가와 지방자치단체에서의 지역 특성을 고려한 주기적인 가족실태조사(제20조)를 들 수 있는데, 이는 지역사회 복지의 중요성이 강조되고 있는 현 시점에서 다른 사회복지 영역과의 연계를 강화하고 복지의 균형발전을 위해 바람직하며 효과가 클 것으로 기대된다. 그와 더불어 법안에서는 건강가정 관련 교육과 연구(제19조)를 상시적으로 시행해 가족문제의 사전 예방과 가족 유지에 도움을 주도록 하고 있다.

그리고 이러한 정책을 지원하기 위해 중앙 단위와 시도 단위에 위원회 설치를 명시해 놓았다(제13조, 제14조). 구체적으로 국무총리 산하에 중앙 건강가정정책위원회를 두어 건강가정 기본계획 수립 및 건강가정 정책 평가 등을 실시하도록 하였으며, 각 시도에도 건강가정위원회를 설치하도록 하고 있어 건강가정 구현을 위한 중앙정부와 지방자치단체의 책임을 명확히 하고 있다(제5조, 제7조, 제26조).

3) 건강가정기본법의 구성체계

「건강가정기본법」은 법, 시행령, 시행규칙으로 구성되어 있으며, 그 내용은 부록에 첨부한다.

(1) 건강가정기본법의 시행령

「건강가정기본법 시행령」은 「건강가정기본법」에서 위임된 사항의 시행을 위해 필요한 사안을 규정하고 있으며 대통령령인 시행령은 주무 부처의 입법 절차를 거쳐 국무회의를 통과하고 대통령의 재가를 얻으면 법제처에서 공포한다(법제처, 2023).

(2) 건강가정기본법 시행규칙

「건강가정기본법 시행규칙」은 주무부서의 부(장관)령으로 현재 여성가족부령이며 주무부서의 입법절차를 걸쳐 법제처의 승인을 얻으면 행정안전부의 관보에 게재함으로써 효력이 발생한다.

4) 건강가정 관련법

「건강가정기본법」이 제정된 이후, 다양한 형태의 가족과 관련법이 제정되거나 개정되었다. 그중에서 「한부모가족지원법」, 「다문화가족지원법」, 「양육비 이행확보 및 지원에 관한 법률」 등을 소개하고자 한다.

(1) 한부모가족지원법(법률 제19340호)

구분	관련 내용
제정년도	• 1989년 4월 1일 「모자복지법」 제정(법률 제4121호) • 2002년 12월 18일 「모 · 부자복지법」으로 개정(법률 제6801호) • 2007년 10월 17일 「한부모가족지원법」으로 명칭 변경(법률 제8655호) • 2011년 4월 12일(법률 제10582호) 일부 개정 • 2023년 4월 11일 일부 개정
대상	• 저소득 한부모가정: 소득인정액이 기준 중위소득 60% 이하(복지급여 지급기준은 기준 중위소득 52% 이하)에 부합하는 경우 • 취학 중인 18세 미만 자녀(취학 중인 경우에는 22세 미만, 「병역법」에 따른 병역의무를 이행하고 취학 중인 경우에는 병역의무를 이행한 기간을 가산한 연령 미만의 자)를 양육하는 모자가족 또는 부자가족 • 비혼모 또는 비혼부(단, 사실혼 관계에 있는 자는 제외)
제정배경	한부모가족이 증가함에 따라 경제적, 정서적 측면에서 사회적 지원 방안 제시 (한부모가족 증가 원인: 이혼율 급증, 경제적 문제 등)
내용	• 실태조사 실시 • 저소득 한부모가정 대상 생계비, 자녀교육비, 의료비, 주거비 등 지원

	• 한부모가족복지시설 입 · 퇴소 및 운영 지원 • 한부모가정을 지원(사업, 프로그램, 서비스 등)하기 위해 전국 가족센터 지정 및 운영

출처: 법제처 국가법령정보센터(2023) 재구성.

(2) 다문화가족지원법(법률 제8937호)

구분	관련 내용
제정년도	2008년 3월 21일
대상	결혼이민자와 대한민국 국적을 취득한 자로 이루어진 가족
제정배경	다문화가정이 증가함에 따라 다문화가정의 문제를 해결하고 경제적, 사회적, 심리 · 정서적 지원을 제공함으로써 건강한 가정생활을 유지
내용	• 실태조사 실시 • 다문화가정 지원을 위한 기본계획 수립 • 전국 가족센터 지정 및 운영

출처: 법제처 국가법령정보센터(2023) 재구성.

(3) 민법: 이혼숙려제 도입(민법 제836조의2 제3항)

구분	관련 내용
제정년도	2007년 「민법」 개정
대상	이혼(합의, 협의)의사가 있으며 미성년 자녀가 있는 경우
제정배경	간소화된 이혼 절차 문제를 해결하고자 미성년 자녀가 있는 경우, 이혼가정 자녀의 양육환경 개선
내용	이혼숙려기간 도입 • 미성년 자녀가 있는 경우: 3개월 • 미성년 자녀가 없는 경우: 1개월

출처: 법제처 국가법령정보센터(2023) 재구성.

(4) 양육비 이행확보 및 지원에 관한 법률(여성가족부령 제179호)

구분	관련 내용
제정년도	2022년 7월 26일
대상	비혼 양육부, 비혼 양육모, 이혼 양육부, 이혼 양육모
제정배경	이혼 또는 혼인관계가 성립되지 않은 상태에서 출생한 자녀의 양육비에 대한 합의, 양육비 청구, 양육비 부담조서 확보함으로써 부모의 공동책임인 자녀양육비에 대한 의무를 부과함
내용	• 자녀양육비에 대한 합의가 없는 경우: 양육비 지급에 대한 부담조서를 통해 양육비를 청구함 • 양육비에 대한 합의가 있더라도 변경할 필요가 있는 경우: 변경 청구 • 인지청구: 비양육부 또는 비양육모와 자녀가 법률상 친자관계인 것을 전제로 하므로, 소송으로 인지를 강제하도록 하는 것

출처: 법제처 국가법령정보센터(2023), 한국건강가정진흥원(2023), 양육비이행확보지원 재구성.

3 외국의 가족정책

외국의 가족정책은 에스핑 엔더슨(Esping-Andersen)의 복지국가의 3가지 유형을 바탕으로 설명하고자 한다. 에스핑 엔더슨은 탈상품화, 계층화, 탈가족화 수준[1])에 따라 사회민주주의 복지국가(스웨덴, 핀란드, 덴마크 등), 조합주의 복

1) 에스핑 엔더슨(Esping-Andersen)은 『복지자본주의의 세 가지 세계(The Three World of Welfare Capitalism)』에서 처음으로 '복지국가 레짐(Regime)'이란 용어를 사용하여 복지국가를 탈상품화(De-commodification), 계층화(Stratification), 탈가족화(Defamilization) 등을 기준으로 분류하였다. 에스핑 엔더슨의 기준에 따라 분류된 복지국가 유형은 사회민주주의 복지국가(Social democracy welfare state), 보수-조합주의 복지국가(Conservative or Corporalist welfare state), 자유주의 복지국가(Liberal welfare state) 등 3가지이다(김보기 외, 2022: 185).

- 탈상품화: 시민이나 근로자들이 자신의 노동력을 상품으로 판매하지 않고도 최소한의 생활이 보장되는 수준(평균 임금대비 최저 급여액의 비율, 급여 수급자격 요건 등)
- 계층화: 국가나 사회 정책 등에 의하여 계급이나 계층 구조가 강화되거나 새로운 계층 구조가 형성되는 정도(직역별 공전연금 수, 공적 현금급여의 집중화 계수, 1인당 국민 총 의료비 대비 민간부문 1인당 국민의료비 등)
- 탈가족화: 가족의 보호영역을 국가와 시장이 대체할 수 있는 정도로 가족의 부양부담을 사회화하여 가족 내 관계나 역할에 상관없이 사회적으로 적절한 수준의 생활을 유지할 수 있는 정도(GDP 대비 가족복지지출 비중, 국가 보육서비스에 등록한 3세 미만 아동 비율 등)

지국가(프랑스, 독일, 이탈리아 등), 자유주의 복지국가(미국, 캐나다, 영국, 호주 등)로 구분하였다. 그중에서 스웨덴(사회민주주의 복지국가), 프랑스(보수-조합주의 복지국가), 미국(자유주의 복지국가)의 가족정책을 중심으로 살펴본다.

1) 스웨덴의 가족정책

스웨덴은 에스핑 엔더슨의 복지국가 유형 분류에 따르면 '사회민주주의 복지국가(Social democracy welfare state)'에 해당한다(Esping-Andersen, 2009). 스웨덴의 가족정책은 양성평등, 아동양육과 노인부양의 사회화를 통한 가족부담 경감으로 '여성친화적' 복지국가로 지칭되기도 한다(Esping-Andersen, 2009). 유럽 국가 중에서 가장 가족친화적인 환경을 조성하고 있으며, 태어나면서 사망 시까지 일정 수준의 사회적 보호가 보장되어 가족유형 선택과 상관없이 일정한 삶의 수준을 유지할 수 있도록 하는 것을 지향한다. 1930년대 전부터 현재까지 스웨덴의 가족정책에 대한 역사와 특징을 살펴보면 다음과 같다.

(1) 스웨덴 가족정책의 역사

스웨덴이 보편적 복지국가로 발돋움 할 수 있었던 결정적인 요인의 하나로 사회민주주의당(이하 사민당)의 역할을 강조해 왔다. 1930년대부터 추구해 온 가족정책은 스웨덴의 복지국가 성격을 결정짓는 중요한 토대로서 경제적, 사회적 위기가 있더라도 자녀의 유무와 관계없이 모든 가정이 경제적 안정을 누릴 수 있는 지원 체계를 마련하겠다는 목표를 가지고 있었다. 당시 사민당 연구원이었던 미르달 부부(Alva and Gunnar Myrdal)가 1930~1940년대 걸쳐 강조했던 예방적 사회정책에 대한 개념 중에서 국가의 지속적인 발전을 위해서는 인적 자원 관리를 통한 사회정의를 실현하겠다는 의지의 표명에서 찾아볼 수 있다(Lundqvist, 2017). 1929년 대공황으로 실업률 증가, 각종 사회적 문제 등이 발생했고 이를 해결하고자 가족들을 대상으로 모성보험 제도화, 주택 건설에 필요한 비용의 저금리 대출(Barnikehusen), 다자녀 가족들에게 현금지원, 한부모 대상 현금지원(Bidragsförskott)과 같은 본격적인 가족정책을 펼쳤다

(Lundqvist, 2013: 118-125).

1960년대에는 노동시장에서 경제활동에 주력했던 남성과 그 남성의 소득으로 자녀양육, 기본생활을 영위하던 여성을 가정한 가족구조에서 각자의 생계수단을 유지한 채 독립적으로 관계를 맺는 구조로 변화하기 시작한다. 그 당시 도입된 가족정책의 목표는 여성에게 임금 노동 참여 기회 확대를 비롯하여 부부합산과세에서 부부분리과세로 전환(1971년), 부모휴가 도입(1972년), 미혼 남성의 양육권 법제화(1973년), 단축근무제도(1979년) 등이 도입되었다(Lundqvist & Roman, 2009: 234; Lundqvist, 2017: 8).

1980년대 들어 직장생활에서의 차별 구조의 변화를 강조하면서 스웨덴 정부는 남성과 여성 노동자 모두 차별 없이 일과 가정에서 책임을 이행할 수 있는 환경 조성을 목표로 1980년 남녀평등법(Lagen om jämställdhet mellan män ochkvinnor i arbetslivet), 1992년 성평등법(Jämställdhetslagen)을 개정하였다. 그 결과, 스웨덴 여성들의 연령별 경제활동참가율 곡선은 종 모양(Bell-curve)을 이루어 남성들의 패턴과 다르지 않을 뿐만 아니라, 평균 중위소득은 남성 중위소득의 83% 수준으로, 남성의 소득 증가 폭보다 11% 더 높은 것으로 나타났다(SCB, 2022).

(2) 스웨덴 가족정책의 특징

스웨덴은 사회민주주의 전통이 깊은 북유럽 복지국가의 전형으로, 주로 보편주의를 따르는 사회보장체계, 노사타협을 기반으로 마련된 임금연대, 완전고용을 지향하는 높은 고용률 등의 특징을 가진 국가이다. 특히, 스웨덴은 가족사회정책의 보편성, 젠더 중립성과 여성의 경제적 독립을 강조해 왔다.

① 가족에 대한 소득지원 프로그램

- **사회보험**: 대표적 소득보장제도인 연금제도의 경우, 저소득 가족 등 취약계층을 위한 제도로서 조세 방식으로 운영되는 최저보장연금제도(Guaranteed pension system)가 있다. 이는 저소득 또는 실업상태인 모든 거주자들을 위해 사회부조식 기초연금을 제공함으로써 안전망 기능을 한다.

- **공공부조**: 1982년 제정된 사회서비스법에 의거, 지방자치단체의 책임하에 취약아동, 노인, 장애인 등에 사회적 서비스 제공과 가족상담, 진단치료 등의 서비스와 급여를 제공한다.

② 가족 · 취업 양립 지원 프로그램

- **출산수당, 출산휴가 및 급여**: 모든 가족 대상으로 태어난 아기에게 필요한 비용을 일시불로 지급하는 출산수당이 있다. 여성의 취업 유무에 상관없이 지급, 분만 입원진료 시 입원비 무료, 입원 기간에 제한이 없다. 유급 산전 · 후 휴가 12주간(3개월), 사산인 경우 산후 30일간의 휴가가 부여된다.
- **부모휴가 및 부모 급부금**: 스웨덴은 1974년 세계 최초로 신생아를 가진 취업 부모에게 유급의 부모휴가를 제공하는 제도를 도입하였다. 이는 부모 급부금과 부모가 아픈 자녀를 돌보기 위해 취업하지 못하는 상황에서 지불되는 일시적인 부모 급부금 형태로 제공된다. 부모 급부금은 자녀 출산 당시 손질의 80%를 받고 총 450일간의 육아휴가의 혜택이 제공된다. 이는 자녀가 8세가 되기 전에 사용하며, 전체 휴가 기간 중 어머니와 아버지 각각에 대해 1개월의 휴가가 강제 할당된다. 일시적으로는 병간호 휴가급여, 임신 출산급여, 아버지 휴가급여 등이 있다.

③ 양육 및 돌봄 지원 정책

- **아동수당제도**(Barn bidrag): 1948년 도입된 보편적 프로그램이다. 기본아동수당, 추가아동수당, 연장아동수당 등이 있다. 기본아동수당은 16세 이하의 모든 아동에게 지급, 둘째 아동까지 동일 액수가 지급된다. 추가아동수당은 자녀가 세 명 이상일 때 지급되는데, 순서에 따라 차등을 두다가 1998년부터 동일 액수로 정해졌다. 연장아동수당은 자녀가 16세 이상인데도 의무교육을 계속 받고 있는 경우 같은 액수의 학업보조비가 제공된다.
- **보육제도**: 보육서비스 형태는 공공탁아소, 가정탁아소(주 정부가 보육자를 채용하여 4인 이하의 아동을 보육자 자신의 집에서 보육하도록 하는 시설), 시간제근무 그룹(학업 중인 부모의 4-6세 아동을 오전이나 오후만 보호하는 프로그램), 개방학교, 계절 보

육기관(휴가나 직장 업무로 장기간 아이를 돌볼 수 없는 경우 보호하는 시설) 등 가족의 자녀양육을 지원하고 있다.

표 6-1 스웨덴의 가족정책에 대한 주요 내용

연도	특징	제도, 지원 사항
1930년부터 1950년대까지	• 1929년 경제 대공황으로 발생한 높은 실업률, 낮은 출산율 문제 해결에 주력 • 가족정책 발달 시작 • 국가차원에서의 가족 영역 개입 시기 • 전통적 핵가족, 가족 내 구성원의 평등 보장	• 인구위원회 조직(1935년) • 주택 건설에 필요한 비용의 저금리 대출(Barnikehusen) • 한부모 대상 현금지원(Bidragsförskott) • 모성급여(moderskapspenning)와 모성지원금(mödrahjälp) 병행지원
1960년부터 1970년대까지	• 개인의 경제적 독립 • 이분법적인 성역할 구도에서 일과 가족을 양립할 수 있는 환경 조성 • '전업주부로서의 여성, 생계부양자로서의 남성'이라는 이분법적 모델에 대한 비판적 시각이 확산되기 시작	• 1971년: 부부합산과제 폐지와 개별과세 적용 • 1974년: 세계 최초로 아버지까지 포함한 부모휴가 도입 • 1975년: 성평등을 지칭하는 'Jämställdhet'(Hearn et al., 2012: 35)를 공식 용어로 인정 • 1976년: 지자체의 공공보육서비스 확산 계획 의무화 • 1977년: 이혼 후에도 부모의 공동 양육권을 기본으로 하는 원칙 마련 • 1979년: 어린 자녀를 둔 부모의 근로시간 단축 허용
1980년부터 1990년대까지	• 가족정책은 성 중립적 가치를 지향하는 반면, 현실에서는 여성이 불평등한 위치에 있다는 현실이 강조됨	• 1995년: 부모휴가 할당제 조치, '아버지의 날' 도입(부모휴가 수급기간이 390일에서 450일로 연장)
2000년부터 2020년대까지	• 성평등한 부모휴가 기조의 강화 • 부부간의 연대 책임 강조	• 2002년: 부모휴가 기간 확대(450일에서 489일) • 부모휴가 부여를 거부하는 고용주를 처벌하는 제도 도입 • 2008년: 양육수당제도, 성평등 보너스(한 부모가 주어진 부모휴가의 40%를 사용한 경우) 제도 도입 • 2010년대 중반: 동성부부 가족의 부모휴가 권리 강화 주장 • 2020년: 부모휴가 사용자 중 남성의 비율은 46%까지 증가

출처: 강수돌(2020), 김연진(2020), 김연진과 김진욱(2022) 재구성.

2) 프랑스의 가족정책

(1) 프랑스의 가족정책 역사

프랑스는 에스핑 엔더슨의 복지국가 유형 분류에 따르면, '보수-조합주의 복지국가(Conservative or Corporatism welfare state)'로 분류된다(Esping-Andersen, 2009). 프랑스의 사회복지체계는 가족에 대한 관심, 특히, 인구학적 목표와 관련한 관심이 두드러진 특성을 보인다. 1930년대에 등장한 프랑스 가족정책은 사회 내 세력들[2] 사이의 길항작용 속에서 가족수당 제도를 실행하고 노동조합, 정치가 등이 반응하면서 가족정책이 형성되었다(박해남, 2023: 124; Nikolas Dörr, 2020: 73-74).

프랑스의 가족정책은 출산장려주의 정책을 통해 인구성장과 특정 유형의 가족을 장려하는 것으로 발전하였다. 제1차 세계대전 이전부터 대가족 중심의 재정지원을 하였으며 2차 세계대전 이후 구축된 사회보장체계의 핵심단위로 설정되었다.

구체적으로 살펴보면, 프랑스의 가족정책은 2차 세계대전 이후 영광의 30년(Trente glorieuses)으로 지칭되던 시기(손동기, 2022: 224)부터 여성의 노동시장 진출 증가, 국민소득 상승되면서 가부장적 가족 모델에 기초했던 가족 관련 제도와 법 조항 등이 변화되었다. 과거와 달리 아내가 재산권을 행사할 수 있는 법적 주체로서의 지위 획득(1965년), 부부의 공동 친권제도 확립(1970년), 혈연 중심(우선)의 친자관계에서 사회적 친자관계로 변경(1972년)하였다. 1969년에는 가족의 수입에 따라 차등 지급되는 가족 수당제도(Allocation de frais de gard)가 도입되면서 사회경제적 지위, 다자녀 가족에게 수당을 지원했던 보편주의, 출생장려주의 가족정책에서 선별주의 가족정책으로 전환하였다. 이러한 정책기조는 현재까지 유지되고 있다.

2) 민간 차원에서 가족수당금고를 만든 루베-뚜르쿠엥 지역 섬유업체 연합이나 파리 금속산업단체 등의 기업가 집단과 출생장려주의(Natalisme) 이데올로기에 기초하여 활동한 가족단체(다자녀가족동맹, Fédération nationale des associations des families nombreuses), 인구감소반대전국동맹(l'Alliance nationale contre la dépopulation) 등이 민간영역에서 가족관련 법제의 도입을 주장하기 시작하면서 정책의 대상이 되었다(Dörr Nikolas, 2020: 68-113).

프랑스 정부는 1970년대부터 고아수당(Allocation d'orphelin)을 마련하여 미혼 또는 사별 상태에 있는 여성을 지원하면서 보육비수당(Allocation pour frais de garde)이 도입되었다. 그 외에 1977년에는 맞춤형 주택지원(Aide personnalisée au logement) 프로그램을 기초로 주거지원, 육아휴직제도가 시행되었다. 1980년대에 들어서 중립적 가족정책에 대한 관점이 제기되면서 가족은 다양성을 인정받기 시작했고 가족정책과 재분배 원리가 결합되었다. 그러나 탈보편주의, 탈가족주의적인 가족정책은 제도화되지 못했으나 출산율 감소 문제가 부각되면서 출생장려주의적 정책은 지속된다. 이후 영유아수당(1985년)과 산전수당, 산후수당, 가족보충수당을 통합한 양육부모수당(1986년)을 통해 3세 미만의 자녀가 많거나 3자녀 이상의 자녀양육으로 단절된 부모의 일부 소득상실 금액을 보전하고 유급 육아휴직을 지원하는 정책기조를 유지하였다(손동기, 2022: 224-225). 1990년대부터는 가족수당에 있어 보편성 증대, 자유선택수당을 신설하면서 여성이 일정기간 자녀양육을 할 수 있는 환경을 제공하였다. 2000년대에는 양육부모수당과 자택보육수당을 통합한 신생아환영수당(2004년)을 도입하여 선별성과 수급 조건을 강화하여 여성의 경제활동을 유지하거나 저해하는 요소를 제거한 것으로 평가되었다(신윤정, 2017). 1930년대부터 현재까지 프랑스의 가족정책 관련 프로그램과 제도에 대한 역사와 특징을 살펴보면 다음과 같다.

(2) 프랑스의 가족정책과 관련 프로그램

① 가족에 대한 소득지원 프로그램

가족 경제적 지원 프로그램으로 가족수당(Allocation familiale), 가족 소득 보충 급여(Complement familial), 최저 생계급여(Revenu Minimum d'insertion) 등을 들 수 있다.

- **가족수당**: 부양자녀가 최소 두 명 이상인 가족에게 지급한다. 가족 상황과 소득수준에 따른 제한이 없으며, 별도의 신청 없이 자동으로 지급된다.
- **가족 소득 보충 급여**: 부양자가 적어도 세 명 이상이고 자녀 모두 3세 이상인 경우에 지급되며, 가족규모와 소득수준에 따라 수혜 자격이 제한된다.

- **최저 생계급여**: 25세 이상의 일정 저소득 가족에게 지급하는 공공부조제도로서, 최저생계비와 소득 간의 차액을 지급한다.

② 가족-취업 양립 지원 프로그램

- **가족-취업 양립 지원 프로그램**: 육아휴직과 육아수당 및 각종 보육수당 제도가 있다. 각종 보육수당은 집단 시설보육을 대체하는 개별 가정의 보육지원 프로그램이다.
- **육아휴직/육아휴직수당**(1985년 도입): 육아휴직수당은 자녀수가 최소한 두 명 이상인 조건에서 막내 자녀가 3세 이하인 경우, 직업활동을 전부 혹은 부분적으로 중단한 부 또는 모에게 지급된다.
- **개별 가정 보육지원수당/보육인 고용지원금**(1986년 도입): 개별 가정 보육지원수당은 부모 모두 경제활동을 하면서 6세 이하의 자녀양육을 위해 한 명 이상의 고용인을 둔 경우 지급된다. 이는 보육지원 방식의 다양화와 함께 보육시장을 통한 고용창출이라는 목표가 맞물린 프로그램이다.
- **등록 보육사 고용보조금**(1991년 도입): 가정보육에 대한 규제를 강화하는 동시에 등록된 보육사가 있는 가정보육시설에 아동을 맡길 경우 해당 가족에게 보육비용을 지원하는 제도이다.

③ 양육 및 돌봄 지원정책

- **영유아 수당**: 3세 이하의 자녀를 두었거나 임신 5개월 이상인 임산부에게 지급된다. 먼저 태어난 3세 이하의 자녀에 대해 영유아 수당을 받고 있는 경우, 둘째에 대해서는 임신 5개월에서 출생 후 3개월까지 수당을 지급한다. 가족 상황이나 소득수준에 따라 지원 자격이 제한된다.
- **한부모 수당**: 미혼부 · 모이거나 이혼, 사별 등으로 단독 양육자에게 제공된다. 월 소득 총액과 한부모 수당 최대 금액 간의 차액을 지급한다.
- **자녀 부양비 징수 지원**: 부양비 부담 의무자인 한쪽 부모(비양육자)로부터 부양비 지원을 받지 못하는 18세 이하의 자녀를 부양하는 경우 자녀 부양비 징수 지원금이 제공된다.

• 가족지원수당: 아버지 또는 어머니가 없거나 아동의 다른 한쪽 부모가 누구인지 모를 경우, 아동을 맡고 있는 사람에게 자동적으로 제공된다.

표 6-2 프랑스의 가족정책에 대한 주요 내용

연도	특징	제도, 지원 사항
1920년대	• 급진공화파 정치인, 에밀 뒤르켐 등 대학 내 지식인과 연계 • 루베-뚜르쿠엥 지역 섬유업체 연합, 파리 금속산업단체 등의 기업가 집단, 다자녀가족동맹, 인구감소반대 전국동맹 등으로 구성된 세력이 가족수당 제도를 민간영역에서 실행	• 1921년: 다자녀 가정에 대한 철도 할인 • 1922년: 임대주택 제공 • 1923년: 낙태 처벌, 노동시간 단축 • 1924년: 이혼제한
1930년부터 1950년대까지	• 교회의 교구를 중심으로 가족을 지원함 • 가족수당은 개별 고용주가 남성 노동자를 대상으로 특별수당을 지급하는 구조 • 자녀 수에 따른 수당의 누진성 강화: 가족수당을 중심으로 자녀 수가 증가할수록 누진적으로 증가하는 급여구조	• 1932년: 가족수당법 시행 • 1939년: 가족법(Code de la Famille) 제정 • 1945년: 사회보장 시스템 공표(가족 영역을 추가함) • 1946년: 산전수당, 출산수당, 가족수당, 외벌이 수당제도 도입 • 1948년: 아동수당(Child allowance) • 1955년: 출산휴가(Maternity leave), 전업주부수당 제도 도입
1960년부터 1970년대까지	• 영광의 30년(Trente glorieuses)으로 지칭되는 시기 • 대가족, 여성 중심의 자녀양육에서 벗어남 • 여성의 노동시장 참여율 급증 • 유럽공동체 국가 중 가장 체계적인 아동보육체계	• 1969년: 가족의 수입에 따라 달라지는 가족 수당제도 도입 • 1970년: 고아수당, 여성 한부모(미혼 또는 사별) 지원, 가족수당기금, 보육비 수당 지급 실시 • 1970년: 부부의 공동 친권제도 확립 • 1972년: 혈연 우선의 친자관계에서 사회적 친자관계로 변경 • 1974년: 육아휴가(Parental leave), 아동병간호 휴가(Temporary Parental benefit) • 1976년: 한부모수당 • 1977년: 가족보충수당, 맞춤형 주택지원 프로그램 실시

연도	특징	제도, 지원 사항
1980년부터 1990년대까지	• 가족의 다양성을 정책적으로 포용 • 여성의 돌봄 역할을 강조하기보다는 일과 가족 중 하나를 선택할 수 있도록 하는 개인주의로의 이행 • 가족정책의 변화: 보편주의적 기조에서 선별주의 기조로 이행	• 1980년: 아버지 휴가(Paternity leave) 제정 • 1985년: 영유아수당(산전수당, 산후수당, 가족보충수당 통합) • 1986년: 양육부모수당(3자녀 이상의 양육으로 경력 단절된 부모에게 소득 상실액의 일부를 보전, 유급 육아휴직 지원) • 1993년: 자유선택수당 신설 • 1995년: 아버지 할당제(Father's quota) 1개월 사용 가능
2000년대	• 휴직 기간 중 시간제로 근무 가능 • 남성 육아휴직 장려제도 강화(아버지 할당제, 아버지 휴가기간 연장)	• 2002년: 자녀 출산 또는 입양 한 경우, 60일 이내에 월 급여의 80% 지급, 아버지 휴가기간 60일에서 90일로 연장 • 2014년: 출산과 육아휴직 기간 연장(자녀 연령 8세가 되는 연도의 생일까지 나누어서 사용→2014년 1월 이후 출생자는 12세가 되는 연도의 생일까지 사용 가능)

출처: 신윤정(2017), 박해남(2022), 손동기(2022), Dörr, Nikolas(2020), Swedish Social Insurance Agency(2023), Barnbidrag och flerbarnstillägg 재구성.

3) 미국의 가족정책

(1) 미국의 가족정책 역사

미국은 에스핑 엔더슨의 복지국가 유형 분류에 따르면, '자유주의 복지국가(Liberal welfare state)'에 해당된다. 자유주의적 복지국가의 특징은 국가보다 시장의 역할을 중시하며 사회복지비 지출이 다른 선진자본주의 국가에 비해 낮다(Esping-Andersen, 2009). 이러한 특징 가운데 하나가 공공부조의 종류가 10가지가 넘고 운영기관, 선정기준이 다를 뿐만 아니라, 각 제도마다 연방과 주정부의 권한이 다르다(황덕순 · 이바르 뢰드멜 · 히더 트릭키, 2002: 93-95).

1930년대부터 현재까지 미국의 가족정책 관련 프로그램과 제도에 대한 역사와 특징을 살펴보면 다음과 같다. 미국 복지국가의 제도적 기초를 만든 사회보장법은 1935년에 제정되었으며 새로운 예산 증대, 소득세 기반을 확장하자는 제안을 거부하고 역진적 소비세, 원천소득과세에 의존한다. 사회보장법으로 규정된 분야별 부조 프로그램들을 경제가 회복되고 사회보험체계가 구축되면 사라질 것으로 예측하는 의견이 대다수를 차지한다. 1940대 말부터 중간계급들은 자유주의 조세 복지정책의 희생자로 전락하고, 국가에 대한 지지는 약화된다. 1960년부터 1970년대까지는 사회보장법이 요부양아동 가족부조(Aid to Family with Dependent Children, 이하 AFDC)로 변경되어 미국의 대표적 공공부조제도로 자리 잡게 된다. 이후 보수주의를 지향하며 사회보장제도에 대한 개편을 단행한 레이건(Ronald Wilson Reagan) 정부(1980년대)는 급여수준을 낮추고 자격기준을 강화한다. 즉, 근로연계복지(Workfare)를 강화하는 반면, 복지프로그램을 감축하고 요부양아동 가족부조(Aid to Family with Dependent Children, 이하 AFDC)는 주정부 관할로 이관된다. 1990년대에는 요부양아동 가족부조(Aid to Family with Dependent Children, 이하 AFDC)를 폐지하고 개인 책임 및 근로기회법(Personal Responsibility and Work Opportunity Act, 이하 PRWORA)이 제정되었다. 1996년에는 한시적 부조(TANF)를 도입하였고 개인 책임을 강조하고 주정부의 역할을 강화하는 프로그램으로 평가된다.

이들 가운데 아동이 있는 빈곤가구를 대상으로 하는 한시적 부조(TANF)와 저소득층을 위한 주거보조제도인 섹션 8 주택선택바우처제도(Section 8 Housing Choice Voucher, 이하 HCV)를 중심으로 살펴보면 다음과 같다.

(2) 미국의 가족정책과 관련 프로그램

① 빈곤가족에 대한 한시적 부조(TANF: Temporary Assistance to Needy Family)

미국은 근로능력이 있는 빈곤계층에 대한 현금급여는 자녀가 있는 부모(한부모가족)에게만 지원된다. 연방법(Personal Responsibility and Work Opportunity Reconciliation Act of 1996)에 따라 지급받을 수 있으나, 선정기준, 급여액은 주정부에 의해서 결정된다. 빈곤가족에 대한 한시적 부조(TANF)는 과거 부양아동을 가진 빈곤가족에 대한 공공부조로 부모의 사망, 무능력, 부재로 인해 부모가 아동을 양육할 수 없는 경우 급여를 제공하는 요부양아동 가족부조(AFDC)프로그램과는 다른 제도이다(황덕순 · 이바르 뢰드멜 · 히더 트릭키, 2002: 95).

1996년 개인 책임 및 근로기회법(PRWORA)의 제정으로 빈곤가족에 대한 한시적 부조(TANF)가 도입된다. 빈곤계층의 복지수급권(Entitlement) 폐지하고 각각의 주정부의 권한에 따라 한시적으로 필요한 시기에만 급여를 지원한다. 1994년 공화당은 복지 종식의 법제화를 추진하면서 각 주정부에 연방정부 자금을 이양하는 '정액보조금(block grants)' 도입, 해당 자금을 배분하는데 지침[3]을 제공하도록 한다. 미국 주정부별 빈곤가족에 대한 한시적 부조(TANF)의 조항을 비교한 내용은 다음 표 6-3과 같다.

표 6-3 **미국 주정부별 빈곤가족에 대한 한시적 부조(TANF) 조항 비교**

구분	급여수급 후 근로의무 부과시한 (개월)	주별 수급기간 제한			
		평생 수급기간(개월)		연속 수급기간(개월)	
		시한	지속 여부	시한	지속 여부
캘리포니아(California)	즉시	60	○	×	×
메릴랜드(Maryland)	즉시	60	○	×	×
뉴욕(New York)	즉시	60	○	×	×
로드아일랜드(Rhode Island)	2	60	○	×	×
델라웨어(Delaware)	즉시	36~48	×	×	×
플로리다(Florida)	즉시	48	×	24~60, 36~72	×
조지아(Georgia)	24	48	×	×	×
유타(Utah)	즉시	36	×	×	×
애리조나(Arizona)	즉시	예외조항(waiver)에 의한 시범사업 운영		24~60	○
오리건(Oregon)	즉시	60개월 이후에는 면제, 제재에 의해 수급 불가		24~84	×

3) 지침의 주요 내용은 다음과 같다(Walters, 1998; 황덕순 · 이바르 뢰드멜 · 히더 트릭키, 2002: 97).
- 10대 미혼모에게 급여를 지급하지 않으며 2명 이상의 자녀를 출산할 경우 급여를 추가 지원하지 않는다.
- 수급 자격을 유지하고 있는 미혼모의 자녀에게는 평생 수급권을 부여하지 않는다.
- 자녀 아버지에게 부과되는 아동보조 강제제도를 강화한다.
- 평생 수급기간을 5년으로 제한한다.
- 수급자에게 근로관련 활동에 대한 참여를 강제한다.

<table>
<tr><th rowspan="3">구분</th><th rowspan="3">급여수급 후
근로의무 부과시한
(개월)</th><th colspan="4">주별 수급기간 제한</th></tr>
<tr><th colspan="2">평생 수급기간(개월)</th><th colspan="2">연속 수급기간(개월)</th></tr>
<tr><th>시한</th><th>지속 여부</th><th>시한</th><th>지속 여부</th></tr>
<tr><td>버몬트(Vermont)</td><td>30</td><td colspan="2">예외조항(waiver)에
의한 시범사업으로
평생 수급 유지</td><td>×</td><td>×</td></tr>
</table>

출처: 황덕순 · 이바르 뢰드멜 · 히더 트릭키(2002). 근로연계 복지정책의 국제비교, 세종: 한국노동연구원, pp. 174-175 재구성.(연방정부 지침에 따라 주정부가 설정한 시한과 급여수급 후 근로의무 부과시한에 대한 일부 내용만 작성함)

② 저소득층을 위한 주거보조제도: 섹션 8 주택선택바우처제도 (HCV: Section 8 Housing Choice Voucher)

미국의 공공주택정책은 저소득 계층을 대상으로 임대료 보조, 공공주택을 제공하는 형태로 운영된다. 과거 1960년대는 주택 및 도시개발법(Housing and Urban Development Act of 1968)이 1968년에 제정되면서, 민간과 공공건설을 포함하여 26백만 호의 주택 중 중 · 저소득 가구를 위한 공공주택은 고층(high-rise)의 형태로 6백만 호가 포함되었다(Bratt, 1995: 41-42; 박병현 · 박선희 · 서보경, 2010: 104-105). 그러나 닉슨(Nixon) 대통령이 보조금 지급 주택 프로그램과 공공주택 건설 금지령을 선언하면서 공공주택 건설과 관리 등을 중앙정부에서 주정부나 지방정부, 주택공사로 의무를 위임하기 시작하였다. 이후, 주택 및 도시개발법(Housing and Community Development Act)이 제정됨에 따라 주택 바우처제도(1974년), 1999년부터 섹션 8 주택선택바우처제도(HCV) 등을 제공하였으나, 특정지역에 저소득층이 밀집되면서 발생한 사회문제를 해결하기 위한 방안으로 저소득층에 대한 주거정책은 임대료 보조방식에 중점을 두는 방향으로 바뀌게 되었다(박병현 · 박선희 · 서보경, 2010).

섹션 8 주택선택바우처제도(HCV)는 주택인증 프로그램(Certificate)과 주택바우처(Voucher) 프로그램을 통합한 프로그램이다. 저소득 가구가 거주지를 임대할 때, 일부 비용을 보조하는 프로그램이며 중앙정부기구인 주택 및 도시개발부(Department of Housing and Urban Development: HUD)와 지방 공공주택국(Public Housing Authority: PHA)이 규정한 바우처 자격, 가구소득 등에 부합하는 가구일 경우 일정한 절차를 거쳐 지원 여부가 결정된다. 바우처 지급은 합법적인 미국 시민을 대상으로 지역 중위소득의 50%이하인 저소득층, 소득의 50% 이상을 임대료로 지불하는 자 등에게 우선적으로 지급된다(허민숙, 2023).

표 6-4 미국의 가족정책과 주요 내용

연도	특징	제도, 지원 사항
1930년대부터 1950년대까지	• 복지국가로서의 제도적 기틀 마련 • 요보호아동 구호책 ADC (Aid to Dependent Children)	• 1935년: 사회보장법 제정
1960년대	• 복지 급여 수급, 근로 프로그램 참여 연계	• 1967년: Win(Work Incentive Program) 도입
1970년대	• 근로빈곤층 대상 연간소득의 10% 급여 혜택 제공	• 1975년: 근로소득세제 (EIC, Earned Income Credit) • 1974년: Housing and Community Development Act의 제정으로 주택 바우처 제도 도입
1980년대	• 워크페어(workfare) 도입 • 복지수급 억제 정책	• 1988년: 가족지원법 지원 조건 강화 • 1980년대 초반: 워싱턴주의 GRADS (Graduation, Reality and Dual-Role Skills) 프로그램 도입[4)] • 1989년: 오하이오주의 생계지원(Learning, Earning and Parenting: LEAP)[5)]
1990년대	• 식품권(Food stamp)제도, 보충적 소득보장 제도(Supplemental Security Income: SSI)의 예산 삭감	• 1996년: 한시적 부조(Temporary Assistance to Needy Family: TANF)를 도입
2000년대	• 노동 강조와 가족 책임 부과	• 2010년: 모성, 유아, 아동가정방문 (Maternal, Infant, and Early Childhood Home Visiting: MIECHV) 프로그램 운영

출처: 황덕순 외(2002), 박병현 외(2010), 박해남(2022), 손동기(2022), 허민숙(2023). 재구성.

4) 임신 중인 10대, 자녀를 양육하는 10대 부모들의 경제적 자립과 학업 유지, 자녀돌봄서비스를 제공한다(허민숙, 2023: 74; Washington Office of Superintendent of Public Instruction, Graduation, Reality and Dual-Role Skills(GRADS). us/student-success/(검색일: 2023.12.30.)

5) 임신 중인 10대 또는 자녀를 양육하는 10대 부모에게 Ohio Works First 참여자에게 상담, 보육지원, 부모교육 등을 제공한다(허민숙, 2023: 73; Fairfield County Job & Family Services, 2022).

CHAPTER

7

건강가정 정책과 전달체계

1 건강가정 및 다문화 정책의 이해

1) 가족정책의 이해

(1) 가족정책의 개념

가족정책은 합의된 정의를 내리기 어렵지만 광의의 의미로 '국가가 주체가 되어 가족에 대해 행하는 모든 활동'이다(Kamerman & Kahn, 1978). 즉, '국가가 가족에게 직간접적으로 영향을 미치는 모든 행위'라고 정의 내릴 수 있다(Zimmerman, 1995). 따라서 가족정책은 국가 사회정책을 수립함에 있어서 가족을 대상으로 사회정책을 수립하는 경우와 간접적으로 가족에게 영향을 미치는 정책이 모두 포함된다.

가족정책의 개념은 모호하고 추상적이지만 가족은 자녀의 출산과 양육, 교육과 사회화 기능, 경제적 기능 등 다양한 기능을 수행해 왔다. 그러나 근대 이후 새로운 사회환경과 가족기능의 변화는 이전에 가족이 수행해 왔던 기능들을 수행하기 어렵게 만들었다. 따라서 가족정책은 국가가 가족기능을 대체하거나 보완하기 위한 정책을 수립하는 것이라고 이해할 수 있다(유영준 외, 2023).

가족정책은 노동시장의 불안정성과 다양해지는 가족의 형태, 저출산 문제와 고령화사회 등 가족이 새로운 환경에 대처할 수 있도록 국가가 개입한 결과라고 할 수 있다. 그러나 한국사회의 가족정책은 노동시장의 유연성 강화, 전통적인 가족구조의 변화, 인구구조의 변화 등에 대처하기보다 전통적인 패러다임에 머물러 있어 새로운 사회적 위험에 처해 있다(윤홍식 · 송다영 · 김인숙, 2010; 2013). 본 장에서는 캐머만과 칸(Kamerman & Kahn, 1978)이 제시한 가족정책의 개념으로 가족정책의 의미를 설명한다.

① 사회정책의 일환으로서 가족정책

가족정책은 '사회정책의 한 분야'라고 할 수 있다. 사회정책의 한 분야로서 가족정책은 출산율, 아동건강, 자녀양육비 부담, 남녀평등 등 사회적 가치실현을 목표로 다양한 프로그램과 고용정책, 아동을 양육하고 있는 가족들을 지원하기 위한 각종 정책과 법률 제정 등을 통해 수립된다(조홍식 · 김인숙 · 김혜란 · 김혜련 · 신은주, 2017). 가족정책은 정책의 대상이 명확하게 구분된 여성정책, 아동정책, 노인정책, 청소년정책 등과 달리 정책의 대상이 명확하지 않다. 이러한 혼란을 극복하기 위해 여타의 사회정책과 가족정책을 구분 짓기 위해서는 무엇보다 가족을 개입단위로 보고, 이들을 대상으로 가족정책을 수립하는 것이 분명하게 제시되어야 한다. 그러나 이러한 구분을 명확하게 적용하여 수립된 가족정책은 찾아보기 어렵다(윤홍식 외, 2010).

② 국가가 지향하는 목표를 달성하기 위한 수단으로써의 가족정책

일반적으로 국가정책은 정책의 대상과 목표가 중요하게 다루어진다. 따라서 가족정책은 국가나 정부의 입장에서 정책의 내용과 범주를 구성하고, 정책의 목표를 어디에 둘 것인지 설정해야 한다. 가족정책은 사회정책의 일환이지만 다른 사회정책과 구분하기 어렵기 때문에 '목표를 달성하기 위한 수단'으로써 가족정책은 가족정책이 지닌 모호성과 추상성을 어느 정도 극복할 수 있는 접근방법이다. 그러나 국가가 지향하고자 하는 사회정치적 목표를 달성하기 위한 가족정책은 사회적 가치를 실현하기 위한 수단이라는 점에서 가족정책을 통해 실현하고자 하는 목표가 무엇인지 확인할 필요가 있다. 수단으로써의 가족정책은 사회적 목표를 달성하기 위해 출산장려정책이나 여성의 노동시장 유인정책, 보건의료정책 등을 실시하는 것이 해당된다(조홍식 외, 2017).

③ 사회정책 수립과정 관점으로서의 가족정책

가족정책을 다른 사회정책과 배타적이고 독립적인 영역을 가진 정책으로 이해하기보다는 가족정책을 관점에서 볼 것으로 주장하기도 한다(윤홍식 · 송다영 · 김인숙, 2010). '관점으로서의 가족정책'은 국가의 사회정책을 설정하는 데 있어서 가족정책의 시각으로 사회정책을 수립해야 한다는 점을 강조하는 입장이다. 관점으로서의 가족정책은 정책 수립과정에서 가족에게 미치는 영향을 고려한다는 점에서 사회정책의 선정기준 및 평가기준으로 사용될 수 있다. 따라서 가족정책의 의미를 이해하는 데 있어서 가장 이상적인 접근방법이다. 그러나 관점으로서의 가족정책은 매우 광범위하게 적용될 수 있다는 점에서 개념적 정의가 모호하다는 비판을 받아왔다(윤홍식 · 송다영 · 김인숙, 2010; 조홍식 외, 2017).

2) 건강가정기본계획

여성가족부는 향후 5년간 가족정책 추진의 근간이 될 「제4차 건강가정기본계획(2021~2025)」을 대통령이 주재한 국무회의 심의를 거쳐 확정, 발표하였다.

가족정책의 기본법인 「건강가정기본법」 제15조에 따라 수립하여 2021년부터 2025년까지 시행되는 「제4차 건강가정기본계획」은 1인 가구 증가 등 가족 형태와 가족생애주기의 다변화, 가족구성원 개인 권리에 대한 관심 증대 등 최근의 급격한 가족변화를 반영하였으며, 정책의 기본 관점을 다양성, 보편성, 성평등을 강화하는 방향으로 설정하여 전문가 및 현장 의견 수렴, 관계부처 협의 등을 거쳐 마련한 것이다.

(1) 건강가정기본계획의 필요성

① 가족의 구성과 형성 방식 다양화

2019년 기준 우리나라의 1인 가구 비중이 전체의 30.2%, 2인 이하인 가구는 절반을 넘어 전체 가구의 58.0%에 달하며, 최근까지 전형적 가족으로 인식되어 왔던 부부와 미혼자녀로 이루어진 가구 비중은 2019년 29.8%(2010년 37%)로 감소하고 있다. 또한, 혼인과 출산의 감소, 만혼(晩婚) 현상의 지속 등으로 인한 가족 구성 지연과 가족에 대한 가치관 변화 등이 맞물려 가족의 생애주기도 다변화되고 있다.

다양한 가족 구성에 대한 사회적 공감대가 높아지고 있는 반면, 개별 가족들이 느끼는 편견과 차별은 여전한 상황이다. 기존의 전통적 개념의 가족 중심 문화에서 벗어나 가족구성원 개인의 권리에 대한 인식이 증대되고 있으며, 가족 내 성역할에 대한 전반적 인식은 변화하고 있으나, 사회적 여건은 이를 따라잡지 못하고 있는 것이 현실이다.

〈가구 구성〉

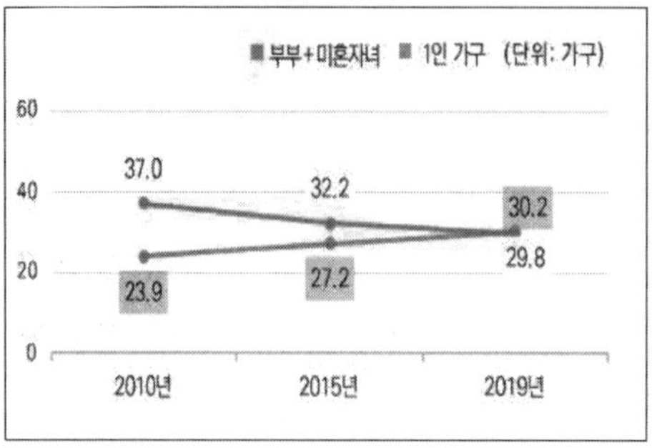

인구주택총조사 통계청(각년도).

〈혼인건수 및 조혼인율〉

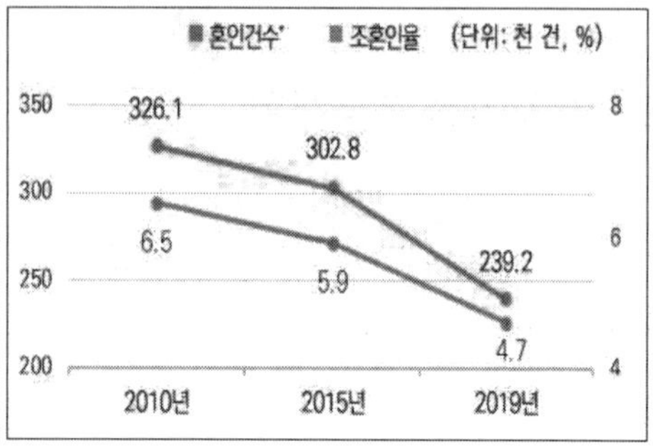

인구동향조사 통계청(2019).
* 조혼인율: 인구 천 명당 새로 혼인 비율

1인 가구는 급격히 증가하고 있다. 2010년 23.9%에서 2019년 30.2%로 증가하였으며, 전형적 가족으로 인식되던 부부와 미혼자녀 가구비중은 감소 추세에 있다. 2010년 37.0%에서 2019년 29.8%로 감소 추세에 있다. 또 혼인 감소, 만혼화 현상의 고착화 및 결혼 후 자녀 출산을 꺼리는 경향 등으로 가족구성이 늦어지고 있다.

가족 개념이 전통적인 혼인·혈연 중심에서 확장되고 있고 비혼출산·동거 등 가족 형성의 다양화에 대한 수용도가 높아지는 경향이 있다. '혼인·혈연관계가 아니어도 생계와 주거를 공유하면 가족'이라는 데 동의가 69.7% (2020, 여성가족부)로 나타나고 있다.

〈다양한 가족에 대한 사회적 수용도〉

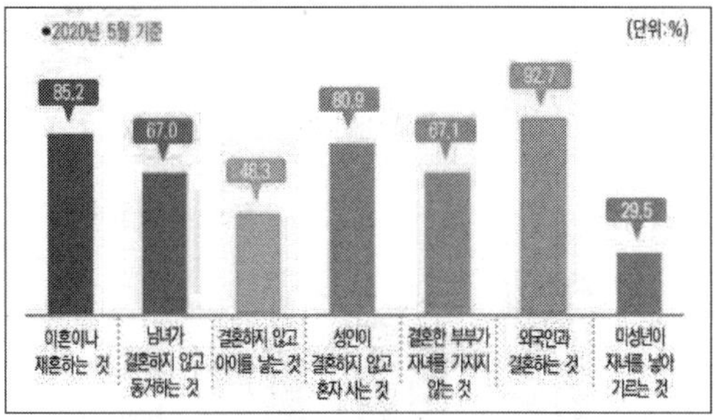

여성가족부(2020). 가족다양성에 대한 국민인식조사.

〈비혼동거에 동의〉

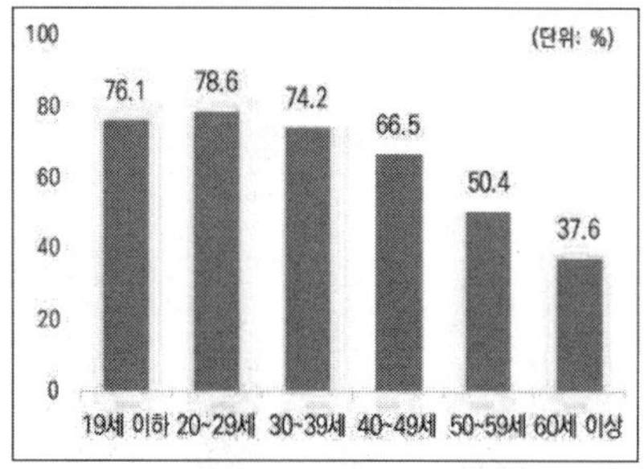

통계청(2020). 사회조사.

② **가족 내 개인 가치 부각, 젠더 갈등 지속**

확대가족에 기반한 집단으로서의 가족 중심 문화에서 벗어나, 가족구성원 개인의 권리에 대한 인식이 높아지고 있다. '결혼에서 가족관계보다 당사자가 우선'에 대한 응답 결과, 20대 56.8%, 30대 52.8%, 60세 이상 40.2%('20. 통계청) 순으로 나타나고 있다.

〈'결혼은 당사자 우선'에 동의〉

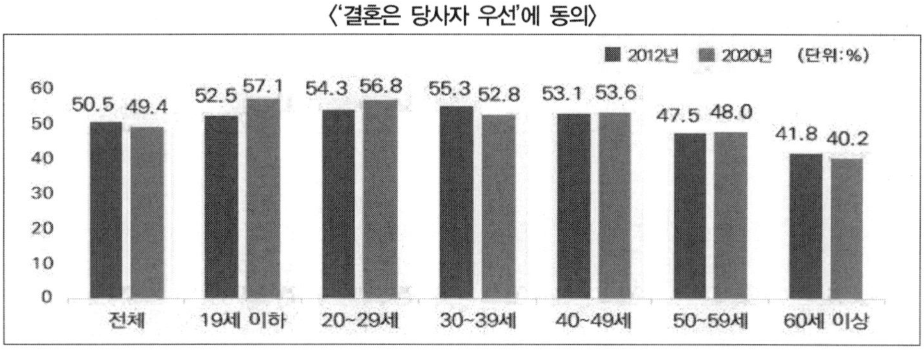

통계청(2020). 사회조사.

또 남녀 모두 일을 중시하며, 가족 내 성역할 인식은 평등을 지향하는 반면, 가사·돌봄분담에서의 불평등 여전, 남녀 갈등 지속, 청년세대 남녀 모두 생애 과업 1순위가 '일'(남 35.9%, 여 36.2%)이며, '부부가 공평하게 가사분담해야'에 대한 응답결과가 2010년에 남성 31.2%, 여성 42.2%였고 2020년에는 남성 57.9%, 여성 67.0%로 증가하였다(통계청, 사회조사). 맞벌이부부의 성별 가사노동시간(1일 평균)은 여성이 3시간 7분이고, 남성이 54분으로 나타났다.

〈성별 가사노동시간〉

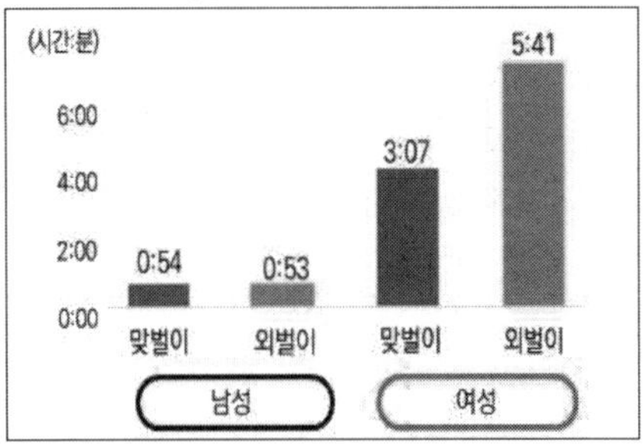

통계청('19.). 생활시간조사.

〈청년세대 생애과업 비중 인식〉

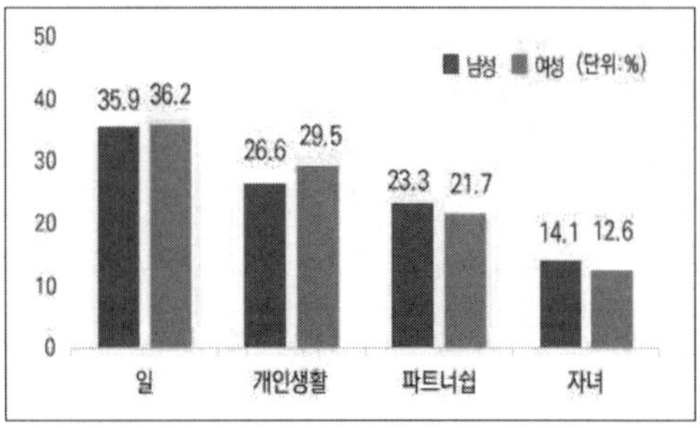

김은지 외('19). 한국여성정책연구원.

③ 가족유형별 소득 격차 지속, 돌봄·부양기능 약화

가족유형별 소득분배 불평등은 완화되고 있으나 가족유형별 경제적격 차는 여전하고, 가족의 부양기능은 약화되고 있다. 가구 유형별 연평균소득은 전체 5,828만 원이고 한부모 3,661만 원, 조손가구 3,795만 원으로 나타났다. 또 부모 부양 주체가 '가족'이라는 인식이 2012년에 33.2%에서 2020년에는 22.0%로 감소하였다.

〈가구유형별 평균소득〉

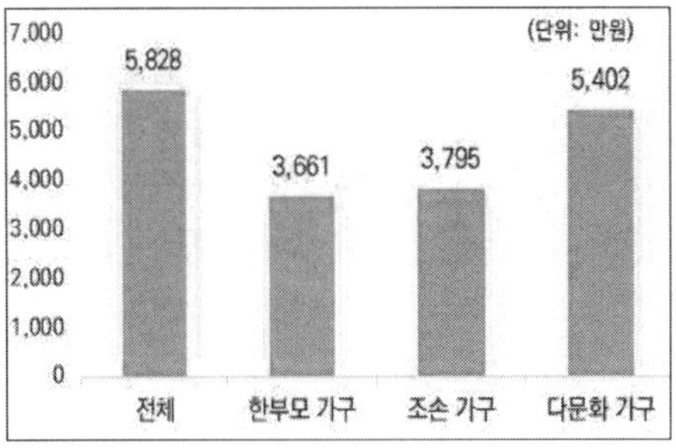

통계청('19.). 가계금융복지조사.

〈노부모 부양에 대한 인식〉

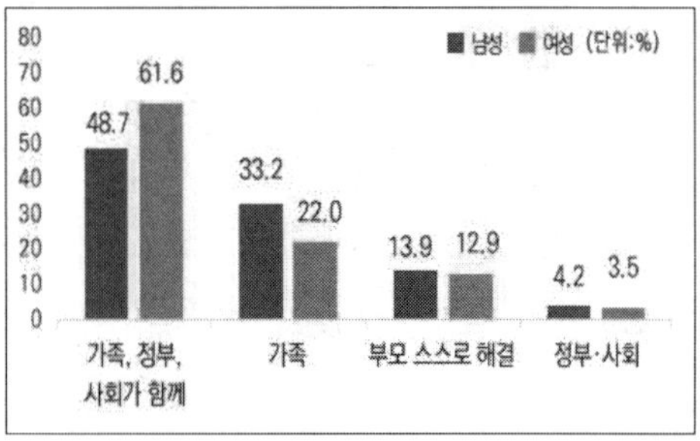

통계청(각년도). 사회조사.

④ 가족시간과 일·생활 균형 욕구 증대, 돌봄 부담 체감은 여전

일을 우선시하던 사회에서 일과 가정의 균형을 중시하는 사회로 변화되고 있다. 남녀 모두 일과 가정이 비슷하게 중요하다는 비중이 증가하고 있다.

〈일과 가정생활 우선도〉

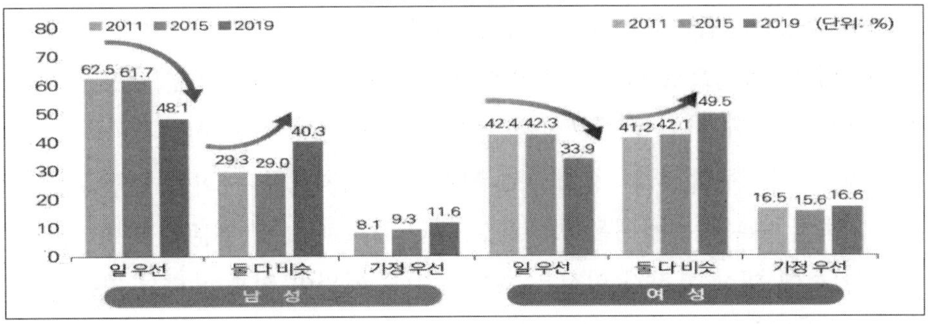

통계청(각년도). 사회조사.

돌봄 인프라와 일·생활 균형을 위한 지원 확대에도 불구하고 장시간근로, 육아휴직 등 제도 활용의 어려움(중소기업, 비정규직 등) 등으로 가족(주로 여성)의 돌봄 부담 체감은 높은 실정이다. 우리나라 연평균 노동시간이 OECD 평균 1,734시간에 비해 한국은 2018년 기준 1,967시간으로 나타났다. 돌봄에 있어서 노인돌봄 주행위자는 2017년 가족원 87.4%이고, 2020년 가족돌봄휴가 비용지원이 여성 62%로 나타났다.

〈노인 돌봄 주행위자〉

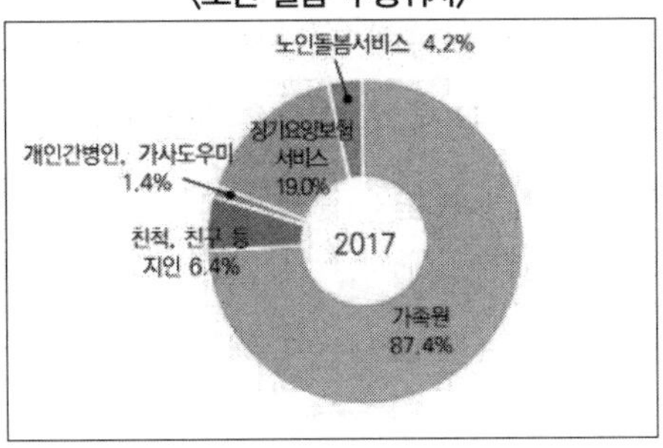

보건복지부('17.). 노인실태조사.

〈2020년 가정돌봄휴가 비용 지원〉

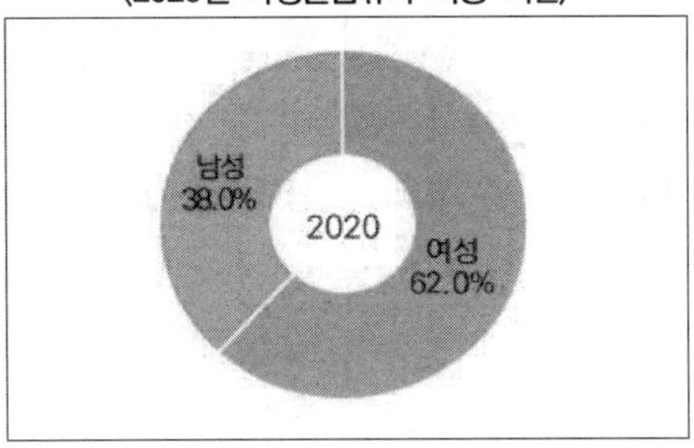

고용노동부('20).

이러한 건강가정을 만드는 데 있어서 해결되어야 할 과제를 정리하면 다음과 같다.

첫째, 법률혼·혈연 중심의 가족 개념 등 제도와 인식의 근본적 변화는 미흡하다. 다양한 가족에 대한 차별적 제도의 발굴·개선을 추진해 왔으나, 법률혼·혈연 중심의 가족 개념 확장까지는 이루어지지 못하여 정책대상 확대와 사회적 인식 변화에 한계에 부딪히고 있다.

「건강가정기본법」 제3조(정의), 「민법」 제779조(가족의 범위)의 가족은 "혼인 · 혈연 · 입양" 중심으로 규정하고 있어 향후 가족 구성의 다양성 포용을 위한 법 · 제도 마련과 사회적 수용성을 높이기 위한 정책이 요구된다.

둘째, 가족유형별 지원 중심으로 정책의 사각지대와 사회적 낙인 우려이다. 다양한 가족 지원정책을 확대해 왔으나, 가족유형별 부분적 지원 정책이 특정 가족에 대한 부정적 인식을 초래하거나, 지원이 필요한 다른 가족을 배제하여 정책의 사각지대 발생이 우려된다. 미혼모부, 조손가족, 청소년한부모, 다문화가족 등을 대상으로 가족유형별 선별적 지원에서 사회 · 경제적 기반이 취약한 모든 가족과 가족구성원에 대한 지원 정책으로 확대가 필요하다.

셋째, 가족의 소규모화, 감염병 확산 등에 따른 공적 돌봄의 대응 한계이다. 공적 돌봄서비스 확충에도 불구하고, 가족구성원의 1차적 돌봄 책임을 전제로 하는 지원체계는 1인 가구 등 다양한 정책수요 및 감염병 확산 등에 따른 돌봄공백 문제 대응의 한계이다. 가족의 다양성 증가와 감염병 확산 등에 대응, 돌봄공백 해소를 위한 보다 유연하고 다양한 가족돌봄 지원체계 구축이 필요하다.

넷째, 남녀 모두가 일하면서 가족구성원을 돌볼 수 있는 권리 보장은 미흡하다. 일 · 가정 양립 및 돌봄에 대한 사회적 지원 확대에도 불구하고, 가사 · 돌봄 부담의 성불평등으로 인한 여성의 경력단절 문제의 개선은 불충분하다. 남녀 모두를 일과 돌봄의 주체로 설정한 정책적 접근의 강화가 필요하다.

(2) 건강가정기본계획 추진 방향

4차 기본계획의 추진방향은 ① (다양성) 모든 가족이 차별 없이 존중받으며 정책에서 배제되지 않는 여건 조성에 초점을 두었으며, ② (보편성) 한부모 · 다문화가족 등에 대한 맞춤형 지원은 지속 강화하되 보편적 가족 지원으로 정책 패러다임을 확장하였고, ③ (성평등) 남녀 모두의 일하고 돌볼 권리의 균형을 중시하는 성평등 관점의 정책 기조를 강화하였다.

이를 구체적으로 살펴보면 다음과 같다.

첫째, 가족 다양성 포용이다. 모든 가족이 차별 없이 존중받으며 정책에서 배제되지 않는 여건 조성에 초점을 두었다. 가족 다양성 증가를 반영하여 모든 가족이 차별 없이 존중받고 정책에서 배제되지 않는 여건 조성에 초점을 두고, 가족유형에 따른 차별 해소 및 다양한 가족 구성의 선택에 대한 권리 보장에 중점을 두었다. 또 비혼, 1인 가구 증가 등 다양한 돌봄과 친밀성의 욕구에 대응하는 사회적 돌봄 지원체계를 구축하고, 혈연을 기반으로 하는 가족구성원이 1차적으로 책임지던 돌봄의 사회적 분담 확대에 초점을 두었다.

둘째, 모든 가족의 안정적인 삶의 여건 보장이다. 한부모·다문화가족 등 핵심 지원 대상 가족에 대한 지원은 지속 강화하되, '욕구가 있는 모든 가족'이 가족 형태에 따른 낙인이나 차별 없이 기본적인 가족생활을 할 수 있도록 지원을 확대하도록 하였다. 또 비혼, 1인 가구, 노년기 가족 등 가족구성원의 전 생애주기를 고려하여, 지역사회의 모든 가족에 대한 보편적 정책으로 확장하고 재난, 감염병 등 가족위기에 대응하여 지역사회를 기반으로 하는 소규모의 유연한 사회적 돌봄을 확충하고, 위기·취약가족의 조기발굴·지원, 비대면 가족서비스 등을 확대할 수 있도록 하였다.

셋째, 가족구성원 개개인의 존중이다. 가족구성원 개개인의 권리 인식 증가를 반영하여 '공동체로서의 가족 지원'에서 '가족과 개인의 삶을 지원'하는 방향으로 전환하였다. 부양자, 돌봄자 등 가족 내 역할에서의 성평등, 세대, 젠더 간 위계 구조 없는 민주적인 가족관계 구현을 위한 정책 확대 및 가족구성원 간 상호 존중, 상호 돌봄 등 평등한 가족문화를 지향하도록 하였다. 또 여성의 일할 권리와 일·가정 양립을 강조하는 정책에서 남녀 모두의 일하고 돌볼 권리 균형을 중시하는 성평등 관점의 정책 기조를 강화하여 '주로 일하는 남성·주로 돌보는 여성'을 전제한 '남성 생계부양자 모델'에서, 남녀 모두를 일과 돌봄의 주체로 설정한 '보편적 돌봄자 모델'로 전환하였다.

(3) 건강가정기본계획

건강가정기본 제4차 기본계획은 '2025 세상 모든 가족 함께'로 하고, '모든 가족, 모든 구성원을 존중하는 사회' 구현을 비전으로, '가족 다양성 인정', '평등하게 돌보는 사회'를 목표로 하여, ① 세상 모든 가족을 포용하는 사회

기반 구축, ② 모든 가족의 안정적 생활여건 보장, ③ 가족다양성에 대응하는 사회적 돌봄 체계 강화, ④ 함께 일하고 돌보는 사회환경 조성의 4개 영역별 정책 과제를 마련하였다.

이와 같이 제4차 건강가정기본계획의 정책체계는 다음과 같다.

구분		
비전	"2025 세상 모든 가족함께" 모든 가족, 모든 가족구성원을 존중하는 사회	
목표	가족 다양성 인정	평등하게 돌보는 사회
영역별 과제	영역 (4개)	정책과제 (11개)
	1. 세상 모든 가족을 포용하는 사회기반 구축	1. 가족 다양성을 수용하는 법·제도 마련 2. 가족 다양성 인식과 평등한 가족문화 확산 3. 가정폭력 대응 강화 등 가족 구성원 인권 보호
	2. 모든 가족의 안정적 생활 여건 보장	1. 가족 변화에 대응하는 경제적 기반 강화 2. 가족 특성을 고려한 자녀양육 여건 조성 3. 지역 중심의 통합적 가족서비스 체계 구축
	3. 가족 다양성에 대응하는 사회적 돌봄 체계 강화	1. 지역 기반 다양한 가족의 돌봄지원 확대 2. 안전하고 촘촘한 돌봄 체계 구축 3. 가족 돌봄 지원의 양적·질적 강화
	4. 함께 일하고 돌보는 사회 환경 조성	1. 남녀 모두의 일하면서 돌볼 수 있는 권리 보장 2. 성평등 돌봄 정착 및 돌봄 친화적 지역사회 조성

① 세상 모든 가족을 포용하는 사회 기반 구축

부 또는 모의 혼인 여부, 가족 형태 등에 따라 아동의 보편적 권리가 제한되거나 차별받지 않도록 관련 제도 개선을 추진하였다.

- (출생신고 등에서 차별개선) 미혼부 자녀의 출생신고 시 모의 정보를 일부 알고 있는 경우 그리고 모의 비협조 시에도 법원을 통해 출생신고가 가능하도록 요건을 완화('21.4.17~)한다.
- (차별적 용어 등 개선) 현실의 다양한 가족의 자녀에게 차별·불편을 야기하는 현행 자녀의 성(姓) 결정방식을 자녀 출생신고 시에 부모가 협의하여 부 또는 모의 성(姓)을 따를 수 있도록 하는 것과 '혼중자', '혼외자' 등 차별적 용어 개선을 검토한다.
- (가족 다양성 모니터링) 정부 간행물, 대중매체 등에서 가족형태에 따른 편견 및 차별적 표현 등을 점검·개선하기 위해 「가족 다양성 모니터링 사업」을 본격 실시('21년~)한다.

② 모든 가족의 안정적 생활여건 보장

한부모, 다문화 등 다양한 가족 특성을 고려해 자녀양육 지원을 확대하였다.

- (한부모가족 지원) 생계급여를 받는 한부모에게도 아동양육비를 지급하고, 추가 아동양육비 지급대상 연령을 확대(만 24세 → 만 34세)하며('21.5월~), 임대주택 물량 확대 및 소득기준 완화를 통해 한부모가족 주거 안정을 위한 지원을 확대한다. 아울러, 한부모가족의 안정적 자녀양육을 위해 이혼 과정의 양육비 상담 등 가정법원의 역할을 확대하고, 비양육 부·모와 자녀 간 교류·관계 맺음을 위한 지원을 강화하였다.
- (양육비 이행 강화) 법원의 감치명령 후에도 양육비 채무 불이행자에 대해 제재를 강화하고, 채무 불이행에 대한 입증책임을 양육비 채권자에서 채무자로 변경하고 채무의 '일부' 이행 시에도 감치명령이 가능하도록 하는 등 제도의 실효성 확보를 위한 추가적 제도 개선 방안을 마련한다. 아울러, 자녀양육 의무 불이행 시 상속에서 제외시키는 제도(일명 구하라법)도 검토하였다.
- (다문화가족) 영유아기·학령기 자녀를 위한 방문교육 및 언어발달 지원, 청소년의 이중언어 역량 개발 및 중도입국 청소년 조기 적응 지원 등을 확대하였다.

- (청소년부모) 임신 · 출산에 대한 의료비 지원을 확대하고, 자녀양육, 학업 지속, 생활안정 등을 위한 종합적 지원방안을 마련한다.

가족센터 확대 등 지역 기반의 통합적 · 보편적 가족서비스 지원 체계를 구축한다.

- (가족센터 확대) 돌봄 및 교육 · 상담 · 소통 등 생애주기별(아동기 → 노년기) 서비스를 제공하는 가족센터(생활soc)를 단계적으로 확대('21년 97개소)하고, 자치단체와 가족센터의 협력을 통해 재난 · 재해 등으로 인한 지역사회 취약 · 위기가족을 발굴, 서비스를 연계하는 가족역량강화사업('20년 79개소)을 단계적으로 확대 하였다. 아울러 가족상담전화(1644-6621) 등을 통한 정보제공, 초기상담 기능을 강화하고, 코로나19 지속에 따른 비대면 서비스 수요 증가를 반영, 온라인 · 화상 상담 등 비대면 서비스도 활성화할 계획이다.

③ 가족 다양성에 대응하는 사회적 돌봄 체계 강화

1인 가구 증가와 코로나19 등으로 인한 가족의 돌봄 부담 완화를 위해 다양한 사회적 돌봄을 확충한다.

- (1인 가구 등) 고독 · 고립 방지 등을 위한 생애주기별(청년, 중장년, 노년 등) 사회관계망 지원 사업을 새로이 실시하고, 지역 특성에 맞는 다양한 가족의 자녀 돌봄을 지원하기 위해 주민들이 주도하는 돌봄공동체 모델을 개발 · 확산하였다.

청년	사회 진입 예정자 대상 정서 · 경제 · 생활유지 등 독립생활 준비교육
중장년층	홀로서기를 위한 심리상담 및 교육, 자기돌봄 및 일상생활 유지관리 교육, 생애후반기 진입 준비교육
고령층	가사, 가정관리 등 일상생활의 돌봄기술 교육, 심리상담, 재산, 인생 되돌아보기, 건강한 노년 준비교육

- (가정돌봄 지원) 돌봄 대상(영아 · 유아 · 초등), 소득수준, 가구 특성(저소득 한부모, 장애 부 · 모 · 아동 등) 등을 고려한 아이돌봄서비스 정부지원 확대와 서비스 유형 및 요금체계 개편을 추진하고, 민간 육아도우미의 신뢰도 제고

를 위해 신원확인증명서를 발급하고 돌봄인력에 대한 국가자격제도 도입을 추진하였다. 돌봄의 질과 사회적 가치 제고를 위해 공적 돌봄시설을 지속 확충하고, 돌봄 종사자 처우개선, 가족돌봄자 지원을 추진한다.

- (자녀돌봄 확충) 국공립 어린이집 · 유치원, 공동육아나눔터, 초등 온종일 돌봄 등 마을과 학교를 기반으로 다양한 자녀돌봄 공간을 확충하고, 지자체와 학교가 연계한 협력 돌봄 모델을 확산한다.
- (돌봄가치 제고) 공공부문 돌봄종사자를 확충하고, 근로여건 개선과 보호 · 지원을 위한 법적 근거(가사근로자법)를 마련하는 한편, 치매가족 휴가제, 가족돌봄자 연결망 및 심리 · 정서적 지원 등으로 노인 등을 돌보는 가족구성원의 휴식 등을 지원한다.

④ 함께 일하고 돌보는 사회환경 조성

일하는 사람의 돌볼 권리 보장을 위한 제도 이용 활성화 등을 통해 돌봄친화적 일터를 조성한다.

- (육아휴직) 육아휴직 적용 대상자를 임금근로자에서 일하는 모든 취업자로 단계적 확대하고 육아휴직 급여를 인상한다. 특히, 만 0세 이하 영아기 자녀를 둔 부 · 모 모두가 육아휴직 사용할 경우, 일정 기간 육아휴직 급여를 상향 조정한다.
- (가족친화경영) 일 · 가정 양립 등 가족친화경영의 장점을 기업 구성원들이 체감할 수 있도록 가족친화인증 관련 인센티브(직원에 대한 관광 · 문화 · 의료 · 생활 분야 혜택 등)를 확대하고, 육아휴직, 대체인력제도 등의 이용이 현실적으로 어려운 중소기업 대상으로 컨설팅을 집중 지원하여 돌봄 친화적 직장문화를 조성한다. 또 성평등한 돌봄의 확산, 돌봄 친화적인 지역사회 조성 노력을 강화하여 남 · 녀 모두에게 일과 생활, 돌봄이 조화로운 사회 여건을 조성한다.
- (평등한 돌봄) 자녀를 돌보는 남성에게 관련 정보, 자조모임, 교육, 상담 등을 지원(초보아빠 앱 · 커뮤니티 등)하고, 남성돌봄자 사례 공모, '맞살림 · 맞돌봄' 온라인 콘텐츠 개발 · 보급을 실시한다.
- (돌봄 친화적 지역사회) 지역사회의 시설, 서비스 등을 돌봄 친화적으로

개선하고, 가족 · 개인 단위 이용이 가능한 비상업적 일시돌봄 · 휴식공간 등에 대한 접근성을 높이기 위해, 관련 지표 개편을 통해 지자체의 가족친화 환경조성 노력을 측정하는 방안을 마련, 적용하는 등 가족친화사업에 대한 기초 지자체의 역할을 강화한다.

3) 다문화정책 기본계획

(1) 다문화정책 추진배경

다문화정책 기본계획은 「다문화가족지원법」 제3조의2(다문화가족 지원을 위한 기본계획의 수립)에 따라 5년마다 수립하도록 법률에 명시하고 있다. 다문화정책의 수립배경을 살펴보면 다음과 같다.

첫째, 다문화가족의 가구 구성이 다양화되고 장기 거주자 비중이 증가. 다문화 가구원 수가 2018년 1백만 명을 넘어 2021년 112만 명으로 증가하였고, 다문화가구원 수는 2017년 96만 명에서 2018년에는 100만 명 그리고 2021년에는 112만 명으로 증가하고 있는 추세이다. 최근('20~'21) 코로나19 확산으로 연간 다문화 혼인 건수는 감소하였으나, 누적 결혼이민자 · 귀화자 규모는 지속 증가 추세이다. 이렇듯 다문화 가구 구성은 다양화되고 있으며, 다문화 한부모가족은 자녀 돌봄, 공백, 교육비, 학습지도 등의 어려움을 겪는 현실이다. 특히, 이혼 · 사별 등의 사유로 본국으로 귀환한 결혼이민자와 한국국적 자녀는 체류와 의료 · 교육 등의 어려움이 더 큰 것으로 파악되었다.

〈다문화 혼인 추이〉

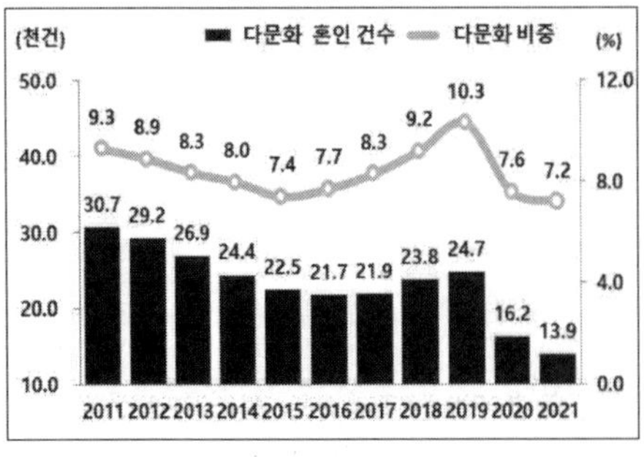

〈결혼이민자 · 귀화자 규모 추이(명)〉

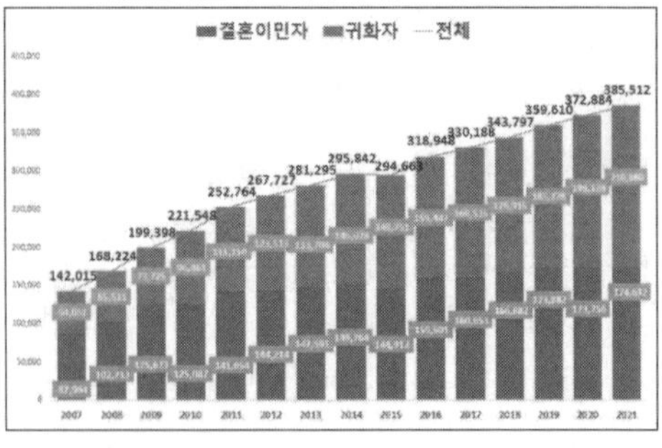

〈결혼이민자 · 귀화자의 한국거주기간〉

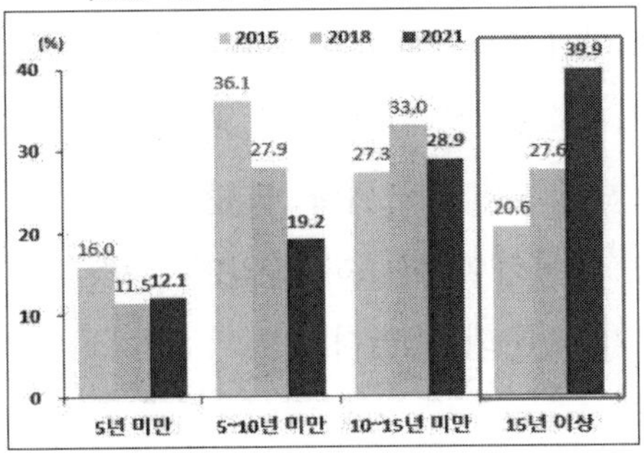

〈결혼이민자 · 귀화자의 연령대〉

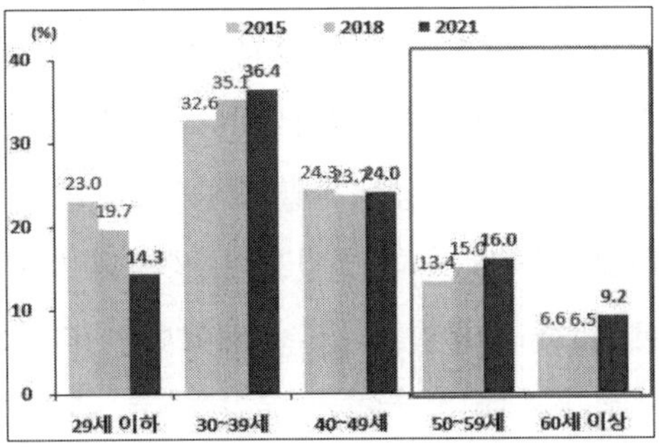

또 한국에 15년 이상 장기 거주자와 고령층 비율이 지속 증가하고 있다. 결혼이민자 및 귀화자 비율이 2018년 27.6%에서 2021년 39.9%로 증가하고 있다. 50대 이상 결혼이민자 및 귀화자 비율은 2015년 20%에서 2018년 21.5%, 2021년에는 25.2%로 증가하였다. 결혼이민자 · 귀화자의 고용률은 2018년 대비 하락하였고, 임시 · 일용 근로자 비율이 높아 일자리 안정성이 낮은 상황이다. 결혼이민자 · 귀화자 고용률은 2018년 66.42%에서 2021년 60.8%로 감소되었다. 이 중 임시근로자 · 일용근로자 비율 35.9%로 국민 일반 21.5% 대비 14.4% 높았다.

둘째, 학령기 자녀의 학교생활 부적응 · 학력 격차 등의 어려움. 다문화가구의 증가에 따라 아동 · 청소년도 증가하고 있으나 학령기 자녀의 학교생활 부적응 및 동일 연령대 전체 국민 대비 학력격차 등 어려움 심화되고 있다. 만 7~18세 자녀가 2017년 10.7만 명에서 2021년 17.5만 명으로 학력격차는 2018년 18%p에서 2021년에는 31%로 증가하고 있다. 또 2021년 기준 만 19세 이상 자녀는 전체 자녀 중 약 11%로 추정되며, 5년 후에는 17%에 이를 것으로 추산되고 있다.

셋째, 결혼이민자의 차별경험은 감소하였으나 다문화 수용성은 여전히 낮은 수준. 결혼이민자의 차별 경험은 감소하였으나 일부 부정적 정서는 여전하다. 결혼이민자 차별경험 응답이 2015년 40.7%에서 2018년 30.9%, 2021년에는 16.3%로 나타나고 있다. 또 청소년에 비해 성인의 다문화 수용성이 낮은 수준이며, 연령이 높을수록 다문화 수용성이 낮은 경향이 있다.

이러한 다문화가족이 겪는 어려움을 극복하고 차별을 해소하기 위하여 다문화 한부모·본국 귀환 가족 등 다문화가족의 다변화된 수요를 반영한 가구유형별·정착주기별 지원방안 마련 및 확대가 필요하다. 더불어 다문화가족 자녀의 영유아기 성장발달 지원부터 후기청소년 실태파악까지 다문화 아동·청소년의 성장단계별 맞춤형 지원서비스 강화가 요구된다. 또한 다문화 이해교육을 실시하고 있으나 성인의 다문화 수용성이 하락하고 있어 일반국민에 대한 다문화 수용성 제고방안 다각화가 요구되고 있다.

(2) 다문화정책 추진방향

다문화정책 제4차 기본계획 추진방향은 다음과 같다.

첫째, 결혼이민자의 정착과 자녀양육 지원을 넘어 현 정부 국정과제를 반영하여 다문화가족 자녀의 성장단계별 맞춤형 지원 강화에 중점을 두고 있다. 다문화 아동·청소년이 동등한 출발선 위에서 우리사회의 미래 인재로 성장할 수 있도록 취학전후·청소년기 등 성장단계별 지원서비스를 체계화하는 데 있다.

둘째, 결혼이민자의 다변화된 수요를 반영하여 정착주기별, 가구유형별 촘촘한 지원서비스 강화에 초점을 두고 있다.

셋째, 다문화가족이 우리사회의 구성원으로 자리매김하여 조화롭게 살아갈 수 있도록 우리사회의 다문화 이해 증진 및 차별적 인식 해소와 범부처, 지자체 협력 강화를 통해 효율적인 다문화가족 정책 추진 방향을 설정하였다.

추진방향	핵심 성과지표	'21년		'27년
1. 자녀 학업·진로 지원	·다문화가족 자녀의 학업적응도	4.23점	→	학업적응도 향상(4.38점)
	·다문화가족 자녀의 학력격차 비율	31%p		학력격차 완화(26%p)
2. 다문화가족 정착 지원	·결혼이민자의 한국생활 적응 비율	37.9%	→	적응 비율 증가(47.9%)
3. 다문화 수용성 제고	·차별 경험 비율	16.3%	→	차별 경험 감소(13.8%)
	·다문화 수용성 척도	71.39점	→	수용성 제고(74.39점)

* 전국 다문화가족 실태조사 및 국민 다문화 수용성 조사 기준

(3) 다문화정책 추진 계획

정부는 다문화 아동·청소년이 학업·진로에서 겪는 어려움을 덜어주기 위해, 다문화아동 대상 취학전후 기초학습 지원과 한국어 교육을 강화하고, 다문화청소년에 대한 진로상담, 연계지도(멘토링), 직업훈련 등 맞춤형 지원을 중점적으로 추진하였다. 정착단계 다문화가족에는 가족관계 증진, 안전교육 등의 프로그램을 지원하고, 사별 등으로 자녀와 본국으로 귀환한 한부모가족의 체류, 자녀교육을 위해 법률 및 행정서비스를 제공하고, 한국 역귀환을 대비해 한국어 교육도 지원한다.

이와 함께 다문화 아동 대상 이중언어 교실을 운영하고, 우수인재는 적재적소에 활용하여 다문화가족의 강점을 살리고, 결혼이민자가 직접 다문화 이해교육 강사로 활동하는 등 사회참여를 확대하여 함께 성장하는 사회를 만드는 데 초점을 두고 있다.

□ 비전 및 목표

비전	다문화가족과 함께 성장하는 조화로운 사회	
목표	다문화 아동 · 청소년의 동등한 출발선 보장	다문화가족의 안정적 생활환경 조성

대과제	중과제
다문화 아동 · 청소년 성장단계별 맞춤형 지원	① 영유아 자녀양육 지원 ② 학령기 다문화 아동 학습역량 제고 ③ 다문화 청소년 진로개발 지원 ④ 다문화 아동 · 청소년의 정서안정 기반 조성
결혼이민자 정착주기별 지원	① 건전한 국제결혼 환경 조성 ② 다문화가족 가구상황별 맞춤형 지원 ③ 결혼이민자 경제활동 참여 확대 ④ 가정폭력 예방 및 피해자 보호
상호존중에 기반한 다문화 수용성 제고	① 다문화 이해교육 확대 ② 다양성 존중 인식 확산 ③ 다문화가족 사회참여 활성화
다문화가족정책 추진기반 강화	① 다문화가족정책 환류 시스템 구축 · 운영 ② 다문화가족 지원 서비스 접근성 제고 ③ 다문화가족정책 협력체계 강화

정부는 2023년 4월 27일에 국무총리 주재로 「제4차 다문화가족정책 기본계획(2023~2027)」을 심의 · 의결하였다. 제4차 다문화가족정책 기본계획은 '누구 하나 소외되지 않는 가족, 모두가 함께하는 사회 구현'이라는 윤석열 정부의 국정과제를 반영하여, 2027년까지의 다문화가족정책 추진방향을 제시하

기 위해 마련되었다. 아울러 다문화 아동·청소년의 증가, 결혼이민자의 정착주기 다양화 등 변화하는 정책 환경과 지원수요에 체계적으로 대응하고자 하였다.

제4차 기본계획은 '다문화가족과 함께 성장하는 조화로운 사회'라는 비전과 다문화 아동·청소년의 동등한 출발선 보장, 다문화가족의 안정적 생활환경 조성의 2대 목표 아래 14개 주요 과제로 구성되어 있다.

2 건강가정을 위한 다양한 전달체계

1) 한국건강가정진흥원

(1) 설립목적

한국건강가정진흥원은 가족서비스 프로그램 및 업무 매뉴얼을 개발하고 보급하는 역할을 수행하며, 가족서비스 전문인력 및 직원 역량강화교육을 실시한다. 이와 함께 가족서비스 조사 및 연구, 가족서비스 운영기관 현장점검 및 평가지원, 가족지원 통합정보시스템 운영, 관련기관 네트워크 구축 및 홍보사업을 담당한다.

한국건강가정진흥원은 가족서비스 제공으로 모든 가족의 안정적인 삶의 질 제고를 목적으로, 모든 가족과 함께하는 행복파트너를 실현하고자 한다.

(2) 연혁 및 조직

한국건강가정진흥원의 조직도 및 연혁은 다음과 같다.

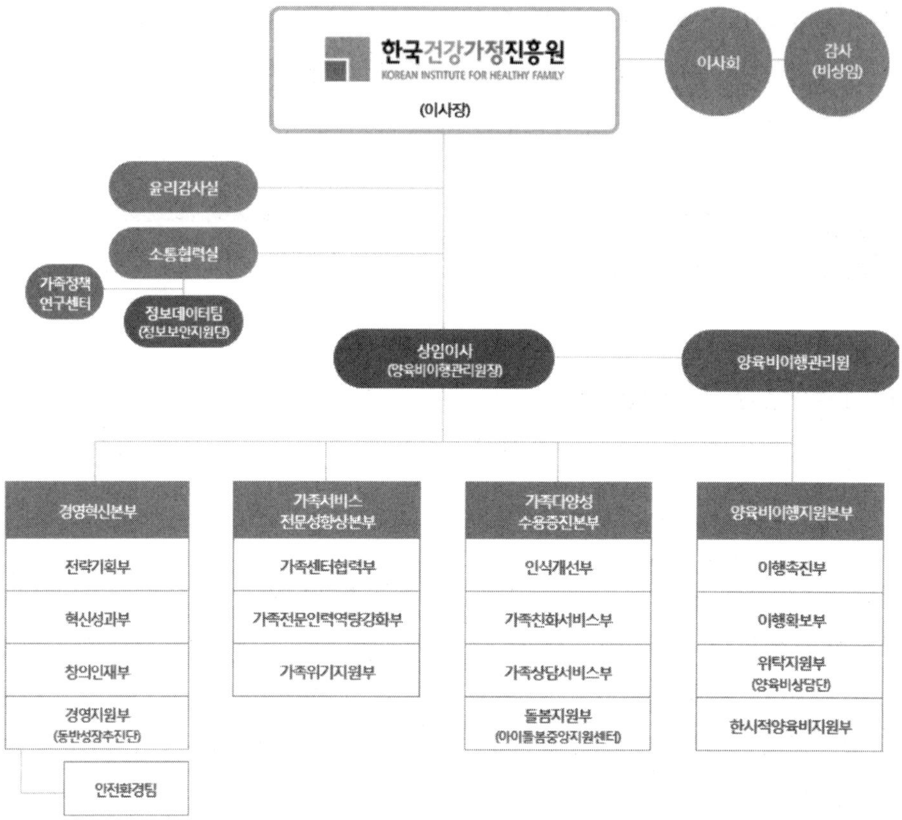

그림 7-1 **한국건강가정진흥원의 조직도**

2022
- 12월 한국건강가정진흥원 충무로 청사 이전
- 10월 돌봄인력 양성 대상자 확대(민간 육아도우미 109명)
- 1월 아이돌봄중앙지원센터 운영

2021
- 10월 건강가정 · 다문화가족지원센터가 '가족센터'로 명칭 변경 및 통합운영
- 8월 전주원 상임이사 취임(제3대 양육비이행관리원장)
- 5월 제3대 김금옥 이사장 취임

2020
- 2월 준정부기관 지정

2018
- 6월 배삼희 상임이사 취임(제2대 양육비이행관리원장)
- 2월 제2대 김혜영 이사장 취임

2016
- 1월 2015년 공공기관 경영평가 A등급 달성

2015
- 4월 초대 김태석 이사장 취임
- 3월 양육비이행관리원 설치
제1대 이선희 양육비이행관리원장 취임
- 1월 특수법인 한국건강가정진흥원 출범

2013
- 9월 재단법인 한국건강가정진흥원 제2대 원장 이은희 취임

2012
- 4월 다문화이해교육 전문강사 양성 및 교육사업 수탁
- 1월 건강가정지원센터(148개소), 다문화가족지원센터(200개소)

2011
- 8월 재단법인 한국건강가정진흥원 개원
- 6월 중앙건강가정지원센터 · 전국다문화가족사업지원단 통합
- 3월 제1대 고선주 원장취임
- 2월 다누리콜센터 설치운영
가족품앗이 및 공동육아나눔터 시범사업
가족친화지원센터 지정(여성가족부)
건강가정지원센터(138개소), 다문화가족지원센터(200개소)
가족품앗이 및 공동육아 나눔터지원사업 수탁

2010
- 10월 결혼이민자일자리지원사업
건강가정지원센터(138개소), 다문화가족지원센터(159개소)
- 3월 취약가족역량강화지원사업 관리 수탁
여성가족부로 소관부처 이관

2009

- 4월 건강가정지원센터(90개소), 다문화가족지원센터(10개소)
- 2월 아이돌보미 지원사업 232기관
  제4대 고선주 센터장 취임
- 1월 중앙건강가정지원센터-전국다문화가족사업지원단 조직분리

2008

- 10월 건강가정지원센터 통합 CI 제정
- 9월 다문화가족지원센터로 명칭변경
- 6월 결혼이민자 영농교육사업
- 4월 다문화가족 정보제공사업
- 3월 제3대 정민자 센터장 취임
  다문화가족지원법 제정
  보건복지가족부로 소관부처 이관(결혼이민자가족지원센터가 다문화가족지원센터로 명칭 변경)
- 2월 보건복지가족부 주무부처 변경
- 1월 아이돌보미 지원사업 65기관
  결혼이민자가족 방문교육사업 실시
  건강가정지원센터(83개소), 결혼이민자가족지원센터(80개소)

2007

- 4월 한부모가족 생활안정지원사업(5개소)(38기관)
- 3월 결혼이민자가족지원센터 관리기관사업 수탁
- 2월 장애아가정아동양육지원사업 관리사업 수탁
  아이돌보미 지원사업 관리기관 수탁
  건강가정지원센터(66개소), 결혼이민자가족지원센터(38개소)

2006

- 11월 중앙건강가정지원센터 확대 이전
- 3월 결혼이민자가족지원센터 관리사업 수탁
- 1월 제2대 이승미 센터장 취임
  건강가정지원센터(49개소), 결혼이민자가족지원센터(21개소)

2005

- 6월 여성가족부로 소관부처 이관
- 1월 중앙건강가정지원센터 개소
  제1대 조희금 센터장 취임
  중앙건강가정지원센터 개소
  건강가정기본법 '05.1.1 시행
  건강가정지원센터(15개소) 신규 설치

2004

- 6월 시범사업 운영
  건강가정지원센터 3개소(용산, 여수, 김해)

그림 7-2 **한국건강가정진흥원의 연혁**

(3) 주요 사업

한국건강가정진흥원은 전국 244개소, 가족센터 211개소와 건강가정지원센터 13개소, 다문화가족지원센터 20개소와 그 종사사자, 이용자를 주 대상으로 하고 있다.

주요 사업 내용은 다음과 같다.

① **가족서비스 지원**: 가족센터 사업관리 및 시범운영 지원, 위기 및 사회적 재난가족 지원사업, 가족서비스 기획 및 연구, 돌봄서비스 지역기반 강화, 가족서비스 종사자 역량강화 등

② **다양한 가족지원**: 가족 다양성 인식개선, 한부모가족지원, 다문화가족지원, 기족친회지원사업 등

③ **양육비 이행지원 서비스**: 상담지원, 법률지원, 추심지원, 제재조칙 지원, 조사지원, 모니터링 지원, 면접교섭 지원, 한시적 양육비긴급지원 등

④ **가족상담**

(4) 한국건강가정진흥원의 역할

① 가족서비스 프로그램 및 업무매뉴얼 개발·보급

② 가족서비스 전문인력 및 직원 역량강화 교육

③ 가족서비스 조사 및 연구

④ 가족서비스 운영기관 현장점검 및 평가지원

⑤ 가족지원통합정보시스템 운영

⑥ 관련기관 네트워크 구축 및 홍보사업

2) 가족센터

(1) 설립목적

가족센터는 여성가족부가 시행하는 가족정책의 주요 전달체계로서 다양한 가족지원 정책을 제안 및 실행하기 위해 설립된 기관이다. 2005년부터 시행

된 「건강가정기본법」에 따라 가족정책의 전달체계로서 정부의 가족정책 추진방향에 부응하여 건강가정사업을 실시하도록 설립되었다. 국가 및 지자체는 가정문제의 예방, 상담 및 치료, 건강가정 유지를 위한 프로그램의 개발, 가족문화운동의 전개, 가정 관련 정보 및 자료 제공을 위하여 중앙, 시도 및 시군구에 센터의 설치 및 운영을 의무화하였다.

가족센터 설립방향은 요보호가족뿐만 아니라 모든 가족구성원을 위한 서비스 제공 및 평등하고 민주적인 가족관계를 지향한다. 가족 전체를 고려한 통합적 서비스, 가족문제 예방, 돌봄 및 가족기능 강화를 위한 포괄적 서비스 그리고 건강가정서비스의 전문화를 위한 유관기관과 긴밀한 네트워크를 형성하여 효과적인 서비스 제공에 노력하고 있다.

가족센터는 평등성, 통합성, 사회성, 보편성의 원칙을 통해 서비스를 제공하고 있다.

① **평등성**: 권위적 가족 관계 → 평등하고 민주적인 가족 관계 향상

② **통합성**: 단편적 · 개별적 정책 → 통합적 기획 · 조정 기능 강화

③ **사회성**: 개별 가족의 부담 → 가족에 대한 사회적 책임성 강화

④ **보편성**: 요보호가족 중심 지원 → 모든 가족에 대한 지원

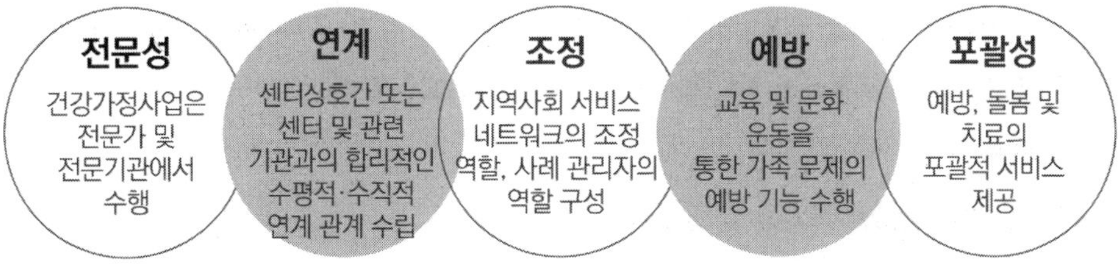

(2) 사업목적 및 사업영역

① 사업목적 및 법적 근거

- 가족의 유형별로 이원화되어 있는 가족지원서비스를 통합하여 한곳에서 가족의 유형에 상관없이 다양한 가족에 대한 보편적이고 포괄적 서비스 제공은 그 목적이 있다.
  - 수혜자 중심의 서비스 확대 및 접근성 제고
  - 지역여건 및 정책 수요자 특성에 맞는 맞춤형 서비스 강화
  - 모든 가족에 대한 가족의 안정성 강화 및 가족관계 증진에 기여
- 다문화가족의 안정적인 정착과 가족생활을 지원하기 위해 가족 및 자녀 교육 · 상담, 통 · 번역 및 정보제공, 역량강화지원 등 종합적인 서비스를 제공하여 다문화가족의 한국사회 조기적응 및 사회 · 경제적 자립지원 도모를 목적으로 한다.
  - 다문화가족의 정착단계 및 생애주기에 따른 맞춤형 서비스 제공
  - 다문화가족 대상 통합교육 및 부모교육, 사회참여 지원 확대
  - 다문화가족 자녀의 건강한 성장지원 및 글로벌 인재 육성
  - 결혼이민자 맞춤형 일자리 참여 확대 등 사회경제적 자립 지원

② 법적 근거

- 건강가정기본법
  - 법 제21조(가정에 대한 지원)
  - 법 제35조(건강가정지원센터의 설치) 국가 및 지방자치단체는 가정문제의 예방 · 상담 및 치료, 건강가정의 유지를 위한 프로그램의 개발, 가족문

화운동의 전개, 가정 관련 정보 및 자료제공 등을 위하여 건강가정지원센터(이하 "센터"라 한다)를 설치 · 운영하여야 한다.

- 다문화가족지원법
  - 법 제6조(생활정보제공 및 교육 지원)
  - 법 제12조(다문화가족지원센터의 설치 · 운영 등) 국가와 지방자치단체는 다문화가족지원센터(이하 "지원센터"라 한다)를 설치 · 운영할 수 있다.

③ 사업영역

전국의 가족센터는 가족문제의 예방과 해결을 위한 가족돌봄나눔사업, 생애주기별 가족교육사업, 가족상담사업, 가족친화문화조성사업, 정보제공 및 지역사회 네트워크 사업을 추진하고 있다.

일반가족은 물론 한부모가족, 조손가족, 다문화가족, 일탈청소년가족, 군인가족, 수용자가족, 맞벌이가족, 이혼전후가족 등의 다양한 가족 지원을 위한 상담, 교육 및 문화 프로그램이 결합된 맞춤형 통합서비스를 제공하며, 아이돌보미 지원, 공동육아나눔터사업 등의 돌봄지원사업, 취약가족과 위기가족을 위한 취약 · 위기가족지원사업, 미혼모부자가족지원사업, 기타 타부처와 유관기관과의 협력사업 등을 통해 다양한 가족사업을 수행하고 있다.

가족센터의 사업수행 방향은 다음과 같다

- 지역사회 가족지원서비스 대상자 확대 및 가족문제 대응력 강화
  - 가족의 안정성 강화 및 가족관계 증진을 위한 가족지원서비스 확대
- 다양한 가족의 특성과 생애주기별 맞춤형 서비스 강화
- 일 · 가정생활의 이중고에 지친 워킹맘과 워킹대디의 고충해소, 자녀육아 등 가정에서의 부모 역할 강화 및 역할 갈등해소 지원
- 다문화가족의 학령기 자녀에 대한 부모 · 자녀관계 향상, 사회성 발달 및 미래설계 지원 등 다문화가족 자녀의 특성을 반영한 맞춤형 프로그램 제공
- 다문화가족과 한부모(미혼모 등) · 조손가족 등에 대한 특성화된 서비스를 제공하여 가족들의 역량강화 및 안정적 가족생활과 사회통합 지원
- 가족단위 여가 프로그램 제공 등을 통한 이용자 참여 확대 및 가족친화 지역문화 조성

- 다양한 가족지원, 이용자 참여 확대를 통한 가족기능 지원 강화 및 지역사회 가용자원과 연계한 토털서비스가 가능하도록 지역사회 다양한 유관기관과 연계 및 협력 지원 강화
- 문화사업 영역에서 유사사업 통합(나눔봉사단 및 가족봉사단, 공동육아나눔터 상시 프로그램 등)을 통한 가족융합 및 사회인식 개선
  - 다문화가족 및 한부모가족 등 다양한 가족유형에 대한 긍정적 인식 제고 및 교류 활성화를 통해 가족포용성 향상 도모
- 통합서비스는 수요자의 특성 및 수요에 적합한 프로그램으로 다양하게 운영하며, 아빠의 육아참여 지원 프로그램 강화 및 찾아가는 교육 활성화 등 서비스 제공방법의 다양화를 통해 가족관계 개선 도모
- 다문화 / 비다문화 통합 시 비언어적 프로그램의 확대 통해 다양한 참여자의 진입 장벽 개선
- 다문화가족, 한부모가족, 워킹맘들의 적극적인 참여와 활동가로의 유도를 통해 시민의식 고취 및 가족편견 해소를 위한 가족친화문화사업 강화
- 다문화가족, 북한이탈주민가족, 한부모가족 대상 가족기능강화를 위한 별도 집단상담 프로그램 활성화가족센터의 사업영역을 도식화하면 다음과 같다.

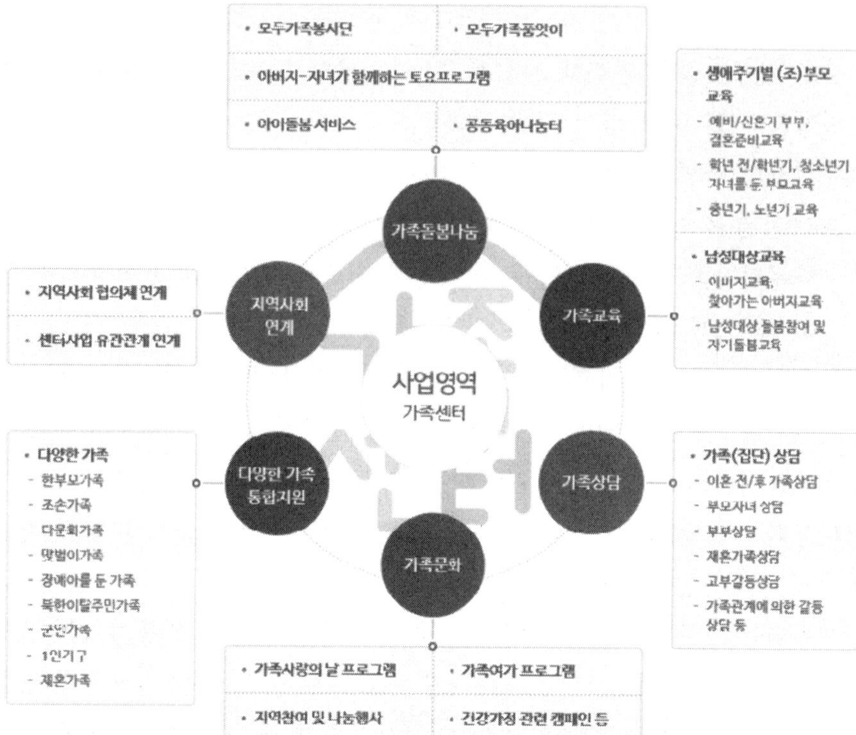

그림 7-3 **가족센터 사업영역**

가족센터의 주요 사업은 다음과 같다.

① 가족교육

가족서비스 수행기관에서는 가족 내에서 발생하는 문제를 예방하고 가족관계향상, 의사소통방법, 역할지원 등 가족구성원의 역량을 강화시키기 위한 부모, 부부, 조부모, 자녀 등 가족을 대상으로 한 생애주기별 다양한 교육을 운영하고 있다. 더불어, 일·가정 양립과 가족생활의 남성참여 활성화를 위하여 자녀와의 놀이방법 등을 비롯한 좋은 아버지가 되기 위한 양육방법을 알려주는 남성대상 육아교육도 운영하고 있다.

② 가족상담

사회가 급변하고 복잡해지면서 가족원 간의 갈등, 불화문제 등을 경험할 가능성이 많아지고 있어 이를 슬기롭게 극복하여 가족이 성장하는 데 도움을 주기 위한 가족상담을 실시하고 있다.

가족상담은 부부관계 회복을 위한 부부상담, 부모-자녀 간 발생할 수 있는 문제해결을 위한 부모자녀상담, 임신·출산·양육에 따른 갈등상담, 이혼 전·후 갈등상담 등 생애주기에 따라 발생되는 가족 내 다양한 갈등과 문제에 대해 상담을 수행하고 있다.

③ 가족돌봄나눔

이웃과 사회의 돌봄이 필요한 가족에게 나눔을 실천하는 사업으로 가정 내 돌봄을 나누고 실천하는 것으로 국한하지 않고 이웃과 지역사회의 돌봄이 필요한 가족으로 확장하여 물적·인적 자원을 나눔으로써 돌봄대상 가족의 행복과 삶의 질 향상에 기여하고 있다.

주요 프로그램으로는 가족단위의 봉사를 통해 바람직한 가족의 가치를 형성하고 내가 살고 있는 지역사회에 대한 참여의식을 고취하는 '모두가족봉사단', 평소 함께 하기 어려운 가족들이 한 자리에 모일 수 있는 기회를 제공하는 '가족사랑의 날'이 있다.

④ 다양한 가족지원

다문화가족, 북한이탈주민가족, 한부모가족, 1인 가구, 군인가족, 일탈청소년가족 등 다양한 가족유형 중 지역적 특성에 맞는 대상을 선정하여 상담·교육·문화가 포함된 통합 맞춤형 서비스를 제공합니다. 가족의 역량을 강화하여 가족의 기능을 발휘하고 사회에 적응할 수 있도록 지원하는 사업을 실시하고 있다.

⑤ 가족역량강화지원

경제, 심리·정서, 양육 등 다양한 어려움을 겪고 있는 취약가족, 사회적 외상으로 인해 직·간접적으로 피해를 경험한 위기가족 등 다양한 가족을 대상으로 가족단위 맞춤형 서비스를 제공하는 사업이다. 배움지도사, 키움보듬이, 지지리더 파견, 지역사회 자원연계 등을 통하여 취약·위기가족이 가진 복합적 문제해결 및 욕구해소를 위해 지속적인 사례관리 제공, 가족기능 회복과 역량을 강화할 수 있도록 지원하고 있다.

⑥ 공동육아나눔터 운영

부모 등 양육자들이 모여 양육과 관련된 정보를 공유하고 자녀를 함께 돌보는 활동을 통해 가족기능을 강화해 나갈 수 있도록 공간을 마련하고 제공하는 사업으로, 아이를 키우는 양육자 누구나 이용할 수 있으며 가족품앗이 활동 및 이웃과의 소통을 통해 육아부담을 덜 수 있는 지역사회 열린 공동체 공간이다.

⑦ 아이돌봄지원사업

가정의 아이돌봄을 지원하여 아이의 복지증진 및 보호자의 일·가정 양립을 통한 가족구성원의 삶의 질 향상과 양육친화적인 사회환경을 조성하는 사업이다. 부모의 출장, 야근 또는 아동의 질병 등으로 발생하는 일시적인 양육공백에 따른 돌봄수요에 탄력적으로 대응하여 시설보육의 사각지대를 보완하고, 자녀의 안전과 건강한 양육을 위해 1:1 개별보육을 선호하는 취업부모에게 가정 내 12세 이하 아동을 대상으로 돌봄서비스를 제공하고 있다.

(3) 가족센터의 구조

가족상담, 가족생활교육, 가족친화적 문화조성, 정보제공 및 지역사회 네트워크 사업을 동일하게 추진하고 있다. 아울러 한부모가족, 조손가족, 다문화가족, 맞벌이가족, 군인가족, 재소자가족, 이혼전후가족 등 다양한 가족지원을 위한 상담, 교육 및 문화의 맞춤 통합서비스와 아이돌봄서비스 지원 등 가족돌봄 지원서비스를 시행하고 있다.

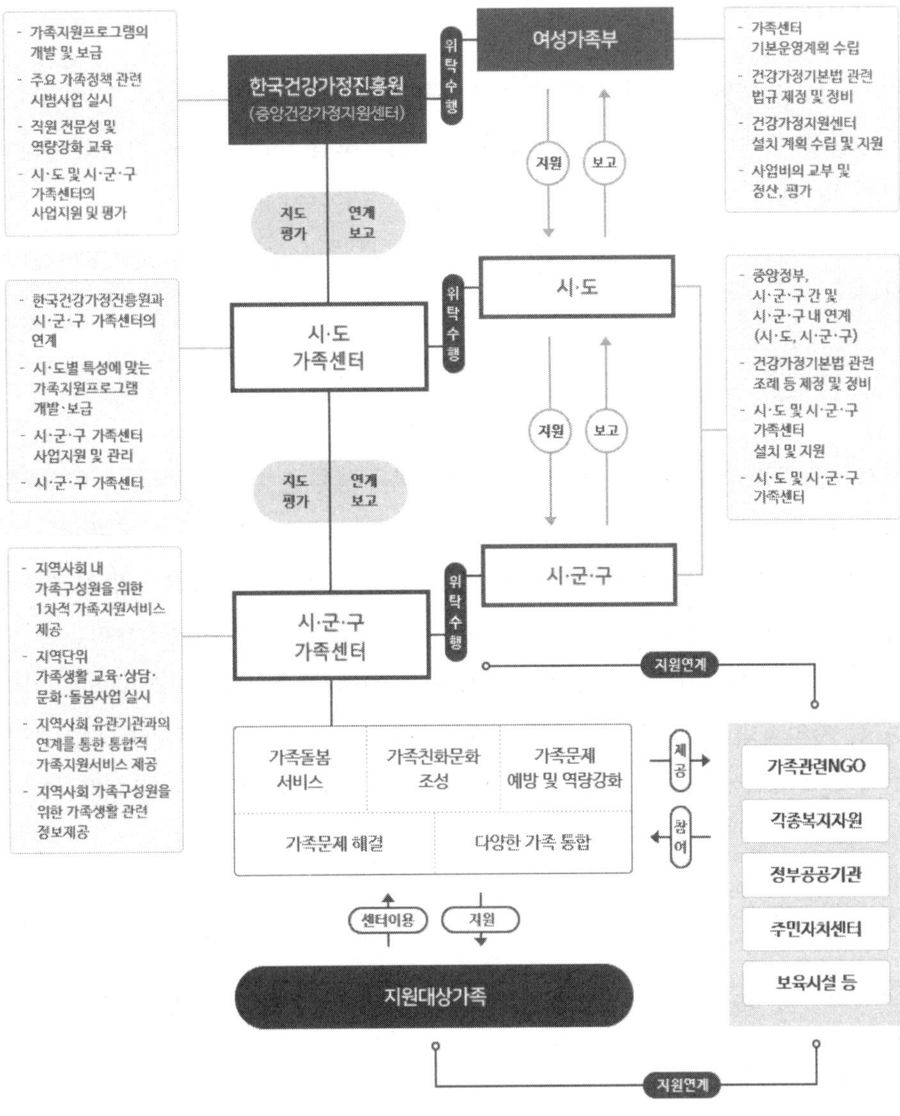

- 가족지원프로그램의 개발 및 보급
- 주요 가족정책 관련 시범사업 실시
- 직원 전문성 및 역량강화 교육
- 시·도 및 시·군·구 가족센터의 사업지원 및 평가
한국건강가정진흥원
(중앙건강가정지원센터)
위탁수행
여성가족부
- 가족센터 기본운영계획 수립
- 건강가정기본법 관련 법규 제정 및 정비
- 건강가정지원센터 설치 계획 수립 및 지원
- 사업비의 교부 및 정산, 평가
지원
보고
지도 평가
연계 보고
- 한국건강가정진흥원과 시·군·구 가족센터의 연계
- 시·도별 특성에 맞는 가족지원프로그램 개발·보급
- 시·군·구 가족센터 사업지원 및 관리
- 시·군·구 가족센터
시·도 가족센터
위탁수행
시·도
- 중앙정부, 시·군·구 간 및 시·군·구 내 연계 (시·도, 시·군·구)
- 건강가정기본법 관련 조례 등 제정 및 정비
- 시·도 및 시·군·구 가족센터 설치 및 지원
- 시·도 및 시·군·구 가족센터
지원
보고
지도 평가
연계 보고
- 지역사회 내 가족구성원을 위한 1차적 가족지원서비스 제공
- 지역단위 가족생활 교육·상담·문화·돌봄사업 실시
- 지역사회 유관기관과의 연계를 통한 통합적 가족지원서비스 제공
- 지역사회 가족구성원을 위한 가족생활 관련 정보제공
시·군·구 가족센터
위탁수행
시·군·구
지원연계
가족돌봄 서비스
가족친화문화 조성
가족문제 예방 및 역량강화
가족문제 해결
다양한 가족 통합
제공
참여
가족관련NGO
각종복지자원
정부공공기관
주민자치센터
보육시설 등
센터이용
지원
지원대상가족
지원연계

그림 7-4 **전달체계도**

① 시 · 도 가족센터

시 · 도 가족센터는 한국건강가정진흥원과 시 · 군 · 구 가족센터의 연계, 시 · 도별 특성에 맞는 가족지원프로그램 개발 · 보급, 시 · 군 · 구 가족센터사업 지원 및 관리, 시 · 군 · 구 가족센터 직원의 역량강화를 위한 교육, 상담 슈퍼비전 실시, 시 · 도 가족 관련 정보 및 데이터베이스 구축 · 보급 업무를 담당한다.

② 시 · 군 · 구 가족센터

시 · 군 · 구 가족센터는 지역사회 내 가족구성원을 위한 1차적 가족지원서비스를 제공하고, 지역단위 건강가정지원 및 다문화가족지원 업무를 실시한다. 또한 지원시간과 지원대상 확대 등을 통하여 가족지원서비스의 접근성을 향상시키고자 노력하는 업무를 담당한다. 특히, 시 · 군 · 구 가족센터는 지역사회 내 다문화 · 한부모 · 조손가족 등에 맞춤형 가족역량강화서비스를 지원하고, 지역사회 내 유관기관과의 연계를 통해 통합적 가족지원서비스를 제공하여 지역사회에 맞는 가족특성화서비스 및 정보를 제공하도록 노력해야 한다.

③ 가족센터 설치 현황

구분	계	서울	부산	대구	인천	광주	대전	울산	세종	경기	강원	충북	충남	전북	전남	경북	경남	제주
'14년	9	1	1	1	–	1	–	–	–	1	–	–	1	–	1	1	1	–
'15년	22	3	3	3	1	1	1	–	–	2	1	1	2	–	1	2	1	–
'16년	78	7	3	5	7	4	2	1	1	6	5	2	7	3	9	9	7	–
'17년	101	10	3	6	7	4	2	3	1	14	9	4	8	3	10	9	8	–
'18년	152	23	6	8	7	4	2	5	1	22	18	6	8	4	16	11	11	–
'19년	183	25	7	8	8	5	2	5	1	24	18	7	12	11	21	15	14	–
'20년	196	25	8	8	8	5	2	5	1	24	18	9	13	13	21	18	18	–
'21년	203	25	8	8	8	5	2	5	1	26	18	10	13	13	21	20	18	2
'22년	207	26	8	8	8	5	2	5	1	26	18	10	13	13	22	21	19	2
'23년	211	26	10	8	9	5	2	5	1	26	18	11	13	13	22	21	19	2

④ 주체별 역할

여성가족부는 가족서비스 운영기관 사업모델 제시 및 운영계획 수립, 가족서비스 운영기관 사업비의 교부 및 평가, 가족서비스 운영기관 관리 감독 및 지도를 수행한다.

시 · 도와 시 · 군 · 구는 중앙정부, 시 · 군 · 구간 및 시 · 군 · 구내 연계(시 · 도, 시 · 군 · 구), 시 · 도 및 시 · 군 · 구 통합서비스 운영기관 사업비의 교부 및 정산, 가족서비스 운영기관의 사업 운영현황 및 사업결과 보고, 가족서비스 운영기관의 관리 감독 및 지도, 지역별 특성에 맞는 사업 개발 · 지원을 수행한다.

시 · 도 가족센터는 한국건강가정진흥원과 시 · 군 · 구 가족센터의 연계, 시 · 도별 특성에 맞는 가족지원프로그램 개발 · 보급, 시 · 군 · 구 가족센터 사업지원 및 관리, 시 · 군 · 구 가족센터 직원 역량강화 교육 및 상담 슈퍼비전 실시, 시 · 도 가족관련 정보 및 데이터베이스 구축 · 보급을 수행한다.

시 · 군 · 구 가족센터는 지역사회 내 가족구성원을 위한 1차적 가족지원서비스 제공, 지역단위 건강가정지원 및 다문화가족지원 업무 실시, 지원시간 및 지원대상 확대 등을 통한 가족지원서비스 접근성 향상, 다문화 · 한부모 · 조손가족 등에 대한 맞춤형 가족역량강화서비스 지원, 지역사회 유관기관과의 연계를 통한 통합적 가족지원서비스 제공, 지역사회에 맞는 가족특성화서비스 및 정보제공 역할을 수행한다.

(4) 가족센터 조직체계

① 시 · 도 가족센터

시 · 도 가족센터 조직 구성은 아래와 같이 기본모형으로 참고하여 지역의 여건 및 특성에 맞는 모형 구성이 가능하도록 되어 있다.

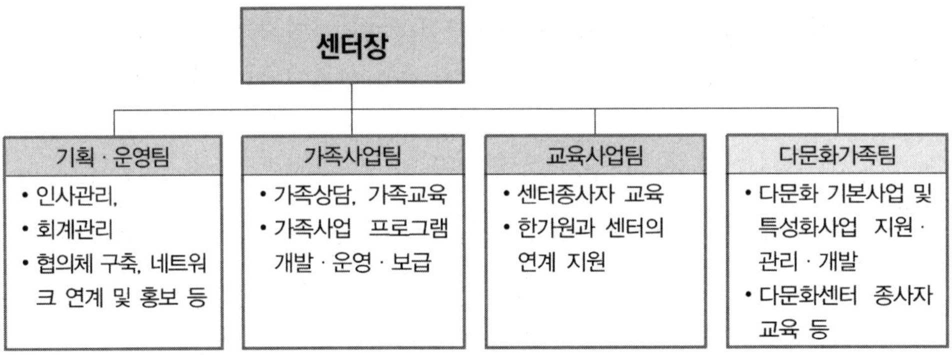

② 시 · 군 · 구 가족센터

시 · 군 · 구 가족센터 조직 구성을 기본모형으로 참고하여, 해당 기초지자체와 협의하여 지역의 여건 및 특성에 맞는 모형구성이 가능하도록 되어 있다.

- 1유형(대상별 분류형)
  - 건강가정센터 및 다문화가족센터의 사업내용 최대한 반영
  - 기존센터 업무를 1개 팀으로 구성

팀별 사업구성

- **건강가정사업팀**: 기본 + 별도사업(공동육아나눔터, 워킹맘대디지원, 가족역량강화지원사업 등)
- **다문화가족지원팀**: 기본 + 별도사업(방문교육사업, 언어발달, 통번역, 사례관리, 한국어교육 등)
- **운영지원팀**: 회계 + 인사 + 홍보
- **특성화팀**: 아이돌봄사업, 지자체 별도사업, 기타 등

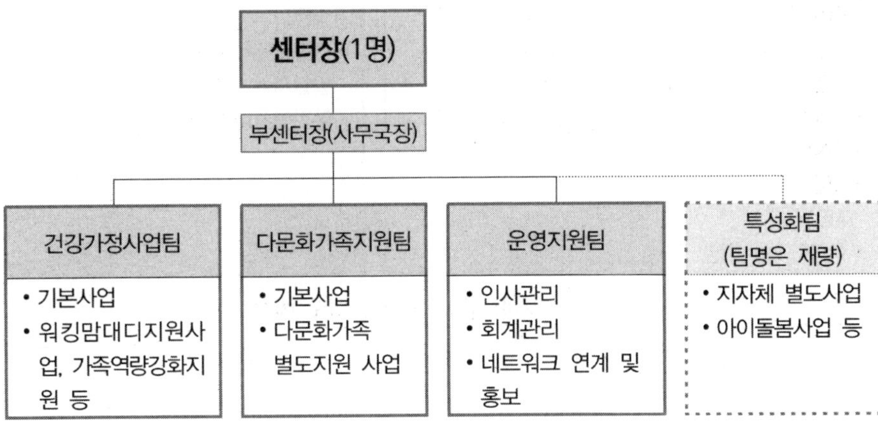

그림 7-5 **가족센터 1유형 조직도 예시**

- 2유형(기능별 분류형)
  - 가족의 유형에 상관없이 제공하는 서비스별로 팀 구성(지역의 여건에 따라 변형 가능하도록 되어 있으며, 팀별 업무내용은 센터장의 재량으로 조정 가능하다.

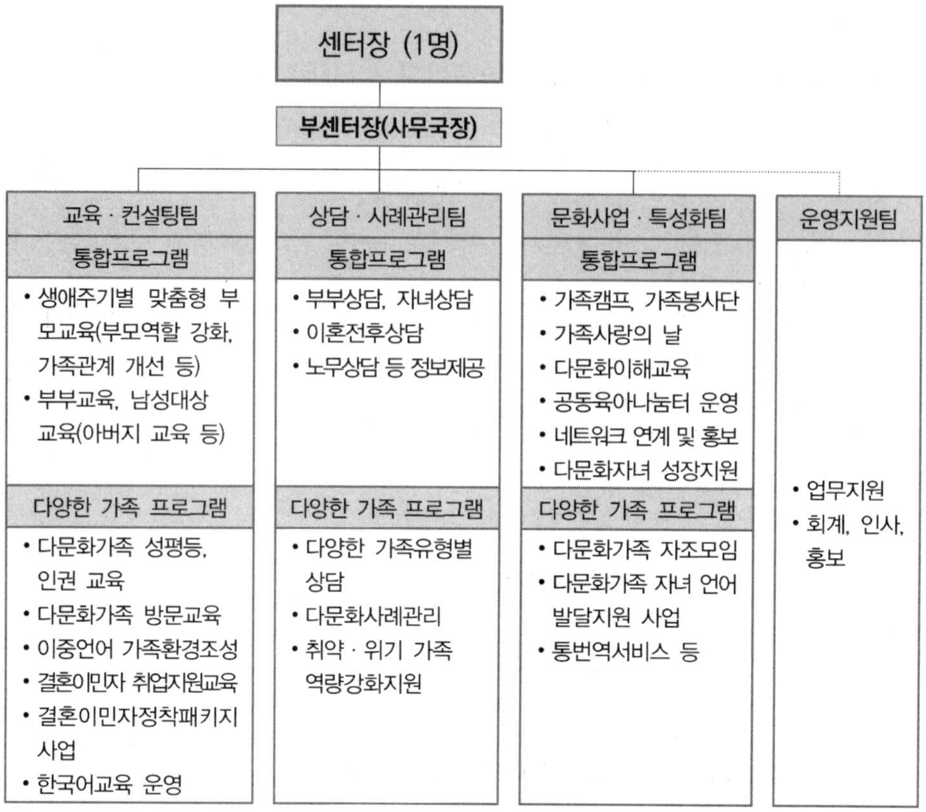

그림 7-6 **가족센터 2유형 조직도 예시**

3) 다문화지원센터

(1) 사업목적

다문화가족지원센터는 가족 및 자녀의 교육 · 상담, 통 · 번역 및 정보제공, 역량강화지원 등 종합적인 서비스를 제공하여 다문화가족의 한국사회 적응을 돕고 사회경제적으로 자립할 수 있도록 지원하는 기관이다. 다문화가족의 안정적인 정착과 가족생활을 지원하기 위해 가족 및 자녀 교육 · 상담, 통 · 번역 및 정보제공, 역량강화지원 등 종합적인 서비스를 제공하여 다문화가족의 한국사회 조기적응 및 사회 · 경제적 자립지원을 도모하고자 설치 · 운영되고 있다.

(2) 법적 근거

「다문화가족지원법」 제12조(다문화가족지원센터의 설치 · 운영 등)에 근거한다.

(3) 조직운영

다문화가족지원센터의 조직에 따른 그 역할은 그림 7-7과 같다. 다문화가족지원센터의 조직 규모는 지역적 특성을 반영하여 정할 수 있다.

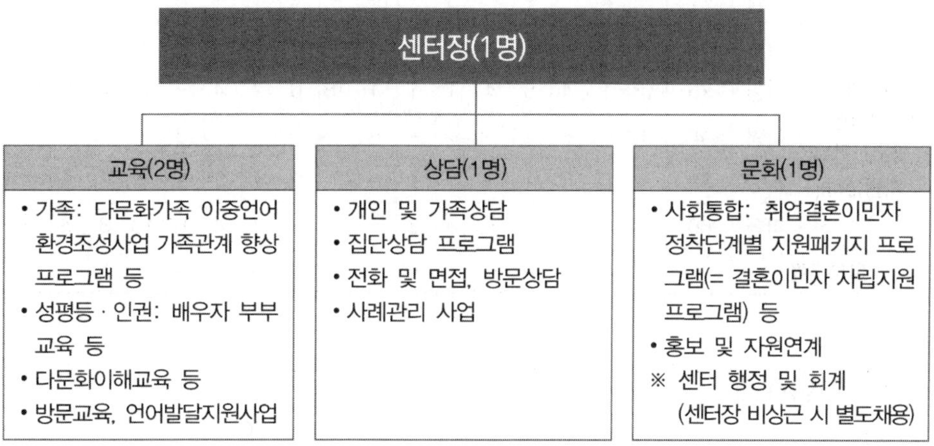

※ 직원 중 1명을 반드시 취업지원담당자로 지정하여야 함

※ 가족센터에서는 결혼이민자 정착단계별 지원패키지 프로그램(=결혼이민자 자립지원 프로그램) 담당자 1인을 지정하여야 함

그림 7-7 **다문화가족지원센터의 조직에 따른 그 역할**

(4) 다문화가족지원센터 설치 현황

다문화가족지원센터는 「다문화가족지원법」에 근거하여 다문화가족의 안정적인 정착과 가족생활을 지원하기 위해 설치되었다. 다문화가족지원센터의 현황은 표 7-1에 제시했으며, 통합 · 운영되었던 건강가정 · 다문화가족지원센터가 가족센터로 명칭이 변경되면서 다문화가정지원센터는 2023년 전국에 20개소가 운영되고 있다.

다문문화가족지원센터는 2023년 전국 총 229개소로 다문화가족지원센터가 20개소, 통합가족센터가 209개소로 향후 가족센터로 통합되어 운영되는 센터가 증가할 예정이다.

표 7-1 설치 현황

유형		계	서울	부산	대구	인천	광주	대전	울산	세종	경기	강원	충북	충남	전북	전남	경북	경남	제주
		229	25	14	8	10	5	5	5	1	31	18	12	15	14	22	23	19	2
다문화가족 지원센터	가형	9	–	–	–	1	–	–	–	–	5	–	–	2	1	–	–	–	–
	나형	11	–	4	–	–	–	3	–	–	–	–	1	–	–	–	3	–	–
가족센터 (건강가정 · 다문화가족 지원센터)	가형	31	11	1	1	2	–	–	–	–	7	–	1	–	2	1	1	3	1
	나형	75	13	1	4	5	4	1	1	1	18	6	2	4	–	4	4	6	1
	다형	4	1	–	–	–	–	–	–	–	–	–	–	–	3	–	–	–	–
	라형	38	–	6	3	1	1	1	1	–	1	2	1	5	2	4	6	4	–
	마형	60	–	2	–	1	–	–	3	–	–	10	7	4	6	13	8	6	–
울릉군형		1	–	–	–	–	–	–	–	–	–	–	–	–	–	–	1	–	–

(5) 사업체계

다문화가족지원센터의 사업체계를 그림 7-8과 같다.

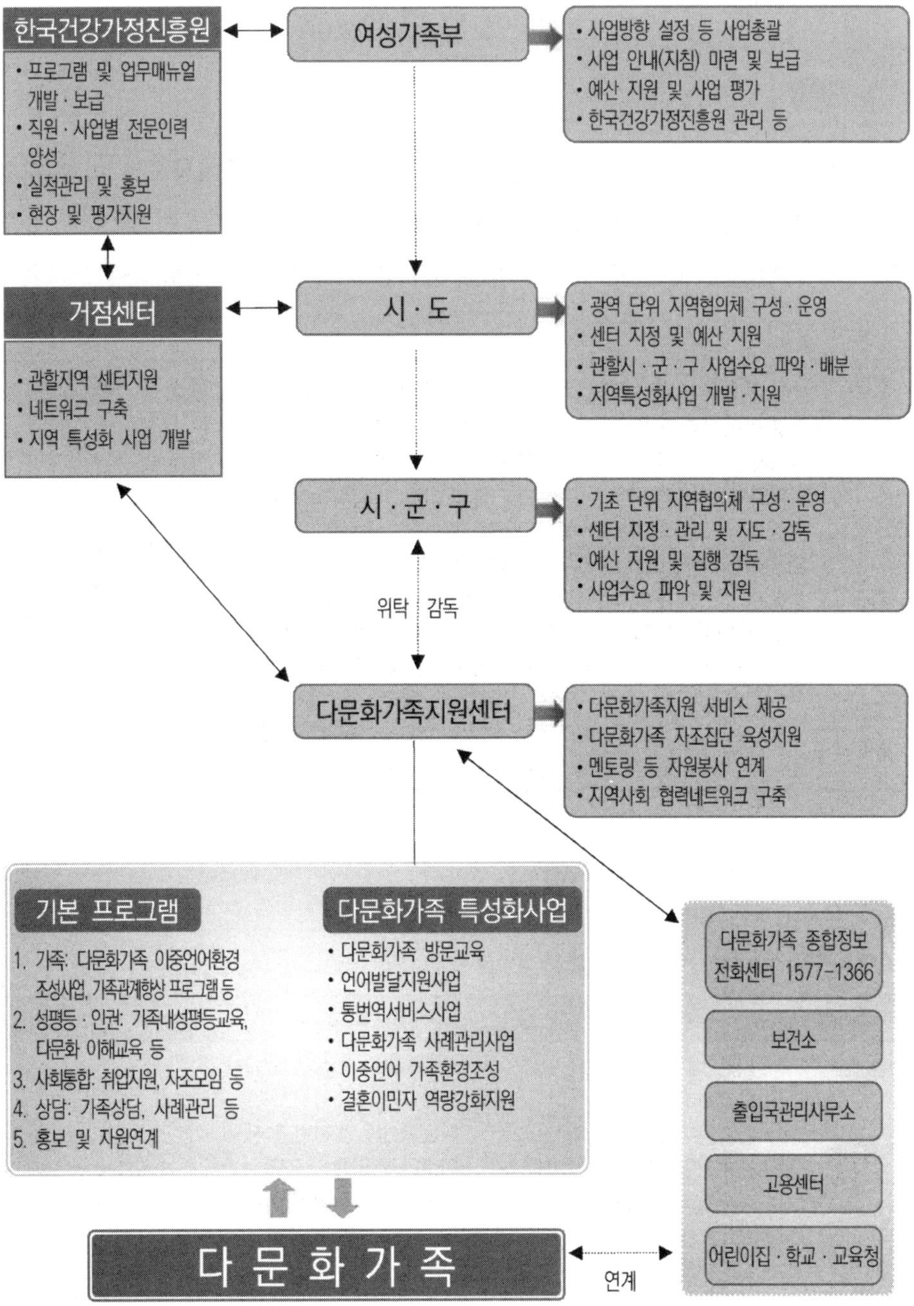

그림 7-8 **다문화가족지원센터의 사업체계**

(6) 사업내용

① 가족

가족을 대상으로 하는 사업내용은 다음 표와 같다. 가족대상으로 하는 사업은 공통필수사업과 선택사업으로 구분하고 있다. 가족 프로그램 운영 시 유의할 점으로 일회성 또는 행사성 사업을 지양하고 학생 관련 프로그램은 교육청 사업과 중복하여 실시되지 않도록 주의하여야 한다.

구분	공통필수	선택(예시)	비고
가족	• 이중언어가족환경조성사업(연간 10시간) • 다문화가족 학령기 자녀 입학 및 입시 정보제공(부모 대상, 연간 4시간) ※ 상·하반기 각 1회	• 가족의사소통 프로그램 • 가족관계향상 프로그램 • 결혼과 가족의 이해, 가족의 의미와 역할 • 아버지교육 • 부모-자녀관계 및 자긍심 향상 프로그램 • 자녀교육프로그램/자녀성장지원사업 등 • 부모역할교육, 자녀건강지도, 자녀생활지도 • 국내체류 결혼이민자의 부모대상 손자녀 양육·교육프로그램 • 다문화 한부모 양육·교육 프로그램 • 다문화가족 자녀 사회포용 안전망 구축사업	연간 필수 14시간, 선택 26시간 이상 (이중언어코치 배치 센터는 공통 필수 중 이중언어환경조성 프로그램 160시간 이상)

② 성평등·인권

성평등·인권 사업의 내용은 다음과 같다.

구분	공통필수	선택(예시)	비고
성평등·인권	• 가족 내 성평등 교육 • 다문화이해교육 • 인권감수성 향상교육 • 결혼이민자와 한국인 배우자·부모 대상 프로그램(多함께 프로그램) 등(2시간) • 폭력피해 대처 및 예방교육	• 결혼이민자 대상 인권교육 프로그램 • 다문화가족 관련법과 제도 • 이주민과 인권 • 찾아가는 폭력예방교육	20시간 이상 실시

③ 사회통합

사회통합 사업의 내용은 다음과 같다.

구분	공통필수	선택(예시)	비고
사회통합	• 취업기초소양교육 • 구직자 발굴 시 e새일시스템과 연계된 워크넷 등록 및 새일센터로 적극 연계 • 새일센터의 결혼이민자 대상 직업교육훈련 개설 시 적극 협조(교육과정 설계 · 모집 등)	–	e새일시스템과 연계된 워크넷 등록 및 새일센터 연계 (10건 이상)
	• 다문화가족 나눔봉사단 소양교육(4시간 이상) • 다문화가족 나눔봉사단 활동	• 한국사회적응교육 • 소비자 · 경제교육 • 학업지원반 운영 및 연계 • 다문화가족 자조모임 • 다문화인식개선 • 결혼이민자 멘토링프로그램 • 결혼이민자 정착단계별 지원 패키지프로그램(결혼이민자 자립지원 패키지 프로그램) 등 • 가족센터는 공통 필수 사업으로 실시 • 재난안전교육 • 다문화가족 교류 · 소통 공간 • 선거교육 • 결혼이민자 노후준비교육 • 다문화가족 미디어 리터러시 교육	15시간 이상 실시(봉사자 소양교육 필수 4시간 포함)

④ 상담

상담 사업의 내용은 다음과 같다.

구분	공통필수	선택(예시)	비고
상담	가족상담	• 개인상담 • 집단상담 • 사례관리 • 위기가족 긴급지원 • 외부상담기관 연계 등	연간 80회기 이상

⑤ 홍보 및 자원연계

홍보 및 자원연계 사업의 내용은 다음과 같다.

구분	세부 프로그램 영역	비고
홍보 및 자원연계	• 지역사회 홍보 • 지역사회네트워크 • 찾아가는 결혼이민자 '다이음' • 홈페이지운영 등	센터 홈페이지 프로그램 안내 게시판에 익월 프로그램에 대한 안내글 게시(매월 30일까지)

위에 제시된 사업 외에 지역사회 특성 및 수요를 감안하여 센터 고유사업 실시를 권장하도록 하고 있으며, 사업 종료 후 매 사업 프로그램마다 만족도 조사 및 자체분석을 통하여 추후 프로그램 운영에 반영하도록 하고 있다.

4) 건강가정지원센터

(1) 사업목적

건강가정지원센터의 설치·운영을 통해 수요자 중심의 서비스 전달체계를 갖추고 지역주민의 특성을 고려한 맞춤형 가족지원서비스를 제공함으로써 가족의 안정성 강화 및 가족관계 증진에 기여함을 목적으로 설치·운영되고 있다.

(2) 법적 근거

「건강가정기본법」 제34조(건강가정사업 전담수행), 제35조(건강가정지원센터의 설치)에 의거하여 국가 및 지방자치단체는 가정문제의 예방·상담 및 치료, 건강가정의 유지를 위한 프로그램의 개발, 가족문화운동의 전개, 가정 관련 정보 및 자료제공 등을 위하여 건강가정지원센터(이하 "센터"라 한다)를 설치·운영하여야 한다. 또 시행령 제3조(건강가정지원센터의 조직 등) 및 시행규칙 제6조(건강가정지원센터의 위탁운영)에 근거하고 있다.

(3) 건강가정지원센터 유형별 설치 현황

건강가정지원센터는 전국 13개소이며, 가족센터로 통합운영되고 있는 센터가 211개소이다.

표 7-2 2023년 센터 유형별 현황 (단위: 개소)

유형	가족센터	건강가정지원센터
개소수	211	13

표 7-3 연도별 건강가정지원센터(가족센터 포함) 현황 (단위: 개소)

구분		'04년	'05년	'06년	'07년	'08년	'09년	'10년	'11년	'12년	'13~
총계		3	15	47	65	81	97	136	138	148	151
지방센터	계	3	15	47	65	81	97	136	138	148	151
	국비지원	3	6	17	33	37	54	98	100	110	111
	전액 지방비	–	9	30	32	44	43	38	38	38	40

표 7-4 연도별 가족센터 현황

구분	계	서울	부산	대구	인천	광주	대전	울산	세종	경기	강원	충북	충남	전북	전남	경북	경남	제주
'14년	9	1	1	1	–	1	–	–	–	1	–	–	1	–	1	1	1	–
'15년	22	3	3	3	1	1	1	–	–	2	1	1	2	–	1	2	1	–
'16년	78	7	3	5	7	4	2	1	1	6	5	2	7	3	9	9	7	–
'17년	101	10	3	6	7	4	2	3	1	14	9	4	8	3	10	9	8	–
'18년	152	23	6	8	7	4	2	5	1	22	18	6	8	4	16	11	11	–
'19년	183	25	7	8	8	5	2	5	1	24	18	7	12	11	21	15	14	–
'20년	196	25	8	8	8	5	2	5	1	24	18	9	13	13	21	18	18	–
'21년	203	25	8	8	8	5	2	5	1	26	18	10	13	13	21	20	18	2
'22년	207	26	8	8	8	5	2	5	1	26	18	10	13	13	22	21	19	2
'23년	211	26	10	8	9	5	2	5	1	26	18	11	13	13	22	21	19	2

※'14년도 시범 운영기관(9개소): 서울 관악, 부산 사상, 대구 달성, 광주 남구, 경기 광주, 충남 아산, 전남 광양, 경북 경산, 경남 하동

※'15년도 시범 운영기관(22개소): 서울 관악 · 영등포 · 서초, 부산 사상 · 동래 · 연제, 대구 달성 · 남구 · 수성구, 인천 계양, 광주 남구, 대전 서구, 경기 광주 · 여주, 강원 삼척, 충북 제천, 충남 아산 · 태안, 전남 광양, 경북 경산 · 김천, 경남 하동

대구달서구가족센터 사업안내

2022 결혼이민자 설 명절 프로그램
「설 맞이 행복(福) 꾸러미 나눔」

(4) 추진체계 및 역할

건강가정지원센터의 주체별 역할은 다음과 같다.

① 여성가족부

- 건강가정지원센터 기본운영계획 수립
- 「건강가정기본법」 관련 법규 제정 및 정비
- 건강가정지원센터 설치계획 수립 및 지원
- 사업비의 교부 및 정산, 평가
- 건강가정지원센터의 관리 감독 및 지도

② 시·도 및 시·군·구

- 중앙정부, 시·군·구 간 및 시·군·구 내 연계(시·도, 시·군·구)
- 「건강가정기본법」 관련 조례 등 제정 및 정비
- 시·도 및 시·군·구 건강가정지원센터 설치 및 지원
- 시·도 및 시·군·구 건강가정지원센터 사업비의 교부 및 정산
- 건강가정지원사업의 운영현황 및 사업결과 보고
- 건강가정지원센터의 관리 감독 및 지도

③ 사업지원기관(한국건강가정진흥원)

- 가족지원프로그램의 개발 및 보급
- 주요 가족정책 관련 시범사업 실시
- 직원 전문성 및 역량강화 교육
- 시·도 및 시·군·구 건강가정지원센터의 사업지원 및 평가업무 지원
- 통합정보시스템 관리·운영
- 관련기관 네트워크 구축 및 홍보사업

④ 시·도 건강가정지원센터

- 한국건강가정진흥원과 시·군·구 건강가정지원센터의 연계
- 시·도별 특성에 맞는 가족지원프로그램 개발·보급
- 시·군·구 건강가정지원센터 사업지원 및 관리
- 시·군·구 건강가정지원센터 직원 역량강화 교육
- 시·도 가족관련 정보 및 데이터베이스 구축·보급

⑤ 시·군·구 건강가정지원센터

- 지역사회 내 가족구성원을 위한 1차적 가족지원서비스 제공
- 지역단위 가족생활 교육·상담·문화·돌봄사업 실시
- 지역사회 유관기관과의 연계를 통한 통합적 가족지원서비스 제공
- 지역사회 가족구성원을 위한 가족생활 관련 정보제공
- 시·도 건강가정지원센터에서 개발한 특성화사업 수행

건강가정지원센터 추진체계는 **그림 7-9**와 같다.

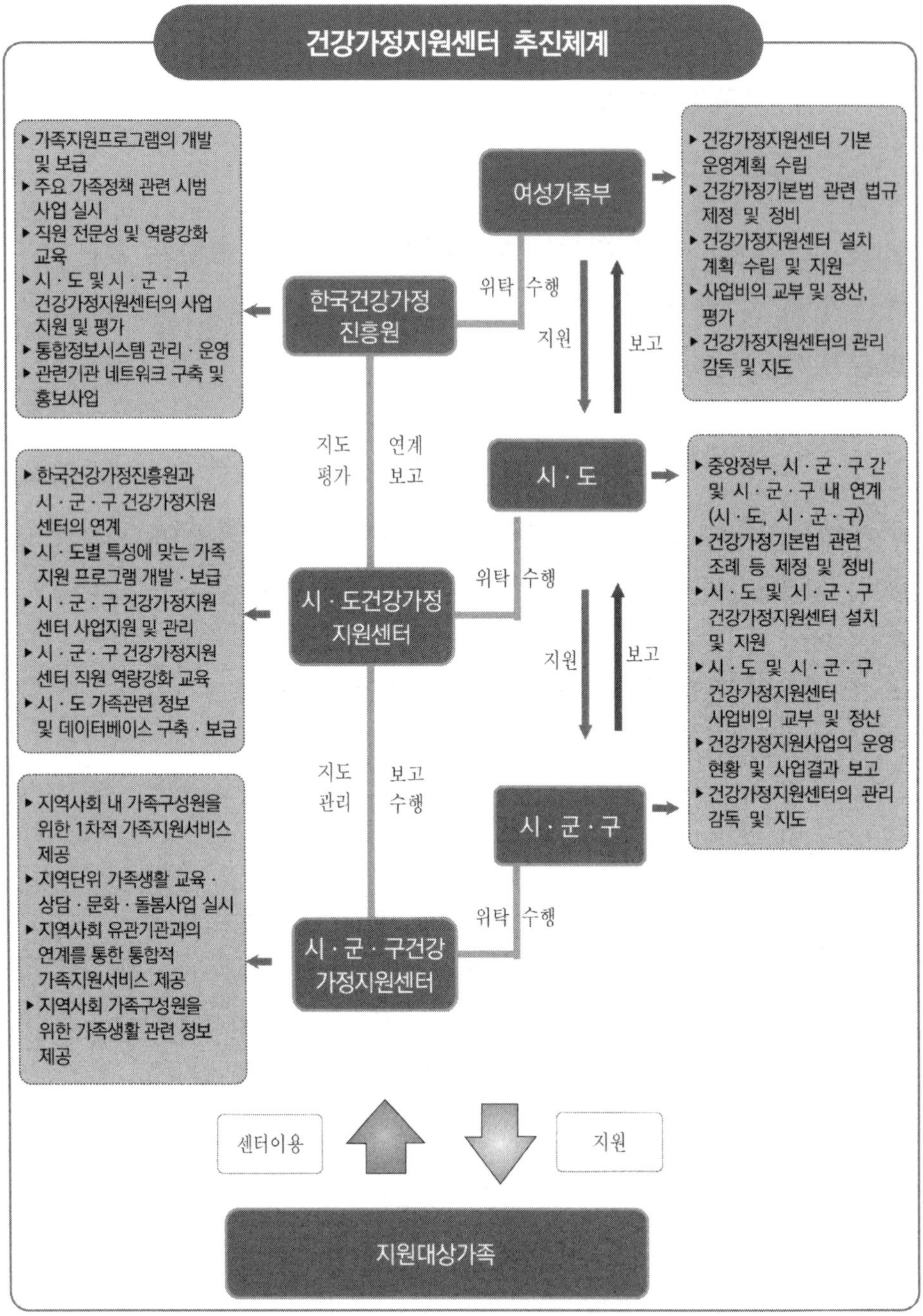

그림 7-9 **건강가정지원센터 추진체계**

(5) 사업내용

① 시 · 군 · 구 건강가정지원센터 사업

시 · 군 · 구 건강가정지원센터의 사업 방향은 첫째, 다양한 가족지원, 이용자 참여 확대를 통한 가족기능 지원 강화, 이용자 참여 확대를 위해 가족이 함께하는 가족단위 프로그램 활성화와 한부모가족, 조손가족 등 다양한 가족이 참여할 수 있는 프로그램 강화이다. 둘째, 생애주기별 부모교육 등 가족교육 활성화로 관공서 · 공공기관 · 학교 · 기업 · 군부대 등 찾아가는 가족교육 활성화, 아버지교육 중 일부를 직장맘 남편을 위한 특화프로그램 운영, 아빠의 육아 참여를 확대할 수 있는 프로그램 활성화이다. 셋째, 육아정보 공유를 위한 아빠자조모임 운영 · 지원이다.

표 7-5 시 · 군 · 구 건강가정지원센터 공통사업

구분 / 영역	시 · 군 · 구센터 공통사업	설명
가족돌봄 나눔 * 3가지 사업 중 2가지 선택	모두가족 봉사단	• 기존의 가족봉사단의 활동 내용을 '돌봄'을 주제로 전환하여 운영
	모두가족 품앗이	• 전업주부와 맞벌이 주부가 함께 운영하는 품앗이, 남성이 참여하는 품앗이 등 다양한 그룹 운영
	아버지-자녀가 함께하는 돌봄 프로그램	• 아빠와 자녀가 함께하는 돌봄 프로그램 운영
가족교육	생애주기별 가족교육	• 가족 내에서 발생하는 문제를 예방하고 가족구성원의 역량을 강화시키기 위한 부모, 부부, 조부모, 자녀 등 가족을 대상으로 한 생애주기별 다양한 교육 • 예비/신혼기 · 중년기 · 노년기 부부교육 등 • 예비부모교육, 영유아기 · 아동기 · 청소년기 자녀를 둔 부모교육 등
	남성대상 교육	• 아버지교육, 찾아가는 아버지 교육, 남성대상 자기돌봄 교육 등

영역 \ 구분	시·군·구센터 공통사업	설명
가족상담	가족(집단)상담	• 생애주기에 따라 발생되는 가족 내 다양한 갈등과 문제의 해결을 위한 상담사업 • 개인을 대상으로 하는 개별적 접근과 가족구성원이 함께 참여하는 가족단위의 통합적 접근을 포함 • 가족단위의 면접 상담 유도 • 연간 상담실적이 100명 이하인 센터는 가족집단상담을 연간 2건 이상 반드시 포함
가족문화	가족사랑의 날	• 수요일, 가족이 모두 함께하는 프로그램
	가족친화문화 프로그램	• 가족캠프, 가족축제, 가족체험활동 등
지역사회 연계	지역사회 협의체 참여, 협약 및 연계사업	• 지역사회 협의체, 유관 기관 네트워크 활용 및 참여

② 시 · 도 건강가정지원센터 사업

시 · 도 건강가정지원센터의 사업 방향은 시 · 군 · 구 센터 지원에 중점을 두되, 대민서비스는 지역 상황에 맞게 실시하도록 규정하고 있다. 즉, 시 · 군 · 구 센터의 건강가정사업을 지원하고, 센터의 직원 및 활동가의 역량을 강화하며 유관기관과의 연계사업에 중점을 두고 있다.

시 · 군 · 구 센터 설치비율 증가 시 점차 시 · 도 센터의 역할을 강화하도록 방향을 설정하고 있다.

표 7-6 시 · 도 건강가정지원센터 공통사업

영역 \ 구분	시·도 센터 공통사업	설명
인적 자원 역량강화 (교육지원)	시·군·구 센터 직원 교육	• 광역단위 상담직원 교육, 직원 워크숍 등 • 연간 5과목 또는 30시간 이상
	시·군·구 센터 활동가 교육	• 센터에서 활동하는 인력 교육 • 연간 5과목 또는 30시간 이상
특성화사업 및 정책지원 (사업지원)	시·도별 특성에 맞는 프로그램 개발	• 광역 단위 특성에 맞는 시범사업 운영 및 매뉴얼 개발

영역 \ 구분	시·도 센터 공통사업	설명
네트워크 활성화 (연계)	광역단위 업무협의회	• 중앙과 시·군·구 센터의 연계 역할 • 시·군·구 센터 지원방문, 모니터링 등
	유관기관 연대 사업	• 유관기관의 발굴과 사업연계
홍보	광역단위 홍보	• 캠페인성 홍보사업 등
	시·군·구 센터 홍보지원	• 시·군·구 연계 홍보활동 • 홍보매체 개발 및 활용

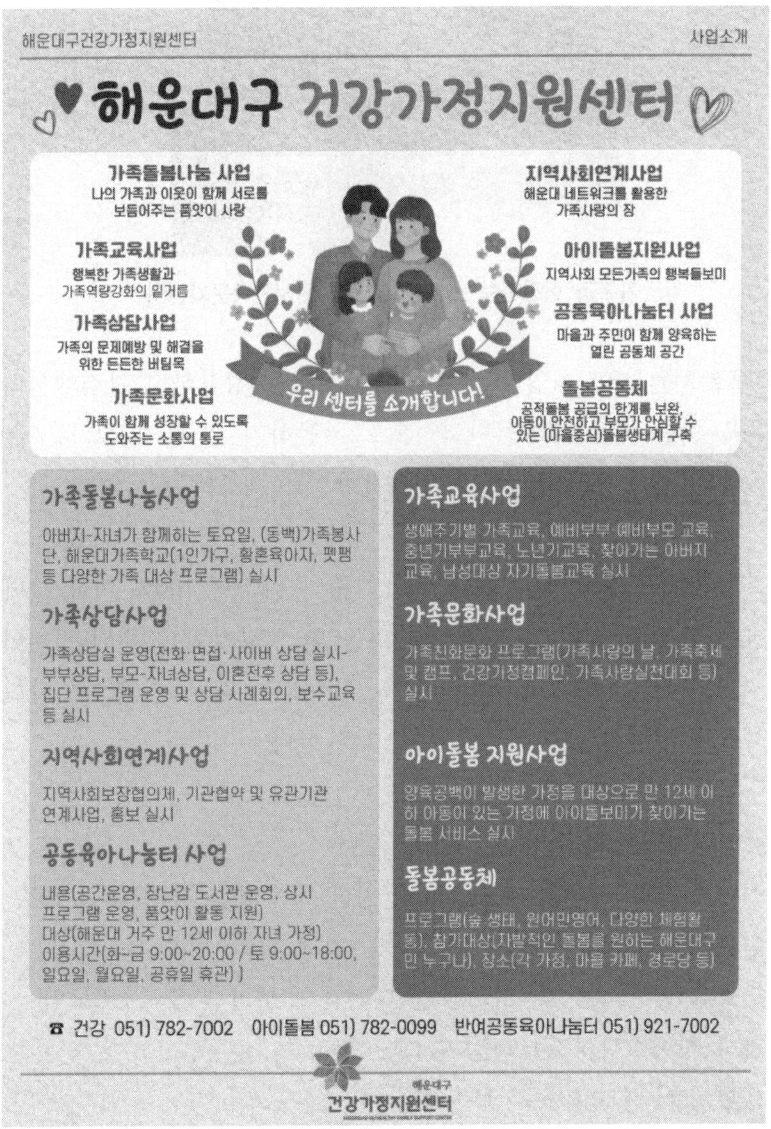

③ 별도예산에 의한 여성가족부 추진사업

- 공동육아나눔터사업: 육아 공간 및 돌봄 프로그램 제공, 이웃 간 자녀돌봄 품앗이 활동조성 지원 등

가족과 함께하는 또 다른 내 집 달서가족문화센터

- 아이돌봄지원사업: 취업 부모들의 양육부담을 경감하고 가정에서의 개별 양육을 희망하는 수요에 탄력적으로 부응하기 위해 가정으로 아이돌보미를 파견하여 가정 내 개별 돌봄서비스를 제공하는 사업

- 가족역량강화지원사업: 지원대상이 기준 중위소득 100% 이하 자녀를 양육하는 한부모·조손가족 등 가족기능 및 역량강화를 위해 지원이 필요한 취약·위기가족과 긴급위기가족, 즉 사고·재난 등 경제·사회적 위기사건을 직면한 위기가족을 대상으로 한다.

  가족역량강화지원 내용은 아래와 같다.
  - 심리·경제적 자립, 역량강화를 위한 지속적인 사례관리
  - 정보제공 및 지역사회 자원 활용·연계
  - 부모교육, 가족관계, 자녀양육교육 등 프로그램 및 자조모임
  - 자녀 학습·정서지원(배움지도사 파견 지원)
  - 생활도움지원(키움보듬이 파견 지원)

- 긴급위기기원(지지리더, 키움보듬이 파견)
- 이혼 전·후 가족관계 회복지원

- 권역별 미혼모·부자 지원기관 운영지원사업: 미혼모·부가 자녀를 스스로 양육하고자 할 경우 초기위기에 대처할 수 있도록 상담, 출산비 등 병원비, 교육문화프로그램 및 자조모임 등 서비스를 제공함으로써 양육 및 자립 지원에 목적을 두고 있다.

북구공동육아나눔터 화정점(키즈라이브러리) 전경

CHAPTER 8

건강가정사의 역할과 직무

건강가정사는 「건강가정기본법」에 규정된 건강가정사업의 수행을 위해 관련 분야에 대한 학식과 경험을 가진 전문가로서, 대학 또는 이와 동등 이상의 학교에서 사회복지학, 가정학, 여성학 등 관련 교과목을 이수하고 졸업한 자에게 주어지는 자격이다(「건강가정기본법」 제35조 제2, 3항). 이에 본 장에서는 건강가정사의 역할과 직무, 자격을 이해하고 현장실습과 역량개발을 통해 가족센터 및 다문화센터 직원으로서의 자격기준과 종사자의 의무사항 등을 중심으로 살펴보고자 한다.

1 건강가정사의 역할과 정의

건강가정사는 「건강가정기본법」의 기본 이념과 철학을 이해하면서 건강가정사업의 제반 지식과 능력을 갖추어야 한다. 이에 「건강가정기본법」에 명시되어 있는 건강가정사의 업무를 살펴보면 다음과 같다.

① 가정문제 예방, 상담 및 개선

② 건강가정 유지를 위한 프로그램 개발

③ 건강가정 교육(민주적이고 양성평등한 가족관계 교육 포함)

④ 가정생활 문화운동 전개

⑤ 가정 관련 정보 및 자료 제공

⑥ 가정 방문 및 실태 파악

⑦ 아동보호전문기관 등 지역사회 자원과의 연계

⑧ 그밖에 건강가정사업과 관련하여 여성가족부장관이 정하는 활동

이를 토대로 건강가정사의 정의를 살펴보면 다음과 같다.

① 전문가(professional)로서 가정문제를 예방하고 상담하면서 가정생활 개선에 힘쓴다. 또한 가정 관련 정보 및 자료를 제공한다.

② 실천가(practitioner)로서 민주적이고 양성평등한 이념을 바탕으로 가정생활에 실제적 도움을 주는 교육자로서 건강한 가정생활 문화를 구현하고 실천한다.

③ 조사자(researcher)로서 가정방문 등을 통하여 오늘날의 가정 실태를 파악한다.

④ 조정자(coordinator)로서 지역사회의 여러 기관과 연계·조정하면서 가정 및 사회의 건강성을 향상시킨다(이태희, 2008: 183-184).

2 건강가정사의 자격

1) 건강가정사의 이수 교과목

「건강가정기본법」 제35조 제3항에 그 자격을 규정하고 있으며, 동법 제35조 제4항에 자격과 직무에 관해서는 대통령령으로 정하도록 하고 있다. 「건강가정기본법 시행규칙」에 제시된 건강가정사가 이수해야 하는 관련 교과목을 통해 전문인으로서의 풍부한 지식과 능력을 갖추고 있는지 검증하고 있는데 그 내용을 살펴보면 표 8-1과 같다.

표 8-1 건강가정사 이수 교과목

구분		교과목
핵심과목(5)		건강가정론, (건강)가정(족)정책론, 가족상담(및 치료), 가정(족)생활교육, 가족복지론, 가족과 젠더, 가족(정)과 문화, 건강가정현장실습, 여성과 (현대)사회, 비영리기관 운영관리 중 5과목 이상
관련과목(7)	기초이론(4)	가족학, 가족관계(학), 가족법, 아동학, 보육학, 아동(청소년)복지론, 노년학, 노인복지론, 인간발달, 인간행동과 사회환경, 가족(정)(자원)관리, 가계경제, 가사노동론, 여가관리론, 주거학, 생애주기 영양학, 여성복지(론), 여성주의이론, 정신건강(정신보건사회복지)론, 장애인복지론, 가정생활복지론, 상담이론, 자원봉사론, 성과 사랑, 법여성학, 여성과 문화, 일과 가족(정), 사회복지(개)론 중 4과목 이상
	상담 · 교육 등 실제(3)	생활설계상담, 아동상담, 영양상담 및 교육, 소비자 상담, 주거상담, 부모교육, 부부교육, 소비자교육, 가정생활과 정보, 가계재무관리, 주택관리, 의생활관리, 지역사회영양학, 프로그램 개발과 평가, 사회복지실천기술론, 지역사회복지론, 연구(조사)방법론, 부부상담, 집단상담, 가족(정)과 지역사회, 여성과 교육, 여성과 리더십, 여성주의상담, 사회복지실천론, 위기개입론, 사례관리론 중 3과목 이상

- 대학원에서 관련 교과목을 이수하는 경우에는 같은 표의 교과목 중 핵심과목 4과목 이상, 관련과목 4과목(기초이론 2과목, 상담 · 교육 등 실제 2과목) 이상을 각각 이수하여야 한다. 다만, 핵심과목 및 관련과목 각각의 2분의 1의 범위에서 대학 또는 이와 동등 이상의 학교에서 이수한 교과목도 이를 대학원에서 이수한 것으로 본다.
- 교과목의 명칭이 동일하지 아니하더라도 교과의 내용이 동일한 것으로 여성가족부장관이 인정하는 경우에는 동일 교과목으로 본다.
- 관련 교과목 이수는 12과목 36학점(대학원에서 이수하는 경우 8과목 24학점) 또는 12과목 이상 36학점(대학원에서 이수하는 경우 8과목 이상 24학점)으로 한다.

출처: 한국건강가정진흥원(2024.01.05. 인출).

2) 건강가정사 자격 취득 방법

건강가정사의 자격은 자격시험과 자격증 취득에 관한 발급 절차가 없다. 즉, 「건강가정기본법」에서 규정한 관련 교과목을 이수하고 이를 성적증명서와 졸업증명서 제출로 자격을 인정받는다.

3 건강가정사의 현장실습

1) 건강가정 현장실습의 개념

건강가정사가 전문인으로서의 역할을 수행하기 위해서는 실천 기술을 터득해야 한다. 건강가정사업의 실천 과정은 크게 두 가지 측면에서 이루어질 수 있는데 첫째, 클라이언트의 요구에 맞춤형 서비스가 제공될 수 있도록 서비스 과정을 평가하고 피드백을 구하는 일이다. 둘째, 건강한 가정문화를 사회 전반에 확산시키고, 가정생활교육 등을 통하여 능동적으로 클라이언트에게 접근하는 것이다. 따라서 건강가정사업에 요구되는 가정생활교육을 기획, 실천하며 범사회적으로 건강가정 문화가 구축될 수 있는 기반을 조성해야 하는 것이 건강가정사의 업무이다.

이 과정에서 건강가정사업 요구도 조사 기술, 상담 및 의사소통 기술, 건강가정사업 및 건강가정지원센터 운영, 관리 기술 등이 필요하다. 건강가정사는 건강가정지원센터를 조직적이고 체계적으로 운영하는 경영자로서의 역할을 수행해야 하며, 이를 위해 시·군·구에 설치된 각 센터에서 적절하게 가치, 목표, 표준을 적용하고 수립할 수 있어야 한다. 또한 이를 활용하여 인적 자원관리와 물적 자원관리를 효과적, 효율적으로 수행할 수 있는 관리자로서의 자질도 필요하다.

이러한 실천 기술을 적용하고 현장경험을 쌓기 위하여 현장실습은 매우 필요하다. 건강가정사 관련 실습은 학생들이 건강가정지원센터나 관련 센터에서 일정기간 직접 관찰하거나 실천 경험 등을 통해서 그동안 학교에서 배운 개념 및 이론, 방법 등을 수행해 보거나 적용할 수 있는 좋은 시간이다. 이 과정을 통해 전문적 지식과 실천능력을 지닌 양질의 건강가정사가 배출된다 (이태희, 2008: 185-186).

2) 건강가정 현장실습의 목적과 목표

현장실습의 목적은 크게 두 가지로 첫째, 학교에서 습득한 지식과 기술, 가치가 현장실습을 통해 전문가로 통합되는 기회를 갖는다. 둘째, 현장에서만 일어날 수 있는 상황의 관찰과 새로운 학습을 가능하게 하며, 기존의 이론과 방법을 확인하고, 토의하며, 수정할 수 있는 기회를 제공한다. 이처럼 건강가정사는 학교에서 습득한 이론에 대한 교육과 현장실습을 통해 전문적 지식과 실천능력을 가진 유능한 전문가로 양성되는데 구체적 목표를 살펴보면 다음과 같다(이태희, 2008: 186).

(1) 현장실습의 목적

① 포괄적 지식습득 및 구체화

현장실습생은 건강가정과 관련된 다양한 지식을 습득하고, 구체화하며 적용하는 교육적 기회를 접하게 된다. 이를 통해 건강가정 현장에 대한 지식을 종합하며, 그동안 학습한 내용을 정리하고, 구체화하는 기회를 갖는다. 현장실습 중 정리되는 지식적 내용은 다음과 같다(이태희, 2008: 187).

- 개인 · 가정 · 사회 간의 상호작용에 대한 체계적 상호관련성 이해
- 가족과 관계된 환경적 요소에 대한 이해
- 서비스 이용자의 욕구 및 요구 파악
- 욕구 충족에 효과적으로 동원될 수 있는 실천 방법 및 자원 이해
- 건강가정사의 역할 이해
- 지역사회 내 가족센터의 역할과 기능, 타 기관과의 네트워크 이해
- 건강가정 정책 및 행정 등의 관계와 역동성 이해
- 건강가정사로서의 철학, 가치, 목적, 윤리 등 이해

② 전문적 기술 개발

현장실습을 통해 건강가정 관련 포괄적 지식을 점검하고, 이를 구체화하기 위한 기술을 개발하는 기회를 갖게 되는데 전문적 기술은 다음과 같다(이태희, 2008: 188).

- 사회문제의 핵심 이슈 및 문제 정의
- 획득한 정보와 자료의 조직화
- 환경요인 영향 평가, 문제 관련 정책 및 프로그램 개발 및 평가하는 기술
- 서비스 이용자 자신의 문제와 욕구를 인식할 수 있도록 돕는 기술
- 서비스 이용자의 욕구와 상황에 적합한 자원 연결자, 중개자로서의 기술
- 업무의 적절한 기록과 관리, 유지와 보관 등 보고서로 정리하는 기술
- 거시적 측면에서 건강가정사업에 영향을 미치는 정부 정책 및 다양한 프로그램과 사업을 파악하고 분석 및 평가하는 기술

③ 전문인으로서의 태도 개발

현장실습을 통해서 건강가정사로 탄생 되므로 전문적 건강가정사업을 수행하며, 효과적으로 가족센터를 관리 및 운영하기 위해 전문가적 태도를 개발해야 하는데 그 내용을 살펴보면 다음과 같다(이태희, 2008: 188).

- 건강가정의 이념과 자신의 신념을 현장에서 충분히 실천하려는 태도
- 지역주민이 요구하는 건강가정 사업 및 서비스 개발을 위한 창의적 태도
- 제한된 자원으로 서비스 이용자에게 최선의 이익을 주고자 하는 태도
- 편견과 선입견 등을 제거하고 서비스 이용자를 대하는 성숙한 태도
- 자기의 역할에 충실하며, 동료와의 관계를 적절히 유지하는 태도

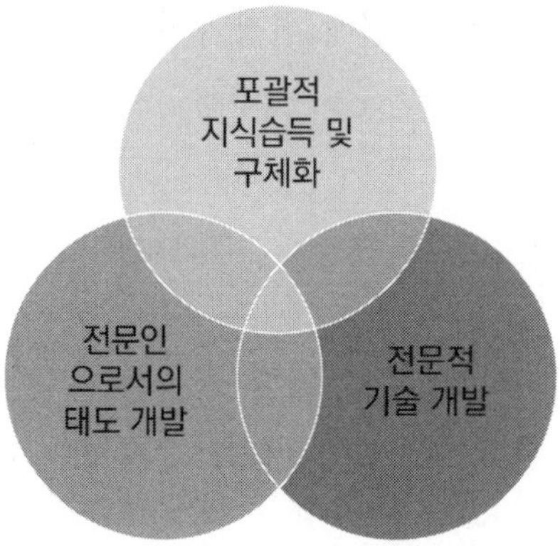

그림 8-1 건강가정사 현장실습의 목적

(2) 건강가정 현장실습의 내용

건강가정 현장실습은 총 64시간의 방문 실습으로 구성되어 있다. 64시간의 방문실습 중 48시간 이상은 건강가정지원센터를 통해 실습하고, 나머지 시간은 가족과 관련한 서비스 제공기관(가족상담센터, 사회복지관 등) 실습도 인정된다. 그러나 건강가정 현장실습이 자격취득의 필수교과목은 아니다.

(3) 건강가정 현장실습의 원칙

건강가정 현장실습의 실습지도자는 다음과 같은 원칙에 입각하여 실습을 진행하여야 한다(유영준 외, 2018: 203).

① 실습생이 「건강가정기본법」의 이념과 목적, 철학을 갖고 있는지 점검 및 지도
② 실습생이 세운 실습의 목적과 목표를 얼마나 성취하고 있는지 점검할 수 있도록 지도
③ 현장실습 지도자의 지도에 잘 참여하고 있는지 수시로 점검
④ 서비스 실천현장에 대한 영역별 건강가정사의 직무와 역할을 이해하고 전체적인 그림을 보여줄 수 있도록 실습교육 진행
⑤ 실습생이 건강가정사업에 대해 이해할 수 있도록 돕고, 실무능력에 대한 평가로 강점을 찾으면서 접근할 수 있도록 지지와 격려 실시

⑥ 실습기간 동안 실천현장의 선배 건강가정사와 관계를 잘 맺고 마무리할 수 있도록 지도

(4) 건강가정 현장실습의 주체

건강가정 현장실습이 이루어지기 위해서는 실습기관, 실습지도자, 실습생, 학교 등 4개의 주체가 필요한데 그 내용을 살펴보면 다음과 같다.

① 실습기관

실습기관은 실습평가와 건강가정사의 전문가적 정체성 형성을 위한 공간으로 건강가정사업의 질적 향상과 사업 분야의 발전을 위한 매개체로서의 역할을 담당한다. 예비 건강가정사 양성을 위한 실습공간 확보 및 시설을 제공하며, 교육기관과 유기적 관계를 유지한다. 실습지도 준비와 실습 오리엔테이션을 실시하며 건강가정사로서의 역할모델을 제공한다(유영준 외, 2018: 204).

② 실습지도자

실습지도자는 건강가정 관련 이론적 지식과 풍부한 경력으로 예비 건강가정사에게 슈퍼비전을 실시한다. 건강가정사의 정체성 확립을 위해 건강가정사업에 대한 전반을 지도하며, 실습생의 욕구와 직무능력에 적합한 실습업무를 경험하도록 지도한다(유영준 외, 2018: 204).

③ 실습생

실습은 건강가정사 이수 교과목을 이수하고 현장실습을 준비하는 자로서 건강가정 사업의 이해를 도모하고, 건강가정사업을 운영하는 기관을 찾아 열린 자세로 업무 전반을 보고 배우는 활동을 한다(유영준 외, 2018: 205).

④ 학교

학교는 건강가정 자격 관련 교과목을 개설하고 학생들이 이수할 수 있도록 돕는다. 현장실습 희망 학생에게 실습 관련 오리엔테이션을 실시하며, 건강가정 현장실습 기관과 연계하여 행정 처리 및 실습 관련 지도와 관리를 담당한다(유영준 외, 2018: 205).

표 8-2 건강가정 현장실습 목표

주체	목표	자격기준
실습 기관	• 서비스 이용자에게 다양하고 새로운 서비스 제공 • 기관이 처한 환경과 특성에 적합한 서비스 개발 • 학교와의 연계를 통해 이론과 실무에 대한 정보 교류	실습지도자에게 업무조정 및 인센티브를 줄 수 있는 기관
실습 지도자	• 슈퍼비전 실시 • 건강가정사의 정체성 확립을 위해 실습생의 욕구와 직무능력에 적합한 실습업무 실시 및 지도	팀장급 이상 또는 가족관련 연구 및 실무경력 3년 이상인 자
실습생	• 배운 지식과 기술의 행동화 • 새로운 실천 지식과 기술 습득 • 건강가정 관련 사업의 실천 과정 습득 • 관련 기관 및 시설에 대한 이해 증진 • 자기인식을 통한 직무의 적성 정도 확인	건강가정 현장실습 교과목을 이수하면서 필수 이수 교과목 중 핵심 및 관련 교과목을 각각 3과목 이상 이수한 자
학교	• 교육과 학습의 실천의 장(場)으로 활용 • 다양한 실천현장의 간접적 경험 기회 부여 • 건강가정사 교육과정의 효율적 평가 • 유기적 관계를 통한 취업기회 확보 • 산학연계 활성화	

출처: 이태희(2008), p. 189 재구성.

4 통합서비스 운영기관, 건강가정지원센터 및 다문화가족지원센터 직원의 자격기준

「건강가정기본법」 제35조 제2항의 규정에 의한 전문가를 두어야 하며, 동조 제3항에 따라 임용하여야 한다. 가족센터의 경우 기존 건강가정지원센터 및 다문화가족지원센터 종사자 승계를 원칙으로 하며, 신규 채용 직원은 건강가정사, 사회복지사 등 센터 종사자 자격기준을 적용하며, 행정 및 일반사무 전담을 위한 운영지원 사무원(행정지원인력)을 배치할 수 있다.

1) 일반직 직급별 채용 자격 요건

일반직 채용 관련 관련학과는 사회복지학, 가정학, 여성학, 아동학, 청소년학, 보육학, 교육학, 상담학, 다문화학과 등이다. 채용 시 가족 관련 업무로 가족상담, 가족교육, 가족문화, 다문화가족지원, 가족역량 강화, 사회복지, 여성가족부 관련기관 근무 등과 관련된 사업에 종사한 경력이 있는 자이다. 여기에서 관련사업 근무경력이란 일정기간 기관에 소속되어 상근으로 근무한 경력을 말한다. 공통 필수사항으로 센터장, 부센터장, 팀장, 팀원은 건강가정사 또는 2급 이상의 사회복지사 자격증 소지자를 기본으로 한다(여성가족부, 2023).

(1) 시 · 도 가족센터 및 시 · 군 · 구 가족센터 직원채용 자격요건

표 8-3 시 · 도 가족센터 및 시 · 군 · 구 가족센터

직급	자격요건
센터장	• 관련사업 3년 이상 근무경력자(관련학과 석사학위 취득자) • 관련사업 5년 이상 근무경력자(관련학과 학사학위 취득자) • 관련사업 7년 이상 근무경력자 • 시 · 군 · 구가 직영하는 경우 5급 이상 공무원 가능 • 기타 위 각 호에 상당하다고 인정되는 경력을 가진 자
부센터장 (사무국장, 총괄팀장) ※ 가족센터	※ 가족센터의 경우 센터장 밑에 1인의 부센터장 또는 총괄팀장(사무국장)의 직위를 둘 수 있음(센터의 여건에 따라 자율적으로 운영) • 관련사업 2년 이상 근무경력자(관련학과 석사학위 취득자) • 관련사업 4년 이상 근무경력자(관련학과 학사학위 취득자) • 관련사업 6년 이상 근무경력자 • 시 · 군 · 구가 직영하는 경우 5급 이하 공무원 가능
팀장 / 팀장 또는 과장	• 관련사업 1년 이상 근무경력자(관련학과 석사학위 취득자) • 관련사업 3년 이상 근무경력자(관련학과 학사학위 취득자) • 건강가정사 또는 사회복지사 자격요건을 갖춘 자로서, 관련사업 3년 이상 근무경력자 • 관련사업 5년 이상 근무경력자 • 시 · 군 · 구가 직영하는 경우 6급 이하 공무원 가능
팀원	• 관련학과 학사학위 이상 소지자(졸업예정자 포함) • 건강가정사 또는 사회복지사 자격요건을 갖춘 자 • 관련사업 2년 이상 근무경력자 • 시 · 군 · 구가 직영하는 경우 7급 이하 공무원 가능
행정인력 등	• 관련사업 2년 이상 근무경력자(고등학교 졸업 또는 이와 같은 수준 이상의 학력이 있다고 다른 법령에서 인정받은 자) • 전산, 회계 관련 자격증 소지자 • 기타 위 각 호에 상당하다고 인정되는 경력을 가진 자

출처: 여성가족부(2023), 2023년 가족사업안내(1), p. 12.

표 8-4 시 · 도 건강가정지원센터 및 다문화가족지원센터

직급	자격요건
센터장	• 관련사업 2년 이상 근무경력자(관련학과 박사학위 취득자) • 관련사업 4년 이상 근무경력자(관련학과 석사학위 취득자) • 관련사업 6년 이상 근무경력자(관련학과 학사학위 취득자) • 관련사업 8년 이상 근무경력자 • 시 · 도가 직영하는 경우 4급 이상 공무원 가능 • 기타 위 각 호에 상당하다고 인정되는 경력을 가진 자
팀장	• 관련사업 1년 이상 근무경력자(관련학과 석사학위 취득자) • 관련사업 3년 이상 근무경력자(관련학과 학사학위 취득자) • 관련사업 5년 이상 근무경력자 • 시 · 도가 직영하는 경우 6급 이하 공무원 가능
팀원	• 관련학과 학사학위 이상 소지자 • 관련사업 2년 이상 근무경력자 • 시 · 도가 직영하는 경우 6급 이하 공무원 가능
행정인력 등	• 관련사업 2년 이상 근무경력자(고등학교 졸업 또는 이와 같은 수준 이상의 학력이 있다고 다른 법령에서 인정받은 자) • 전산, 회계 관련 자격증 소지자 • 기타 위 각 호에 상당하다고 인정되는 경력을 가진 자

출처: 여성가족부(2023), 2023년 가족사업안내(1), p. 13.

표 8-5 시 · 군 · 구 건강가정지원센터 및 다문화가족지원센터

직급	자격요건
센터장	• 관련사업 2년 이상 근무경력자(관련학과 석사학위 취득자) • 관련사업 4년 이상 근무경력자(관련학과 학사학위 취득자) • 관련사업 6년 이상 근무경력자 • 시 · 군 · 구가 직영하는 경우 5급 이상 공무원 가능 • 기타 위 각 호에 상당하다고 인정되는 경력을 가진 자
팀장	• 관련사업 1년 이상 근무경력자(관련학과 석사학위 취득자) • 관련사업 3년 이상 근무경력자(관련학과 학사학위 취득자) • 관련사업 5년 이상 근무경력자 • 시 · 군 · 구가 직영하는 경우 6급 이하 공무원 가능
팀원	• 관련학과 학사학위 이상 소지자(졸업예정자 포함) • 건강가정사 또는 사회복지사 자격요건을 갖춘 자 • 관련사업 2년 이상 근무경력자 • 시 · 군 · 구가 직영하는 경우 7급 이하 공무원 가능
행정인력 등	• 관련사업 2년 이상 근무경력자(고등학교 졸업 또는 이와 같은 수준 이상의 학력이 있다고 다른 법령에서 인정받은 자) • 전산, 회계 관련 자격증 소지자 • 기타 위 각 호에 상당하다고 인정되는 경력을 가진 자

출처: 여성가족부(2023), 2023년 가족사업안내(1), p. 13.

2) 상담직원 채용 자격 요건

가족상담 실무자 및 가족상담 전문인력(위촉직 및 상근직)의 자격 요건은 팀원 기준에 준하되, 상담 실무자가 상담을 수행할 경우 가족상담 전문인력의 자격 요건 중 어느 하나 이상을 갖추어야 한다. 또한 가족상담 전문인력은 다음 기준 중 어느 하나 이상의 자격을 갖춘 자로서 그 자격 기준을 살펴보면 다음과 같다(여성가족부, 2023).

① 가족상담 관련 전공학과의 석사과정 이상 수료한 자

② 관련 전문학회에서 발급하는 2급 이상 자격증 소지자

③ 관련 전문 학회에 소속되어 100시간 이상의 상담 실무경력자 또는 이에 상당하다고 인정되는 경력을 가진 자

④ 관련분야 석사학위 취득 후 1년 이상 관련기관 상담원으로 근무 경력이 있는 자

⑤ 관련분야 학사학위 취득 후 2년 이상 관련기관 상담원으로 근무 경력이 있는 자
⑥ 기타 위와 동등한 자격이 있다고 인정되는 자

관련기관이란 사회복지시설, 건강가정지원센터, 다문화가족지원센터, 청소년상담복지센터, 상담 관련 비영리법인 및 비영리민간단체, 초중등교육법 및 고등교육법 등의 법률에 의한 각급 학교 등을 말한다. 응모자가 없을 시(2회 이상 공개모집) 해당 지방자치단체장과 협의 후 지역 실정에 적합하게 채용할 수 있다(여성가족부, 2023).

3) 다문화가족 특성화 사업 직원 채용 자격 요건

(1) 방문교육 지도사

① **한국어교육 지도사:** 「국어기본법 시행령」에 따른 한국어 교원 3급 이상 자격 소지자로서 시행령 별표 1의 한국어교원 양성과정(필수 이수시간 120시간)이수자로써 정부기관 및 시민단체(수익사업을 하지 않는 비영리법인 및 국가기관 등에 부여하는 고유번호증을 소지한 기관이나 법인) 등에서 이민자 대상 한국어교육 경력이 120시간 이상 확인 가능한 자를 채용하여 한국어교육을 지도하게 한다.
② **생활지도사:** 건강가정사 · 보육교사 · 교원(유치원교사 자격 포함) 자격을 보유한 전문학사학위 이상 소지자를 채용한다.

(2) 다문화가족 사례관리사

사회복지학과, 상담학과, 가족복지학과 등 사례관리 관련 학과에서 학사학위 이상 소지자 또는 사회복지사 1급 자격증 소지자를 채용하며, 사회복지분야 관련 경력자를 우대한다.

(3) 다문화가족 자녀 언어발달지도사

언어치료학과, 언어병리학과 등 언어발달·촉진학과 전문학사학위 이상 소지자(졸업 예정자 포함)로 언어재활사 자격증을 취득한 자를 채용한다.

(4) 통번역 전담인력

통번역 전담관련 인력은 결혼이민자, 한국어능력시험(TOPIK) 4급 이상자로 한다.

(5) 이중언어코치

이중언어의 지도를 위해서 결혼이민자, 한국거주기간 2년 이상자, 한국어능력시험(TOPIK) 4급 이상자로 한다.

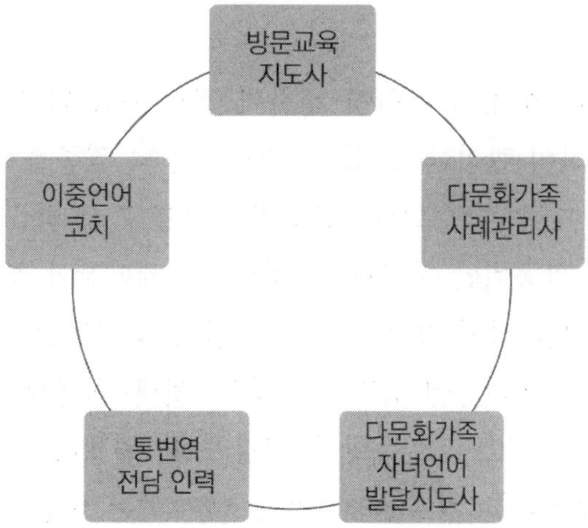

그림 8-2 **다문화가족 특성화사업 종사자**

5 통합서비스 운영기관, 건강가정지원센터 및 다문화가족지원센터 종사자의 의무사항

기관 종사자는 사회적 위험으로 인해 사망 또는 중대한 정신적·신체적 장애를 입을 위기에 처한 지원대상자를 발견할 경우 지체 없이 보장기관에 알리며, 지원 대상자가 신속하게 지원을 받을 수 있도록 노력해야 한다. 또한 종사자가 직무수행 과정에서 가정폭력, 아동학대, 노인학대, 발달장애인 유기 등의 발생, 장애인학대 및 장애인 대상 성범죄 등을 인지하면 즉시 신고해야 한다. 센터장부터 일반 직원들이 근무현장에서 지켜야하는 업무규칙을 살펴보면 다음과 같다(여성가족부, 2023).

1) 근무 원칙

(1) 센터장

상근을 원칙으로 하며, 공무원에 준하여 관리한다. 다만 지방자치단체가 별도의 기준을 정하여 관리할 수 있다. 센터장은 타 직종을 겸직하여 상근이 어려운 경우 또는 타 기관으로부터 별도의 보수를 지급 받을 경우 예산의 범위 내에서 소정의 활동비만 지급할 수 있다. 단 센터장이 첫째, 대학부설 시설에 대학 교수가 센터장에 임명되는 경우, 둘째, 종교법인 시설에 해당 종교법인 소속 성직자가 센터장에 임명되는 경우, 셋째, 직영센터에 업무담당 부서장이 센터장에 임명되는 경우, 넷째, 건강가정지원센터장이 해당 다문화가족지원센터장을 겸직하는 경우(반대의 경우도 동일함)에는 비상근도 가능하다(여성가족부, 2023).

(2) 직원

센터장을 제외한 직원은 반드시 상근이 원칙이지만 직영센터의 경우 비상근도 가능하다.

2) 근무시간

① 월~금요일 오전 09시부터 18시까지 운영하는 것을 원칙으로 한다. 그러나 지역의 수요 및 여건에 따라 센터 및 지방자치단체가 협의하여 운영 요일은 달리 적용할 수 있다.

② 가족센터의 경우 서비스의 특성 및 주민이용을 고려하여 주중 1일 이상 야간(09:00~21:00) 및 월 2회 주말(토요일 또는 일요일, 4시간 운영) 운영도 가능하며, 지역 수요 및 여건에 따라 자율적으로 운영 가능하다. 또한 개별 직원이 야간 및 휴일 근무 시 해당 직원에게 이에 상응하는 평일 대체 휴무 혹은 시간외 근무수당을 지급한다. 이는 직원의 동의하에 주 12시간 이내로 야간 및 휴일 근무 실시가 가능하다.

③ 센터장은 직원의 업무 혹은 개인적 사유 등으로 출퇴근시간 조정 등이 필요한 경우 탄력근무제를 실시할 수 있다(여성가족부, 2023).

3) 영리업무 겸직 불가

상근센터장과 직원은 근무시간 중 영리업무를 겸직할 수 없다. 이는 국가공무원복무규정 제25조에 준하는 것으로 영리업무란 대가를 받고 근무시간 내에 3개월 이상 월평균 4회 또는 월평균 12시간을 초과(이동시간 포함)하는 세미나, 공청회, 토론회, 발표회, 심포지엄, 교육과정에 참석하여 강의·강연·발표·토론하는 행위를 말한다. 단, 건강가정 및 다문화가족지원센터 사업과 관련행사에 참석하여 강의·발표·토론을 하는 경우 월 20시간을 초과하지 않는 범위에서 가능하며, 월 20시간을 부득이하게 초과할 경우 시·군·구청장의 사전 승인을 받아야 한다(여성가족부, 2023).

4) 연차유급휴가(근로기준법 제60조)

① 연차유급휴가(「근로기준법」 제60조)란 1년간 80% 이상 출근한 직원에 대해 15일의 유급휴가를 부여하여 업무의 효율성을 높이는 제도를 말한다.

계속근로연수 1년 미만의 근로자 또는 1년간 80% 미만 출근한 근로자에게는 1개월간 개근 시 1일의 유급휴가를 부여한다.

② 3년 이상 계속 근로한 종사자는 최초 1년을 초과하는 계속근로 연수자의 경우 매 2년에 대하여 기본 휴가기간에 1일을 가산한 유급휴가를 주되, 가산휴가를 포함한 총 휴가 일수는 25일을 한도로 한다.

③ 휴가의 청구 및 시효 등은 휴가 종사자의 청구가 있는 시기에 주어야 하며 그 기간에 대하여는 취업 규칙이나 그 밖의 정하는 바에 의한 통상임금 또는 평균임금을 지급한다. 단, 종사자가 청구한 시기에 휴가를 주는 것이 사업 운영에 막대한 지장이 있는 경우에는 시기 변경이 가능하다.

④ 센터장 귀책사유가 없는 한 연차유급휴가의 경우 1년간 미행사 시 소멸된다.

⑤ **연차유급휴가의 사용촉진**: 센터장은 연차유급휴가 사용 촉진을 위해 아래의 조치를 취해야 한다.

- 소멸되기 6월 전을 기준으로 10일 이내에 센터장이 종사자별로 미사용휴가 일수를 알려주고, 종사자가 그 사용시기를 정하여 센터장에게 통보하도록 서면으로 촉구해야 한다.
- 제1호의 규정에 의한 촉구에도 불구하고 근로자가 촉구를 받은 때부터 10일 이내에 미사용휴가의 전부 또는 일부의 사용시기를 정하여 사용자에게 통보하지 아니한 경우에는, 소멸 2월 전까지 사용자가 미사용휴가의 사용시기를 정하여 근로자에게 서면으로 통보한다. 상기 조치에도 불구하고 종사자가 휴가를 1년간 사용하지 아니하여 소멸된 경우에는 그 미사용 휴가에 대하여 보상할 의무가 없으며 센터장 귀책사유에 해당하지 않는다.

⑥ **유급휴가의 대체**: 노사 서면합의에 의해 연차유급 휴가일에 갈음하여 특정 근로일에 휴무 가능하다(여성가족부, 2023).

5) 경조 휴가

직원이 결혼하거나 기타 경조사가 있는 경우 국가공무원 복무규정 별표 2를 준용하여 휴가를 실시한다.

표 8-6 경조휴가 기준

구분	대상	일수
결혼	본인	5
	자녀	1
출산	배우자	10
입양	본인	20
사망	배우자, 본인 및 배우자의 부모	5
	본인 및 배우자의 조부모 · 외조부모	3
	자녀와 그 자녀의 배우자	3
	본인 및 배우자의 형제자매	1

※ 입양은 「입양촉진 및 절차에 관한 특례법」에 따른 입양에 한정하며, 입양 외의 경조사휴가를 실시함에 있어 원격지일 경우에는 실제 필요한 왕복소요일수를 가산할 수 있음
※ 휴가기간 중의 토요일 또는 공휴일은 그 휴가일수에 산입하지 않음

출처: 여성가족부(2023), 2023년 가족사업안내(1), p. 21.

6) 여성종사자 및 모성보호

(1) 시간외근로의 제한

① **시간외근로의 제한**: 임신한 여성종사자는 시간외근로를 시키지 못한다(「근로기준법」 제74조 제5항). 또한 산후 1년이 경과되지 아니한 여성 종사자는 단체협약이 있는 경우라도 1일에 2시간, 1주일에 6시간, 1년에 150시간을 초과하는 시간 외의 근로를 시키지 못한다(「근로기준법」 제71조).

② **야간근로 및 휴일근로의 제한**(「근로기준법」 제70조): 18세 이상의 여성을 오후 10시부터 오전 6시까지의 사이 및 휴일에 근로를 시키고자 할 경우에는 해당 종사자의 동의를 얻어야 한다. 그러나 임산부의 경우 오후 10시부

터 오전 6시까지의 야간근로 및 휴일에는 근로를 시키지 못하되, 다음의 경우 관할 지방고용노동관서장의 인가를 얻은 경우에는 가능하다. 단, 인가를 얻기 전 종사자 건강 및 모성보호를 위해 그 시행여부와 방법 등에 대해 종사자 대표와 성실하게 협의해야 한다. 예로 산후 1년이 경과되지 아니한 여성의 동의가 있는 경우 또는 임신 중의 여성이 명시적으로 청구하는 경우 등이 있다.

(2) 휴가 및 휴식에 관한 규정

① **생리휴가**(「근로기준법」 제73조): 센터장은 여성근로자에게 월 1회의 생리휴가를 주어야 한다. 주 40시간 근로제 시행에 따라 생리휴가제도가 무급으로 개정되었다.

② **임산부의 보호**(「근로기준법」 제74조): 임신 중인 여성종사자에게 산전후를 통하여 90일(한 번에 둘 이상 자녀를 임신한 경우 120일)의 출산전후휴가를 주되, 휴가기간의 배치는 산후에 45일(한 번에 둘 이상 자녀를 임신한 경우 60일) 이상이 되도록 하고 휴가 중 최초 60일은 유급으로 한다. 다만, 남녀고용평등과 일·가정 양립 지원에 관한 법률 제18조의 규정에 따라 출산전후휴가급여 등이 지급된 때에는 그 금액의 한도 안에서 지급의 책임을 면한다. 임신 후 12주 이내 또는 36주 이후에 있는 여성 근로자가 1일 2시간의 근로시간 단축을 신청하는 경우 이를 허용해야 하며, 근로시간 단축을 이유로 근로자의 임금 삭감은 불가하다. 센터장은 임신 중인 여성종사자가 유산의 경험 등 사유가 있는 경우 출산 전에 사용할 수 있는 45일의 휴가(한 번에 둘 이상의 자녀를 임신한 경우에는 60일)를 출산 전 어느 때라도 나누어 사용할 수 있도록 하여야 한다. 또한 센터장은 임신 중인 여성이 유산 또는 사산한 경우로서 해당 근로자가 청구하는 때에는 근로기준법 시행령이 정하는 바에 따라 유산·사산휴가를 주어야 한다.

③ **수유시간**(「근로기준법」 제75조): 생후 1년 미만의 유아를 가진 여성종사자의 청구가 있는 경우에는 1일 2회 각각 30분 이상의 유급수유시간을 주어야 한다.

(3) 모성보호 및 일 · 가정 양립 지원

① **배우자 출산휴가**: 근로자가 배우자의 출산을 이유로 휴가를 청구하는 경우 10일의 범위에서 휴가를 주어야 한다(배우자 출산 이후 30일 이내 청구). 이는 국가공무원 복무규정 별표2 경조휴가 규정에 준한다.

② **육아휴직 등**(「남녀고용평등법」 제19조): 근로자가 만 8세 이하 또는 초등학교 2학년 이하의 자녀(입양한 자녀 포함)를 양육하기 위하여 휴직을 신청하는 경우 1년 이내로 육아휴직을 허용한다. 육아휴직을 신청할 수 있는 근로자가 육아휴직 대신 근로시간 단축을 신청하는 경우에 허용(1년 이내, 육아휴직을 사용하지 않은 기간이 있으면 가산 가능)해야 하고 단축 후 근로시간은 주당 15시간 이상 35시간을 넘어서는 안 된다(여성가족부, 2023: 18-23).

7) 센터 종사자의 의무사항

표 8-7 센터 종사자의 의무사항 규정

구분		내용
사회보장급여 지원대상자	의무사항	• 출산, 양육, 실업, 노령, 장애, 질병, 빈곤 및 사망 등의 사회적 위험으로 인하여 사망 또는 중대한 정신적 · 신체적 장애를 입을 위기에 처한 지원대상자를 발견한 경우 지체 없이 보장기관에 알리고, 지원대상자가 신속하게 지원을 받을 수 있도록 노력하여야 함
	신고방법	• 관할 읍면동 행정복지센터(또는 시군구 희망복지지원단)에 직접 방문 또는 전화로 신고하거나, '희망의 전화' 129에 전화로 신고 • 또는 인터넷 "복지로(www.bokjiro.go.kr)" 사이트에서 도움 신청하기 메뉴를 활용하여 신고
	근거법령	• 「사회보장급여의 이용 · 제공 및 수급권자 발굴에 관한 법률」 제13조(지원대상자 발견 시 신고의무)
가정폭력	의무사항	• 직무를 수행하면서 가정폭력범죄를 알게 된 경우에는 정당한 사유가 없으면 즉시 수사기관에 신고하여야 함
	신고방법	• 전화: 국번없이 112
	근거법령	• 「가정폭력범죄의 처벌 등에 관한 특례법」 제4조(신고의무)

구분		내용
아동학대	의무사항	• 직무를 수행하면서 아동학대범죄를 알게 된 경우나 그 의심이 있는 경우에는 아동보호전문기관 또는 수사기관에 즉시 신고하여야 함
	신고방법	• 전화: 국번없이 112 / 방문: 관할 지역아동보호전문기관 • 관련사이트: korea1391.go.kr
	근거법령	• 「아동학대범죄의 처벌 등에 관한 특례법」 제10조(아동학대범죄 신고 의무와 절차)
노인학대	의무사항	• 직무를 수행하면서 노인학대를 알게 된 때에는 즉시 노인보호전문기관 또는 수사기관에 신고하여야 함 ※ 노인학대 사실을 알고도 신고하지 않은 자에 대해 500만 원 이하의 과태료 부과
	신고방법	• 전화: 1577-1389 및 국번없이 112 / 방문: 관할 노인보호전문기관 • 관련사이트: noinboho.or.kr
	근거법령	• 「노인복지법」 제39조의6(노인학대 신고의무와 절차 등) • 「노인복지법」 제61조의2(과태료)
발달장애인 유기 등	의무사항	• 직무를 수행하면서 발달장애인에 대한 유기 등의 발생 사실을 알게 된 경우에는 즉시 발달장애인지원센터 또는 수사기관에 신고하여야 함
	신고방법	• 전화: 국번없이 112 / 방문: 관할 발달장애인지원센터 • 관련사이트: www.broso.or.kr
	근거법령	• 「발달장애인 권리보장 및 지원에 관한 법률」 제15조(신고의무)
장애인학대 및 장애인 대상 성범죄	의무사항	• 직무를 수행하면서 장애인학대 및 장애인 대상 성범죄를 알게 된 경우에는 지체 없이 장애인권익옹호기관 또는 수사기관에 신고하여야 함
	신고방법	• 전화: 국번없이 112
	근거법령	• 「장애인복지법」 제59조의4(장애인학대 및 장애인 대상 성범죄 신고의무와 절차)
긴급복지지원 대상자	의무사항	• 상담 등 직무수행과정에서 긴급지원대상자가 있음을 알게 된 경우에는 시장 · 군수 · 구청장에게 이를 신고하고, 지원대상자가 신속하게 지원을 받을 수 있도록 노력하여야 함
	신고방법	• 관할 읍면동 행정복지센터에 직접 방문 또는 전화로 신고 • 또는 인터넷 "복지로(www.bokjiro.go.kr)" 사이트에서 '복지도움요청' 메뉴를 활용하여 신고
	근거법령	• 「긴급복지지원법」 제7조(지원요청 및 신고)

출처: 여성가족부(2023), 2023년 가족사업안내(1), pp. 26-27.

CHAPTER 9

혼인과 관련된 가족 변화

1 이혼가족

이혼은 가족해체의 전형적 양상으로 해마다 우리나라 이혼율은 증가하는 추세이다. 이혼율이 높은 배경에는 산업화로 인한 결혼의 인식의 변화에서 설명할 수 있다. 즉, 과거에는 가족 개념을 경제적 후원과 자녀양육에 대한 책임의 절대적인 목적을 위한 사회적 제도(Lamanna & Riedmann, 1991)이며 지속적인 사랑의 관계(김정옥, 1993)로 정의했다. 또한 과거에 이혼을 보는 병리적인 현상에서 최근에는 위기상황에 대한 개개인의 대응 욕구 상승과 역량 증가로 이혼을 새로운 기회로 보고 있다.

2002년에는 이혼율이 OECD 국가 중 3위에 있었다. 통계청(2008)의 조사결과를 살펴보면 당해 연도 총 이혼건수를 당해 연도 총인구로 나누어 인구 천 명당 이혼건수를 계산한 우리나라의 조이혼율은 1990년에는 인구 천 명당 1.1명이었으나 2000년에는 2.5명, 2003년에는 3.5명이었으며 2004년부터 2007년까지 다소 낮아져 2.5명으로 나타났다. 국내 이혼건수는 2007년 123.523건으로 2006년보다 감소하였는데 이들 원인별 세부내용을 살펴보면 다음과 같다(윤희라, 2010: 6).

1) 이혼의 정의

이혼의 사전적 정의는 '부부가 합의 또는 재판에 의하여 혼인 관계를 인위적으로 소년 시키는 일'이라 하며(국어대사전, 2009), 법이 정해 놓은 이혼사유가 발생하여 한쪽은 이혼하려고 하는데 다른 쪽이 이혼에 합의하지 않은 경우, 가정법원의 조정을 거쳐 이혼소송을 청구하여 그 재판의 선고로써 이혼되는 것을 '재판상 이혼'이라 한다. 「민법」 제840조에 따르면 협의이혼은 부부가 이혼하기로 합의만 하면 그 사유를 묻지 않고 이혼확인신청이 가능하나, 재판상 이혼은 배우자가 부정한 행위가 있었을 때, 배우자가 악의로 다른 일방을 유기한 때, 배우자 또는 그 직계존속으로부터 심히 부당한 대우를 받았을 때, 자기의 직계존속이 배우자로부터 심히 부당한 대우를 받았을 때, 배우자의 생사가 3년 이상 분명하지 아니한 때, 기타 혼인을 계속하기 어려운 중대한 사유가 있을 경우에 한하여 법원에서 이혼을 청구할 수 있도록 하고 있다. 즉, 이혼은 사회를 구성하는 1차집단인 가정의 해체를 의미하는 것으로서 한 개인만의 문제가 아니라, 사회전반의 문제로 보는 것이 타당하다.

흔히, 이혼은 배우자의 폭력, 불화, 외도, 유기, 무능 등으로 인해 발생한다. 이혼이 발생하면 이혼가정 부모와 자녀는 모두 정서적 행동적 · 사회적인 어려움을 겪게 된다. 이혼한 부모 상당수는 불안감, 배신감, 상실감, 분노, 좌절감, 실패감, 우울, 낮은 자존감 등 정서적 어려움으로 정신치료나 상담을 받기도 한다. 이혼가정 부모의 정서적 불안정은 고혈압, 심장병 등 신체적인 건강 악화를 가져오고, 일상생활의 리듬을 파괴하여 불면증, 거식증, 폭식증 등을 가져와 정상적인 생활을 수행하기 어렵게 만들기도 한다(권석만, 2004; 김태현 · 장휘숙, 1991; 마주해, 1996; 문현숙, 1998; 서영숙 · 황은숙, 2003; 허정원, 1998; Judson, 1995; 황은숙, 2008 재인용).

2) 이혼의 원인

우리나라의 이혼증가의 원인으로는 전통적으로 내려온 유교문화의 영향으로 인하여 여성들은 희생과 침묵만 강요당해 왔으며, 그것이 사회적으로 미덕처럼 여겨 왔으나 최근 산업화와 도시화와 더불어 여성취업이 늘어나고, 여성의 사회적 위상이 급격하게 상승되면서 더 이상 남성 위주의 사회구조는 유지되기 힘들게 되었다. 그와 동시에 아직까지 과거의 습관과 태도에서 벗어나지 못한 많은 남성들과 새로운 외국의 문화와 핵가족화를 경험한 여성들 사이에 심각한 갈등이 유발되면서 이혼이 불가피하게 대두되기에 이르렀다고 볼 수 있다.

통계청의 「인구통계연보」는 이혼사유를 다음의 네 가지로 분류하고 있다.

첫째, 성격차이, 배우자의 부정, 정신적/신체적 학대 등의 부부간의 불화

둘째, 가족 간의 불화

셋째, 건강상의 이유

넷째, 경제문제

이 외에 기타 이혼사유를 살펴보면, 상기한 이혼사유 중 부부불화가 차지하는 비율이 항상 가장 높고 부부불화 가운데서도 성격차이가 배우자 부정이나 정신적/신체적 학대에 비해 상대적으로 높은 비율을 보여준다(이명신 · 김유순, 2006; 최승민, 2008 재인용). 그러나 최근 우리나라에서 발생하고 있는 이혼의 현상은 다음과 같은 몇 가지 특징적인 면에서 심각하다고 할 수 있다.

첫째, 지속적인 결혼감소추세와 더불어 일어나는 급격한 이혼의 증가
둘째, 이혼연령의 지속적인 증가
셋째, 장기 결혼부부의 꾸준한 이혼증가
넷째, 주요 이혼사유로 대두되는 성격차이, 가족 간 불화, 경제문제, 배우자 부정, 부부간 학대 문제를 들 수 있다.

보하난(Bohannan, 1970)은 이혼과정을 6단계로 분류하였다. 이혼에 직면한 부부들은 이혼이 어떤 분명한 시작과 끝이 아니라 하나의 과정이라는 것을 깨닫게 된다. 각각의 단계는 다른 과업을 수반하며 각 단계의 경험 또한 개인마다 다를 수 있다고 하여 이혼과정의 복잡성을 설명하였다(문현숙 · 김득성, 2003). 여기서 6단계라 함은 정서적 이혼, 법적 이혼, 경제적 이혼, 공동부모 역할 이혼, 지역사회 이혼, 정신적 이혼을 말한다(정수정, 2008 재인용).

3) 이혼가정의 해체원인

법적 처리과정에 있어서 이혼의 원인은 명확하나 인간관계와 시대적 배경의 영향 아래 있는 가정의 문제는 그렇게 단순하게 진단되어서는 안 된다. 실제 이혼가정에 있어서 문제는 훨씬 더 심층적이고 복합적이라고 할 수 있다. 그러므로 이혼가정의 해체원인을 살펴보면, 첫째로 잘못된 결혼관이 가장 큰 요인 중 하나이다. 이것은 결혼의 유지와 배우자 간의 신실함, 책임의식의 부족, 배우자의 역할 등을 소홀히 하게 되고 이것으로 인해 갈등이 심각해지면서 성격차이라는 명목으로 제일 큰 이혼사유가 되고 있다. 둘째는 가족가치관의 변화이다. 이것은 가정을 소홀히 생각하고, 자기중심적 사고의 증대 및 사회구조의 변화로 가족 정서적 유대와 결속력을 약화시켰으며, 셋

째는 경제적인 문제이다. 이것은 IMF 이후 가정해체에 가장 크게 작용된 문제일 것이다.

① **결혼관의 변화**: 결혼에 대한 비현실적으로 높은 기대, 즉 이상주의적인 결혼관과 낭만적인 이혼의 신화로 인한 요인이다. 하나님이 혼인제도를 만드셨다는 것을 인정하지 않고, 사람이 만든 제도라고 보기 때문에 이혼을 쉽게 생각하게 된다. 즉, 사람은 결혼과 이혼 자체를 자신의 이익과 즐거움만으로 결부시킨다. 그래서 서구에서는 '무과실(no-fault) 이혼' 즉, 합의이혼으로 혼인의 두 당사자 모두가 아무런 잘못이 없어도 그들이 단순히 원하기만 해도 이혼을 허락해 주는 것을 합법화시키기까지 했다. 또한 그들의 결혼에 대한 초점은 '심리적 필요'나 '행복과 만족'이다. 이러한 잘못된 행복추구와 심리적 필요에 의한 결혼은 심지어 간음이나 동성연애도 행복만 준다면 얼마든지 수용할 수 있는 것으로 말한다(Lawrence, 2002: 11-14).

② **가정에 대한 가치관의 변화**: 개인적 요구의 만족이 절대적 위치를 차지하고 있는 현대에서 가족가치관의 변화는 가족형태의 커다란 변화를 가져왔다. 전통사회에서는 가족이 경제적 생산단위이자 소비단위로서 자급자족의 생산단위(self-sufficient productive unit)였으므로 가족을 떠나서는 개인의 생존이 어려웠으며 가족들은 경제적으로 서로 결합되어 있었다(한국가족학연구회, 1993). 하지만 산업화로 여성의 경제적 위치 향상과 교육의 증대, 여성인권의 증대는 결혼이 하나의 선택이었듯 이혼도 하나의 선택이 되어 버렸다. 또한 가정의 가치관은 가정을 둘러싼 사회의 가치관과 환경에 영향을 받게 되는데, 사회가 다변화되면서 개인은 더 많은 정보를 얻게 되고 더 높은 이상과 행복추구를 갈구하게 되지만 때론 사회의 급격한 변화에 따라가지 못하고, 사회적 진출의 확대에 반해 깊어져 가는 빈부격차 등이 가정 혹은 현실과 부딪치며 갈등과 긴장감을 더욱 야기한다. 이런 사회 환경적 요인들과 사회의 가정에 대한 요구 등은 그 변화의 심화가 큰 데 반하여 가족의 역할과 기능은 미처 대처하지 못하는 데서도 발생된다. 여성들의 가치관은 개인 존중이라는 물결을 타고 급변하고 있는 데 반해 남자들은 기존의 유대관계의 갈등구조에서

벗어나지 못하기 때문이다.

③ **경제적 원인**: 경제적 어려움으로 인해 가족 간의 불화가 시작되는 경우가 많다. 우리사회에서 경제라는 환경과 가정이라는 체계 사이의 상호작용의 중요성은 매우 크다. 전 세계의 모든 국가를 GNP라는 경제지표로 선·후진국을 나누는 전체적인 흐름하에, 경제적 능력에 따라 상류, 중류, 하류층으로 구분되는 사회구조가 당연시되고 있다. 즉, 경제가 인간의 모든 생활을 통제하고 있다고 해도 과언이 아닌 자본주의 사회에서 경제가 가족관계에도 깊숙이 관여하고 있는 것이다(김순옥·노명숙 2004). 경제적인 문제로 결혼 후 출산을 꺼리기도 하며 정상적인 가족형성이 지연되기도 하고 기업 구조조정으로 실직한 남편에게 이혼을 요구하는 사례도 늘어가고 있다. 이혼사유의 2위가 경제문제로 나타나 있을 정도로 경제적 이유는 크다고 하겠다. 이것은 우리나라가 IMF 이후 갑작스러운 실직, 사업의 실패, 빚이나 카드문제로 중산층이 무너지고 극빈의 어려움에 처해 있는 새로운 신빈곤층이 생겨나기 시작했으며, 이혼가족의 집단자살이나 아이들을 버리는 가정해체의 현상들이 일어났다. IMF 경제위기 이후 2003년 이혼건수는 2002년에 비해 2.8% 증가하였으나 2004년에는 14.7%로 1.7%의 감소의 현상을 보였다. 그러나 아직까지도 이혼의 커다란 이유는 경제적인 어려움이 이혼의 증가 현상 중 하나라는 것을 알 수 있다. 반면에 파산이나 사업의 실패 등이 부부간의 불신과 갈등의 원인이 되는 경우도 있지만 최근에 와서는 사회적 지위와 경제적 능력의 향상으로 부부의 갈등을 초래하는 경우도 많이 있다.

④ **법·제도적 요인**: 최근 개정된 불평등 법조항들이 개정되어 시행됨으로써 여성들이 이혼에 자신감을 갖게 되었다(옥선화·정민자, 1993). 또한 최근 이혼법의 전 세계적인 흐름은 이혼사유가 유책주의[1]에서 파탄주의[2]로 변화하고 이혼의 자유가 확대됨에 따라 이혼율이 높아지고 있다. 또한

1) 유책주의는 배우자 일방에게 동거, 부양 협조, 정조 준수 등의 혼인의무를 위반하는 유책의 사유가 있을 경우에만 이혼을 청구할 수 있는 입법주의이다.

2) 파탄주의는 배우자 일방이 반드시 유책이 아니어도 혼인공동체의 계속을 기대할 수 없는 객관적인 사정(혼인파탄)이 존재하는 경우 이혼을 청구할 수 있다는 입법주의이다. 혼인파탄에 대한 법관의 폭넓은 재량권이 허용될 수 있다.

법에 대한 무지로 이혼소송을 하지 못했던 사람들도 법이 생활화되면서 자연스럽게 법을 이용하게 되어 이혼율을 높이는 데 영향을 미치고 있다. 2008년 1월부터는 호주제가 사라지고 본인 중심의 신분등록부를 갖게 됨에 따라 이혼의 기록이 남지 않기 때문에 이혼도 더욱 증가될 것으로 예상되고 있다.

⑤ **도덕적 윤리적 힘의 약화와 종교의 역할 약화**: 가정을 지탱해 주는 보이지 않는 힘이었던 도덕과 윤리의 힘이 약화되면서 이혼도 크게 부끄러워하지 않는 자연스러운 풍토가 되었다. 상대주의, 다원주의 가치관이 팽배하면서 결혼에 대한 전통적인 가치관이 무너지고 이혼을 죄악시했던 종교적인 전통이 약화되면서 경우에 따라서는 이혼도 가능하다는 생각이 보편화되므로 이혼이 늘게 되었다. 이러한 현상은 비교적 이혼에 대한 보수적인 규제가 강한 가톨릭이 개신교보다 이혼율이 낮은 반면 별거부부의 비율이 높다는 점에서 입증된다(김정옥, 1993).

⑥ **현대사회의 비인간화 성향과 비성서적인 가치관**: 사람을 비인간화하는 성향은 부부관계에 부정적인 영향을 미칠 수 있다. 갠젤(Gangel)은 그리스도인의 가정에 직면할 수 있는 심각하며 절박한 문제를 조직, 산업화, 높은 이동성, 이혼과 별거, 대리부모와 아버지 없는 아이들, 낮은 도덕기준, 바쁜 스케줄, 세속화와 물질주의 금이 간 가족관계, 사회학적 균열(다른 사회집단이 전통적으로 수행하던 역할과 책임을 대행하고 있음을 의미) 등을 10가지로 요약하고 있다(정동섭, 2004).

⑦ **매스컴의 영향**: 오늘날 매스미디어는 사회 전반에 걸쳐 막강한 영향력을 끼치고 있다. 특별히 영화나 드라마는 대중의 사고와 삶의 방식에 직접적인 영향을 준다. 불륜이나 이혼이 미화되고 너무나 흔하고 자연스럽게 다루어지기 때문에 일반 대중도 이혼을 너무나 쉽게 받아들이는 경향이 생겼다.

⑧ **성적인 문제**: 이 시대는 과거 어느 시대보다 결혼생활에 있어서 성적인 만족을 중요시하는 시대이다. 성적인 적응이 원만하지 못하여 부부 사이가 소원해지고 결국은 부부관계를 파괴하는 결과를 가져오게 되는 경우도 많다(김득렬, 1991).

⑨ **저출산의 문제**: 결혼의 주요한 역할 중의 하나는 자녀를 낳아 가문의 계보를 이어가는 것이다. 그러나 이 시대의 많은 젊은 부부들이 자녀보다 개인의 자유와 행복과 자기성취를 중시하다 보니 자녀양육에 대한 부담감으로 출산을 의도적으로 피하게 되었다. 이로 인한 저출산으로 부부생활이 위기에 놓이게 될 때 자녀양육 문제에 대한 부담감이 줄어 쉽게 이혼을 결정하게 된다(김득렬, 1991).

⑩ **고부간의 갈등**: 한국사회가 근대화되고 가족제도가 핵가족화되면서 고부간의 갈등의 소지는 많이 사라졌다. 그러나 아직은 서구와 같이 부모로부터 완전한 독립은 아니고 많은 가정이 시가와의 유대는 계속되고 시부모의 영향이나 간섭은 배제할 수 없기 때문에 여전히 고부간의 갈등은 부부간의 갈등을 일으키고 확장시키는 큰 원인 중의 하나이다(이정우, 1992). 여기서 남편의 역할은 중재자의 역할인데 대개 시부모 편에 서거나 침묵으로 일관하여 고부간의 문제가 결국은 부부간의 이혼위기로 확대되는 경우가 많다.

⑪ **의사소통의 문제**: 부부간의 의사소통이 제대로 이루어지지 않을 때 부부갈등은 시작되고 심화된다. 부부간에 진실하고 솔직한 대화를 할 수 있다는 것은 심리적으로 친밀하다는 것을 의미하며, 말을 끊임없이 취사선택해야 하는 인간관계는 그 거리가 멀다는 것을 의미한다(연문희, 1994). 남편과 아내가 전혀 대화를 하지 않는 경우나 대화가 있어도 감정을 나누지 않는 사무적인 대화는 부부 사이에 위기를 불러온다.

⑫ **가정폭력과 외도의 문제**: 가정 내 폭력과 외도는 주로 한국남성의 폭력성과 성에 대한 이중윤리의 반영이라고 생각된다. 그러나 이런 폭력은 대개 능력의 부족, 외도, 도박, 혼수문제, 고부갈등, 성격차 등 다른 문제가 발생할 때 수반되며, 자신이 저지른 잘못과 열등감을 은폐하기 위하여 혹은 화풀이 수단으로 동원되며 심각한 가정해체의 원인이 되고 있다(김순옥 · 노명숙, 2004).

4) 이혼과 자녀

이혼 후 자녀에게 있어서 적응이라 함은 어떠한 위기사건 이후에 이를 극복해 가는 과정임과 동시에 개인과 환경 간의 균형 있고 조화가 이루어진 상태를 의미한다(Lazarus, 1963). 즉, 자녀가 건전한 발달과정에 저해를 받지 않고 최상의 성장을 할 수 있는 상태를 말하는 것으로서 심리사회적인 특성과 행동특성에 있어서 심각한 문제가 일어나지 않는 정도 적응이라 볼 수 있다. 선행연구를 통하여 밝혀진 이혼가족 자녀들의 적응문제를 간단히 살펴보면 다음과 같다.

(1) 정서적 문제

이혼 이후 아동들의 반응에 대해 왈러스틴과 켈리(Wallerstein & Kelly, 1980)는 부모의 이혼 후 자녀가 경험하는 주요 정서를 공포, 슬픔, 열망(yearning), 걱정, 거부되었다는 느낌, 외로움, 충성에 대한 갈등, 분노, 죄책감이라 하였다. 이혼에 대한 반응은 발달과정에 따라서 다르지만, 보편적으로 아동들은 부모에게 거부감과 분노 등의 부정적 감정을 경험하게 된다고 한다(정진영, 1993).

이혼가정의 자녀들은 스트레스와 우울이 높으며(Hetherington et al., 1989), 부모의 이혼이나 별거가 자녀의 성장, 성숙을 지연시키고 애정결핍과 대화단절을 초래하여 적응능력이 저하됨을 나타내고 있다. 국내의 이혼가족의 자녀에 대한 실증적 연구로 황옥자(1980)의 초등학교 고학년을 대상으로 한 연구에서는 "집안에서는 우울하다. 학교생활에서는 외롭다"라는 특징을 나타냄으로써 주로 부정적 정서반응을 하였다. 주소희(1992)의 연구에서는 이혼가정의 자녀 50명(초등학교 5~6학년)을 대상으로 정신건강목록(SCL-90)을 검사한 결과 강박증과 대인예민증이 있었으며, 여아의 경우에는 우울과 신체화 증상에서 남아에 비해 유의한 차이를 나타냈다. 강박증이란 강박관념으로 나쁜 생각을 할까 두려워 자신의 충동에 대한 억제양상이 두드러짐을 나타내는 개념으로 부모의 이혼으로 인한 분노에 대해 억제양상을 보이고 있는 것으로 보인다.

(2) 행동적 문제

이혼가족의 자녀들은 이혼으로 인한 심리적 상처뿐만 아니라 가족생활의 전반적인 변화를 경험하게 된다. 이러한 달라진 생활환경에 적절히 대처하지 못하면 행동적 문제도 나타날 수 있다(Guttman, 1993). 이명숙 외(1993)의 연구에서는 부모불화 등의 가정의 기능적 결손을 경험한 청소년들이 비행소년이 될 확률이 높음을 시사하였다. 이혼으로 인한 부모와의 관계단절, 상실감은 청소년기의 건전한 성장에 영향을 줄 뿐만 아니라 공격적 행동, 도벽, 대인관계 문제, 학업성적 하락 등의 전반적인 적응문제와 비행, 자살 등의 심각한 문제에까지도 연관되어 있음을 알 수 있다. 특히 학업성적의 하락이 매우 두드러진 결과로 나타나고 있다. 또한 우리나라 이혼의 경우에 90년대 이후 이혼사유로 1위를 차지하는 것이 배우자의 부정행위이므로, 아동 및 청소년들의 데이트의 불안과 성교육의 부족으로 성인식에 대한 부정적 영향을 주고 있음을 알 수 있다(송성자, 1995). 특히 여아의 경우에는 부모 이혼 후 장기적으로 난잡한 성생활이나 이성관계 문제를 일으키는 경우가 많다(Hetherington, 1981).

(3) 대인관계의 문제

이혼 후 아동들이 대인관계에서 어려움을 겪는 이유는 자신의 가족상황이 드러날 것에 대한 두려움과 드러났을 때의 또래들의 놀림과 거부가 영향을 미치기 때문이다(Kurdek & Berg, 1983; 박병금, 1997). 또한, 이혼 후에는 아동의 경우 한쪽 부모를 따라 이주를 하는 경우가 많으므로 친숙했던 친구나 학교로부터 격리되어 분리, 학업의 방해, 새로운 환경에서의 적응 등으로 인한 스트레스가 가중될 위험이 있다. 주소희(1992)의 연구에서 이혼가족 자녀들은 대인예민증을 두드러지게 나타내고 있는데, 이는 타인과의 관계에서 열등감, 자격지심, 불편감, 부적절감을 나타내는 증상 척도로서, 이러한 대인관계라는 것은 초기의 부모와의 관계에서 형성되는 것으로 볼 수 있는데 부모의 이혼은 자녀의 건전한 대인관계의 장애요소로 작용한다고 볼 수 있다. 또한, 이혼 이후 자녀에게 영향을 주는 변인으로서 부모자녀관계를 꼽을 수 있지만, 반대로 이혼의 결과로 부모자녀관계가 악화되는 경향도 있다. 이러한 이혼의 심리적 상처는 성인이 되어서도 그들의 생활에 계속적으로 영향을 미친다(Berman, 1991). 특히 우리나라의 경우에는 사회문화적으로 이혼 자체를 부정적으로 지각하는 경향이 강하므로 이혼한 당사자뿐만 아니라 이혼한 자녀들은 부모의 이혼문제에 대하여 다른 사람들에게 이야기하는 것을 기피하게 되고 이러한 결과 대인관계의 부적응현상뿐만 아니라 심리적 상처가 내면화되어 제대로 극복되지 않은 채 남게 되는 경우가 많다(이정숙, 1994; 전명희, 2001: 14-16).

5) 대안

이혼은 사회적 현상으로 보아야 한다. 이혼을 보는 시각이 긍정적이든 부정적이든 그 과정에서 당사자는 심리적 아픔과 현실적으로 많은 어려움을 경험한다. 따라서 이혼가족이 겪는 문제를 사회적으로 해결할 수 있는 개입 방안을 모색해야 한다. 그러기 위해서는 이혼에 대한 인식의 변화가 선행되어야 하며, 법제도의 개선, 사회적 지원체계의 전문화 방안이 마련되어야 할 것이다.

(1) 이혼에 대한 인식변화

최근 증가하는 이혼으로 인한 생활유형의 변화에 대한 적응을 돕기 위한 인식의 변화나 사회적 지원제도는 충분하지 못하다. 즉, 이혼으로 인해 가족생활의 변화에 적응하지 못하는 사람들을 '결혼의 실패자'로 낙인찍는 것이 전통적 시각이다. 게다가 어떠한 형태의 결혼이라도 유지하는 것이 낫다는 전통적 관념과 이혼 후 적응을 돕는 사회적 지원체계의 접근성이 용이하지 않을 때 이혼자는 더욱 방황할 수 있다.

더욱이 이혼에 대한 인식의 변화를 위해서는 이혼에 대한 부정적 견해를 바꾸어야 한다. 특히 성장기에 부모가 없다는 이유로 이혼 자녀가 비행청소년이 될 가능성이 높다는 편견을 가지기 쉽다. 그러나 갈등이 많은 부모 밑에서 성장하는 자녀와 편부모이지만 건강하게 자라는 자녀들 중에서 누가 일탈적 행위를 할 가능성이 높은지 생각해 보아야 한다.

이러한 의식의 변화에 있어 대중매체는 사회구성원에게 막대한 영향력을 미친다. 그러므로 방송은 가치규범이나 생활양식 혹은 프로그램의 소재가 일정한 가족유형뿐만 아니라 다양한 가족유형에 초점을 맞추면서 그들의 삶이 얼마나 건강한 모습을 보이는가를 조명해야 할 것이다. 따라서 방송매체는 우리사회의 모든 구성원들의 사회적 심리적 관심을 반영하는 데 있어 남녀평등에 초점을 맞추고 건강한 가정의 모습을 보여주는 데 노력을 기울여야 할 것이다. 대중매체가 다양한 가족의 삶의 양상을 보일 수 있도록 민간단체는 모니터링에 관심을 가져야 한다.

(2) 사회적 지원체계

이혼자들의 상담욕구는 높다. 상담분야로서는 자신의 심리적 정신적 문제해결, 자녀양육에 대한 내용, 대인관계, 재혼, 이혼조정을 위한 장치, 법률적 문제해결을 위한 상담을 원하고 있다. 이러한 욕구는 이혼상담기관, 종교관 법률부조기관 변호사, 아동을 위한 사회적 서비스에 대한 활성화 방안과 전문화에 중점을 두어야 한다.

① 법적 지원

첫째, 가사조정위원회의 조정 역할 강화이다. 조정 법정은 별거한 부부가 재결합 할 수 있도록 하고 결혼 갈등을 해소하도록 하는 역할을 수행한다. 이 밖에 조정 법정은 이혼의 불가피성을 인정하고 이혼과정을 용이하게 하기 위한 다양한 형태의 이혼상담을 제공할 수 있다. 현재 우리나라의 가사조정위원회도 조정위원의 수의 증가, 전문화를 통해 조정을 활성화하고 있어 조정률이 높아지고 있으나 보다 전문적으로 수행할 수 있도록 해야 할 것이다.

이혼 중재 서비스는 조정 법정의 이혼상담 프로그램의 이용, 민간기관 상담소에서 이혼상담, 전통적인 법적 과정은 이혼분쟁 해결의 가장 효율적인 도구가 아니라는 점을 직시해 이혼조정의 세부적인 것들의 협상(예, 부양비, 자녀 지원, 재산분배 등)이 중재를 통해서 이루어질 수 있어서 만족감을 느낄 수 있으며, 이혼에 따르는 법정 싸움이 감소하는 장점을 가지고 있지만 공공비용이 증가하는 단점도 있다.

둘째, 법률부조 기관의 활성화이다. 국민이 법에 쉽게 접근하기 위해서는 법률 기관의 활성화가 요구된다. 현재 실시하고 있는 기관(대한법률구조공단 한국가정법률상담소)이 역할을 수행하고 있으나 더욱 확장되어야 할 것이다.

② 심리적 지원

첫째, 이혼상담의 전문화이다. 이혼상담은 이혼을 고려하는 사람들 또는 이혼과정에서 이혼절차, 자녀양육, 재산분할 등을 생각할 수 있는 이혼자 요구의 충족 여부 결정에 도움을 주는 법적 서비스가 목적이다. 이혼상담은 민간 부분 상담가 또는 치료자들, 사회 서비스 기관들, 법원 상담자들, 결혼 그리고 가족치료자들, 공무원 또는 이혼중재자들에 의해서 제공될 수 있다. 여기서 주의해야 할 사실은 전문가 자신의 가치관이나 성향과는 관계없이 이혼상담자는 '이혼은 합리적인 대안 중의 하나임'을 수용하여야 한다. 그리고 '이혼은 반드시 가족단위를 해체시키지 않는다'는 점과 '개인, 가족생활 유형의 다양성 가족의 생활을 조정할 수 있다'는 사실을 인정해야 한다.

둘째, 종교기관의 상담 중요성 인식을 제고하여 개인이 결혼, 이혼 문제에 대한 도움을 구할 때, 종교 관련자에게 상담하는 경향이 다른 상담전문가에게보다 약 2배 정도 높은 것으로 나타났다. 성직자의 역할은 감정적인 상처를 치료하고, 자존감을 확립시키고 심리적인 내면의 향상에 초점을 둔다는 점에서 상담가와 매우 유사하다. 또한 교회는 많은 비공식적인 지원을 제공하고, 그리고 교육 프로그램은 이혼과 관련된 이슈들에 중점을 두기도 한다. 그러므로 성직자는 전통적 결혼상담에 초점을 맞추어 이혼을 상담하기보다는 이혼상담 방향을 고려하면서 이혼상담에 응해야 할 것이다.

③ 경제적 지원 공적부조 확대 실시

기본적으로 현재의 수준에서 편부모를 위한 사회보장제도는 수혜자의 요구를 충족시키기가 어렵다. 그러므로 이에 대한 확대 실시가 요구된다. 즉, 경제적 지원, 자녀양육비 및 교육비 보조, 의료비 보조, 편부모수당을 지급,

직업훈련 기회 제공, 임대주택의 입주 우선순위 안배를 생각할 수 있는데, 이것은 예산확보가 수반되는 정책이다. 그러므로 공적부조 확대 실시를 위한 예산의 확보, 사회복지 전문요원의 확보가 우선되어야 할 것이다. 또한 임대주택의 입주우선권 확대 실시는 이혼자의 기본생활의 안정을 위해서 가장 필요한 제도이다.

④ **사회복지서비스**

- **다양한 아동보육시설의 운영:** 정부나 정부의 지원에 의한 사회단체에서 다음과 같은 자녀양육 및 교육을 위한 시설이나 프로그램을 운영 실시한다. 취학 전 자녀의 양육을 위한 다양한 형태의 아동보육시설(주간탁아, 종일탁아 등이나 시설탁아 가정탁아 그리고 며칠간 위탁탁아 등), 취학자녀의 양육 및 교육을 위하여 방과 후 아동보육 프로그램을 활성화해야 한다. 자녀가 유기되는 경우를 고려해 볼 때 가정위탁보호시설의 확대 방안이 요구된다.
- **가정봉사원제도 확대 실시:** 모자가족, 부자가족을 위하여 자녀양육 및 가사를 협조할 수 있는 가사봉사원 제도를 확대 실시해야 한다.
- **재혼기회의 마련:** 이밖에 재혼이 이혼 적응에 긍정적 영향을 미치므로 재혼의 기회를 주선하는 방안이 모색되어야 한다. 특히 정보화시대에는 컴퓨터를 활용한 재혼기회의 마련도 대안 중의 하나로 볼 수 있다. 단 재혼으로 인한 가족문제를 통찰할 수 있는 교육 실시를 전제로 해야 할 것이다(http://khgongbo.com).

6) 이혼가정의 대안 및 지원 프로그램

이혼가정의 부모는 이혼 후 이혼을 인정하려 들지 않고 폭력, 폭언 등 공격적인 태도를 취하거나 달라진 환경에 자포자기한 듯 무기력한 태도를 보이기도 한다. 이혼가정 부모의 이러한 태도는 가족, 친구관계를 단절시켜 사회로부터 고립되거나 소외되어(변화순, 1996) 사회관계망을 악화시키고 있다. 부모의 이혼을 경험한 이혼가정의 자녀 또한 부모와 비슷한 적응상의 어려움을 겪는다. 아들은 심리적으로 불안감, 분노감, 상실감, 고독감, 열등감, 낮은 자존감 등을 보이며(Amato, 2000; Amoto & Keith, 1991; Wallerstein & Blakeslee, 1990) 이혼한 부모에 대한 원망과 그리움으로 소극적, 수동적 위축된 행동을 보이거나 반대로 폭력적, 공격적인 태도를 보이기도 한다(Amato & Keith, 1991; Wallerstein & Blakeslee, 1989). 이러한 이혼가정 아동의 태도는 학교생활을 어렵게 하여 학교생활에 부적응이나 학교폭력의 행위자 및 피해자를 만들기도 한다(서영숙 · 황은숙, 2004; Smilansky, 1992; 황은숙, 2006 재인용).

2 재혼가족

재혼가족(remarried family)이란 배우자 한쪽이나 양쪽 모두가 재혼 이상의 결혼으로 자녀가 있거나 없으면서 하나의 가구를 유지하는 남편과 아내로 구성된 가정으로서 재결합가족(reconstituted family, reconstructed family), 혼합가족(blended family), 두 개의 핵가족(binuclear family), 계부모가족(stepfamily) 등의 용어들로 혼용되어 사용된다(Clifford, 1983). 이러한 재혼가족은 다음과 같은 특징을 지닌다.

① 가족은 처음부터 부부 두 사람으로 시작하지 않고 과거의 배우자와의 관계에서 이미 이루어진 부모자녀관계에서 출발한다.
② 한 사람 또는 두 사람의 친부모가 계부모가족에 영향을 준다.
③ 자녀는 두 가정의 성원으로서 기능하기도 한다.
④ 가족은 복잡하고 확장된 가족관계망을 갖는다.
⑤ 부모가족에 영향을 주는 친부모, 즉 이전의 배우자와 관련된 강력한 삼각관계가 존재한다.
⑥ 부모와 의붓자식 간에는 법적 관계가 없다.
⑦ 재혼가족의 발달과정은 핵가족 체계의 발달과정과 다르다. 재혼가족이 경험하는 발달단계와 발달적 과업을 살펴보는 것은 재혼가족의 복잡성을 이해하는 데 도움이 된다(박문희, 2002: 39-40).

1) 재혼가족 유형

재혼가족의 유형은 재혼가족의 혼인지위(초혼, 재혼)와 재혼의 이유(사별, 이혼)에 따라서 구분하고 자녀양육 유무 및 재혼자의 연령에 따라 다양하다. 또한 재혼가족의 유형구분은 재혼가정을 연구하는 데 있어서 매우 중요하다. 재혼부부의 각각의 전혼자녀 유무와 양육권의 유무를 기준으로 재혼가족을 분류하거나 가족의 구성을 중심으로 해서 계부모, 자녀관계의 비중을 크게 두어 자녀의 양육과 교육이 이루어지고 있는 가족주기에 놓인 가족으로 분류하기도 한다.

2) 재혼가족 현황

재혼 및 재혼가족의 현황은 전체 인구 중 재혼가족의 규모가 파악되지 않고 있기 때문에 혼인건수를 기준으로 살펴볼 수 있다. 재혼의 증가와 재혼 형태의 변화는 우리사회에서 두드러지게 달라지고 있는 현상 중의 하나이다.

재혼에 대한 태도가 변화하고 있는 만큼 재혼건수도 늘어나서 총 재혼건수는 2007년 남자 재혼은 57.3천 건, 여자 재혼은 62.0천 건으로 전년에 비해 각각 1.6천 건(2.9%), 2.2천 건(3.7%) 증가하였으나 재혼 구성비는 남자 16.6%, 여자 17.9%로 전년에 비해 각각 0.1%p씩 감소하였다.

주목할 만한 변화는 여성의 재혼이 남성의 재혼보다 더 빠른 증가율을 보이고 있다는 것이다. 재혼의 전년대비 증감률을 보더라도 남성이 2.9%인데 여성은 3.7%나 증가했다. 이것은 여성의 사회활동의 참여기회가 늘어난 것에 따른 자연스런 추세로 볼 수 있으며, 여성의 재혼에 대한 사회적 인식도 그만큼 달라졌음을 반영하고 있다고 볼 수 있다.

이처럼 현실에서 재혼이 급증하고 가족유형의 변화가 일찍부터 진행되어 왔음에도 불구하고 재혼에 대한 사회적, 학문적 관심은 거의 무관심에 가까웠다고 하여도 과언이 아니다. 기존의 전통적 가족 개념이 빠른 속도로 퇴화하고 그와 더불어 가족생활과 혼인유형에 광범위한 변화가 초래했음에도 현실을 직시하지 못한 것은 사실이다. 전통적인 가부장적 가치관으로 여성의 재혼을 금기시하고 더 나아가 죄악시까지 하는 이상과 현실 사이의 괴리가 재혼가족에 대 한 사회적 학문적 무관심을 낳았다고 하겠다(김연옥 외, 2005: 172).

3) 재혼가족관계

재혼가족의 유형은 재혼부부의 결혼상태(미혼, 이혼, 사별) 자녀유무, 자녀양육유무 및 재혼자 연령에 따라 매우 다양하다. 클라인젬펠(Clingempeel, 1987)은 재혼부부 각각의 전혼자녀 유무와 양육권 유무를 기준으로 재혼가족을 분류했는데 이는 재혼가족 내 부모-자녀관계를 파악하는 데 매우 유용하다.

① **무자녀부모가족**: 둘 다 자녀가 없으며, 초혼가족과 유사하여 계부모가족에서 제외된다.

② **비동거 계부가족**: 재혼한 여성이 아이가 있으나 함께 살지 않는다.

③ **비동거 계모가족**: 재혼한 남성이 아이가 있으나 함께 살지 않는다.

④ **동거 계부가족**: 재혼한 여성이 아이가 있고 함께 살고 있다.

⑤ **동거 계모가족** 재혼한 남성이 아이가 있고 함께 살고 있다.

⑥ **비동거 계부모가족**: 부부 둘 다 재혼 이전에 아이가 있으나, 함께 살지 않는다.

⑦ **동거 계부모가족**: 부부 둘 다 재혼 이전에 아이가 있고 함께 살고 있다.

⑧ **혼합 계모형 계부모가족**: 부부 둘 다 재혼 이전에 아이가 있으나 여성의 아이하고 함께 살고 있다.

⑨ **혼합 계부형 계부모가족**: 부부 둘 다 재혼 이전에 아이가 있으나 남성의 아이하고 함께 살고 있다.

우리나라에서는 아직도 관행상 이혼 후의 자녀양육은 남성이 맡는 경향이 있어서 거의 대부분이 계모가족이고 사정이 불가피한 경우에도 남성의 친가에서 전체 자녀를 맡아 키우는 경우가 허다하다. 자녀의 양육권을 대부분 여성이 가지기 때문에 거의 대부분이 계부가족인 미국인 경우와는 대조적이다(http://blog.naver.com/bluchesse).

(1) 재혼가족의 갈등

재혼가족은 그 구성원의 특성상 많은 문제점을 가지고 있다. 우리나라가 경험하는 사회변동 중의 하나는 재혼의 급증이다. 여성재혼의 남성우위 현상, 재혼의 불안정성 등은 사회적 관심과 개입이 요구된다. 나날이 증가하는 재혼가족의 건강한 가족기능 향상을 위한 대응책은 실로 빈약하다. 일반적인 가정의 변화와 마찬가지로 복합가정 안에서 변화는 희망과 약속뿐만 아니라 상실과 고통도 동반한다.

재혼가족에 대한 긍정적 사회인식 미비, 경제적 문제, 친자녀 성문제, 계자녀와의 갈등, 가정 내 본인의 역할 및 배우자와의 관계 문제 등이 우선적 어려움으로 나타난다. 이러한 문제점을 가족 내 관계상의 갈등과 적응상황 등을 중심으로 부부관계, 자녀관계, 친족관계로 나누어 살펴본다(이소희, 2003: 166-171).

① 부부관계

재혼가족의 부부관계는 초혼가족의 부부관계와 마찬가지로 일상적인 결혼생활에서 올 수 있는 다양한 갈등을 가지고 있다. 재혼이라는 특수맥락과 관련하여 부부관계 적응에 영향을 주는 요인들로 본인과 배우자의 자녀들 및 전혼관계의 배우자 그리고 부부간 의사소통의 기술 등이 있다.

첫째, 전혼배우자 요인으로 상대방의 이전 배우자는 본인에게 무의식적인 경쟁 대상자가 되면서, 잠재적 직접적 부부갈등의 소지가 된다(이소희, 2003). 갈등의 유형은 아직 혼자인 이전 배우자가 현재의 재혼생활을 방해하는 경우, 현재 배우자를 속이고 이전 배우자를 계속 만나는 경우, 사별한 이전 배우자의 제사를 지내주는 등 이전 배우자와의 결혼생활이 현재생활의 기준이 되는 경우이다(장혜경·민가영, 2002). 재혼가족 내에서 초혼가족과는 달리 전처, 전혼자녀, 전혼 친척관계 등 다양한 가족 내 가족관계가 존재하므로 이 관계들의 경계를 어떻게 조율하는가는 재혼가족의 적응에 중요한 관건(남국희, 2005: 23)이 된다.

둘째, 자녀요인으로는 실제적인 본인 자녀에 대한 편애, 계자녀양육 거부,

계부모로서의 배우자에 대한 본인의 선입견, 재혼생활에서 자신의 불안정한 위치의 방해자로서의 자녀이다. 또한 재혼에 대한 사회적인 선입견이 재혼당사자들에게도 내면화되어 배우자에 대한 편견, 본인 스스로에 대한 콤플렉스를 형성하게 된다. 이로써 부부간의 의사소통을 방해하는 역할 부재가 갈등을 일으킨다.

셋째, 의사소통의 기술요인을 들 수 있다(이소희, 2003: 170). 모든 결혼생활에서의 부부간의 의사소통 기술은 부부관계의 질을 결정하는 데 중요한 요인이다. 그러나 초혼과는 다른 맥락에서 재혼생활의 의사소통의 기술이 중요하게 부각되어야 하는 필요성이 있다. 재혼이라는 결혼생활이 초혼과는 다른 결정적인 맥락은 재혼당사자들에 대한 사회적 편견이 존재한다는 점이다. 주변의 편견뿐만 아니라 이 편견을 본인 스스로 내재화하고 있는 것이 가족구성원들간에 갈등과 긴장을 야기하는 것으로 드러난다. 초혼관계에서 별문제가 되지 않았을 문제가 재혼관계에서 큰 문제로 전환되는 이유가 여기에 있다.

② 자녀관계

재혼 시 배우자의 친자녀의 존재는 여러 가지로 재혼가족 내의 긴장과 갈등을 초래한다(이소희, 2003). 이것은 본인의 재혼가족의 형태에 따라 여러 가지 요소들과 맞물리면서 발생한다. 비혈연 부모자녀관계가 형성되는 재혼가족 내에서는 본인 자녀, 자녀와 관련된 공통된 갈등유형이 발생하는데 계부모로서의 역할 갈등과 외부에서 재혼가족 자녀에 대한 편견을 경험하는 경우가 많다. 가부장적 호주제[3])로 인해 자녀의 성씨 변경의 문제로 큰 정신적, 실제적 어려움을 경험하고 있으며, 가족구성원 간의 성적(sexual) 위험성의 가능성은 잠재적 갈등 사유가 되고 있다(장혜경 · 민가영, 2002: 175).

특히 재혼가족의 자녀들이 겪는 어려움 중 가장 큰 문제는 충성심의 문제이다. 이들은 원가족에 대한 충성심을 그대로 유지하고 있기 때문에 새롭게 맺어진 계부모와 새로운 구조를 만들어 가려고 할 때, 자신들이 가진 충성심

3) 2005. 3. '호주제 폐지'는 우리사회의 민주화 진전에 큰 획을 긋는 쾌거다. 이제 호주와 그에 딸린 가족구성원이 있는 호적이 아니라 사람마다 신분등록부를 갖게 되고 가족부리를 우선해 재혼가정의 자녀가 가정법원의 허가를 받아 새아버지의 성을 따 볼 수 있게 되었다.

에 상처를 준다고 생각하기 쉽다. 따라서 자녀들은 각기 다른 유형의 가족에 자신을 맞추어 가야 할 때, 충성심의 딜레마에 빠지게 된다(김유숙, 2005: 100). 새로운 부부가 자녀들이 스스로 충성심을 정리할 수 있도록 서서히 다가서지 않고 무조건 새로운 가족에 적응하도록 강요한다면 그들은 오히려 이전 가족에 더욱 고착해 버릴 수 있다는 사실을 알아야 한다.

③ 친족관계

혈연과 친족중심인 한국가족문화에서 친족은 재혼가족이 새로운 가족을 형성하는 데 있어서 중요한 역할집단(남국희, 2005: 28)이 되고 있다. 또한 사회가 가지고 있는 계모에 대한 그릇된 신화는 남편의 시댁식구들로 하여금 자신의 손자, 조카를 계모의 구박으로부터 보호, 감시하게 하는 역할을 하게 한다.

그러나 이러한 시댁식구들의 지나친 관여는 자녀와 계모가 새로운 관계를 형성하는 것을 막아 가족형성에 걸림돌이 되고 있다(남국희, 2005). 재혼 후 배우자의 친족들이 이전 배우자와 비교하는 것과 새로운 가족구성원으로 인정하지 않고 거부하는 친족들의 태도는 재혼가정을 형성하고 적응해 가는 데 어려움을 주어 갈등의 요인이 된다. 때로는 배우자의 친족들이 새로운 재혼가정 형성에 좋은 지지집단이 될 수도 있다.

(2) 재혼가정의 적용

재혼가정의 적응은 일반적으로 2~5년 소요된다. 예전에는 재혼을 하거나 전 배우자와의 접촉을 완전히 끊는 단계가 되면 이를 적응이라고 하였다. 하지만 결혼한 사람으로서의 지위나 전 배우자에 의존하지 않는 자신의 독립적 정체감을 확립하고 일상생활의 제반 역할 · 가정, 직장 등을 적절하게 수행한 능력을 획득하는 것을 적응(adaptation)으로 정의한다(김혜경 외, 2006: 250).

재혼은 분열된 가족체계를 확대하여 뒤엉킨 가족관계를 재형성하게 된다. 따라서 재혼가족들이 가족 재형성하면서 갈등을 해소하고 적응하게 되는 과정은 가족으로서의 성공여부를 결정짓는다는 점에서 중요하다.

① **사별 후의 재혼적응:** 결혼생활이 중심이 되어 있는 가족관계에서 배우자

를 잃었을 경우, 이혼보다 급작스럽게 준비 없이 당하게 되므로 적응하는 데 더욱 곤란을 느끼게 된다. 특히 여성의 경우 경제적, 사회적 지장을 가져오고 핵가족화하는 현대사회에서 혼자라는 고립감과 역할상실 등의 정서적 불안정으로 수명단축 및 자살률의 증가, 행동의 장애 등을 나타내기도 한다.

② **이혼 후의 재혼적응**: 이혼은 이미 별거 또는 가출, 유기 등의 비정상적 형식을 취하고 있기 때문에 배우자 사망에 의한 역할보다 변화기가 충분히 있는 경우가 많고 대개 결혼이 불가능할 정도의 관계이므로 배우자 상실에 대한 고통은 덜할 수도 있다. 그러나 이혼한 사람을 주위에서 관찰하면 불안, 수치심, 이혼자라는 선입관, 성적욕구, 주체성의 위기 등에 대한 당사자의 적응뿐만 아니라 자녀의 적응 등에 문제가 발생하는 것을 볼 수 있다.

결론적으로 말하면 재혼가족은 많은 상실과 변화를 겪은 후에 형성되므로 몇 가지 가족 변이기를 경험한 후에 이루어진다. 각각의 변이기는 재혼가족의 구성원에게 복합적인 변화를 가져온다. 그러한 변화 속에서 기회나 희망의 상실, 관계에서의 상실, 그리고 경험에서의 상실 등을 수반하게 된다. 특히, 재혼가정의 적응이란 계부모-계자녀 간의 관계를 포함한 전체 가족의 행복과 응집으로 가족구성원들의 정서적, 심리적 유대감을 통하여 결혼 만족을 이끌어 내는 것이다. 그렇게 하기 위해서는 재혼가족은 초혼가족과 달리 사회적 규범이 미비하여, 가족원의 경계와 역할문제의 융통성 등 조정 능력이 더 요구된다(김효순, 2006: 51).

4) 대안

(1) 개인적 차원

재혼 전 한부모로서의 역할과 재혼가정에서의 배우자로서의 역할은 다르며 자녀로서의 역할 또한 마찬가지이다. 따라서 과거와 현재의 다름을 인정하고 분리하는 것이 필요하다. 계부모가족은 가족사와 전통 및 습관이 다른 가족성원들이 합쳐진 상황이며, 혹은 가족주기가 다른 가족성원들의 모임이다. 따라서 차이를 인정하도록 상호 타협해야 한다.

재혼가족의 자녀들은 비양육친과 계부모 사이에서 누구에게 의리를 지켜야 할지에 관해 갈등을 느낀다는 사실을 인정하고, 자녀들 스스로 관계를 규정할 수 있도록 허용해야 하고, 자녀들의 비양육친과 재혼부부 간에 적대적인 관계가 형성되지 않고 부모 역할을 공유하고 협력할 수 있도록 각자의 역할경계를 새로이 규정하고 합의해야 한다.

(2) 사회적 지원

재혼가족의 가족성원들이 일상생활에서 불이익을 받아온 법적 조항들을 수정한다. 또 온라인과 오프라인을 통해 재혼가족을 위한 전문 상담 시스템을 구축하고 활성화시켜야 하며, 재혼가족의 가족역할과 가족경계 등과 관련된 새로운 가족모델을 개발하고 보급해야 한다.

초혼 핵가족 중심의 정상가족 이데올로기를 극복하고 재혼가족 또한 보편적이고 동등한 형태의 가족으로 인정하고 받아들이도록 적극 홍보하고 재혼가족의 구성원들이 하나의 단위로 보호받을 수 있도록 법적 제도를 정비해야 한다(유옥, 2006: 261-262).

3 한부모가족

1) 한부모가정의 정의

우리나라는 1990년대 이후 가족구조의 변화를 보이기 시작하였고, 이 같은 변화는 혼인율과 출산율의 감소, 이혼가족을 비롯한 다양한 가족형태가 증가하는 현실에서 쉽게 확인할 수 있다. 특히, 결혼 및 가족가치관의 변화로 1인

가구가 증가하고 있을 뿐만 아니라, 결혼과 가족 구성방식이 다양해지면서 국제결혼가족, 기러기가족, 한부모가족 및 조손가족 등과 같은 과거에는 그 빈도가 매우 낮았고, 그래서 일종의 일탈적 유형으로 보였던 다양한 가족유형들이 최근에는 통계적으로 의미 있는 빈도로 등장하여 이른바 후기 근대가족의 주요 유형으로 자리 잡게 되었다(여성가족부, 2007).

이러한 추세는 현대사회의 개인주의적 가치관의 발달과 함께 공동체의식을 약화시켜 가족보다는 개인의 가치를 중시함으로 해서 이혼, 유기, 별거 등 가족해체를 촉진시켰고, 산업재해, 각종 공해, 대형사고, 신종질병 등 산업사회에서의 새로운 사회적 위험은 한부모가정을 증가시키는 요인으로 작용하였다(정지훈, 2004; 박향순, 2005 재인용).

한부모가정이란 이혼, 사별, 별거, 가출, 유기 등에 의해 양친 중의 한쪽과 그 자녀로 이루어진 가정을 말하며(변화순 외, 2001), 아동의 보호를 누가 맡느냐에 따라 모(母)가 주 양육자이면 여성 한부모가정(fatherless family)으로 부(父)가 주 양육자이면 남성 한부모가정(motherless family)으로 불린다. 영어로는 single-parent family, one parent family, lone-parent, fatherless/motherless family 등으로 사용되고 있다(김미숙 외, 2000; 권희정, 2006 재인용).

2) 한부모가정의 원인 및 실태

전통적인 한부모가정은 고도의 산업화 과정과 급속한 사회변동을 겪으면서 가치관 등의 변화로 인하여 배우자 사망 외에도 개인의 선택 등으로 인하여 한부모가정의 발생원이 다양하게 생기게 되었다. 아래 표 9-1과 같이 이혼, 별거 등에 의한 발생 비율이 점차 늘어나고 있는 실정이다(임보래, 2004; 양해경, 2000; 정순태, 2002; 김현숙, 2000; 권희정, 2006 재인용).

표 9-1 한부모가구 비율 현황 (단위: 1,000가정, %)

연도	총 가구 수	한부모가구 수					한부모가정 비율
		유배우	사별	이혼	미혼	계	
1985	9,571	254(30.0)	443(52.2)	50(5.9)	101(11.9)	848(100.0)	8.9
1990	11,335	227(25.5)	498(56.0)	79(8.9)	85(9.6)	889(100.0)	7.8
1995	12,958	216(22.5)	528(54.8)	124(12.9)	94(9.8)	960(100.0) 편모: 778 편부: 172	8.6 편모: 82.1 편부: 17.9
2000	14,312	252(22.5)	502(44.7)	245(21.9)	122(10.9)	1,124(100.0) 편모: 904 편부: 551	9.4 편모: 80.4 편부: 19.6

표 9-1은 총 가구 수 중 한부모가구 수가 차지하는 비율과 유형별 구분한 것을 나타내고 있는데, 이를 살펴보면, 한부모가구는 전체 가구대비로 볼 때, 1985년에는 8.9%였던 것이 2000년에는 21.9%로 무려 4배 가까이 증가했다. 이는 한부모가정이 이혼에 의해 형성되고 있는 비율이 꾸준히 증가하고 있다는 것을 나타내 주는 것이라고 볼 수 있다. 그리고 이 중에서 여성 한부모가 차지하는 비율(80.4%)은 남성 한부모(19.6%)에 비해 2000년에는 무려 4배 많은 것으로 나타나고 있다. 또한 2003년 통계청에 따르면 어머니와 자녀로 이루어진 한부모가정은 우리나라의 경우 1990년과 2002년 사이 이혼가정 수는 4만5천에서 14만5천으로 3.5배 정도 증가하였고, 사별가정 수는 24만2천에서 24만 6천으로 증가하였고, 기혼여성의 12.8%와 기혼남성의 1.8%가 사별가정으로 나타났고, 또한 1993년 1.3%이던 조혼율이 불과 십여 년 만인 2003년에는 3.5%로 무려 3배 증가했음을 알 수 있다(김오남, 2004 재인용).

3) 한부모가정의 대안 및 지원 프로그램

산업화, 도시화·핵가족화 등 사회의 구조적 변화와 함께 이혼, 별거, 사별 등으로 인한 한부모가족이 계속 증가하고 있는 가운데 한부모가족복지사업은 「한부모가족지원법」 제5조, 제5조의2 및 동법 시행규칙 제3조에 의해 지원하는 저소득 한부모가족, 미혼모 등을 대상으로 내실 있게 지원함으로써 보호대상자의 생활안정과 자립기반 조성을 목표로 하고 있으며, 크게 재가 저소득 한부모가족지원사업과 한부모가족복지시설 운영 지원사업이 있다(여성가족부, 2007).

(1) 한부모가족복지시설

① 모 · 부자보호시설

만 18세 미만의 자녀를 가진 무주택 저소득 · 부자가정에 대하여 모 · 부자보호시설에 3~5년 동안 입소시켜 기본적인 생활보호와 자립기반 조성을 위한 지원을 하고 있으며, 입소자의 정신적 · 심리적 갈등과 자녀양육문제 및 직업훈련 등에 관하여 상담지도를 하고 있다.

② 모자자립시설

만 18세 미만의 자녀를 양육하는 무주택 저소득 모자가족 및 모자보호시설에서 퇴소하였으나 자립준비가 부족한 모자가족에게 3~5년 동안 주택편의만을 제공하는 모자자립시설 4개소를 운영하고 있다.

③ 일시보호시설

배우자의 물리적 · 정신적 학대로 인하여 아동의 건전한 양육 또는 모의 건강에 지장을 초래할 우려가 있는 모자를 보호하기 위해 일시보호시설을 운영하고 있다. 일시보호시설의 보호기간은 6개월이며(필요시 3개월 범위 내에서 연장 가능) 전국에 14개소를 설치 · 운영하고 있다.

④ 미혼모자시설

미혼의 임신여성 또는 출산 후 6개월 미만(필요시 6개월 범위 내 연장가능)의 보호를 요하는 여성이 안전하게 분만하도록 도와주고 심신의 건강을 회복할 때까지 보호함을 목적으로 미혼모자시설을 운영하고 있다. 미혼모자시설은 전국에 25개소를 설치 · 운영하고 있으며, 입소기간 중 직업교육을 실시하여 퇴소 후 자활 자립이 가능하도록 지원하고 있다.

⑤ 미혼모자공동생활가정

공동생활가정은 만 2세 미만의 영유아를 양육하는 미혼모로서 숙식 보호를 필요로 할 경우 무료 숙식뿐만 아니라 직업, 양육 인성 교육과 상담지도 서비스를 제공하며, 보호기간은 1년 이내로 하되 보호기간 연장기간에 부합될 경우 1년 범위 안에서 연장이 가능하다.

표 9-2 연도별 미혼모공동생활가정 보호실적

연도별	시설 수	입소 정원	입소 현황	종사자 현원
2006	16개	77명	98명	23명
2007	15개	77명	128명	21명

한부모가족복지시설은 숙식보호 이외에 한부모가족의 생활향상과 자립강화를 위해 다양한 서비스가 필요한 바, 향후 복지시설 입소자 등이 지역사회 자원을 활용할 수 있도록 지역 네트워크 활성화가 요구된다.

(2) 한부모가족 자립역량강화

① 저소득 한부모가족 취업지원사업

저소득 한부모의 취업을 지원하기 위하여 중앙 건강가정지원센터와 노동부의 고용지원센터 간 MOU를 체결하여 직업훈련 활성화 및 취업, 창업 등 고용기회를 제공, 자립기반을 조성하고 있다.

주요 추진내용을 보면 건강가정지원센터에서는 실직자에게 가족상담, 가족교육 등 가족지원서비스를 제공하고, 고용지원센터에서는 한부모가족 등에게 직업교육, 취업알선 등 고용지원서비스를 제공하고 있다.

② 한부모가족 사례관리사업

• 목적

한부모가족의 지원서비스를 연계 통합하여 One-stop으로 지원하고 개별 가구 사례관리로 한부모가족의 지속적인 사후관리 등 전문적인 지원체계를 구축, 한부모가족의 가족기능 강화 및 탈빈곤 기여 등 자립을 지원하고 있다.

• 대상

사례관리사업은 한부모가족희망센터(부산, 안산, 천안, 광양, 포항의 5개소)에서 추진하고 있으며, 국민기초생활보장수급탈락 한부모가족, 수급자 중 자활사업 조건부 대상에서 제외된 한부모가족, 「한부모가족지원법」의 보호를 받고 있는 저소득 한부모가족 등을 우선 대상으로 1개소당 상시 사례관리대상 50~60가구 기준으로 사례관리를 실시하고 있다.

• 주요 내용

한부모가족 대상 확대에 따른 적극적 사업홍보 및 대상자 발굴, 지역 자원 발굴 및 활용을 통한 간접서비스 제공능력 강화, 한부모가족의 자원활용능력 강화를 위한 지역복지서비스 조정, 지역통합 사례관리 체계 마련을 위한 적극적인 네트워크 사업 등을 추진하여 한부모가족의 자원 활용 능력 및 가장으로서의 능력 향상 사례관리사업 참여를 통해 심리적·정서적 안정 및 신체적 건강증진, 상담 및 정보제공으로 자신과 가족 내 잠재된 강점 발견으로 문제해결에 대한 자신감을 회복할 수 있을 것이다.

• 향후계획

향후 전체 가족지원사업의 들에서 체계적이고 효율적으로 한부모가족 사례관리사업을 추진하기 위해 건강가정지원센터에서 통합운영하고, 사례관리 대상자를 미혼모, 조손가족, 위기가족 등까지 확대하여 추진할 예정이다(윤경자, 2009 재인용).

CHAPTER

10

가족 기능에 따른 가족 변화

1 한부모가족

1) 한부모가족의 개념

현대가족의 두드러진 변화는 다양한 형태의 새로운 가족의 증가현상으로 볼 수 있으며, 특히 한부모가족이 빠르게 증가하는 가족형태로 나타나고 있다. 한부모가족이란 이혼, 별거, 사망, 유기 등 여러 가지 사유로 양친 중의 한쪽과 그 자녀로 이루어진 가족을 말한다. 따라서 자녀의 보호를 누가 맡느냐에 따라 모가 주 양육자이면 여성 한부모가족으로 부가 주 양육자이면 남성 한부모가족으로 불리게 된다(장혜경 외, 2001).

과거에 지칭하던 결손, 결핍의 의미가 강한 편부모 가족이라는 용어 대신에 한부모가족이라는 용어를 사용함으로써 부정적인 의미보다는 단지 새로운 가족형태의 하나로 한부모만이 있는 정상적인 가족의 범주로 수용하고자 하는 분위기가 확산되고 있다. 한부모가족이라는 용어는 부모 중에 한쪽만 있다는 뜻이지만 동시에 크다 또는 온전하다는 의미도 내포되어 있다(한국여성민우회, 1999).

한부모가족은 주로 배우자의 사망에 의해 발생되었지만 최근에는 이혼과 별거의 증가, 미혼부모의 발생으로 인한 증가추세를 나타내고 있다. 특히 30대와 40대의 비율이 높게 나타나고 있고 질병이나 사고로 인한 중년남성의 사망률 증가와 자녀와 가족에 대한 가치관의 변화와 이혼에 대한 태도 역시 30대 젊은 연령집단부터 급격하게 바뀌고 있어 급증하는 이혼율을 고려할 때 한부모가족은 지속적으로 증가할 것으로 예측할 수 있다.

2) 한부모가족의 현황

우리나라 한부모가족 현황을 보면 한부모가구 수는 2000년 1,123,854가구이던 것이 2005년에는 1,369,943가구로 246,000가구 증가하였는데 이는 2000년에 비해 21.9%로 증가한 것이다. 구체적인 현황은 표 10-1과 같다. 한부모가구 현황을 혼인상태별로 보면 2005년 현재 사별가정이 501,095가구(36.6%)로 가장 많고, 이어 이혼가정 398,532가구(29.1%)로 나타난 반면 2000년의 경우는 사별가정이 502,284가구(44.7%), 이혼가정이 245,987가구(21.9%)로 나타나 한부모가정의 비율 중 사별가정의 비율은 감소하고 있는 반면 이혼가정의 비율은 증가하고 있는 것을 볼 수 있다. 이는 이혼가정에 대한 관심과 지원은 물론 사별가정에 대한 서비스도 제공되어야 함을 시사한다.

표 10-1 **한부모가구 구성 현황**

유형	2000년	2005년	증감(2000~2005)	
	가구 수	가구 수 (가구원)	증감	증감률
부자가정	225,000	286,923 (741,291)	61,923	28%
모자가정	923,000	1,083,020 (2,751,238)	160,020	17.3%
총계	1,148,000	1,369,943 (3,492,529)	221,943	21.9%

한부모가구 구성 현황 표 10-1을 살펴보면 2005년 모자가정은 1,083,020가구로 약 80%를 차지하며, 부자가정이 286,923가구로 약 20%의 분포를 보이고 있다. 2000년과 비교해 모자가정의 증감률은 17.3%에 그치는 반면 부자가정의 증감률은 28%로 부자가정의 증가가 두드러지는 것을 볼 수 있다. 이는 모자가정 못지않게 부자가정에 대한 관심과 지원이 뒤따라야 함을 보여주고 있다.

표 10-2 혼인상태별 한부모 가구 현황

• 모자가구 (단위: 1,000가구, %)

연도	한부모 가구 수(A)	모자가구 수					모자가구 비율 (B/A)
		유배우	사별	이혼	미혼	계(B)	
1995	960	165(21.5)	458(58.2)	73(9.3)	91(11.5)	787(100)	82.0
2000	1,124	195(21.6)	438(48.4)	153(16.9)	118(13.1)	904(100)	80.4
2005	1,370	264(24.4)	427(39.4)	259(23.9)	133(12.3)	1,083(100)	79.1

출처: 통계청.

• 부자가구 (단위: 1,000가구, %)

연도	한부모 가구 수(A)	부자가구 수					부자가구 비율 (B/A)
		유배우	사별	이혼	미혼	계(B)	
1995	960	51(29.5)	68(39.3)	51(29.5)	3(1.7)	173(100)	18.0
2000	1,124	58(26.3)	64(29.1)	93(42.3)	5(2.3)	220(100)	19.6
2005	1,370	64(22.3)	74(25.8)	140(48.8)	9(3.1)	287(100)	20.9

혼인상태별 한부모가구 현황 표 10-2를 보면 모자가정은 2005년 기준 사별이 약 427,000가구로서 39.4%로 가장 높고, 이혼이 259,000가구로 23.9%를 차지하고 있으며, 부자가정은 사별이 74,000가구, 25.8%이며 이혼이 140,000가구로서 48.8%를 나타내어 모자가정은 사별에 의해 형성되는 경우가 많고 부자가정은 주로 이혼에 의해 증가하고 있음을 보여준다.

3) 한부모가족의 특성과 적응문제

한부모가족이 직면한 가정문제는 대체로 경제적 문제, 자녀양육 문제, 심리·정서적 문제, 사회적 문제들로 요약되며 여러 문제가 복합적으로 한부모가족의 적응에 영향을 미친다.

(1) 경제적 문제

한부모가족의 가장 심각한 문제는 경제적 문제이며, 특히 저소득층 계층이 더욱 심각하다. 가족의 결손은 가족소득을 평균적으로 30~50% 감소시켜 생활수준이 낮아지고 더 나아가 빈곤가족으로 전환시키게 된다(조흥식 외, 1997). 한부모가족 중 여성이 가장인 경우에는 여성의 사회진출이 어려운 상황에서 생계를 위하여 취업을 하지만 저임금 직종에 종사하는 비율이 높아 경제적인 어려움을 겪고 있고, 주로 장시간 일해야 하는 근로조건인 경우가 많아, 직업 역할과 자녀양육 역할에 부담을 느끼게 된다. 또 이혼한 여성의 경우에는 자녀양육비를 지급 받을 수 있음에도 불구하고 현실적으로 잘 이루어지지 않아 경제적 어려움을 겪기도 한다. 경제적 빈곤과 가계소득의 경제적 불안정 등은 여러 문제들로 동반될 수 있다.

부자가정의 대다수도 저학력과 저소득으로 인하여 단순노무나 일용직에 취업하고 있어 경제적 빈곤상태에 놓여 있고 이러한 불안정한 취업구조는 부자가정의 발생요인이 되기도 한다. 배우자의 부재로 인한 가정생활 변화와 함께 직업생활에 전념할 수 없어 가계와 자녀양육을 균형 있게 할 수 있는 직업을 고려하다 보면 불안정한 취업을 초래할 수도 있고 자녀양육비나 탁아 비용의 증가, 미숙한 가계관리로 인한 가계생활비 증가 등 간접적 요인에 의해서도 경제적 어려움을 겪고 있다(구차순, 2002).

(2) 자녀양육 문제

한부모가 경험하는 자녀양육 문제는 가정환경상의 변화와 한부모의 부적절한 양육으로 인해 발생하는 경우가 많다. 여성 한부모가정의 경우 자녀를 키우는 데 있어서 가장 어려운 점으로 자녀양육 및 교육비 비용의 부족이 높게 나타나며 약 20%가 미취학 자녀, 80~90%가 취학자녀를 두고 있어 자녀 때문에 취업에 지장을 받고 있으며 자녀양육 및 교육문제를 현재 당면한 가장 큰 어려움으로 꼽고 있다(박경숙, 2002).

남성 한부모의 경우 자녀양육의 어려움은 여성 한부모와는 다르다. 우리사회는 남성 한부모 혼자서 자녀를 키우는 삶은 매우 힘들며 다른 사람의 도움 없이 해결하기 어렵다. 미취학 자녀를 둔 경우 대화의 어려움, 보호할 사람의 부재, 자녀양육에 대한 의논상대의 부재로 인하여 자녀교육에 큰 어려움을 가지고 있다. 특히 정서적으로 중요한 역할을 담당하는 모의 부재로 인해 감정적 표현과 애정표현에 있어 많은 어려움을 겪게 되므로 부는 모의 역할에 대한 여러 가지 혼돈과 한계를 경험한다. 저소득 부자가정의 경우 가사일을 맡아 줄 사람을 고용할 여력이 없으므로 성장한 자녀로 하여금 가사일을 돌보게 하여 결국 자녀들이 학업에 전념할 수 없게 하는 요인이 되기도 하고 대리수행자가 없어 자녀를 돌보지 않고 그대로 두는 경우가 적지 않아, 유기 및 방임에 노출되어 있고 더 나아가 아동학대로까지 이어지고 있는 실정이다.

(3) 심리 · 정서적 문제

한부모가족으로의 변화는 가족 내의 역할과 지위의 변화에 적응해야 하는 문제를 야기하며 배우자의 부재로 인해 모의 역할 또는 부의 역할을 수행해야 하는 역할과중과 역할긴장을 유발하여 심각한 정서적 위기를 경험할 수 있다. 한부모가족의 심리 · 정서적인 문제는 사회적 지원망, 우울감, 자존감, 삶에 대한 통제감, 삶의 만족도, 스트레스 정도 등과 관계가 있고 이러한 심리적 문제는 사별보다 이혼으로 인한 경우가 더 크다. 한부모는 배우자와의 이 별로 인해 상실감, 가족에 대한 책임감, 슬픔, 죄책감, 고독감으로 인해서 심리적인 부적응 상태가 나타나며 개인의 사회적 역할수행에 있어서는 분노, 불안, 양가감정, 고통, 매력 없음, 무기력, 무능력, 사회적 편견으로 인한 심리적 위축감, 역할수행상의 혼란과 역할과중으로 인한 심리적 부담, 사회관계망의 변화 등 많은 심리 · 정서적 문제를 수반한다(공세권, 1995; 김영희, 1996). 대체로 여성 한부모가족의 모는 상실감, 소외감, 외로움, 슬픔, 미래에 대한 불안, 우울 등 부정적 정서반응이 지배적으로 나타나고 부자가정의 부는 자학감, 위축감, 고통, 무기력, 무능력, 외로움, 불안, 우울 등의 심리적 상태를 경험한다.

(4) 사회적 문제

한부모가족은 결손가족이라는 사회적 편견으로 인해 어려움을 경험한다. 특히 이혼한 편모의 경우 사회활동에 참여하거나 대인관계를 형성하는 과정에서 주변사람들의 부정적인 인식을 경험하는 경우가 많고 이미 경제적, 정서적, 심리적으로 위축된 여성 한부모가족의 구성원들에게 더욱 열등감과 소외감에 시달리게 만든다(조희선, 1991; 한경혜, 1993).

한부모들은 가족해체를 경험하면서 단지 한쪽 배우자만 잃는 것뿐만 아니라 배우자와 관련된 사회적 지지망도 잃게 되고 대부분 생계유지를 위해 취업을 해야 하기 때문에 이전의 사회적 관계망을 유지할 수 없어 협소한 지지망을 가질 수밖에 없게 된다. 한부모가족의 경우 친척과의 상호작용은 한부모가족이 되기 전보다 훨씬 줄어드는 경향이며 남성 한부모가족의 경우보다 여성 한부모가족의 경우에 이러한 경향은 더욱 강하다. 정서적으로 상처입기 쉬운 취약점을 가진 여성 한부모가 가족, 친구, 동료들로부터 지지를 얻지 못할 경우 더욱 고립되기 쉬우며 비공식적인 네트워크와의 단절은 여성 한부모가족의 사회적 기능수행에까지 악영향을 미치게 된다(최해경, 1997).

가족결손으로 인한 가족환경의 변화, 이사 등의 물리적 공간의 변화로 인한 사회적 관계망의 단절은 자녀들에게도 사회적 지지를 감소시키고 사회적 상호작용의 단절 또는 감소를 초래하여 대인관계상의 문제를 발생시키게 된다. 결손가족의 자녀들은 양친가족 자녀들에 비해 낮은 수준의 사회적 기술을 보이고 있으며, 친구가 적고 친구와 보내는 시간도 적은 편이다.

4) 한부모가족의 건강성

한부모가족은 경제적, 심리적 어려움을 겪고 있는 경우가 많고 자녀양육과 적응에도 어려움을 겪고 있지만 모든 한부모가족이 동일한 부적응을 경험하는 것은 아니며 어떤 가족은 역경을 극복하여 성공적으로 적응하고 성장해 가는 가족들이 있다. 한부모가족이 되면서 이전의 가족 내 갈등관계가 해소되고 부모자녀 간 심리적·정서적으로 가까워지는 측면이 있음에도 불구하고 가족구조나 경제적 부분에 미치는 부정적 영향이 상대적으로 부각됨으로써 한부모가족으로의 변환기를 거치면서 가족관계가 건강성을 회복할 수 있다는 점은 간과되고 있다(이소영·옥선화, 2002; 최희경·이인숙, 2005).

(1) 한부모가족의 강점

한부모가족은 가족구조 측면에서 불안정성의 문제를 경험하지만 기존의 사회적 편견과는 달리 건강한 한부모가족은 가족유대와 자율성, 한부모와 자녀의 긍정적 변화, 개방적 의사소통 등 건강한 양부모가족과 비슷한 특성을 가지는 것으로 나타난다. 특히 여성 한부모가족에서 가족의 유대감이나 응집성은 양부모가족과 차이가 없거나 양부모가족보다 더 높게 나타나 어머니와 자녀관계는 매우 건강하다고 볼 수 있다. 여성 한부모가족 자녀는 양부모가족의 자녀보다 '가족원끼리 인정하고 존중한다' 혹은 '가족끼리 서로 믿고 의지한다'는 가족의 응집성에 더 긍정적으로 지각한다. 대부분의 어머니는 여성 한부모가족이 됨으로써 혼자 양육하는 데 필요한 부차적인 책임으로 인해 자녀들과 함께 있는 시간은 줄었지만 자녀와의 친밀성과 자녀에 대한 이해의 영역에 있어 긍정적인 질적 변화를 경험한다(Melissa, 1994; 이애재, 2000 재인용).

또한 여성 한부모가족의 자녀들이 다른 형태의 가족의 자녀들보다 더 높은 수준의 자율성과 독립성을 보이며, 양친이 있는 가족보다 집안일에 있어서도 더 책임을 가지며 성역할에 융통성 있는 태도 및 동등한 실천을 보인다. 가족의 결속력과 더불어 책임의식은 가족 내에서도 개인주의가 팽배해 있는 현실과 비교할 때 한부모가족이 갖는 강점임에 분명하다. 부자가정의 아버지도 자녀의 적응 측면에서 부부불화에서 오는 불안감의 감소로 인해 자녀들이 정서적 안정을 찾아가고 있는 것과 자녀의 독립심이 커진 것을 긍정적 변화로 인식하였다(현은민 · 신상숙, 2007).

건강한 한부모가족의 특성 관련 연구(현은민 외, 2006)에서 한부모들은 건강한 한부모가족의 중요한 특징이나 요소에 대해 1순위로 '의사소통'을 꼽았다. 관련된 내용을 살펴보면 자녀 부모와의 대화, 대화로 서로의 의견을 수렴하는 것, 대화를 통한 이해, 솔직한 대화 등을 중요시하였다. 다음으로 '자녀의 적응'으로 자녀들이 동요하지 않고 스스로 할 일을 찾아서 하는 것, 자녀가 밝게 자라는 가족, 항상 긍정적인 자녀의 마음, 자녀의 독립심을 들고 있었다. 세 번째는 가족유대감으로 이해, 감사, 사랑, 가족의 결속, 존중, 신뢰, 지지, 화합, 화목을 중요한 특성으로 선정하였고, 네 번째는 '문제해결능력은 어려운 문제가 생겼을 때 도와주는 것. 어려움을 이해하고 해결하는 것, 문제에 대처하는 것'이라고 응답하였다.

공선영(2000)은 여성 한부모가족으로서의 어려움을 극복하고 당당하게 생활하는 '건강한 여성 한부모가족'의 공통점 6가지를 제시하였다. 첫째, 사별이나 이혼으로 모는 경제적 자립을 통해 생활의 자신을 얻는 중요한 경험을 하게 되고, 둘째, 자유로운 시간을 통해 새로운 자아를 발견하고 발전시키며, 셋째, 자녀와의 유대감으로 모자가족의 어려움 극복에 도움이 된다고 하였다. 넷째, 역할수행 측면에서 스스로 가장의 역할을 수행함으로써 자신의 능력에 신념을 갖게 되고 다섯째, 대인관계 측면에서 주위 사람들과 더 가까워지는 좋은 계기가 되며 여섯째, 어려움이나 문제상황에서 주로 개인적, 적극적 대처전략을 활용한다고 보았다. 이러한 여성 한부모가족의 경험에 대한 긍정적인 평가는 변화에 대처하고 가족 간의 유대감을 강화하는 여성 한부모가족으로서의 적응적인 측면을 보여주고 있다.

한부모가족의 강점을 현상학적인 측면에서 연구한 앤더슨(Anderson, 1994)에 의하면 여성 한부모가 경험하는 내면의 강인함은 자신의 발견과 진정한 자아를 이해하기, 인간관계에서 깊이 새겨두기, 자신과 자녀의 운명을 개척하기 위한 자유를 발견하기, 역경을 극복하고 변화하고 적응하기 위한 탄력성 회복하기, 일상경험의 보편적인 한계를 뛰어넘기에 의해 발달될 수 있다.

(2) 한부모가족의 건강성 관련요인

한부모가족의 건강성에 영향을 미치는 요인은 크게 개인적 자원과 가족적 자원, 그리고 사회적 자원을 포함하며 상호 영향을 미친다.

① 개인적 자원

개인적 자원인 자아존중감은 한부모가족의 건강성에 큰 영향을 미치는 요인이다. 이는 한부모가 많은 어려움을 극복해 온 자신의 능력이나 가치를 긍정적으로 생각하고 있고 자아존중감은 자신뿐만 아니라 자녀의 복지에도 영향을 미쳐 모자녀 간 애착과 자율성이 높은 건강한 상호관계를 유지한다. 또한 내적 통제성이 높은 여성 한부모가 경제적으로 어려운 상황에서 보다 바람직한 결과를 얻기 위해 자원 활용에 적극적인 대처행동을 하며 경제적 자립은 한부모가정의 안정에 광범위하게 영향을 미치는 중요한 요인이다.

② 가족적 자원

가족적 자원으로 중요한 가족탄력성은 한부모가족이 경험하는 스트레스를 완충하는 역할을 하여 스트레스가 가족적응에 미치는 부정적 영향을 감소시킴으로써 가족적응을 증진하는 효과를 가진다. 한부모가족으로서 적응하는 과정에서 가족의 구조적 변화에도 불구하고 부모와 자녀가 서로 유대감이 높고 역할분담을 통하여 가족을 재조직하여 다양한 어려움에 협조적으로 유연하게 대처해 나가며 서로 지지해 주고 가족의 위기상황에서 도구적, 정서적 지원을 제공하는 역할을 하는 사회적, 경제적 자원을 잘 활용한다면 건강한 한부모가족이 될 수 있다(현은민, 2007). 또한 한부모 자녀 간 효과적인 의사소통 기술과 한부모의 지속적이고 비처벌적 훈육, 부모자녀관계의 질이 성공적인 한부모가족의 특성에 영향을 준다(Olson & Haynes, 1993; Patterson, 1989). 개방적 의사소통은 한부모와 자녀 모두의 생활만족도에 절대적 영향을 주는 것으로 나타나 모와 자녀 간 서로의 이해를 증진시키기 위해서 효율적인 의사소통 교육이 필요하다.

③ 사회적 자원

한부모는 사별이나 이혼으로 인해 사회적 관계망의 축소와 그에 따른 사회적 지원의 감소와 사회활동의 위축 등과 같은 변화를 체험한다(Anderson, 1988). 사회적 지지는 개인에게 안정된 대인관계를 통해 자아정체감, 안정감, 상황에 대한 예측 가능성 및 통제감 등을 제공하여 심리적 적응에 영향을 미친다(김영희, 1996). 더욱이 전통적인 친족지원체계가 약화되고 핵가족이 보편화된 현대사회에서 한부모가족의 문제는 가족체계의 자원에 의존할 수 없는 사회적 지원이 요구된다. 우리나라에서 한부모가족이 제공받을 수 있는 사회적 지지는 아직 낮은 편이다. 사회적 지지가 많을수록 가족관계의 건강성을 높게 평가하는 것으로 나타나, 가족의 형태보다 사회에서 제공해 주는 지지가 가족관계의 건강성에 더 영향력이 있다(Hanson, 1986). 특히 여성 한부모의 심리적 적응에 친정부모 · 친구 · 친척 등이 제공하는 사회적 지지는 중요한 역할을 한다.

5) 한부모가족을 위한 지원

증가하는 이혼율과 한부모가족의 문제가 사회문제로 부각되면서 사회와 국가가 어떤 지원을 할 것인가가 중요한 문제로 대두되었고 한부모가족의 건강성을 회복하고 지원할 수 있는 미시적, 거시적인 다양한 측면의 가족지원이 제시되어야 한다.

첫째, 한부모가족의 건강성을 강화하기 위한 상담 및 교육 프로그램을 개발 · 실시할 필요가 있다. 가족의 건강성은 가족의 구조나 형태에 있는 것이 아니라 가족의 기능에 있으므로 한부모가족을 포함한 모든 가족은 건강성의 잠재력을 가지고 있으며 한부모가족의 노력과 가족의 건강성을 회복하고 강화하는 데 도움을 줄 수 있는 강점관점의 개입이 효과적이라고 본다. 따라서 한부모가족의 스트레스를 감소시키고 부적응을 약화시킬 것인가에 초점을 두기보다 가족탄력성과 같은 강점을 강화하는 개입이 보다 효과적이므로 한부모가족의 스트레스에 완충역할을 하여 적응에 기여하는 가족탄력성의 요인들을 밝혀 가족생활교육과 가족상담 프로그램을 개발하는 데 활용할 수 있다. 프로그램 내용 면에서 가족생활주기별로 또한 가구구성별로 한부모가족이 경험하는 문제가 다르게 나타나기 때문에 가족주기별 특수성과 여성 한부모가족과 남성 한부모가족의 차이를 고려하여 차별화된 프로그램이 효과적이다.

최근 이혼에 따른 한부모가족이 늘어남에 따라 가족상담의 필요성이 커지고 있어 한부모나 자녀를 대상으로 심리적, 정서적으로 지원해 주고 가족문제의 원만한 해결을 통해 한부모가족 전체가 성장하도록 돕는 가족상담 서비스가 확대되어야 하며 전문상담기구가 활성화되어야 한다. 특히 부자가정의 부와 자녀들은 관계형성이 어렵고 심리적 공허함과 외로움을 많이 느끼므로 개별상담을 실시하고 멘토를 이용한 가정방문 프로그램을 실시하여 심리적 안정을 찾도록 해줄 필요가 있으며, 어머니의 부재로 인한 보호와 관심이 결여된 청소년을 위해 후원자와 자원봉사자의 결연서비스가 확대되어야 한다. 또한 한부모는 심리적 지지와 경제적 어려움으로 인해 재혼도 고려할 수 있기 때문에 이에 대한 상담과 교육도 필요하다.

둘째, 사회적 관계망은 한부모가족의 적응에 큰 영향을 미치므로 가족뿐만 아니라 국가, 지역사회, 학교 등의 관계망은 도움을 주는 좋은 자원이 될 수 있다. 따라서 한부모가족의 자립의지를 북돋아줄 수 있는 지지모임이나 자조집단의 활성화가 필요하다. 자조모임은 사회적 지지체계가 부족한 한부모들에게 지원망을 만들어 줌으로써 고립감이나 심리적 위축을 해소함으로써 심리적 안정에 크게 기여하고 있다.

셋째, 저소득 한부모가족에 대한 국민기초생활보장 수혜 보호수준을 확대하여야 한다. 한부모가족의 경제적 자립을 강화하기 위해 직업훈련 기회를 확대하고 교육기간 동안 생계비를 지원하면서 취업과의 연계성을 모색하도록 취업알선을 체계화하고 창업을 할 경우 융자금을 저리로 대여하고 지속적으로 관리하여 실질적 지원을 통하여 한부모가족의 경제적 안정을 도모해야 한다. 특히 여성 한부모가족의 생활안정을 위해서 생계비 지원정책을 확대하여 가족수당제도를 도입하고 소득보장을 통한 자립기반을 조성해 주는 것이 필요하다.

넷째, 자녀양육 및 교육문제는 한부모가족이 당면하고 있는 가장 큰 문제의 하나로서 경제적 어려움으로 인한 자녀양육 및 교육비 부족으로 인한 빈곤의 대물림 현상을 방지하기 위해 아동과 청소년에 대한 복지정책이 강화되어야 한다. 저소득 한부모가족은 건강문제를 가지고 있는 경우가 많으며 경제적 어려움으로 인해 치료를 받지 못하면서 일을 해야 하는 어려운 상황에 처해 있으므로 질병을 예방하고 조기치료를 받을 수 있는 의료지원 혜택이 필요하다.

다섯째, 정보화 사회에서 한부모가족 지원을 위한 전달체계의 효율성이 제고되어야 한다. 정부 각 부처 소관분야별 한부모가족 정책에 관한 협의 및 조정기능을 강화하고 공공과 민간의 상호연계시스템을 구축할 필요가 있으며 한부모가족 지원 종합정보시스템과 지역사회 네트워크 구축 등이 이루어져야 할 것이다. 한부모가족의 다양한 복지욕구에 도움을 줄 수 있는 모·부자복지정책 및 서비스 정보에 대한 접근이 용이하도록 전달체계의 활성화가 필요하다(김희성, 2011 재인용).

2 재혼가족

한국사회에서 이혼의 급속한 증가와 함께 빠르게 증가하고 있는 것이 재혼가족이다. 재혼가족은 최소한 배우자 중 한 명은 초혼이 아닌 성인남녀의 재결합을 의미하며, 재구성가족, 계부모가족, 혼합가족, 두 개의 핵가족 등으로 부르기도 한다(장혜경·민가영, 2001). 2007년 한 해만 해도 이혼을 한 부부가 12만 4천600쌍이기 때문에 매년 25만 명의 재혼 예비군이 쏟아져 나오고 있고, 여기에 배우자와 사별을 한 사람, 이혼자나 사별자와 재혼을 할 사람들의 수까지 합치면 한국사회에서 재혼을 원하는 사람의 수는 결코 적은 수가 아니어서 21세기 이후에는 재혼가족이 보편적인 가족유형이 될 가능성이 있다(장혜경·박경아, 2002; 김효순, 2005; 통계청, 2008a).

1) 재혼가족의 실태

우리나라의 혼인형태별 구성비를 보면 여전히 초혼이 지배적이기는 하지만 재혼의 비율이 계속해서 증가하고 있다. 특히 재혼 중에서도 남성재혼+여성재혼이 가장 높은 비율을 차지하고 있고, 가장 빠르게 증가하고 있다. 2007년 전체 혼인 중 남자재혼은 16.6%, 여자재혼은 17.9%였으며, 남녀의 재혼 중 이혼 후 재혼이 각각 92%와 91.5%를 차지하였다. 평균 재혼연령은 남자 44.8세, 여자 40.1세로 1997년에 비해 각각 4.3세와 4.1세가 증가하였다. 평균 재혼연령의 증가는 평균 이혼연령의 상승에 기인하는 것으로 2007년 이혼자의 평균 이혼연령은 남자는 43.2세였고, 여자는 39.5세였다(통계청, 2008b). 이혼연령의 상승은 부모의 이혼에 비자발적으로 참여하는 자녀의 수가 증가됨을 의미한다. 실제로 2007년 이혼자의 58.6%가 20세 미만의 미성년 자녀가 있는 것으로 나타난 것을 볼 때 상당수의 재혼이 자녀를 포함하는 유자녀재혼일 것으로 예상된다.

재혼가족은 부부 각각의 전혼 유무, 전혼 자녀의 유무와 자녀와의 동거 유무에 따라 다양하게 분류될 수 있다. 무자녀재혼과 유자녀재혼은 서로 다른 특성을 보인다. 무자녀재혼은 초혼과 가족구조 면에서 거의 유사하며, 유자녀재혼에 비해 가족문제가 적게 발생한다(김승권, 2004). 반면 유자녀재혼의 경우 무자녀재혼에 비해 훨씬 더 복잡한 가족관계 및 구조를 가지고 있다. 이 장에서는 재혼가족을 함께 살고 있는 전혼 자녀가 한 명 이상 있는 가족으로 제한하여 계부모가족과 같은 의미로 혼용하여 사용하고자 한다.

2) 재혼가족의 특성과 적응문제

(1) 재혼이유

재혼은 재혼하는 당사자나 부모의 재혼을 받아들여야 하는 자녀 양측 모두에게 여러 가지 생활상의 변화, 적응문제, 스트레스를 초래한다(임춘희, 1996). 남성과 여성의 재혼이유에는 차이가 있는 것으로 나타났다. 재혼을 선택한 사람들의 재혼 동기 순위는 남자의 경우 외로움의 극복(30.2%)이 가장 높았고 다음으로 상대방에 대한 사랑(27.7%)이었다. 반면 여성들의 경우는 상대방에 대한 사랑(27.95%)이 가장 높았고 다음이 '상대방의 적극적인 구애'(24.6%)였다(장혜정 · 민가영, 2001). 재혼동기 2순위로는 남성은 '상대방에 대한 사랑', '자녀에게 엄마의 존재 필요', '외로움의 극복'의 순으로 나타났고, 여성은 '상대방에 대한 사랑', '상대의 적극적인 구애', '외로움의 극복'의 순이었다.

(2) 재혼가족의 특성

서로에 대한 사랑 때문에 결혼을 한다는 부분에서는 초혼과 동일하나 재혼, 특히 유자녀재혼은 초혼과는 다른 여러 가지 특성을 나타낸다(이기숙 외 2001).

① 유자녀재혼은 일반적인 가족의 경우와는 달리 더 강하고 친밀한 부모자녀관계가 부부관계보다 앞서서 존재하고, 복잡한 친인척 관계를 가지고 있다.

② 전배우자나 전인척 등 이전 결혼생활에서의 관계가 완전히 끝난 것이 아니며 이들의 존재로 인해 새로운 결혼에 영향을 미치고 가족의 경계가 모호해지는 문제가 발생된다.

③ 재혼가족에 대한 부정적인 시각이 이들의 결혼생활을 어렵게 한다. 재혼가족 중에서도 특히 계모가족은 콩쥐팥쥐나 장화홍련전, 심청전 같은 우리나라의 전래동화뿐만 아니라 서양의 동화인 신데렐라, 헨젤과 그레텔 등에서 묘사된 것처럼 사악한 계모에게 구박받는 자녀라는 편견으로 인해 '문화적으로 불이익을 받는 가족'의 형태이다(Ganong & Coleman, 1997; 임춘희, 1996 재인용). 재혼가족의 단계별 어려움을 연구한 장혜경 · 민가영(2001)에 의하면 재혼가족이 지각하고 있는 어려움은 크게 재혼가족에 대한 사회적 인식의 문제, 경제적인 문제와 가족관계와 관련된 문제로 요약될 수 있다. 이 중에서도 가족 자체가 가지고 있는 문제가 아닌 '재혼가족에 대한 긍정적 사회인식의 미비'나 '재혼가족임을 사람들이 아는 것', '새엄마에 대한 편견' 등 재혼가족에 대한 사회적 편견을 재혼가족들이 가족의 형성에서부터 매 단계에 걸친 어려움으로 인식하고 있는 점은 주목하여야 할 부분이다. 이는 우리사회가 가지고 있는 초혼의 핵가족이 가장 보편적인 가족의 형태라는 인식과 가족을 구성하는 가장 중요한 구성요소가 혈연이라는 편견에 의해 계자녀-계부모관계를 필요 이상으로 부정적으로 보고 재혼가족을 불완전하고 문제 있는 가족으로 취급하기 때문이다.

④ 재혼가족에 대한 법적인 보호장치가 없다. 현재의 법에서는 계부모-자녀관계를 인척관계로 규정하여 부모 상호 간의 혼인만 인정하는 상태이다. 법적 관계의 부재는 계부모의 자녀에 대한 통제력을 약화시키고 관계에서의 모호성 또한 증가시킨다(이기숙 외, 2001).

표 10-3 재혼 단계별 어려움

단계	1순위	2순위	3순위
재혼결심단계	• 재혼가족에 대한 긍정적 사회인식 미비	• 재혼가족임을 사람들이 아는 것	• 경제적인 문제 • 가정 내에서 자신의 책임(위치)과 역할에 관한 것
재혼준비단계	• 경제적인 문제	• 재혼가족임을 사람들이 아는 것 • 배우자와의 재혼생활에 대한 확신 여부 • 친자녀의 적응문제	• 재혼가족임을 사람들이 아는 것
재혼초기단계 (재혼한 지 5년)	• 경제적인 문제 • 친자녀의 姓문제	• 재혼가족임을 사람들이 아는 것	• 친자녀의 적응문제
재혼중기단계 (재혼한 지 6년부터)	• 경제적인 문제	• 새엄마에 대한 편견 • 경제적인 문제 • 배우자와의 관계 • 처가 및 시댁식구와의 관계	• 재혼가족임을 사람들이 아는 것 • 처가 및 시댁식구와의 관계

출처: 장혜경 · 민가영(2001). 재혼가족의 적응실태와 지원방안에 관한 연구. p. 105.(김희성, 2011 재인용)

(3) 재혼가족의 적응

재혼을 한 두 배우자는 친밀한 부부관계가 형성되기 전에 새로운 부모로서 계자녀와 유대관계를 형성하면서 가족역할과 가족관계를 재구성해야 하고, 환경적 변화와 경제적인 문제에 직면하기도 한다(Hetherington & Scanley-Hagan, 1999). 특히 계부모의 성별과 관련하여 일반적으로 계모인 경우가 계부인 경우보다 적응이 더 어려운 것으로 나타난다. 계모들은 다른 가족구조의 어머니들에 비해 스트레스, 불안, 우울증 또는 분노를 더 많이 경험하는 것으로 밝혀지고 있다(Dainton, 1993; Fine & Schwebe, 1992). 이는 남성보다는 여성에게 부모로서의 역할기대가 더 클 뿐만 아니라 친모가 아동양육에서 훨씬 더 이타적이라는 신념과 계모에 대한 부정적인 묘사-이기적, 욕심 많음, 냉정함, 복수심 강함-등이 계모의 역할적응을 더 어렵게 하기 때문으로 보인다(Nielsen, 1999). 재혼가족의 자녀들 역시 재혼가족원으로서 적응의 문제를 가지고 있다. 자녀가 어떤 주기에 속해 있는가에 따라 적응의 문제는 달라지는데 청소년기에 속하면 인지적 수행능력, 심리 · 사회적 적응 행동상의 적응문제가 나타난다고 한다(김효순, 2005). 인지적 수행능력 면에서 보면 재혼가정의 자녀들은 일반가정의 자녀들에 비해 학업수행에 어려움을 보이고 중도에 학업을 포기하는 비율이 높았다(Rodger & Rose, 2002). 심리 · 사회적 문제로는 재혼가정의 딸이 우울과 분노가 교차하는 증세, 심각한 우울증, 스트레스와 분노의 감정 등을 경험하는 것으로 나타났다(김효순, 2005). 또한 재혼가족의 자녀들은 일반가정의 자녀들보다 공격성, 행동장애와 같은 행동적응의 문제가 더 많이 나타났다. 특히 남아의 경우 충동성/과잉행동, 반사회적 행동과 가출, 퇴학과 비행의 문제를 더 많이 보였고, 여아는 부모와 친구들에게 높은 공격성을 보이는 것으로 나타났다(Peterson & Zill, 1986; Kalter, 1977).

재혼가족이 경험할 수 있는 또 다른 문제는 의붓형제 간의 문제이다. 의붓형제의 가장 중요한 문제는 경쟁의식인데, 친형제 간의 경쟁의식은 서열에 의해 자연스럽게 해결되는 반면, 의붓형제 간에는 서열의식이 희박하기 때문에 문제가 해결되지 않은 상태로 남아 있게 된다(Walsh, 1992; 김연옥, 2004 재인용). 또한 친부모의 별거나 이혼에 대한 분노가 해소되지 않은 경우 의붓형제 간의 갈등은 더 큰 것으로 나타난다. 따라서 의붓형제 간의 관계는 성공적인 재혼의 중요한 요인이며 이들의 관계가 좋을수록 재혼가족의 전체적인 통합이 좋아진다고 한다(Skeen, Govi, & Robinson, 1985).

3) 재혼가족의 건강성

재혼가족은 가족형태에 대한 사회문화적인 고정관념으로 인해 어려움을 겪을 뿐만 아니라 가족관계와 기능 면에서도 매우 불리하고 취약한 상황에 놓여있다. 그러나 모든 재혼가족이 어려움을 경험하는 것은 아닌 것으로 밝혀지고 있는데 재혼가족이 일반가족(intact family)만큼은 아니지만 가족으로서 제 기능을 유지하고 있고 적응해 나간다는 결과들 또한 도출되고 있다. 재혼 만족도의 경우 시간이 지나면서 감소하기는 하지만 초혼의 경우와 매우 유사하고, 재혼을 한 여성의 결혼 행복도와 자신감도 초혼과 다르지 않은 것으로 나타난다(Nock, 1981; 김효순, 2005 재인용). 이는 국내의 결과에서도 마찬가지로 나타나는데 재혼남녀 108명을 대상으로 재혼 가족의 적응실태를 연구한 장혜경 · 민가영(2001)에 의하면 남성의 79.1%와 여성의 64.6%가 현재의 재혼생활에 만족하고 있었고, 남성의 76.7%와 여성의 73.8%가 재혼 직전과 비교해 현재의 재혼생활에 만족한다고 응답하여 남성과 여성 모두 재혼하기 전보다 재혼한 생활이 더 만족스러운 것으로 나타났다.

재혼가족의 부모자녀 간에 존재했던 긴장도 시간이 지남에 따라서 해소되어(Clingempeel & Segal, 1986), 약 2년 정도가 지나면 일상적인 가족상태의 구조화가 어느 정도 이루어지는 것으로 나타났다(Walsh, 1992). 즉, 재혼가족이 일반가족보다 적응상의 문제를 경험할 가능성이 높지만 모든 재혼가족이 적응의 문제를 경험하는 것은 아니며 시간이 지남에 따라 적응이 되는 것으로 나타났다(김효순, 2005). 재혼은 결혼이 해체되는 이혼과는 달리 가족의 재구성을 통해 손상된 가족의 기능을 회복하고 가족의 건강과 행복을 도모할 수 있다는 측면에서 보다 긍정적인 인생사건이 될 수 있다(조성혜, 1999). 인터넷 네이버 국어사전에는 국립국어원의 신어자료집에 수집된 단어로 '새혼'이라는 단어가 올라와 있다(http://crdic.naver.com). 새혼은 밝고 건강한 이미지를 위한 재혼의 새 이름으로 '새롭게 시작하는 혼인'을 뜻한다. 이는 지금까지 부정적으로만 바라보던 재혼을 보다 객관적인 차원에서 바라보려는 시도이다. 재혼가족이 직면한 다양한 문제들을 건강하게 해결하고, 사회가 이들을 편견 없이 바라본다면 한부모가족의 어려운 부분을 극복하여 가족의 건강과 행복을 도모할 수 있는 가족이 될 수 있을 것이다(조성혜, 1999).

4) 재혼가족을 위한 지원

① **재혼부부와 가족을 대상으로 하는 재혼가족교육 프로그램의 개발과 교육이 필요하다.** 재혼가족은 초혼가족과는 성격이 상이하고, 새로운 부부관계, 부모자녀관계, 형제자매 관계 등으로 인해 가족 스트레스가 증가하고, 예기치 못한 가족문제가 발생하기도 한다. 또한 재혼가족들만이 수행해야 할 과업들이 존재하고 있고 이 과업을 제대로 수행하지 못하는 경우 재이혼이 초래될 수도 있다(조성혜, 1999). 때문에 재혼생활을 시작하려는 사람들에게 재혼생활에서 겪게 될 다양한 문제를 알려주는 재혼 준비교

육과 더불어 재혼가족의 바람직한 적응과 올바른 역할 정립을 위해, 그리고 재혼가족이 새로운 가족형태에 적응하는 것을 돕기 위해서 재혼가족의 부부와 부모자녀를 대상으로 하는 재혼가족교육 프로그램의 개발과 지원이 필요하다(김승권, 2004).

② **재혼가족의 친족을 대상으로 하는 프로그램이 필요하다.** 재혼가족의 친족들이 재혼가족을 지원하는 지지집단으로 중요한 역할을 하기 때문에 친족들에게 자신들이 재혼가족에 미치는 영향력을 인지하도록 하고 이들이 재혼가족을 위한 지지집단으로 변화될 수 있도록 친족대상의 프로그램 또한 필요하다(장혜경 · 민가영, 2001).

③ **재혼부부와 가족을 대상으로 가족상담을 실시할 필요가 있다.** 재혼가족은 자신들이 초혼가족과 다르다는 것을 받아들일 필요가 있고 이 과정에서 상담과 같은 외부로부터의 다양한 지원이 필요할 수 있다. 그러나 재혼가족들이 자신들이 재혼가족이라는 사실을 남들에게 알리고 싶어 하지 않는 현실을 고려하여 면접상담과 더불어 전화상담 및 온라인 상담서비스 등을 구축할 필요가 있다(장혜경 · 민가영, 2001).

④ **자조그룹의 형성이 필요하다**(이기숙 외, 2001). 비슷한 처지에 있는 재혼가족들이 자신들이 공유한 문제와 갈등을 표현하고 타인이 유사한 문제에 대처하는 방법으로 자신의 문제해결에 사용할 수도 있고, 서로 도울 수 있는 지지그룹의 형성이 필요하다.

⑤ **재혼가족에 대한 인식의 전환과 사회적 배려가 필요하다.** 가족은 단순히 혈연을 나누는 사이가 아닌 마음과 정을 나누는 사이가 되어야 하며 초혼의 핵가족이 가장 보편적인 가족이라고 보는 우리사회의 '혈연중심가족주의'와 '초혼중심주의'를 극복하고 건강한 가족관계를 형성하기 위해 사회가 함께 노력해야 한다. 재혼가족이 지각하고 있는 어려움 중에서 사회적 편견은 경제적인 문제 다음으로 재혼가족의 중요한 어려움으로 부각되고 있다(장혜경 · 민가영, 2001). 따라서 재혼가족에 대해 '결손가족'이라는 낙인을 지우고 증가하고 있는 재혼가족을 우리 주변에 존재하는 여러 가족형태 중 하나로 받아들이는 사회적 인식의 전환과 배려가 필요하다(장혜경 · 박경아, 2002).

3 맞벌이가족

맞벌이가족의 증대는 경제적 동기에서부터 사회참여 및 자아실현의 욕구 등 다양하다. 빈곤수준에 떨어지지 않기 위한 저소득 기혼여성들의 적극적인 경제활동 참여와 중산층 소비생활을 유지하기 위하여 소요되는 소득의 하한선이 점차적으로 높아지는 것에 대응하기 위한 중산층 여성의 경제활동은 경제적 동기에서 출발한 것이라고 볼 수 있다. 대학교육을 받은 전문직 여성의 경우에는 금전적 동기 이외에 사회참여 및 자아실현의 욕구가 취업 동기의 큰 부분으로 강조되기도 한다.

그러나 한국여성개발원의 「여성통계연보」(각 년도)를 보면 여성의 취업동기 중 경제적 동기가 제일 높게 나타나고 있고, 이현송 외(1996)는 이를 좀 더 구체적으로 보여준다. 이 연구에 의하면 여성이 취업하지 않았다는 가상적인 경우의 가구소득인 취업여성 본인의 소득분을 차감한 타가구원 소득에 기준해 볼 때 소득이 낮을수록 부인의 취업률이 높았다는 점은 많은 경우 경제적인 동기에 집중되어 있음을 보여준다고 하겠다. 또한 이 연구에 따르면 우리나라의 경우 여성취업가구는 비취업가구보다 상대적으로 높은 가구소득을 누리고 있으나 취업가구가 누리고 있는 소득에서의 우위는 저소득층의 경우에 가장 큰 반면 소득이 높아질수록 차이가 엷어지며 매우 부유한 상위 5% 소득집단의 경우 여성취업가구가 오히려 비취업가구보다 소득이 낮았다.

이는 매우 부유한 층의 기혼여성이 경제활동에 참여하지 않는 경향이 높다는 것과 취업가구에서 가구소득이 낮아질수록 여성의 가구소득 기여도가 높아 저소득층 부인의 소득이 가계에서 큰 몫을 차지하고 있음을 본다. 따라서 취업기혼여성이 가족소득에 기여하는 바는 일부 예외적 소득집단을 제외하고는 상당한 수준에 달한다고 볼 때 맞벌이가족의 증가는 이러한 기혼여성들의 경제적 동기에 의해 영향을 받는다고 하겠다. 김태홍 · 양승주(1997)의 연구에 따르면 맞벌이가구 비율의 지역 간 순위를 보면 각 지역의 유배우 취업여성 중 농림어업 종사자의 비율 순위와 대체로 일치하고 있으며 다만 제주지역이 예외에 해당한다고 한다(장혜경 · 김영란, 1997: 28).

1) 맞벌이가족의 문제점

여성취업은 가계 경제의 양적인 면에서 어느 정도 기여는 했지만 여러 가지 문제점과 갈등을 유발했다. 여성 자신에게는 가정과 직장의 문제가 양립하면서 이중노동을 감수해야 하는 부담이 생겼고 이 양자 간의 조화와 균형을 이루기 위해 노동분담의 필요성이 대두되었다. 따라서 부부관계에서도 종래의 성별 분업이 깨어지면서 기존에 유지되어 왔던 가부장적 권위가 무너지게 되고, 평등한 부부관계에의 요구가 나타나게 되었다. 자녀양육의 문제에서도 취업여성이 기존의 어머니 역할을 제대로 수행해 내지 못함으로써 자녀들이 신체적, 정서적 발달에 부정적 영향을 끼치는 등의 문제를 야기하게 되었다.

(1) 자녀양육 문제

공동양육시설이 부족한 우리나라의 경우, 취업주부의 육아문제는 보다 심각하다. 우리나라에서 맞벌이가족은 계층을 막론하고 탁아에 대한 부모의 요구가 매우 높은 편이며, 현재 취업하고 있지 않더라도 자녀양육 문제가 해결된다면 취업하기를 희망하는 여성들이 매우 많다. 노동부에 따르면 전체 아동의 16%인 29만여 명만이 보육의 혜택을 누리고 있다. 또한 보육시설의 일과가 빨리 끝나는 데다 대부분 수도권에 위치해 있어 이용이 불편할 뿐만 아니라, 보육비용도 여성 근로자 평균 임금의 30%를 넘어 생계 유지형 맞벌이 가정은 부담이 매우 크다고 할 수 있다.

(2) 자녀교육 문제점

우리나라 취업모의 자녀양육 해결방식을 살펴보면 계층별로 차이를 보인다. 중산층 취업모는 시부모나 친정부모에게 자녀양육을 맡기거나 혹은 대리양육인을 고용하는 반면, 저소득층이나 농촌에서는 경제적 부담 때문에 자녀를 일터로 데리고 와서 '준 방치' 상태로 두거나 집 또는 길거리에 방치하는 경우가 많은 것으로 나타나 적절한 대책이 요구되고 있다. 최근에는 어린 자녀를 둔 취업모의 경우 자녀를 친가, 외가에 맡기고 주말에만 만나는 소위 '주말부부'를 흔히 볼 수 있으며, 자녀가 초등학생인 경우도 방과 후 맞아줄 사람이 없거나 어린 자녀들끼리만 집에 남겨지는 경우가 많은 것으로 나타났다. 초등학생 가운데 약 70–80만 명이 3–7시간을 보호자 없이 방치된 채 각종 안전사고에 노출되어 있다. 이들은 사설학원에 다니거나 길거리를 배회하며 부모가 올 때까지 시간을 보내고 있는데, 특히 학원에 보내기 어려운 저소득층의 자녀들은 보다 큰 문제를 안고 있을 뿐만 아니라 아이들을 무리하게 여러 학원을 전전하게 하는 것도 결코 좋은 대안이 될 수 없다. 따라서 영유아 탁아대책뿐만 아니라, 초등학교 자녀를 둔 맞벌이가족에 대한 지원책도 절실히 필요하다.

(3) 취업주부의 과중한 역할부담

자신의 일과 가족의 전통적 역할을 모두 수행해야 한다는 요구가 그것이다. 특히 자녀를 정상적으로 양육하는 책임을 대부분 어머니에게 돌리는 우리사회의 모성 이데올로기는 일하는 어머니들에게 종종 죄책감을 안겨주기도 한다. 산업화된 사회에서 공간적으로 직장생활 영역과 가정생활 영역은 명확히 분리되어 있기 때문에, 남편은 직장생활을, 부인은 가정생활을 주로 담당하던 전통적인 역할분담 구조화에서는 맞벌이로 부인이 취업을 할 경우, 가정생활 내에서의 새로운 역할분담이 요구될 수밖에 없다. 최근 젊은 층의 맞벌이부부들을 중심으로 나타나고 있는 3D 현상부부–별산제(Dutch pay), 아이 낳기 미루기(Delay kids), 역할 공유(Double role)는 맞벌이 주부들의 과중한 부담을 줄이기 위한 노력의 일환으로 풀이된다(http://cafe.naver.com/funnyedu).

(4) 어머니 취업이 자녀에게 미치는 영향

어머니의 취업은 자녀에게 성취 지향적 모습을 보여줌으로써 자녀로 하여금 높은 성취동기와 학업수행을 하도록 하는 자극이 될 수 있다는 견해가 있다. 반면에 어머니의 취업은 자녀에게 고독감과 불안감을 주어 낮은 학업 성취 욕구를 유발하게 된다는 연구들도 있어 상반된 견해를 나타내고 있다. 그러나 대부분의 연구에서는 어머니가 직업을 가지고 있느냐 가지고 있지 않느냐의 문제보다 어머니가 전문직 직업에 종사하느냐 또는 단순 노동직 직업을 갖고 있느냐에 따라 큰 차이를 나타낸다고 보고하고 있다. 이것은 자녀의 학업성취에 어머니의 직업 유무 자체보다는 가정의 사회경제적 지위가 더 큰 변수로 작용되는 것으로 간주된다(김웅익, 1997). 전문직을 가진 어머니의 가정은 질 좋은 문화적 환경이 이미 마련되고 학업성취에 대한 기대도 높을 것이지만, 반대로 하층계층에서는 어머니의 취업과 관계없이 자녀의 인지발달을 도울 수 있는 가정환경 자체가 조성될 수 있었을 것이다.

이처럼 가정환경이 아동의 행동에 지대한 영향을 미치는 것으로 보인다. 가정에 있어 어머니의 영향을 유영주(1987)는 다음과 같은 다섯 가지로 말하고 있다.

첫째, 어머니는 자녀의 인성형성에 중요한 영향을 미친다. 아동은 유아기를 모와 함께 생활하므로 모의 품안에서 느낀 모성애, 신뢰감, 안정감은 자녀의 인성형성에 큰 영향을 준다.

둘째, 어머니는 자녀의 교사이기도 하다. 모가 자녀와 함께 생활하므로 모의 행동, 생활태도는 자녀에게 표본이 되며 자녀가 인생을 살아가는 데 기초적 틀을 형성시켜 주는 자녀의 교사라 볼 수 있다.

셋째, 어머니는 자녀에 대하여 표현적 역할을 담당한다고 본다. 모성애는 본능적일 만큼 강력하기 때문에 자녀와의 감정적 교류는 흡수력이 강할 수밖에 없을 것이다.

넷째, 어머니는 자녀의 건강 위생 담당자의 역할을 하기도 한다.

다섯째, 어머니는 아버지와 자녀 사이, 사회와 가족 사이에 관계를 두텁게 해주며, 사회생활을 할 수 있는 기초 훈련을 시켜 내보내는 교량적 역할을 하기도 한다.

이렇게 어머니는 자녀들의 전체적 경험의 중심이며 동시에 정서적 그리고 지능적인 면에서 복합적으로 영향을 미치며 자녀들의 인성형성에도 지대한 영향을 끼친다고 본다. 또한, 어머니의 취업이 아동에게 미치는 영향에 대하여 이용숙(1988)은 다음과 같이 다섯 가지로 설명하고 있다.

첫째, 어머니가 아동과 보내는 시간의 양과 질이다. 어머니의 취업은 아동과 상호작용할 수 있는 시간을 단축시킴으로써 아동에게 부정적인 영향을 미칠 것으로 가정되는 경우가 많은데 연구 결과는 대체로 어머니의 취업 여부에 관계없이 아동과 얼마나 많은 시간을 함께 보내며, 시간의 양보다 질이 더 중요하다는 것을 지적하고 있다.

둘째, 어머니의 만족도이다. 어머니가 직업생활이나 가정생활에 만족해 있으면 만족도가 낮은 어머니의 경우보다 아동은 더 높은 성취도와 긍정적인 여성 직업관을 가지며, 보다 높은 적응력을 갖는다는 것이다.

셋째, 계층 이동의 가능성이다. 어머니의 취업은 가정의 소득을 높이고 아동의 교육비에 더 많은 지출을 할 수 있도록 하여 결과적으로 아동의 교육성취에 긍정적인 영향을 미칠 것이라 가정된다. 따라서 어머니의 취업으로 인한 아동의 교육적 혜택은 저소득층에 더 클 것이라 가정되고 있다. 그러나 아버지가 있느냐의 여부와 어머니가 직장에 나가 있는 동안 아동을 돌봐줄 사람이 있는가 등에 따라 취업 영향이 달라진다는 것을 제시하고 있다.

넷째, 어머니의 부재 시에 아동을 돌봐줄 사람이 있는지의 여부에 대한 것으로써 어머니와 아동과의 상호작용 시간과 관련된 문제이다. 즉, 어머니의 역할을 대신해 줄 수 있는 사람이 있는가에 따라 어머니의 취업의 영향이 달라지고 아동에게 중요하게 작용한다는 것이다.

다섯째, 어머니의 학교 활동 협조 관계를 들 수 있다. 숙제 협조, 가정학습 지도, 학급에서의 자원봉사활동 등 학교와 가정을 연결 짓는 학부모 활동이 학생의 성취에 밀접한 관련이 있고 긍정적인 영향을 미치는 것으로 나타났다.

호프만(Hoffman, 1960)은 그의 연구에서 취업주부는 자녀에 대한 지도 감독을 적절하게 하지 못하여 많은 비행을 낳게 하며 특히 사회경제적으로 하위계층에서 많은 시간의 어머니의 부재는 자녀들의 비행을 낳는 요인이 되고 있다고 보고하였다. 또한 얄로우(Yarrow et al., 1962)는 아동의 의존심과 의존적 행동특성의 원인에 관련지어 어머니의 직업유무보다는 어머니의 훈육방법, 어머니 자신의 직업생활의 만족도 어머니의 교육수준과 연관시켜 해석하려는 경향이 많이 나타나고 있다. 즉, 어머니가 직업을 가졌느냐 아니냐 자체가 아동의 인성형성이나 학교성적 행동특성에 영향을 주는 것이 아니라 어머니가 직업을 갖고 있다 하더라도 어머니의 교육수준, 가정의 심리적 안정도, 자신의 직업 또는 가정생활에 만족하는지 등 다른 주변적 요인이 더욱 결정적 역할을 한다는 것이다.

이와 같은 선행 연구들은 어머니가 취업한 가정의 자녀들이 어머니가 취업하지 않은 가정의 자녀들보다 학업성취도나 사회성에 있어서 불리하다는 부정적인 결과로 나타나기도 하고 어머니가 취업하여 사회활동을 하는 것을 보면서 자라나는 자녀들에서 적극적이며 성취 지향적 경향이 나타난다는 긍정적인 결과도 있어 어머니의 취업유무가 자녀에게 어떠한 영향을 미치는지에 대한 일치된 견해를 찾기 어려운 실정이다. 그러므로 어머니의 취업유무가 자녀의 성장과정에 미치는 영향에 대하여 좀 더 정확한 분석을 위해서는 어머니의 직업유무와 함께 교육수준, 소득수준, 직업특성, 가정환경 등과 같은 요인까지 고려하여 세밀한 분석이 필요한 것으로 보인다(장영숙, 2002: 14-16).

2) 맞벌이부부 가족의 지원 및 대안

맞벌이가족을 위한 가족복지 대책은 남편은 물론 가족원 모두가 취업주부의 가사부담을 덜어주기 위한 가정적 노력부터 시작해서 직장과 지역사회와 정부에 이르기까지 취업여성의 어려움을 극복하도록 함께 노력할 때 맞벌이가족에게 도움을 줄 수 있을 것이다.

(1) 육아 및 탁아문제

출산과 육아는 국가경쟁력의 근본인 인적 자원의 생산이며 국가의 미래를 짊어질 차세대 국민의 육성이라는 점에서 사회경제적 행위로 간주되어야 한다. 우리나라는 현재 「근로기준법」상 산전산후 3개월 유급휴가, 육아휴직 등이 사적비용으로 처리되고 있기 때문에 기업이 여성의 고용을 기피하고 차별하는 원인이 되고 있다. 보성의 권리를 사회복지 차원에서 수용하여 휴가비 보조지급이나 세제상의 감면혜택 등 일정기간의 출산 및 육아휴가가 여성근로자의 취업을 중단하지 않게 하여야 하고 남성의 군복무처럼 근무경력으로 인정되는 제도적 변화가 뒤따라야 한다. 기혼여성의 취업에 있어 가장 큰 장애요인은 역시 탁아문제이다. 육아부담을 더는 것은 여성의 평생고용을 유도하고 국가의 인적 자원 보호라는 점에서 양질의 탁아시설에 관한 관리와 지원이 있어야 하고 보조금 지급, 세금감면 등의 정책이 요구된다.

영유아를 가진 기혼여성의 보육의 책임을 사회화하게 되면, 이는 궁극적으로 영유아, 취업모, 국가경제에 모두 이익이 되는 결과를 초래한 것이다. 기업보다는 정부가 보다 적극적으로 취업모의 육아비용의 사회화를 통해 보육비용을 분담하는 것이 곧 여성인력의 최적 활용을 돕는 지름길이 된다는 점이 강조되어야 할 것이다.

(2) 가사분담 및 성차별을 정당화하는 교육내용 및 사회화의 일소

우리나라의 경우 여성이 직업을 갖고 있다고 해서 남편의 역할과 가부장적 인식은 별로 변화하지 않으며 직장생활을 한다고 해서 집안일에 남편의 도움을 청하지 않는 경우도 있다. 어느 누구도 두 가지 역할을 동시에 완벽하게 수행할 수 없다는 사실을 가족 모두에게 인식시키고 기술적으로 가족들과 함께 가사를 분담할 수 있는 새로운 계획과 방법을 가정 나름대로 적절하게 세워서 좋은 어머니와 좋은 아내의 의미를 새롭게 하여야 할 것이다.

남편들은 주부가 취업을 통한 사회활동을 함으로써 남편의 사회적 지위와 관계없이 아내도 공인으로서 스스로의 사회적 지위를 가질 수 있다는 의식을 가져야 한다. 그리고 아내가 직장생활을 통해 다른 사람들과 정보를 교환하거나 사교를 위한 교제를 가질 수 있다는 것을 인정하고 그것을 융통성 있게 배려할 때 그 부부관계는 발전적으로 형성될 수 있을 것이다.

학교교육 현장에서의 교과내용을 개정하고 아동용 그림책, 동화책에서도 고정된 성 역할의 이미지를 수정하여야 할 것이다. 또한 매스컴에서의 여성

이미지 묘사 속에서 감추어진 성차별주의를 지적하며, 자녀들이 기성세대가 되었을 때 여성은 여성이라는 것 때문에 받는 불이익이 없도록 하고 남성은 남성으로서 또 다른 가부장제의 희생이 되어서는 안 될 것이다. 남녀 모두 남녀평등이 곧 인간평등이라는 인식이 필요하다.

(3) 시간제 근무 및 여성고용 할당제

정보산업과 같은 첨단산업의 등장과 함께 근로형태도 각자 개성과 효율성을 살리는 다양한 형태로 바뀌어 가고 있다. 일정한 작업장에서 종일 근무를 하던 방식이 이제는 근무시간을 단축하는 시간제근무나 자신의 근무시간을 자유롭게 조정하는 탄력근무제 등으로 신축적으로 운영되어야 한다. 컴퓨터의 발전으로 근무 장소가 굳이 직장일 필요가 없어지게 되었다. 그러나 시간제근무가 불안정한 고용으로 여성인력을 악용하지 못하도록 정부가 철저히 관리 감독할 수 있는 제도적 장치가 마련되어야 한다. 여성고용할당제는 산업 또는 직종에서 채용과 승진 인원의 일정 비율을 반드시 여성에게 할당하는 제도이다. 특히 여성이 저임금 기업군과 남성 보조적 직종이나 저임금 직종에 집중되고, 기업 내부에서 승진하지 못하고 하위직에 머무는 등의 차별 철폐에 초점이 맞추어져야 한다.

(4) 환경개선과 직업교육

여성을 생산성이 높고 전문적인 인력으로 활용하기 위해서는 근본적인 작업환경 개선이 이루어져야 한다. 직장동료들 간의 분위기가 쇄신되어야 하고 성희롱은 반드시 근절되어야 한다. 고등교육을 받은 여성인력이 사장되는 이유는 전통적 가부장제나 가사와 육아부담 외에도 직업교육 및 재교육이 부실하기 때문이다. 일과 직업의 중요성을 심어주는 직업관 교육, 남녀차별의 고정관념을 타파하는 평등교육, 직업선택과 준비에 도움이 되는 정보교육 등을 여학생들의 집중적인 진로지도를 통해서 할 필요가 있으며, 국가의 장기 인력수급계획과 미래지향적인 직업 등을 고려하여 교육정책 연구기관이 취업훈련교육 프로그램을 종합적으로 개발, 단계적으로 실시하여야 한다

(http://blog.naver.com/queen).

4 다문화가족

1) 다문화가족의 실태와 현황

21세기로 진입한 우리사회는 급속한 인구학적·문화적 변화를 체험하고 있다. 국내에 거주하는 외국인은 2007년 8월 현재 100만 명으로 전 인구의 2%를 차지하고 있어 우리사회의 인구구성이 다인종·다민족화 되고 있다. 통계청에 의하면 국내 체류 외국인은 2020년에는 253만 9000명에 이르고, 2050년에는 409만 명까지 늘어나서 외국인 비중도 전체 인구의 9.2%까지 확대될 전망이다(http://www.kosis.kr). 빠르게 증가하는 외국인들의 대부분은 외국인 노동자와 국제결혼으로 인한 이민자들이다.

요즘 우리사회에는 다문화사회, 다문화주의, 다문화가정, 다문화교육 등 다문화 담론이 성급하게 넘쳐나고 있지만 다문화가 무엇인가에 대한 사회적으로 합의가 도출되지 못한 실정이다. 넓은 의미의 다문화가족에는 외국인 노동자, 결혼이민자와 새터민 등이 모두 포함될 수 있으나 이들 각각의 가족은 서로 매우 다른 특성을 가지고 있고, 「다문화가족지원법」에서 의미하는 다문화가족이 '결혼이민자와 출생 시부터 대한민국 국적을 취득한 자로 이루어진 가족, 귀화허가를 받은 자와 출생 시부터 대한민국 국적을 취득한 자로 이루어진 가족'으로 한정을 하고 있으므로 이 장에서는 결혼이민자가족, 그 중에서도 최근 들어 급속하게 증가하고 있는 여성결혼이민자가족에 초점을 두고자 한다.

(1) 국제결혼의 실태

한국사회에서 외국인과의 혼인은 지난 10여 년간 빠르게 증가하고 있다. 2000년 총 혼인건수의 3.7%에 불과하던 국제결혼이 2007년에는 38.491건으로 3배 가까이 증가하였는데 이는 전체 혼인의 11.1%에 달한다. 이 중에서 한국여성과 외국인 남성의 혼인은 9,351건으로 2000년의 5,015건에 비해 1.9배 가까이 증가하였으며, 한국남성과 외국인 여성의 결혼은 2000년에 비해 4배 가까이 증가하였다. 따라서 2007년 현재 국제결혼의 대부분은 한국남성과 외국인 여성의 결혼으로 2007년 외국인과의 결혼 중 75.7%에 달했으며, 2007년 전체 혼인건수의 8.4%를 차지하고 있다. 이에 따라 2008년 5월 현재 국내에 거주하고 있는 결혼이민자는 144,385명으로 전체 외국인 주민의 16.2%에 달하며 이 중 88.4%가 여성인 것으로 나타났다(행정안전부, 2008). 국제결혼이 빠르게 증가함에 따라 국내에는 2008년 5월 현재 58,000명의 국제결혼자녀가 자라고 있으며 이들의 수는 국내에 거주하는 전체 외국인 주민의 6.5%에 달한다. 국제결혼가정 자녀의 수는 2006년 25,000명에서 2007년 44,000명, 2008년 58,000명으로 최근 2년 사이에 두 배 이상 증가하였다(행정안전부, 2008).

표 10-4 외국인과의 혼인 및 이혼 (단위: 건, %)

구분	2000	2001	2002	2003	2004	2005	2006	2007
총 혼인건수	334,030	320,063	306,573	304,932	310,944	316,375	332,752	345,592
외국인과의 혼인	12,319	15,234	15,913	25,658	35,447	43,121	39,690	38,491
총 혼인건수 대비 구성비	3.7	4.8	5.28	8.4	11.4	13.6	11.9	11.1
한국남자+외국여자	7,304	10,006	11,017	19,214	25,594	31,180	30,208	29,140
한국여자+외국남자	5,015	5,228	4,896	6,444	9,853	11,941	9,482	9,351
총 이혼건수	–	–	145,324	167,096	139,365	128,468	125,032	124,590
외국인과의 이혼	–	–	1,866	2,164	3,400	4,278	6,280	8,828

구분	2000	2001	2002	2003	2004	2005	2006	2007
총 이혼건수 대비 구성비	–	–	1.3	1.3	2.4	3.3	5.0	7.1
한국남자+외국여자	–	–	401	583	1,611	2,444	4,010	5,794
한국여자+외국남자	–	–	1,465	1,581	1,789	1,834	2,270	3,304

출처: 통계청, 2007 혼인통계 결과.

(2) 국제결혼부부의 이혼실태

한국인과 외국인의 결혼이 빠르게 증가하고 국내에 거주하는 외국인의 수가 증가하고 있으나 우리사회는 여전히 단일민족의 신화를 가지고 있으며, 외국인에 대한 편견과 차별로 인해 다양한 문제가 발생하고 있다(김영란, 2006). 외국인에 대한 우리사회의 편견과 밀접한 관련을 가진 것이 여성결혼이민자의 이혼율 증가이다.

국제결혼부부의 이혼건수는 지난 2002년 1,866건에서 2004년 3,400건, 2007년 8.828건으로 급증하여 우리나라 총 이혼의 7.1%를 차지하고 있다(통계청, 2008). 특히 2007년 한국인 남편과 외국인 아내의 이혼건수는 5.794건으로 전년 대비 44.5%가 증가해서 한국인 아내와 외국인 남편의 이혼 3.034건, 전년 대비 33.7% 증가에 비해 건수나 증가세가 모두 높았다. 한국인 남편과 외국인 아내의 평균 동거기간은 3.3년이었고 동거기간이 4년 이하인 부부가 90.2%나 되었으며 이혼한 부부의 91.8%는 20세 미만 미성년 자녀가 없었다.

2) 다문화가족의 변화 추이와 적응문제

(1) 국제결혼의 변화 추이

국제결혼의 대부분을 차지하고, 최근 급속하게 증가하고 있는 한국남성과 외국여성의 결혼을 살펴보면 몇 가지 변화의 추이가 나타난다(김은경, 2007).

① 농촌지역 남성의 국제결혼이 빠르게 증가하고 있다.

2005년 농림어업에 종사하는 한국남성과 외국여성의 혼인은 35.9%였으나 2007년에는 41%로 증가하였다. 특히 농촌지역의 비중이 높은 지역일수록 국제결혼의 비율이 높게 나타나서 전북이 49.6%로 가장 높고 다음으로 경남(47.8%), 경북(47.5%)의 순으로 나타났다(hetp://www.kosis.kr). 농촌지역에서 국제결혼이 빠르게 증가하는 이유는 국내여성들의 농촌거주 기피로 인해 결혼에서 소외된 농촌남성들이 외국인과 결혼하는 사례가 증가했기 때문으로 보인다(한건수, 2006).

② 국제결혼 상대자의 출신 국가가 다변화되고 있다.

1990년대 초에는 한국인과 결혼하는 외국인 여성은 대부분 미국과 일본여성들이었으나 1992년 중국과의 국교수교 이후에는 중국 국적 여성과의 결혼이 증가하였다. 2000년 이후 외국인 여성과의 혼인이 급증하면서 배우자의 국적은 일본, 중국뿐만 아니라 필리핀, 베트남, 몽골, 우즈베키스탄 등으로 다양화되고 있고, 최근에는 캄보디아나 구소련 지역과 몽골 등 중앙아시아 지역으로 그 범위가 넓어지고 있다.

③ 부부간의 연령 차이가 커지고 있다.

외국인 아내와 한국남성의 평균 혼인 연령차는 최근으로 올수록 점점 커지고 있는 것으로 나타난다. 2000년 외국인 아내와 한국남편의 평균 혼인 연령차는 6.7세였으나 2007년에는 11.3세로 4.6세가 높아졌으며 이는 내국인 부부의 혼인 연령차인 2.4세에 비해 4.7배나 높은 수치이다(통계청, 2008). 부부의 혼인 연령차는 혼인경로나 출신국가별로 차이가 나서 국제결혼중개업체를 통해 결혼한 비율이 높은 베트남 여성들의 경우 부부간 나이 차이가 20세 전후로 가장 높은 나이 차이를 보여주고 있다(이명신, 2006; 한진수 2006).

④ **학력에서의 이질혼 경향이 나타난다.**

우리사회에서는 부부간에 학력에서 동질혼의 경향이 매우 높아서 2005년 인구센서스에 의하면 부부간 학력이 유사한 경우가 74%이고, 남편이 아내보다 학력이 높은 경우는 24%, 아내가 학력이 높은 경우는 2%에 불과한 것으로 나타났다(http://www.kosis.kr). 그러나 2006년 여성가족부의 조사에 의하면 여성결혼이민자 가정에서는 부부간 학력이 유사한 경우가 50% 정도이고, 한국인 남편이 외국인 아내보다 학력이 낮은 경우가 23.8%에 달하는 것으로 나타났다(설동훈 외, 2006). 중소도시 여성결혼이민자들을 조사한 연구에 의하면 부부간 학력이 유사한 경우가 40.8%, 아내가 남편보다 학력이 높은 경우가 40.8%(김은경, 2008)로 내국인 간의 혼인에 비해 이질혼의 경향이 높은 것으로 나타났다.

⑤ **재혼의 비율이 높다.**

내국인의 혼인 중 재혼이 차지하는 비율은 2000년 17.9%, 2004년 24.3%, 2007년 22.1%의 비율이었으나 한국인 남성과 외국인 여성의 혼인 중 재혼이 차지하는 비율은 2000년 24.2%, 2004년 45.9%, 2007년 36.8%로 내국인 혼인 중 재혼이 차지하는 비율에 비해 1.5-2배 가까이 높은 것으로 나타난다(통계청, 2008).

(2) 여성결혼이민자의 적응문제

국제(타 민족 간의)결혼은 단순히 언어와 종교에 있어서의 차이만을 의미하는 것이 아니라 감정의 표현, 갈등의 표출과 관리, 자녀양육에 있어서의 원가족의 역할 그리고 언제, 어떻게, 어떤 명절을 쇠는가 하는 등에 있어서의 많은 차이를 나타낸다. 국제결혼을 한 부부는 일반부부에 비해 두 가지 어려움에 더 직면하게 된다고 주장한다. 첫째는 그들의 결혼을 바라보는 사회적인 태도로 인한 어려움이고, 둘째는 습관, 믿음, 가치 그리고 관습에 있어서의 개인적인 차이로 인한 어려움이다. 단일민족국가로서 민족과 국가를 동일시하는 우리사회에서 서로 다른 문화적 배경을 가지고 결혼생활을 하는 다문화 가족의 경우 이전에 경험하지 못했던 다양한 도전을 경험하게 되면서 배우자 선택, 동기, 자녀양육, 상호작용, 적응의 문제 등 다양한 문제에 직면하고 있다(Sullivan & Cottone, 2006).

여성결혼이민자가 한국인 남성과의 결혼 후 한국사회에 적응하면서 겪는 문제들을 살펴보면 다음과 같다(김은경, 2007).

① 사회문화적 고립의 문제이다.

언어소통의 문제와 생활 전반의 문화적 차이로 인해 부부관계 및 시댁 식구와의 관계, 그리고 지역사회와의 교류에 있어서도 다양한 어려움을 가지게 된다. 특히 언어소통 및 문화적 차이는 의사소통의 문제에만 그치는 것이 아니라 여성이민자들을 사회·경제적으로 한국가족, 특히 남편에게 의존하게 하고, 사회참여의 기회가 제한되며, 사회복지서비스의 접근을 어렵게 하여 사회문화적으로 고립되게 한다(이명신, 2006).

② 경제적 어려움을 겪는다.

국제결혼을 하는 한국남성들은 대체적으로 소득수준이 낮은 계층이 많아서 결혼이민자가구의 52.9%가 최저생계비 이하인 빈곤가구에 해당한다(설동훈 외, 2005).

③ 자녀양육과 교육의 문제이다.

취학 전 자녀의 경우 자녀양육과 관련된 어려움이 있고 자녀가 성장하여 학교에 다니기 시작하면 언어적 어려움과 문화 차이로 많은 어려움을 겪는 것으로 나타난다. 국제결혼이 급속하게 증가하기 시작한 지 채 10년이 되지 않아 현재까지 국제결혼 자녀의 연령별 현황을 살펴보면 만 12세 이하가 전체의 89.3%를 차지하고 있고, 만 6세 이하가 57.1%에 달하는 상황이다. 때문에 현재까지 국제결혼가정 자녀를 대상으로 많은 연구가 시행되지는 않았다. 경북지역 여성결혼이민자 356명을 대상으로 국제결혼 가족 및 아동실태를 조사한 결과에 의하면 유아의 경우 한국어를 서툴게 사용하는 비율이 28.4%로 높게 나타나지만 초등학생의 경우 한국어를 능숙하게 사용하는 비율이 92%로 나타났고, 어머니의 경우도 유아를 둔 어머니의 경우는 전혀 의사소통이 이루어지지 않는다는 경우가 24.7%였지만, 초등학생 자녀를 둔 어머니의 경우 3.9%로 낮게 나타났다(경상북도여성정책개발원, 2006). 학습성취도의 경우는 일반아동과 차이가 없는 경우가 67.6%로 가장 높았지만 일반아동에 비해 떨어지는 편이라는 응답도 22.4%나 되었다. 특히 유치원 아동의 학습능력은 듣기영역을 제외하고는 모두 중 이하의 수준을 보였다. 학업 수행 시의 문제점으로는 가족의 학습지도 소홀(38.4%)이 가장 많이 지적되었다. 결혼이민자 여성들의 경우 빈곤과 생계를 위한 취업으로 인해 자녀를 돌볼 여력이 부족하여 자녀의 기본적인 욕구를 충족시키고 지원하기가 어려운 형편이어서 자녀의 생활적응과 진로에도 부정적인 영향을 미칠 가능성이 높아진다(경상북도여성정책개발원, 2006).

④ 가부장적인 한국사회에 적응하는 데 어려움이 있다.

대부분의 여성결혼이민자들은 출신국가의 양계제적 가족구조와 이에 따른 여성의 권리와 역할의 평등에 익숙해 있기 때문에 남성과 여성의 역할이 뚜렷하게 분리되어 있는 한국사회에 적응하는 데 많은 어려움을 느낀다(김이선 외, 2006).

⑤ 가정폭력의 심각성이다.

2005년 보건복지부 실태조사에 의하면 여성결혼이민자의 31%가 언어폭력, 26.5%가 신체폭력, 23.1%가 성적 학대를 경험한 것으로 나타났다.

3) 다문화가족의 건강성

로어-스트리에와 벤 에즈라(Roer-Strier & Ben Ezra, 2006)에 의하면 서구의 연구자들의 대부분은 국제결혼이 높은 이혼율과 가족 간의 갈등과 같은 문제가 본질적으로 내재되어 있다는 편견을 가지고 있어서 국제결혼의 문제와 위험성의 측면만을 강조하고 있다고 주장한다. 이는 우리나라의 연구자들도 마찬가지여서 여성결혼이민자의 결혼생활과 관련된 대부분의 연구는 부부의 갈등에 초점을 맞춘 연구들이며 여성결혼이민자의 결혼생활의 만족도나 긍정적인 측면에 관한 연구는 그리 많지 않다.

그러나 2005년과 2006년에 각각 국제결혼가족 945가족과 1,177가족을 대상으로 연구를 한 설동훈의 연구결과에 의하면 여성결혼이민자들의 전반적인 결혼만족도는 각각 3.69와 3.95로 결혼생활에 대해 평균 이상으로 만족하고 있음을 알 수 있다. 2005년도 조사에 의하면 부부 사이의 친밀감의 평균점수가 3.86으로 가장 높게 나타났고, 다음이 남편이 자신을 믿고 이해하는 정도(3.83), 성생활만족도(3.71)의 순으로 높게 나타났다. 2006년의 조사결과도 이와 유사한데 성생활(3.95), 부부간의 의사소통(3.90)의 순으로 만족하는 것으로 나타났다. 중소도시 여성결혼이민자를 대상으로 결혼만족도를 조사한 김은경(2008)의 연구결과도 이와 매우 유사하게 나타났는데 연구에 참여한 여성들의 전반적인 결혼만족도는 3.81로 나타났고 성생활만족도(3.83)와 대화만족도(3.72)의 순으로 높게 나타났다. 이 같은 결과를 종합하여 볼 때 여성결혼이민자들이 전반적으로 자신들의 부부관계를 친밀하다고 생각하고 있으며, 배우자를 신뢰하고 있고, 결혼생활에 만족하고 있음을 알 수 있다. 또한 여성결혼이민자들은 이들의 결혼생활에 존재하고 있는 다양한 어려운 조건들, 즉 배우자와의 높은 연령 차이와 학력 차이, 그리고 낮은 가계소득에도 불구하고 결혼생활에서 어려움을 상당히 적게 경험한다고 응답하였다(김은경, 2008b). 결혼생활에서 어려움을 느끼고 있다는 응답이 20% 이상으로 나타난 것은 17개 항목 중 자녀양육에 대한 의견불일치(22.1%)와 시댁의 경제적 도움 요청(21.4%)뿐이었다(김은경, 2008). 이들의 부부관계 만족도뿐만 아니라 배우자의 부모에 대한 만족도(3.95), 배우자의 친인척에 대한 만족도(3.86)와 이웃에 대한 만족도(3.78)도 높았으며(설동훈 외, 2006) 한국생활 전반에 대한 만족도(38)도 중간 이상으로 높게 나타났다. 이 같은 결과는 헬러와 우드(Heller & Wood, 2000)가 주장하는 것처럼 국제결혼부부는 그들의 차이점을 탐구하고 협상하는 과정을 통해 서로에 대해 더 강한 친밀감과 상호 이해를 경험할 수 있기 때문으로 보인다. 결혼이라는 과정은 같은 국가 출신이든 다른 국가 출신이든 두 사람 간에 차이가 있음을 인정하고 시작을 하여야 하는데 일반부부들은 두 사람 간의 차이를 인정하지 않고 출발하는 경우가 많으나 이들 국제결혼부부들은 이미 서로 간에 차이가 있다는 것을 인정하고 출발하였으므로 서로에 대한 이해를 하려는 자세가 되어 있다는 것이다. 높은 결혼만족도 이외에도 국제결혼이 가질 수 있는 장점으로 수용성, 자신과 다른 것에 대한 관용, 개방성, 존중감, 새로운 것을 배울 수 있고 성장할 수 있는 기회, 자녀들에게 다양한 관점과 시각을 길러줄 수 있다는 것과 가족 내에서의 활력 등을 들 수 있다(Bruger & Hill, 1998; Ho, 1990; Roer-Strier & Ezra, 2006).

현대와 같은 세계화 시대에서 학력이 높고 자신의 나라말을 구사하고 다양한 문화를 경험한 여성결혼이민자와 그 자녀들은 우리사회의 중요한 자원이 될 수 있다. 최근 많은 여성결혼이민자들이 방과후 학습교사로 활동을 하고 있는데 여성결혼이민자들이 방과후 교사, 특히 외국인 교사를 초빙하기 쉽지 않은 농촌지역 아동들을 위한 원어민 방과후 교사로 활동하는 것은 여성들과 우리사회 모두에게 긍정적인 일이 될 수 있다. 다문화가족에 대한 사회의 적절한 지원이 이루어진다면 결혼이민자인 어머니를 통해 이들 가정에서 태어나고 자란 자녀들이 다양한 아시아 문화를 학습하여 자신에 대해 자긍심을 가진 다언어를 구사하는 인력으로 성장하게 될 것이다(한건수, 2006).

4) 다문화가족을 위한 지원

여성결혼이민자 가족의 증가는 단기적인 현상이 아니라 세계화의 과정에서 지속이 될 현상임을 고려할 때 다문화가족에 대한 지원은 이들 개별 가족뿐만 아니라 우리사회 전체에 매우 중요하다. 따라서 다문화가족을 위한 다음과 같은 다양한 지원을 제공할 필요가 있다.

① 결혼이민자가족에게 차등 없는 복지제도 혜택을 부여한다.

여성결혼이민자 가족의 상당수가 경제적으로 빈곤한 처지에 있는 상황이기 때문에 이들의 국적유무나 자녀유무에 상관이 없이 자국민의 배우자도 한국인으로 인식하여 차등 없는 경제, 사회, 문화적 권리를 부여해야 하며 사회복지제도의 적용에 있어서도 국민과 동일하게 혜택을 부여해야 한다.

② 여성결혼이민자를 대상으로 한국어 교육과 한국문화의 이해를 도울 수 있는 체계적인 지원이 필요하다.

여성결혼이민자들은 문화적 차이와 의사소통의 문제를 가장 큰 어려움으로 들고 있다. 이들이 한국어를 모르는 것은 단순히 불편함의 문제를 넘어 생존의 문제와 직결된 것이므로 한국어 교육은 이들의 한국생활 적응에 있어서 일차적인 과제이다. 국제결혼이 급증하기 시작한 지 10여 년이 되어 가므로 한국어 교육을 여성들의 수준에 맞게 다원화하고, 전문화된 교재를 개발하며, 여성이민자와 지역사회 자원봉사자들을 한국어 교육의 보조교사로 활용할 필요가 있다(김은경, 2008a).

③ 결혼의 성립과정에서부터 결혼 후 가족주기 전 과정에 걸쳐 필요한 서비스를 단계적으로 개발하고 지속적으로 제공해야 한다.

현재 실시되고 있는 여성결혼이민자와 가족에 대한 지원은 대부분 결혼 후 적응에 맞추어져 있다. 그러나 최근 연구결과에 의하면 배우자와의 나이 차이나 학력 차이보다는 배우자의 나이와 학력에 대한 사전정보의 정확성이 여성결혼이민자의 결혼만족도에 매우 중요한 영향을 미치는 것으로 밝혀졌다(김은경, 2008). 즉, 결혼중개업체 등을 통해 결혼을 한 국제결혼부부의 경우 배우자에 대한 부정확한 정보와 잘못된 결혼의 과정이 결혼생활에도 중요한 영향을 미치는 것으로 나타났다. 따라서 결혼중개업체의 탈법행위에 대한 단속과 강력한 처벌, 재외공관에 여성인권 담당관의 배치와 결혼당사자에게 국제결혼에 대한 정보를 제공하여 국제결혼의 문제를 해결해야 한다. 또한 국제결혼을 준비하는 남성들을 대상으로 다문화가족지원센터를 통해 결혼 전 배우자의 출신국가의 언어 및 문화를 교육시켜야 한다. 여성결혼이민자들의 결혼 후 적응을 돕기 위해 이들이 가족주기에 따라 필요로 하는 지원과 복지욕구를 파악하여 단계적인 지원과 정책을 계발하고 체계적인 지원을 하여야 한다.

④ 결혼이민자가족 자녀를 위한 학습지원 시스템의 구축을 통한 학습지원이 필요하다(경상북도여성정책개발원, 2006).

결혼이민자가족의 자녀 중 초등학생보다는 유아의 학습능력이 떨어지는 것으로 나타나고 있고 아동의 경우도 다른 아동에 비해 학습능력이 떨어지는 경우가 22.4% 정도로 나타났기 때문에 이들을 위한 학습지원 프로그램이 필요한 상황이다. 특히 어머니들이 한국어가 서툴러 교사와 의사소통이 되지 않는 경우도 있고 한국적 교육 상황에 낯설기 때문에 학교를 통해 이를 지원할 수 있는 부모교육과 다문화가정 부모들의 자조집단 형성 및 한국 학부모를 통해 멘토링을 제공하여 자녀교육의 어려움을 지원해 줄 필요가 있다.

⑤ 여성결혼이민자의 인적 자원을 개발하고 사회참여의 기회를 확대한다.

여성결혼이민자의 생활안정을 도모하기 위해서는 무엇보다도 이들이 지역사회의 한 주체로서 역할을 담당할 수 있도록 이들의 인적 자원 개발이 필요하다. 여성결혼이민자의 취업욕구가 높기 때문에 이들의 인적 자원을 개발하고 적극 활용하는 것은 지역사회의 경쟁력을 높이고 활력을 줄 수 있을 뿐만 아니라 여성이민자 가정의 경제력을 획득할 수 있게 하고 이를 통해 한국사회 적응에도 도움이 될 수 있다(경상북도, 2007). 이를 위해서는 여성들에게 맞는 직종을 개발하고 직업교육을 실시한 후 일자리로 연계하는 시스템의 구축이 필요하다.

5 북한(이탈주민)가족

1) 새터민의 실태와 현황

(1) 새터민의 실태

북한지역에서 생활근거를 갖고 있다가 벗어난 사람을 일컫는 용어는 실향민, 귀순용사, 탈북자, 북한 이탈주민 등의 다양한 용어가 있지만 이들에 대한 법률적 용어는 '북한이탈주민'이다. 그러나 2005년 1월부터 통일부에서 탈북자라는 용어의 부정적 이미지를 개선하기 위해 '새로운 터전에서 삶의 희망을 갖고 사는 사람들'이라는 의미로 북한이탈주민을 새터민이라고 칭하면서부터 새터민이라는 용어가 사용되기 시작하였다. 새터민의 국내 입국 규모는 소수에 불과하다가 1990년대 초 사회주의권의 붕괴 이후 1990년대 중반부터 북한의 대홍수와 가뭄으로 인한 식량사정으로 인해 1994년부터 양적으로 급증하였으며, 2000년을 지나서부터는 연간 천 명 이상, 2006년부터는 매년 2천 명 이상이 입국하여 2008년 상반기에만 1.748명이 입국하여 2008년 8월 현재 14,342명이 한국에 거주하고 있다. 새터민들의 67%는 서울, 경기, 인천 등 수도권 지역에 거주하고 있으며 나머지는 부산(626명), 경남(430명) 등 전국에 고루 분포되어 있고 제주도에는 가장 적은 79명이 거주하고 있다(통일부 인도협력국, 2008).

2005년도 북한인권정보센터에서 실시한 새터민 정착실태 연구(2005)의 조사결과에 의하면 새터민 중 미혼자의 비율은 남자 42.1%, 여자 42.3%였으며, 결혼하지 않고 동거하는 비율도 남자 7.3%, 여자 7.6%로 비슷하게 나타났다. 새터민의 24.6%는 이혼한 경험이 있고 19.9%가 사별한 경험이 있다고 응답하였으며 재혼한 사람의 비율도 16.6%에 달한다.

새터민들은 가장 고통스러운 경험으로 가족과의 이별, 가족 및 친밀한 관계에 있는 사람의 죽음과 탈북과정 및 제3국 체류과정에서 체포·발각의 두려움 등을 들고 있다. 새터민의 상당수가 북한에 가족들을 남겨두고 왔고 이

것이 이들의 삶에 영향을 미치며 이로 인한 가족해체와 불안정한 결혼생활은 한국사회 정착에 중요한 영향을 미치는 것으로 보인다.

새터민의 수적인 증가에도 불구하고 남한에서 정착을 시도하고 있는 새터민들은 사회적응 및 정착과정에서 많은 어려움을 겪고 있다(조영아 · 전우택, 2005). 새터민들이 소수 입국하던 1990년 이전에는 이들을 국가적인 차원에서 특례적으로 수용하여 왔으나 최근 이들이 대규모로 입국하기 시작하면서, 이들은 특혜를 받는 존재가 아니라 한국사회의 이주자의 성격을 띠게 되었다(윤여상, 2006). 새터민들은 한국에 정착하기 시작한 지 10여 년이 지났지만 한국사회에 성공적으로 적응하지 못하고 고립화되고 있으며 탈북자의 수가 증가함에 따라 정부와 사회의 관심이 줄어들어 많은 문제가 발생하고 있는 실정이다.

(2) 새터민 입국의 특징

최근에 입국하고 있는 새터민들을 보면 다음과 같은 몇 가지 특징이 나타났다(임을출, 2007; 통일부 2008).

① **새터민들의 인구학적 분포가 매우 다양해지고 있다.** 과거 성인남자 위주에서 최근에는 여성이 높은 비율을 차지하고 있다. 2002년 전체 입국자의 55%가 여성인 이후 2005년까지는 60%대였다가 2006년부터는 여성이 전체 입국자의 70%를 넘어서기 시작하여 현재 한국에 거주하는 전체 새터민의 65%가 여성인 것으로 나타났다. 또한 입국한 새터민 중 20대(28%)와 30대(33%)가 2008년 6월 기준으로 전체 새터민의 61%를 차지하고 있으나 아동과 청소년의 입국도 급증하고 있으며 노인인구 또한 늘어나고 있다.

② **새터민들의 북한에서의 직업은 거의 대부분 무직(47%)이었거나 노동자(44%)인 것으로 나타난다**(통일부, 2008).

③ **가족동반 입국과 잔류가족의 입국이 증가하고 있다.** 2002년 이후 입국한 새터민들은 단독입국이 여전히 많으나 가족을 동반한 새터민들의 수도 계속해서 증가하고 있는 추세이며, 이미 입국한 가족이 도움을 받아 잔류가족이 입국하는 연쇄이주의 사례도 증가하고 있다. 1990년 이전에는 휴전선을 넘어서 귀순하는 사람이 대부분이었기 때문에 가족단위의 탈

북이 거의 불가능했으나 90년대 중반 이후 중국과 러시아 등을 경유하는 탈북이 급증하고 중국 내 체류가 점차 장기화됨으로써 북한 내 가족의 추가 탈북이 가능해졌으며 입국한 새터민의 잔여가족 입국 지원에 따라 가족단위의 탈북경향이 증가하는 것으로 추정된다(이기영 · 성향숙, 2001).

표 10-5 개인 및 가족단위별 입국현황

년도	총 입국자 수	가족		단독 입국자 수
		가족 수	세대원 수	
2002	1,139	160	409	730
2003	1,281	190	464	817
2004	1,894	274	668	1,226
2005	1,383	168	380	1,003
2006. 6.	854	121	267	587

출처: 임을출(2007). 새터민 정착지원을 위한 신 상생협력모델의 모색: 사회적 기업모델의 창조적 적용.

④ 정착과 적응에 있어서 다양한 문제가 표출되고 있다(이기영, 2006. 재인용). 과거 성인남성 위주로 입국하던 시기에는 적응상의 문제가 주로 경제적인 적응상의 문제였으나 최근에는 정신건강 문제, 가족갈등 및 폭력의 문제가 나타나고 있다. 또한 여성들의 경우 중국에서 인신매매 등 범죄의 대상이 되어 심각한 유린을 경험한 이들이 대부분이어서 외상증후군의 문제가 나타나며, 탈북 청소년들은 사회적응 학교적응 진학문제 등의 다양한 문제가 표출되고 있다.

새터민들의 이 같은 특성들은 이들이 한국사회에 정착하는 데 여러 가지 영향을 미치게 된다. 또한 최근 가족단위의 입국이 증가하면서 가족이 새터민의 적응에 어떤 영향을 끼칠 것인지와 이들의 자녀인 청소년들에 대한 관심도 증대하고 있다.

2) 새터민들의 적응문제

새터민의 한국생활 적응문제는 경제적 측면, 사회문화적 측면, 심리적 측면의 세 가지 측면에서 살펴볼 수 있다.

(1) 경제적 적응문제

새터민 1,336명을 대상으로 조사한 2005년도 새터민 정착실태 연구(북한인권정보센터, 2005)에 의하면 새터민들의 월소득은 50만 원 미만이 37.7%, 50~100만 원 미만이 40%로 나타났으며, 새터민가족의 월평균 생활비도 100만 원 미만이 79.9%로 나타났다. 또한 실업자의 비율이 29.7%였고, 조사대상 새터민들 중 5.1%만이 자신을 중간층 이상으로 인지하고 있었다. 반면 57.5%는 하류층, 27.5%는 극빈층이라고 인식하고 있는 것으로 나타나 이들의 경제적 상황이 매우 어려우며 한국사회에서의 상대적 박탈감 또한 매우 클 것이라는 것을 알 수 있다. 일반적으로 북한이탈주민들은 남한의 노동시장에서 정규직 직종에 취업하기가 힘들어 일용직과 임시직 등 불완전 고용상태이며, 취업한다고 하여도 오래 버티지 못하고 조기퇴직하여 취업과 퇴직을 반복하는 경향이 높은 것으로 나타났다(이기영, 2006). 지금까지 정부와 민간의 새터민 정착지원이 경제적 자립에 중점을 두어 왔지만 새터민들의 많은 수가 경제적 자립에서 많은 어려움을 겪고 있는 것으로 드러났다(이기영, 2006 재인용).

(2) 사회문화적 적응문제

사회문화적 측면의 적응의 문제는 경제적 문제에 가려져 있지만 새터민들의 한국 적응에 있어서 매우 중요한 문제이다. 한국에 입국한 새터민들은 일상적인 생활환경, 언어생활, 문화생활에서 많은 적응의 문제에 직면하게 된다(박미석 · 이종남, 1999; 윤인진, 1999; 장혜경 · 김영란, 2000; 진미정 · 이순형, 2007). 탈북자들은 남한사회에서 살아가는 데 필요한 기초적이고 상식적인 예비지식과 정보가 없어 적응에 곤란을 겪고 있으며, 영어 및 외래어를 이해하지 못하여 겪는 언어적 곤란, 새로운 대인관계를 맺는 과정에서 겪는 어려움, 가치관 및 도덕성의 기준이 달라서 받는 혼란과 문화적 충격으로 인한 어려움, 돈에 대한 가치인식의 차이로 인한 문제 등 많은 적응의 문제에 직면하게 된다(김영수, 2000). 또한 같은 언어를 사용하기 때문에 어려움이 없을 것이라는 일반적인 생각과는 달리 장혜경과 김영란(2000)에 의하면 새터민들은 사회문화생활 측면에서 언어와 관련한 어려움이 가장 크게 나타났는데 이들은 남한에서 사용되는 한자나 외래어 같은 낯선 언어 때문에 어려움을 느끼고 있는 것으로 밝혀졌다. 또한 탈북자들은 어렸을 때부터 주체사상의 교육을 통해 획일적이고 경직된 사고에 길들여져 있기 때문에 남한사회의 개인주의와 자율성, 다양성의 가치관을 받아들이는 데 있어서 가치관의 혼란을 경험하게 되며, 공산주의 이외의 세계에는 노출된 적이 없었던 탈북자들은 자본주의에 대한 비현실적인 기대를 가지게 된다(오혜정, 1995; 전우태 · 민성길, 1996). 북한에서의 직업이나 출신이 다양하여 탈북자들 간에도 정치적 사고와 가치관의 차이를 보여 서로 배타적인 태도를 가지기 때문에 탈북자끼리도 외로움이나 고독감을 해소하지 못한다.

개인적 차원의 어려움 이외에 가족적 차원의 사회문화적 적응의 문제 중에서는 자녀양육과 관련된 어려움을 들 수 있다. 한국의 교육체제나 내용, 학교문화, 아동에 대한 부모의 양육태도 등이 북한의 상황과 다르기 때문에 새터민들은 많은 어려움을 겪는 것으로 나타났다(조영아 · 전우택, 2005; 이기영, 2006). 특히 부모 자체가 남한사회에서 적응하고 살아가는 문제에 바빠서 자녀에게 신경을 쓸 여력이 부족하고, 남한사회의 영향을 받아 보다 자유롭고 통제받지 않는 삶을 살아가려는 자녀세대에 반해 부모세대는 변화된 행동이나 태도를 쉽게 수용하기가 어려워 청소년 자녀의 반항으로 인한 가족갈등이 발생되기도 한다. 이와 더불어 이방인으로 느끼는 차별의식, 남한사람들의 무관심과 냉정함, 경멸로 오는 어려움 등도 경험하는 것으로 나타났다.

(3) 심리적 적응문제

일상생활의 적응문제와 문화적 이질성에 비롯되는 갈등은 정체성이나 박탈감, 소외감, 우울 등과 같은 심리적 문화적응 스트레스로 연결된다(진미정 · 이순형, 2007). 새터민들의 경우 남한사회에서 갑작스런 환경의 변화를 겪음으로 인해 성장과정에서 형성된 자아정체감이 혼란스럽게 되었을 뿐만 아니라 본인들의 북한 탈출을 정당화하기 위해 북한에서 형성된 자아정체성에 대한 의심과 부정적인 평가를 해야 하는 심리적 압박을 갖게 되고 이로 인해 자아정체성을 상실해 가는 과정을 겪게 된다(박미석 · 이종남, 1999). 정체성의 박탈 이외에도 새터민 중에는 남한생활에서 겪는 어려움뿐만 아니라 북한이나 탈북과정에서 겪었던 충격적인 사건들로 인하여 정신적 스트레스와 고통을 받고 있다(조영아 · 전우택, 2005). 또한 북한에 남겨둔 가족들이 자신의 탈북으로 인해 피해를 입을 수 있다는 죄책감과 함께 오지 못한 가족을 데리고 오려는 노력을 기울이는 과정에서 갖게 되는 불안감, 남한생활에서 느끼는 위축감과 신분노출로 인한 우려감 등의 심리적 문제를 경험하고 있다는 것으로 밝혀졌다.

3) 새터민가족의 건강성

과거와는 달리 최근에 가족동반 입국을 하는 새터민의 수가 급증하면서 가족이 새터민의 한국사회 적응에 어떠한 영향을 미칠 것인가에 대한 관심이 증가하기 시작하였다. 현재까지 새터민들의 가족을 대상으로 한 연구는 그다지 많지 않으나 선행연구에 의하면 가족동반 입국은 부정적인 측면과 긍정적인 측면을 동시에 가지고 있는 것으로 보인다.

가족동반 입국의 부정적인 측면은 가족 내에서 다양한 연령과 성이 존재하기 때문에 연령이나 성별에 따른 적응의 개인차 역할전환에 따른 가족 내 권력구조의 변화, 성역할 규범의 변화 및 가족문화의 변화 등 다양한 갈등과 문제의 가능성이 존재하게 되고 이것이 새터민 개인과 가족의 적응에 걸림돌이 될 수 있다는 것이다(진미정 · 이순형, 2007). 특히 가족의 권력과 관련된 부부문제가 발생한다는 것을 여러 연구들은 지적하고 있다. 북한은 남한에 비해 여성에 대해 유교적이고 남존여비의 태도가 강한 사회로 북한에서는 권위적인 남편의 태도를 자연스럽게 받아들였던 여성들도 중국을 거쳐 남한에서 생활하게 되면서 남편의 태도에 불만을 품게 된다. 또한 이주과정에서 남편은 제대로 노동시장에 진출하여 소득을 창출하지 못하는 경우가 많은 반면 여성들은 정착 초기에는 청소나 허드렛일 등을 쉽게 구하기 때문에 남편에 비해 남한사회에 상대적으로 적응이 빠르고, 경제적으로 남편에게 더 이상 의지할 필요가 없어서 부부간의 갈등이 생겨나게 된다(김영수, 2000; 조영아 · 전우택, 2005). 그러나 이러한 과정에서 모든 부부가 갈등을 일으키는 것은 아니다. 탈북과정에서 어려움을 함께 겪은 아내에 대해 동지의식과 감사함을 가지고 남편 스스로 태도를 전환한 경우 부부관계가 순조롭게 유지되는 것으로 나타났다(조영아. 전우택, 2005).

가족동반 입국의 긍정적인 측면을 살펴보면 단독으로 입국한 새터민보다는 가족이 함께 온 새터민이 한국사회에 더 빠르게 적응하는 것으로 나타났다(이기춘 외, 2000; 전우택, 2000). 가족의 긍정적인 영향은 외로움과 고립감 같은 정서적 문제를 해소시켜 줄 수 있고, 가족이 함께 입국한 경우에는 남아 있는 가족에 대한 죄책감이나 그리움의 여지가 줄어든다는 점, 그리고 함께 입국한 미성년 자녀들의 경우 부모로부터 보호를 받을 수 있고 이러한 안정감이 한국 적응 시 받을 수 있는 문화적 스트레스를 감소시키고 적응을 촉진시키는 것으로 보인다(진미정 · 이순형, 2007).

새터민 44가구의 67명을 대상으로 가족 간의 결속력, 가족 내 권력관계, 의사소통, 갈등 및 폭력의 네 가지 측면을 조사한 이기영 · 성향숙(2001)에 의하면 탈북자 가족의 가족관계는 긍정적이고 양호한 편이며 가족결속력이 가장 긍정적인 것으로 나타났다. 남한에 오기 전과 후로 나누어서 비교해 보았을 때 남한에 온 후 가족관계에 대한 긍정적 인식이 높았으며 가족권력을 제외한 가족 간의 갈등 및 가족 내 폭력적 언행의 정도도 낮아진 것으로 나타났다. 그러나 남한 거주기간에 따라 긍정적 인식이 점차 줄어들고, 특히 거주기간이 길어질수록 부부 사이의 권력의 평등도가 약화되는 것으로 나타났다. 장혜경과 김영란(2000)의 연구에서도 북한이탈주민 가족들은 가족의 안정성 정도가 매우 높게 나타났는데 어려운 생활여건에서 가족이 살아남기 위해 가족원들 간에 서로 위해 주고 보살펴보는 힘이 매우 중요한 역할을 담당하고 있기 때문으로 보인다.

부모자녀관계의 경우 선행연구들은 서로 상반된 결과를 보고하고 있는데 44가족을 대상으로 조사한 이기영 · 성향숙(2001)은 남한에서의 거주기간이 길어짐에 따라 자녀에 대한 부모의 권위가 떨어지며 자녀의 비순종적 경향이 증가된다며 새터민가족의 부모자녀관계를 부정적으로 보고하였다. 반면에 195명의 새터민을 대상으로 가족 특성에 따른 사회문화적 적응에 대한 연구를 한 진미정과 이순형(2007)은 미성년 자녀가 있는 새터민가족이 그렇지 않은 가족에 비해 사회적 활동에 대한 두려움이 적고 남한의 언어나 문화적 측면의 문제를 덜 경험하며 가족의 응집성과 적응성 수준이 더 높게 나타났다고 보고한다. 이는 가족이 어린 세대원을 중심으로 결속하고 자신의 자녀나 다음 세대가 지금보다 더 나아지게 하기 위해서 적응력을 발휘하며, 이를 통해 자신들이 새로운 사회에 적응하면서 겪을 수 있는 스트레스나 문제가 감소되기 때문으로 보인다. 또한 문화적응 속도가 상대적으로 빠른 미성년 자녀가 나이가 더 많은 부모, 조부모와 손위 형제들이 남한의 언어사용이나 일상문화에 적응하는 데 도움을 주는 것을 통해 미성년 가족원이 있는 가족들은 사회적 활동제약을 상대적으로 더 낮게 인식하는 것으로 풀이된다.

4) 새터민가족을 위한 지원

새터민가족의 남한사회 적응을 돕기 위한 지원이 지금까지는 경제적 지원의 측면에만 초점을 맞추어서 이루어졌으나 새터민의 수가 증가하고, 이들의 인구학적 측면이 다양화되고 거주기간이 길어지면서 보다 다양한 측면의 지원이 필요한 실정이다(안연진, 2002; 이기영, 2006; 이기영 · 성향숙 2001; 임을출, 2007; 윤여상, 2006; 조영아 · 전우택, 2005; 진미정 · 이순형, 2006, 2007).

① **부부와 가족을 대상으로 하는 심리 · 정서적 지원 및 상담 프로그램의 실시가 필요하다.** 정부나 민간단체에서 다양한 적응교육을 실시하고 있지만 가족이나 부부를 대상으로 하는 심리적 지원이나 상담 프로그램 등의 적극적 실시가 필요하다. 특히 남한 입국 후 가족관계 인식이 이전에 비해 긍정적이었다가 남한에서 거주하는 시간이 길어짐에 따라 가족관계의 향상을 기대하기 어렵다는 연구결과는 새터민가족 대상의 심리 · 정서적 지원 프로그램과 상담 프로그램의 실시가 필요함을 보여준다(이기영 · 성향숙, 2001: 이기영, 2006).

② **새터민가족의 자녀교육을 돕기 위한 정보제공 및 교육, 상담 프로그램의 실시가 필요하다.** 최근 새터민 청소년의 고등학교 진학이 2005년 43명에서 2007년 114명으로 3배 가까이 증가하면서 이들의 중도탈락률도 2005년 7%에서 2007년 28.1%로 4배 이상 증가하고 있다(교육과학기술부 2008). 새터민 학생들이 취학을 포기하는 이유는 학교 공부를 따라가지 못하고 친구를 사귀지 못하기 때문으로 나타났다. 새터민 청소년들의 58.1%가 학교 공부를 가장 어려운 문제로 생각하고 있는데 학습부진의 원인은 남한 입국 전에 정상적인 교육을 받지 못했고, 남한과 북한의 교육제도가 매우 상이하기 때문이다(이향규, 2007). 탈북청소년들은 남한생활의 적응과정을 적절히 안내하고 지원해 주는 체계가 충분하지 않은 상황에서 적응상의 혼란을 겪고 있는 것으로 보인다(이기영, 2006). 이들의 경우 남한 청소년에 대해 부정적인 동시에 남한 청소년의 문화에 다가서려는 욕구가 강하게 존재하고 있다. 또한 생사를 가르며 탈북해 온 부모에 대한 보답의 의무를 느끼면서도 부모에 대한 기대와 존경의 감소를 동시에 경험하고 있는 것으로 나타났다(이기영, 2006). 때문에 탈북 청소년들의 한국생활 적응을 위해서는 가족과 학교의 노력 그리고 다양한 민간자원을 통해서 이들을 지원하는 것이 필요하다.

③ **다양한 새터민들을 위한 적응 프로그램과 상담 프로그램의 활성화가 필요하다.** 남한에 입국하는 새터민들의 인구학적 분포가 다양해짐에 따라 성인남성, 성인여성, 노년층, 청소년, 아동 등 다양한 새터민들을 대상으로 하는 적응 프로그램과 상담 프로그램의 활성화가 필요하다(이기영 · 성향숙, 2001).

④ **경제적 자립을 위한 지원이 필요하다.** 한국에 입국한 새터민들의 대부분이 무직이었거나 노동자였고 이들이 탈북을 한 주요 이유가 생활고였기 때문에 이들의 경제적 자립을 위한 원조는 필수적이며 이들의 한국생활 정착을 위해 전문적이고 실질적인 직업훈련이 절실한 것으로 보인다. 또한 새터민들의 장점을 살릴 수 있는 경쟁력 있는 분야에 대한 취업 기회를 제공해야 한다.

⑤ **새터민을 바라보는 시각의 변화가 필요하다.** 새터민들이 겪는 어려움 중

의 하나는 남한 사람들로부터의 차별의식, 무관심, 냉정함, 그리고 경멸로부터 오는 어려움이라고 한다. 우리사회에서 새터민의 성공적인 적응을 위해서는 이들에게 남한사회에 일방적으로 편입되거나 문화를 흡수·수용하도록 하여 동화되도록 하는 것이 아니라 북한에서 성장하면서 습득한 생활양식과 제3국의 생활경험을 토대로 하여 새로운 문화와 조화를 이루도록 선택적으로 창조해 나갈 수 있도록 돕는 과정이 될 것이다. 그리고 현장에서 함께 보는 건강가정사나 사회복지사들이 이들 가족을 바라보는 시각과 사고방식의 변화를 요구하고 있다. 새터민들이 한국사회에 적응하는 것 못지않게 한국사회도 우리들의 새로운 이웃을 맞이하기 위한 제도적인 장치를 마련할 필요가 있다는 것이다(김희성, 2011 재인용).

CHAPTER 11

건강가정을 위한 실천적 접근

건강가정사는 지역사회의 실천현장에서 지역주민의 특성을 고려한 가족지원서비스를 제공하기 위해서 건강가정사업의 실천과정과 운영관리에 대한 역량이 필요하다. 이 장에서는 건강가정사에게 필요한 건강가정사업의 운영, 재정관리, 문서관리, 마케팅과 홍보를 중심으로 살펴보았다.

1 건강가정사업 실천과정

1) 사업기획 및 계획서 작성

① 프로그램의 필요성 및 기본 방향을 설정한다.
② 교육 대상을 결정하고 목적과 목표를 설정한다.
③ 프로그램 실천계획을 수립한다.
④ 프로그램 진행 인력 및 예산을 편성한다.
⑤ 프로그램 실시 후 평가방법을 제시한다.

2) 프로그램의 진행

① 프로그램을 진행할 강사를 섭외하고 교육 참여자를 모집한다.
② 프로그램 홍보 및 참가자를 점검한다.
③ 외부자원을 모집하고 교육 장소를 섭외한다.
④ 프로그램에 필요한 물품을 구매하고 교구 및 장비 등을 준비한다.
⑤ 행사 당일 준비물품 및 점검사항을 확인한다(명찰, 수료증, 안내표지판, 카메라, 음료, 다과 등).
예: 체크리스트를 작성하여 하나씩 확인한다.

3) 사업평가

① 사업계획서 작성 시 제시한 평가방법에 따라 평가한다.
② 평가는 정량평가 및 정성평가로 실시한다.
③ 계획, 집행 성과로 구분하여 영역별 평가를 한다.
④ 사전·사후평가, 과정평가 및 만족도 분석을 통해 사업을 평가한다.

4) 결과 보고서

사업을 종료한 후 결과 보고서를 작성한다.

5) 환류

① 환류(피드백)를 통해 사업을 계속 추진할지의 여부를 검토한다.
② 사업을 변환하여 진행할지 또는 폐기할지의 여부를 검토한다.
③ 사업을 진행하면서 드러난 개선사항 및 발전방안을 검토하여 다음 사업에 반영한다.

2 사업 계획서 작성 실제

건강가정사업을 실행하기 위해서는 교육 대상자의 문제 및 욕구를 파악하고 프로그램을 시행을 위해 검토해야 한다. 검토 완료 후 해당 사업이 센터의 목적과 부합한다면 예산 및 제반 사항을 고려하여 사업계획을 수립해야 하며, 교육을 실시하고 평가한 후 결과를 보고해야 한다.

1) 사업계획서 작성 실제

① 대상자의 욕구나 문제가 무엇인지 찾아보세요.
② 만약 내가 대상자라면 어떤 프로그램이 필요한지 생각해 보세요.
③ 제목을 읽고 대상자, 욕구, 내용 등을 알 수 있도록 정한다.
④ 예산을 정할 때는 투입할 전체 예산을 정한 후 필요한 항목별로 소요예산을 기록한 후 예산을 조정하는 것이 좋다.

2) 사업계획서 작성 시 점검해야 할 사항

(1) 문제 및 욕구 파악하기

① 프로그램에 대한 지역사회의 요구도 조사를 실시한다.
② 지역사회의 유관기관에서 실시하고 있는 프로그램을 조사하여 계획하는 프로그램과 중복되지 않는지 파악한다.
③ 신문기사, SNS 및 보도자료 등을 통해 실행할 프로그램에 대한 욕구를 조사한다.
④ 선행사업을 조사하여 프로그램에 대한 욕구를 조사한다.

(2) 프로그램의 효과적인 시행을 위한 검토

① 센터 내의 타 부서와 업무 협조가 가능한지 여부와 활용이 가능한 자원이 무엇인지 파악한다.
② 프로그램을 수행하는 인력 간에 상호 협조할 수 있도록 좋은 관계를 형성한다.
③ 센터 내외의 물리적 환경이 프로그램 시행에 적합한지 검토한다.

(3) 사업 계획하기

① 사업계획서를 작성할 때는 목적, 목표, 하위목표를 설정한다. 이때 하위

목표는 사업평가의 기준이 되므로 측정할 수 있도록 작성한다.

② 사업계획에 대한 기관 내 슈퍼비전을 통해 사업의 효율성을 꾀한다.

③ 사업의 실용성, 지역성 및 효율성을 검토하여 사업이 원활하게 이루어지도록 한다.

④ 참가자, 실시 주체, 주관, 실시방법, 장소 및 소요예산 등을 정확하고 꼼꼼하게 작성한다.

(4) 강사 선정

① 한국건강가정진흥원의 실적정보시스템 내의 전문강사 인력풀을 활용하거나 기존에 센터 강의 경험이 있는 자 중 프로그램에 적합한 강사를 선정한다.

② 프로그램의 목적 및 내용에 대해 강사에게 구체적으로 설명한다.

③ 강의의뢰서를 프로그램 실시 2~3주 전 강사에게 송부한다.

④ 강의의뢰서에는 프로그램의 내용, 참가자에 대한 설명, 강의 장소 약도, 강의 시 요청사항, 강의계획서, 개인정보제공동의서, 강사카드 등을 첨부해야 한다.

(5) 프로그램 홍보 전단지 작성

① 홍보용 전단지를 작성할 때는 프로그램의 제목, 내용, 모집 인원, 강의 일시, 장소, 연락처, 참가비 등을 기록하여 작성한다.

② 그림이나 사진 자료 등을 사용할 때는 저작권에 위배되지 않는 자료를 사용하도록 주의한다.

③ 전단지는 간결하고 명확하게 작성하여 가독성을 좋게 한다.

(6) 프로그램 홍보

① 센터 홈페이지, 유관기관 홈페이지, 시 · 군 · 구 홈페이지, 포털사이트(카페 및 블로그 등) 등에 홍보 전단지를 게시한다.

② 관내 주민센터, 유관기관에 전단지 및 홍보물을 제작하여 배포한다.
③ 보도자료를 작성하여 신문 및 언론기관에 배포하여 홍보를 요청한다.
④ 정보를 제공받기 희망한 이용자를 대상으로 문자 전송, 우편 발송, 이메일 발송을 통해 홍보한다.
⑤ 관내 아파트에 공문을 발송하여 아파트 게시판에 전단지를 게시하여 홍보한다.

(7) 교육 실시 전 해야 할 일

① 모집된 교육 대상자에게 전화나 문자를 전송하여 안내한다.
② 교육 실시 전 강사에게 안내할 사항은 다음과 같다.
• 강의자료 및 원고를 요청한다.
• 강의 장소, 교육의 목적, 교육 대상자 특성, 인원 등을 안내한다.
• 강의 시 필요한 기자재를 확인하고, 강의장 약도 및 주차 여부를 안내한다.
③ 강의자료 및 기자재(음향장비, 마이크, 레이저 포인트 등)를 사전에 점검한다.
④ 강의 장소를 잘 찾아올 수 있도록 곳곳에 프로그램 안내 이정표를 부착한다.
⑤ 잔잔한 배경음악을 준비하여 강의 장소에 준비한다.
⑥ 강의 장소에 현수막을 게시하고 배너도 설치한다.

(8) 교육 실시: 준비단계

① 참가자들이 서명할 출석부, 신청서, 개인정보제공동의서를 준비한다.
② 참가자별로 명찰을 준비한다.
③ 센터 프로그램 안내지, 리플릿 및 기타 홍보물을 준비한다.
④ 사전·사후 척도 검사지 및 만족도 조사지를 준비한다.
⑤ 교재 또는 메모지 및 필기도구를 준비한다. 필기도구는 사용이 가능한지 확인하고 파손되지 않은 것으로 준비한다.
⑥ 비상구급함을 준비하여 만일의 상황에 대비한다.
⑦ 비상탈출구를 확보하고 안내하여 만일의 상황에 대비한다.

⑧ 화장실, 정수기, 와이파이(Wi-Fi: Wireless Fidelity) 안내문을 작성하여 설치한다.
⑨ 재활용 및 일반용 휴지통을 비치한다.
⑩ 실무자가 사용할 사무용 문구를 준비한다(테이프, 가위, 칼, 매직-검정, 빨강, 파랑, A4용지 등을 준비한다).
⑪ 다과를 제공할 경우 1인 1세트씩 배부할지, 자유롭게 이용할지 등 배부 방법을 결정하여 준비하고, 다과는 프로그램 시작 전에 준비를 마치도록 한다.
⑫ 소모품(물티슈, 휴지, 종이컵, 접시 등)은 부족하지 않게 준비한다.
⑬ 참가자의 이동 동선을 파악하여 이동이 원활하도록 자리를 배치한다.

(9) 교육 실시: 도입단계

① 참석자 명단을 준비하고 출석부에 서명을 받는다.
② 프로그램동의서, 신청서, 사전·사후 척도 검사지를 받는다.
③ 센터 소개, 프로그램 회기별 소개 및 프로그램 이용규칙을 안내한다.
④ 비상상황 발생 시 탈출구에 대한 안내를 한다.
⑤ 오늘 강의를 담당한 강사를 소개한 후 강의를 시작한다.

(10) 교육 실시: 전개단계

① 안정된 환경에서 강의가 진행될 수 있도록 지원한다.
② 강사가 담당자의 도움을 요청할 경우 또는 강의 진행상 어려움이 있을 경우 지원한다.
③ 교육 진행 중 사진을 촬영한다.
④ 교육이 기획한 대로 잘 진행되고 있는지 기록한다.

(11) 교육 실시: 종결단계

① 필요한 경우 참가자, 강사와 함께 단체사진을 촬영한다.
② 교육을 마친 후 만족도 조사, 사후검사를 실시한다.
③ 참가자에게 수료증을 수여한다.
④ 교육 마무리, 과제 및 활용 가능한 방법을 제시한다.
⑤ 강사를 배웅하고 교육을 마친 날 감사 메시지를 전송한다.
⑥ 강의 시 사용한 기자재, 책상 등을 원 상태로 정리한다.
⑦ 부착했던 현수막, 이정표 및 기타 부착물을 수거한다.
⑧ 바닥 및 주변에 있는 쓰레기 등을 정리한다.

(12) 교육 종료

① 매회기 교육을 마친 후 운영일지를 작성한다.
② 다회기 프로그램을 마쳤을 경우에는 결과 보고서를 작성한다.

3 건강가정사업 평가

1) 평가의 개념과 목적

평가(evaluation)의 사전적 정의는 "사물 또는 그 속성에 대한 가치판단"을 의미한다. 어떤 사물 혹은 그 속성에 대한 가치 판단을 하자면 반드시 판단의 준거(criteria) 또는 표준(standard)이 존재해야 한다(정무성, 2008). 결과적으로 프로그램 평가는 객관적이고 과학적인 조사방법을 사용하여 프로그램 혹은 기관의 계획, 수행, 성과 등 제반 활동들을 체계적으로 가치 판단하는 것을 의미한다. 이러한 평가는 사회복지행정의 관리 수단으로 간주될 수 있다. 그렇기 때문에 사회복지시설은 끊임없이 프로그램을 평가하게 된다.

평가의 목적은 평가자의 의도에 따라 평가대상에 따라 다양하게 제시할 수 있다. 따라서 평가목적을 상세하게 제시하는 데 있어서는 어려움이 많다. 평가를 통해서 성취하려는 목적이 무엇인가? 어떤 이유로 평가 수행되어야 하는가? 왜 평가를 수행하는가에 대해 살펴보는 것이 평가를 이해하는 데 도움이 될 것이다. 이에 사회복지시설에서 평가의 가장 일반적인 목적을 다음과 같이 제시해 볼 수 있다.

첫째, 평가는 의사결정에 도움을 받기 위해서이다. 평가는 프로그램의 기획과 실행에 필요한 정보를 제공할 목적으로 수행된다. 평가는 프로그램의 중단, 축소, 유지, 확대 등의 여부를 결정하는 데 필요한 정보를 제공하고, 또한 프로그램의 내용을 수정하거나 보다 효율적인 운영에 필요한 정보도 제공해 준다.

둘째, 평가는 사회복지시설의 책무성을 이행하게 하는 목적을 갖는다. 사회복지시설이 사회로부터 사회복지 활동을 할 수 있도록 승인(sanction)을 받았고, 승인을 받은 그 조직은 사회에 대하여 책임을 져야 한다는 것을 의미한다.

셋째, 평가는 사회복지이론의 형성에도 기여하는 목적을 갖는다. 평가의 목적 중 하나를 프로그램 속에 내재된 변수들 간의 인과관계를 검증하여 이론 형성에 기여하기 위함이라고 한다(성규탁, 1994).

넷째, 평가는 사회복지시설에서 운영되고 있는 프로그램 질적 향상을 위함이다(신복기 외, 2021). 평가를 통하여 프로그램의 기획과 실행 과정에서 나타날 수 있는 문제점을 파악하고 개선함으로써 프로그램의 질을 향상시킬 수 있다.

다섯째, 평가는 사회복지시설의 외부자원을 획득하는 데 도움을 준다. 평가를 통하여 사회복지시설의 효과성 등을 입증해 주고 기관의 입지를 강화시킬 수 있다. 평가는 지역사회나 정부로부터 지원 혹은 지지를 확보할 수 있는 중요한 기초자료를 제공한다.

2) 평가의 유형

평가는 일반적으로 상당히 포괄적인 개념이지만, 크게 두 가지의 유형으로 구분 될 수 있다(신복기 외, 2021). 그중 하나는 총괄(summative)평가로서, 무엇을 했는가?, 얼마나 잘했는가?, 할 만한 가치가 있었는가? 등에 초점을 둔다. 즉, 정책이나 사업의 종료 후에 실시되며, 주로 정책결정자, 정책 또는 사업자금 제공자와 같은 외부고액의 요구를 충족시키기 위하여 수행된다.

총괄평가는 목표지향적이다. 일반적으로 목표지향적 평가의 대표적인 효과적 평가와 효율적 평가가 있다. 총괄평가와 효과성 평가에 차이는 효과성 평가는 정책이나 사업의 효과에 초점을 맞춘 평가를 말한다. 효과성 평가는 집행과정에 초점을 맞추는 집행평가와 구별되는 개념이다. 효과성 평가는 수행시기에 따라 형성평가가 될 수 있고, 총괄평가가 될 수도 있다.

다른 한 가지인 형성평가(formative evaluation)는 프로그램 개발자에게 필요한 정보를 제공하고, 의사결정자에게 프로그램을 향상시킬 수 있는 기회를 제공하는 것이다. 따라서 무엇을 하고 있는가?, 어떻게 하고 있는가?, 그리고 단기적인 시간 틀 속에서 얼마나 잘하고 있는가?에 관심을 둔다. 형성평가는 프로그램을 개발하기 위한 목적에 실시하는 것으로 프로그램 개발하는 과정이나 진행과정 중에도 수행할 수 있다. 이 평가는 주로 프로그램 개선과 관련된 정보를 수집하고 평가한다.

이러한 평가를 흔히 과정평가(process evaluation)라고도 한다. 이러한 평가유형에 대해 간략하게 정리하면 표 11-1과 같다.

표 11-1 **평가유형**

구분	총괄평가	형성평가
평가 시기	일정기간이 지난 후 또는 완료된 시점에서 이루어짐	정책이나 프로그램이 시행 중인 경우
평가 목적	프로그램의 결과를 평가하여 지속 또는 중단 할 것인지의 의사결정을 하는 데 있음	프로그램의 개선이 혹은 향상

출처: 신복기 외(2008), 사회복지행정론, 공동체, p. 415. 일부 재수정함.

프로그램에 대한 평가는 일반적으로 프로그램이 진행 중인 상태에서 이루어지는 경우와 프로그램이 완전히 종결된 후 이루어지는 평가로 개입단계를 양분할 수 있다. 프로그램을 평가하는 데 있어서 사용되는 평가유형들로는 투입평가, 과정평가, 그리고 성과평가와 비슷한 의미로 합계평가와 형성평가 등이 있다. 또한 포사박과 캐리(Posavac & Carey, 2003)는 프로그램 평가의 유형을 욕구평가, 과정평가, 성과평가 그리고 효율성평가로 구분하고 있다(지은구, 2005).

표 11-2 **프로그램의 개입단계에 따른 평가 구분**

진행 중인 프로그램에 대해 이루어지는 평가	완전히 종료된 프로그램에 대해 이루어지는 평가
투입평가 욕구평가 과정평가 형성평가	성과평가 형성평가 총괄평가 효율성평가

출처: 지은구(2005), 사회복지프로그램 개발과 평가, 학지사, p. 338.

목적에 따른 분류	형성평가	• 프로그램 운영 도중에 이루어지는 평가 • 프로그램의 형성에 초점을 둔 평가 • 서비스 전달체계 향상 및 서비스의 효율성 증진을 도모
	총괄평가	• 프로그램의 종료 후 실시 • 프로그램의 지속, 중단, 확대 등에 관한 총괄적인 의사결정을 할 경우
	통합평가	• 형성평가 + 총괄평가 • 총괄 평가적 접근으로 평가를 한 후 과정 평가적 접근을 통해 평가
기관평가와 개인평가	기관평가	• 프로그램을 평가하고 서비스 전달의 진행 상황을 확인
	개인평가	• 프로그램 운영자 개인에 대한 평가로 자기평가, 동료평가, 행정가에 의한 구두평가 등이 있다.
평가규범에 따른 분류	효과성평가	• 프로그램의 목적 달성 정도의 평가
	효율성평가	• 투입과 산출을 비교 평가, 즉 비용최소화와 산출극대화를 평가
	공평성평가	• 프로그램의 효과와 비용이 사회집단 간에 공평하게 배분되었는지 평가
평가범위에 따른 분류	단일평가	• 표적문제의 개념화 및 개입의 설계와 관련된 평가 • 프로그램 집행의 평가 • 프로그램 효용성에 대한 평가를 각각 분리하여 어느 하나에 대해 행해지는 평가이다.
	포괄평가	• 표적문제의 개념화 및 개입의 설계와 관련된 평가 • 프로그램 집행의 평가 • 프로그램 효용성에 대한 평가 • 모두를 행하는 평가이다.
평가시점에 따른 분류	사전평가	• 프로그램이 종료되기 이전에 행해지는 평가로 적극적 평가라고 한다.
	사후평가	• 프로그램이 종료된 후에 행해지는 평가로 소극적 평가라고 한다.

평가주체에 따른 분류	자체평가	• 프로그램 담당자 스스로 행하는 평가 • 많은 정보를 얻을 수 있고 비용면에서 절약하며 장기적인 평가 가능 • 그러나 공정성 확보에 문제가 있을 수 있다.
	내부평가	• 프로그램을 직접 담당하지 않는 기관의 내부자에 의해 이루어지는 평가
	외부평가	• 프로그램을 담당하는 기관의 외부자에 의해 이루어지는 평가

평가의 목적에 따라 평가의 방법이 달라진다. 프로그램을 평가한다는 의미는 프로그램의 가치를 여러 측면에서 사정하는 것으로, 평가의 시기, 내용 및 범위, 방법, 횟수, 보고서 양식, 활용방안 등은 평가를 시행하는 목적에 따라 달라질 수 있다.

3) 평가의 절차

평가는 획일적인 과정을 거치는 것은 아니다. 평가방법에 따라 그 과정도 달라진다. 효과적인 평가를 위해 그 과정을 잘 계획해야 한다. 프로그램 평가의 절차에 대하여 먼저 성규탁(1998)은 평가목적의 확인 · 결정, 프로그램의 목표 · 운영방법 및 구조의 파악을 통한 평가대상의 확정, 평가방법의 결정, 평가자료의 수집과 분석, 평가결과의 보고 등으로 과정을 거치게 된다. 그리고 기영화(2001)는 평가실시의 목적, 결정, 평가내용의 선정, 평가자원의 획득과 분배, 평가분위기의 조성, 평가방법의 선정, 평가의 실시 및 평가결과의 반영(보고 및 활용) 등을 들었다(양정하 외, 2011).

프로그램 평가조사의 절차는 평가목적 및 대상의 결정, 프로그램의 책임자 및 담당자의 이해와 협조요청, 프로그램의 목표확인, 조사대상의 변수(variables) 선정, 이용 가능한 자료 및 측정도구 결정, 새로운 측정도구의 개발, 적절한 조사설계 형태의 선정, 조사의 수행, 결과의 분석 및 해석, 그리고 결과보고 및 실제적 이용 등으로 이루어져 있다(남세진 · 최성재, 2001). 이러한 평가조사의 방법에는 양적 접근법, 질적 접근법, 목표접근법, 투입-산출분석, 전문가 의견, 비공식적 피드백 등 다양한 방법들이 있다.

4) 건강가정사업의 평가의 실제

건강가정사업을 계획하고 프로그램을 제공한 이후에는 실행한 사업에 대한 평가 및 피드백(feedback)이 반드시 필요하다. 이때 실시하게 되는 평가는 건강가정사업의 실천기능과 한계, 사업 종결 후의 반성, 사업 진행 중에 나타난 문제점과 특성 등에 대해 구체적으로 점검하는 것을 의미한다. 피드백은 프로그램의 효과와 측정, 즉 산출, 성과, 효율성, 비용효과성 등에 근거하여 프로그램의 제공이 얼마나 잘 수행되었는가를 점검하여 차후 프로그램의 질을 높이기 위한 것이다. 사업평가의 내용은 담당자 자체평가, 운영과정평가, 결과평가와 피드백으로 구분할 수 있으며 평가는 운영일지와 보고서, 체크리스트를 통한 담당 실무자, 센터 내 슈퍼바이저, 자원봉사자 등이 평가 주체가 되어 실시할 수 있다.

(1) 사업평가의 필요성

로시, 프리만과 립시(Rossi, Freeman, & Lipsey, 1999)에 따르면 사업평가는 다음과 같은 이유들로 인해 수행된다고 한다(지은구, 2005).

첫째, 프로그램이 계속 진행되어야 하는지, 개선되어야 하는지, 확대되어야 하는지 또는 축소되어야 하는지를 결정하기 위해 평가가 필요하다.

둘째, 새로운 프로그램의 만족도를 사정하기 위해 필요하다.

셋째, 프로그램 관리와 행정의 효과성을 증가시키기 위해 필요하다.

넷째, 프로그램 지원자들의 욕구에 대한 책임성을 만족시키기 위해 필요하다.

또한 스미스(Smith, 1990)는 그 외 평가를 수행하여야 하는지에 대해 다음과 같은 점을 지적하고 있다(지은구, 2005).

첫째, 신념체계(belief systems)를 고취시키기 위해서

둘째, 책임성(accountability)을 증진시키기 위해서

셋째, 지식건설(knowledge building)을 증진시키기 위해서

마지막으로 소비자주의(consumerism)를 증진시키기 위해서라고 강조하고 있다.

건강가정사업 평가의 필요성을 다음과 같이 제시할 수 있다(유영준 외, 2023).

- 사업평가를 통해 프로그램의 목적 달성 여부를 확인할 수 있다.
- 프로그램에 참여한 참여자나 수혜자의 만족 여부를 확인할 수 있다.
- 프로그램의 개선점을 찾아 보완하여 다음 프로그램의 효과성을 높일 수 있다.
- 프로그램의 계속 진행 여부, 확대나 축소, 폐지 등을 결정하기 위한 기준이 된다.
- 평가를 통한 지식의 확장으로 더 나은 프로그램을 만들 수 있는 기반이 된다.

(2) 센터 평가

① 기본 원칙

- 「사회복지사업법」 제43조의2 제1항 및 동법 시행규칙 제27조의2 제1항의 규정에 따라 3년마다 사회복지시설 평가 의무화하였다. 여성가족부는 3년마다 평가계획을 수립하여 가족센터(독립형 건강가정 및 다문화가족지원센터) 운영 및 사업에 대하여 평가를 실시하고 있다.
- 시·도 및 시·군·구 센터는 평가에 성실히 임하여야 한다.
- 시·도지사는 시·도의 자체 사업에 대하여 관할 시·군·구 평가를 실시할 수 있다.
- 여성가족부 및 한국건강가정진흥원은 센터의 사업수행능력 강화를 위하여 지원 방문 및 이행실태점검 등을 수시로 실시할 수 있다.

② 평가 추진체계

- 여성가족부
  - 가족센터 평가 총괄
- 시·도 지방자치단체
  - 시·도 공무원 평가위원 추천 및 평가 관련 협력

- 평가 수행기관
  - 평가 전반에 관한 평가실무총괄
  - 현장평가단, 포커스그룹, 평가지원단 등으로 구성된 평가위원회 운영

③ 평가과정

센터의 평가과정은 한국건강가정진흥원에서 평가계획을 수립한 후, 시·군·구 센터에서 자체평가를 실시하고 자체평가 보고서를 제출한다. 그 이후 평가위원이 시·군·구 센터를 현장방문하여 평가를 실시하고 평가결과를 보고하는 것으로 마무리된다.

④ 평가지표

가족센터 평가지표 개정(안) 전문 운영 및 사업 평가지는 표 11-3과 같다.

표 11-3 가족센터 평가지표 개정(안) 총괄표: 2023~2025 센터 운영

평가영역	평가항목	평가지표
사업계획 (Plan)	사업계획 수립 및 추진	• 비전 및 중장기 사업계획 수립의 적정성 • 센터장의 리더십/추진력 • 연간 목표 달성에 대한 성과평가의 적정성
사업여건 (Input)	직원역량	• 직원 교육 이수율
	지역사회협력	• 지역사회 협력과 발굴 건수 및
사업운영 (Process)	사업운영 관리	• 프로그램 기획의 적정성 • 사업수행의 점검과 관리 • 대내외 평가환류 및 개선 • 수상실적/지적사항
	지역특화 사업	• 지역특화사업의 적합성 • 지역특화사업과 기타사업(공모 등) • 연계성(가점)
사업성과 (Output/Outcome)	이용자 실적	• 전체사업 이용자 수
	이용자 만족	• 프로그램 만족도
	상담실적	• 전체 상담
	성과 노력도	• 3년간 사업 이용자 수 연평균 증가율

4 건강가정사업을 위한 문서관리

건강가정사는 가정과 가족을 대상으로 사업을 진행하기 위한 실무능력을 갖추는 것은 직접 서비스를 제공하는 것과 동일하게 중요하다. 사무행정 처리가 원활하게 진행되어야 직접 서비스를 제공하기 용이하기 때문이다. 따라서 건강가정을 위해 기관에서 근무하고자 하는 건강가정사는 문서에 대한 작성과 관리를 원활하게 수행하기 위해 기본적으로 문서관리를 이해할 수 있어야 한다.

1) 공문서의 개념

(1) 공문서의 정의

문서는 일반적으로 사람의 의사나 사물의 형태 · 관계 등을 문자 · 기호 · 숫자 등을 활용하여 종이 등 매체에 기록 · 표기한 것을 말하는데, 행정기관의 의사도 문서의 형태로 표현된다.

행정상 공문서란 행정기관 또는 공무원이 직무상 작성하고 처리한 문서 및 행정기관이 접수한 문서를 의미한다.

「행정효율과 협업촉진에 관한 규정」(이하 '규정'이라 한다) 제3조 제1호에는 "'공문서'란 행정기관에서 공무상 작성하거나 시행하는 문서(도면 · 사진 · 디스크 · 테이프 · 필름 · 슬라이드 · 전자문서 등의 특수매체기록을 포함. 이하 같다)와 행정기관이 접수한 모든 문서를 말한다."라고 규정하고 있다.

① **「형법」상의 공문서**: 「형법」에서 말하는 '공문서'라 함은 공무소 또는 공무원이 그 명의로써 권한 내에서 소정의 형식에 따라 작성한 문서를 말하며, 공문서위조 · 변조, 허위공문서 등의 작성 및 행사 등 공문서에 관한 죄(제225조 내지 제230조, 제235조 및 제237조)를 규정하여 공문서의 진정성(眞正性)을 보호하고 있는데, 일반적으로 공문서에 관한 죄는 사문서에

관한 죄보다 무겁게 처벌되고 있다.

② 「민사소송법」상의 공문서: 「민사소송법」은 "문서의 작성방식과 취지에 의하여 공무원이 직무상 작성한 것으로 인정한 때에는 이를 진정한 공문서로 추정한다."(제356조 제1항)라고 규정하여 증거능력을 부여하고 있다. 공문서가 진정한지 의심스러운 때에는 법원은 직권으로 해당 공공기관에 조회할 수 있다(제356조 제2항). 외국의 공공기관이 작성한 것으로 인정한 문서에는 제356조의 규정을 준용한다(제356조 제3항).

③ 「형사소송법」상의 공문서: 「형사소송법」은 "가족관계 기록사항에 관한 증명서, 공정증서등본, 기타 공무원 또는 외국 공무원의 직무상 증명할 수 있는 사항에 관하여 작성한 문서 등은 당연히 증거능력이 있는 서류(제315조)로서 증거로 할 수 있다."라고 규정하고 있다.

(2) 문서의 필요성

모든 업무는 "문서에서 시작하여 문서로 끝난다."라고 할 수 있다. 건강가정사는 무슨 일을 할 때 큰일이든 작은 일이든 처음에 계획을 세워서 결재를 득한 후 시행하고 종결하게 된다. 이때, 계획을 세울 때도 문서로 하고(예: ○○사업계획서), 시행할 때도 문서로 하고(예: ○○세부추진계획서), 일의 종결도 문서로 하는(예: ○○결과보고서) 현상을 빗대어 문서의 중요성을 표현한 것이다.

문서는 인체의 혈액 또는 산소처럼 행정업무를 수행하는 과정에서 필수적인 요소이다. 오늘날 사무자동화기기 등 업무관리의 매체가 급격하게 발전하고 있으나, 기본적인 매체는 역시 문서인 것이다.

일반적으로 다음과 같은 경우 문서가 요구된다.

- 내용이 복잡하여 문서가 없이는 당해 업무의 처리가 곤란할 때
- 업무처리결과의 증빙자료로서 문서가 필요한 때
- 업무처리의 형식 및 체제상 문서의 형식이 필요한 때
- 업무처리에 대한 의사소통이 구두로는 불충분하여 문서에 의한 의사소통이 필요한 때
- 업무처리의 결과를 일정 기간 보존할 필요가 있을 때 등이다.

2) 문서 작성 및 관리

(1) 문서관리의 목적

문서란 사람의 생각이나 사물의 상태, 관계 등을 문자나 기호로 표시하고 기록한 것이다. 문서관리란 기관의 여러 가지 정보를 가장 능률적으로 정확하게 수집 및 분류하여 정리하고, 분석하여 전달하고 활용해서 처리하는 과정이다. 이렇게 수집된 정보는 기관의 목표를 효과적으로 달성하는 데 사용된다. 가족센터(독립형 건강가정지원센터 · 다문화가족지원센터) 역시 조직의 목표 달성과 기능수행을 위해 여러 가지 정보가 필요하고, 수집된 정보를 분석 · 활용하는 등 문서의 체계적인 관리를 통해 업무능률을 높이는 것이 문서관리의 목적이다.

(2) 문서의 유형

문서는 다음과 같이 다양한 기준으로 분류할 수 있다.

① 작성 주체에 의한 구분

- **공문서**: 공문서는 행정기관 또는 공무원이 그 직무상 작성 또는 시행되는 문서 및 행정기관이 접수한 모든 문서이다. 즉, 중앙행정기관과 그 소속기관, 지방자치단체의 기관과 군(軍)의 기관에서 공무상 작성하거나 시행하는 문서(도면 · 사진 · 디스크 · 테이프 · 필름 · 슬라이드 · 전자문서 등의 특수매체기록을 포함한다)와 행정기관이 접수한 모든 문서(규정 제2조, 제3조 제1호)를 의미한다.
- **사문서**: 사문서는 개인이 사적(私的)인 목적을 위해 작성한 문서이다. 즉, 공문서를 제외한 모든 문서를 의미한다.

② 유통대상 여부에 의한 구분

- 유통되지 않는 구분
  - **내부결재문서**: 내부결재문서는 내부적으로 결재를 받는 문서이므로 외부로 발신하지 않는다. 행정기관이 내부적으로 계획 수립, 처리방침

결정, 업무 보고, 소관사항 검토 등을 하기 위해 결재를 받는 문서이다.

- 유통되는 문서
  - 내부결재문서: 기관 내부적으로 계획을 수립하거나 처리방침을 받거나 보고 또는 검토하기위하여 결재를 받는 문서
  - 대내문서: 행정기관 내부에서 보조기관 또는 보좌기관 상호 간 협조를 하거나 보고 또는 통지를 위해 수발하는 문서이다. 대내문서는 내부 협조문서라고도 한다.
  - 대외문서: 자체 기관 이외에 다른 행정기관(소속기관 포함) 또는 국민이나 단체 등에 수발하는 문서이다. 즉, 기관이 국민이나 단체 또는 타 기관(소속기관 포함)과 주고받는 문서를 의미한다.
  - 발신자와 수신자 명의가 같은 문서: 행정기관의 장 또는 행정기관이 자신의 명의로 발송하고 자신의 명의로 수신하는 문서이다.

③ 전자여부에 의한 분류

- 종이문서: 컴퓨터 등 정보처리능력을 가진 장치(전자문서시스템, 행정정보시스템 등)에 의한 전자적인 형태가 아닌, 종이형태로 작성한 문서 또는 시행되는 문서 및 접수한 문서
- 전자문서: 컴퓨터 등 정보처리능력을 가진 장치에 의하여 전자적인 형태로 작성, 송·수신 또는 저장된 문서

④ 문서의 성질에 의한 분류

규정은 공문서를 그 성질에 따라 법규문서, 지시문서, 공고문서, 비치문서, 민원문서 및 일반문서로 구분하고 있다.

- 법규문서: 주로 법규사항을 규정하는 문서로서 헌법·법률·대통령령·총리령·부령·조례 및 규칙 등을 말한다. 가족센터의 경우 정관을 비롯한 내부규정이 이에 해당한다.
- 지시문서: 행정기관이 그 하급기관 또는 소속 공무원에 대하여 일정한 사항을 지시하는 문서로서 훈령·지시·예규 및 일일명령 등을 말한다. 행

정법에서는 지시문서를 행정규칙 또는 행정명령이란 용어로 사용하고 있다. 예시로 법인에서 사회복지시설로 인사명령이나 지시사항에 대한 문서가 이에 해당된다.

- **공고문서**: 행정기관이 일정한 사항을 일반에게 알리기 위한 문서로서 고시·공고 등을 말한다. 장애인단체의 경우 단체 소속 직원들의 근무성적 평정에 관한 규정을 만들어 홈페이지에 게시한다면 아래의 고시문서가 되고, 구내식당 운영자를 뽑기 위해 입찰공고를 홈페이지에 게재한다면 공고문서가 된다.
- **비치문서**: 행정기관이 일정한 사항을 기록하여 행정기관 내부에 비치하면서 업무에 활용하는 문서로서 비치대장·비치카드 등을 말한다. 편람이나 매뉴얼 등이 대표적인 예이다.
- **민원문서**: 민원인이 행정기관에 허가·인가·기타 처분 등 특정한 행위를 요구하는 문서 및 그에 대한 처리문서를 말한다.
- **일반문서**: 위 각 문서에 속하지 아니하는 모든 문서를 말한다. 다만, 일반문서 중 특수한 것으로서 회보 및 보고서가 있다. 문서는 대부분 일반문서에 속한다.

⑤ 기업문서의 기능에 의한 구분

기업문서를 기능에 의해 분류하면 다음과 같이 경영문서, 계약문서, 업무문서, 일반문서로 구분한다(유희숙, 2014).

- **경영문서**: 기업경영에 중요한 문서로, 설립, 사업 등 같이 구분할 수 있다.
- **계약문서**: 총무, 인사, 자금, 구매 등으로 나눌 수 있다. 이 중 건강가정지원센터에서는 인사와 구매의 근로계약서와 구매계약서 등을 주로 사용한다.
  - **총무**: 임차계약서, 공사계약서, 구매계약서
  - **인사**: 근로계약서, 연봉계약서
  - **구매**: 구매계약서, 조달계약서

- 업무문서
  - 생산문서: 생산계획서, 생산 근로자명부, 생산 제품 등 생산 관련 서류
  - 영업문서: 영업계획서, 영업 근로자명부, 영업점 명부 등 영업 관련 서류
  - 관리문서: 건강가정지원센터에서 자주 사용되는 문서로 다음과 같다.
    - 세무신고서, 4대보험 신고서, 영업신고서
    - 회계장부, 임금대장, 근로자명부
    - 출퇴근기록부, 시간 외 근로대장, 근태관리대장
    - 세금계산서, 영수증, 법인카드 영수증
    - 지급명세서, 품의서, 결의서, 확인서, 신청서, 협조문
- 일반문서: 일반문서는 일반적으로 어느 부서에서나 공통으로 사용하는 문서로, 보고서 · 제안서 · 기획서 · 조사서 등이 있다.

⑥ 문서의 처리단계에 의한 구분

문서의 처리단계에 따라 다음과 같이 분류할 수 있다.

- 접수문서 – 배포문서 – 기안문서 – 합의문서 – 완결문서 – 시행문서
- 이첩문서 – 공람문서 – 보관문서 – 보존문서 – 폐기문서
- 미처리문서 – 미완결문서

(3) 문서의 작성

문서를 작성할 때는 다음의 구성요소를 고려해서 작성해야 한다.

① 육하원칙에 따른 구성요소

- 언제: 언제 작성일, 문서에 언급되는 사실에 관한 시간
- 어디서: 문서내용과 관련된 장소
- 무엇을: 문서의 핵심주제 내용
- 누가: 문서 작성자, 문서 수신자, 문서내용상의 행위자
- 어떻게: 실행방법, 실행비용, 실행기간 등
- 왜: 문서내용과 관련된 이유, 원인 등으로 결론에 대한 근거

② 사무문서의 구성요소

문서의 유형과 내용에 따라 조금씩 차이가 있지만 대부분 문서번호, 작성 연월일, 수신인, 발신인, 제목, 첫머리, 본문, 맺음말, 다음 및 붙임 등으로 구성된다.

③ 문서의 작성 원칙

- 문서의 목적을 분명히 해야 한다.
- 읽는 사람을 중심으로 접근해서 작성해야 한다.
- 주요 메시지를 분명하게 진술해야 한다.
- 메시지는 단순하고 짧게 작성해야 한다.
- 문서 전달 전략을 세워야 한다.
- 상사에게 최종 검토를 받아야 한다.

④ 문서 작성 시 유의사항

문서의 내용을 표시하는 문장은 문서를 수신하는 수신자에게 가족센터의 의사를 전달하는 것이므로 문장을 정확하고 명확하게 작성하며, 쉽게 이해할 수 있도록 다음 사항을 유의하여 작성해야 한다.

- 문장의 정확성
  - 내용 · 설명 · 기록 등을 빠짐없이 정확하게 작성해야 한다.
  - 필요한 내용이 누락되지 않도록 주의한다.
  - 문장부호를 정확하게 사용한다.
  - 용어를 정확하게 사용한다.
- 문장의 명확성
  - 육하원칙을 적용하여 내용을 구체적으로 작성한다.
  - 추상적인 용어보다는 구체적이고 개별적인 용어를 사용한다. 이때 숫자를 활용하는 것이 좋다.
  - 적극적인 표현을 사용하고, 한계가 분명하지 않은 표현은 사용하지

않는다.

- 문장의 신속성
  - 문장은 짧게 끊어서 간결하게 표현하고 개조식으로 작성한다.
  - 결론을 먼저 쓰고 그다음에 이유나 설명을 작성한다.
  - 한 문장은 한 가지 뜻으로 짧은 글로 표현한다.
- 문장의 용이성
  - 읽기 쉽고, 이해하기 쉽게 작성한다.
  - 어구는 간략하게 표현한다.
  - 어려운 전문용어의 사용은 피하고 필요한 경우 한자는 한글과 병기해 준다.
- 문장의 성실성
  - 문장을 과장하지 않고 진실하게 표현한다.
  - 적절한 경어를 사용한다.
  - 상대방을 무시하는 표현이나 과격한 용어는 사용하지 않는다.
  - 상대방의 호감과 친근감을 살 수 있도록 성실할고 진실하게 문서를 작성한다.

(4) 문서기안

가족센터 종사자는 원활한 문서기안을 위해서 다음 사항을 사전에 준비하는 것이 바람직하다.

① 문서기안 시 사전 준비사항

- 가족센터와 관계된 규정 및 지침, 그리고 과거의 선례를 숙지해야 하며 안건과 관련된 문제를 파악해야 한다.
- 안건의 목적과 필요성을 파악해야 하며, 이를 위해 자료를 수집하고 분석할 필요가 있다.
- 기안자는 센터와 수신자의 관계 및 입장을 고려해야 하며 해당 업무에 대해 책임의식을 가지고 기안해야 한다.

- 기안의 내용과 방법을 결정할 때 센터의 미션과 비전에 부합하는지의 여부, 당해 사업의 목표를 잘 나타내고 있는지의 여부 등에 대해 검토하고, 사전에 상급자의 의중을 확인하여 초안을 작성해야 한다.
- 초안 작성 시 논리의 일관성을 해치는 내용이나 누락된 사항이 없는지 충분히 검토한 후에 작성하는 것이 바람직하다.

② 공문 기안문 및 시행문 작성

- **기안문 서식**: 기안문은 공문 기안문(시행문), 내부 결재기안, 품의서 등 3가지 양식으로 구분된다. 이 중 공문 기안문과 시행문은 동일한 양식을 사용하지만 공문 기안에는 결재란에 담당자와 결재권자의 이름과 자필 서명이, 시행문에는 담당자와 결재권자의 자필 서명 없이 이름만 기재된다. 센터의 기관명과 관인이 날인되어야 하는 점이 다르다.
- **시행문 서식**: 시행문은 공문 기안을 결재 받은 후 외부 기관에 발송하는 공문 양식으로, 특별한 경우를 제외하고는 대부분 공문 기안문과 동일한 양식으로 작성한다.
- **내부 결재기안 서식**: 내부 결재기안은 일반적으로 공문 기안문과 동일한 서식으로 '수신자'란에 '내부결재'라고 기재한다. 그 외의 제목 및 본문 등의 작성 요령은 공문 기안문과 같다.
- **품의서 서식**: 품의서는 물품을 구매할 때 사용하는 서식으로, '내부결재' 서식을 활용할 수도 있고, '품의서' 서식을 활용할 수도 있다. 이때 구입하고자 하는 품명, 수량, 단가, 금액, 예산과목 등을 기재해야 한다.

(5) 결재

결재란 당해 사안에 대해 행정기관의 의사를 결정할 권한이 있는 자가 그 의사를 결정하는 행위이다. 따라서 가족센터에서는 센터장 또는 결재권을 위임받은 자의 의사를 결정하는 행위를 말한다.

① 결재의 종류

결재의 종류에는 좁은 의미의 결재와 전결·대결이 있다. 내용은 다음과 같다.

- **결재**(좁은 의미): 좁은 의미의 결재(決裁)란 법령의 규정에 따라 소관 사항에 대한 기관의 의사를 결정할 권한을 가진 자(주로 기관의 장, 건강가정지원센터에서는 센터장)가 직접 그 의사를 결정하는 행위이다.
- **전결**: 전결(專決)이란 기관의 장으로부터 사무의 내용에 따라 결재권을 위임받은 자가 행하는 결재이다. 그 위임전결사항은 당해 기관의 장이 훈령(위임전결규정) 또는 지방자치단체의 규칙(사무전결처리규칙)으로 정한다.
- **대결**: 대결(代決)이란 결재권자가 휴가·출장, 기타의 사유로 결재할 수 없을 때 그 직무를 대리하는 자가 행하는 결재이다. 대결한 문서 중에서 내용이 중요하다고 판단되는 문서는 사후에 결재권자에게 보고해야 한다.

② 결재의 효과

문서는 당해 문서에 대한 결재권자의 서명(전자 문자서명, 전자 이미지서명 또는 행정 전자서명 포함)에 의한 결재가 있음으로써 성립된다. 따라서 결재는 문서가 성립하기 위한 최종적이며 절대적인 요건이다.

- **문서의 성립 시기**: 문서는 법령 또는 다른 규정에 특별히 정한 바가 있는 경우를 제외하고는 해당 문서에 대한 결재권자의 서명(전자이미지서명, 전자문자서명 또는 행정전자서명)에 의한 결재가 있음으로써 성립된다. 이 말은 결재권이 없는 자가 서명을 한 경우는 문서가 성립 되지 않는다는 뜻이다.
- **공문서**는 그 문서가 수신자에게 도달됨으로써 그 효력을 발생하고, 전자문서의 경우에는 수신자가 관리하거나 지정한 전자적 시스템 등에 입력되었을 경우 그 효력이 발생한다고 하고 있어 도달주의를 원칙으로 하고 있다. 이 원칙은 「민법」상 일반원칙으로서 사회복지시설의 문서에도 적용된다.
- **문서의 효력 발생 시기**: 일반적으로 공문서는 그 문서가 수신자에게 도달됨으로써 그 효력을 발생하고, 전자문서의 경우에는 수신자가 관리하거

나 지정한 전자적 시스템 등에 입력되었을 경우 그 효력이 발생한다고 하고 있어 도달주의를 원칙으로 하고 있다.

- **공고문서의 효력 발생 시기:** 고시, 공고 등 공고문서의 경우에는 해당 고시나 공고에 특별한 규정이 있는 경우(예시: 「행정절차법」 제15조 제3항)를 제외하고는 그 고시 또는 공고가 있은 후 5일이 경과한 때에 효력을 발생한다.
- **전자문서의 효력 발생 시기:** 수신자가 관리하거나 지정한 전자적 시스템 등에 입력되었을 경우 효력이 발생한다(「전자정부법」 제28조).

③ 결재의 표시

- 기관의 장이 결재하는 경우에는 기관장의 직위를 직위란에 온전하게 쓰고 결재란에 서명한다.
- 기안자, 검토자, 결재권자의 용어는 생략하고 직위(직급)를 온전하게 쓰고 서명한다. 협조란에는 협조라는 용어를 쓴 후 이어서 협조자의 직위(직급)를 쓰고 서명한다.
- 위임된 사항을 대결하는 경우에는 기관장의 결재란을 설치하지 않는다. 전결하는 자의 서명란에 '전결' 표시를 하고, 대결하는 자의 서명란에 '대결' 표시를 하고 서명한다.

④ 결재문서의 간인

간인은 2장 이상으로 이루어지는 중요 문서의 앞장의 뒷면과 뒷장의 앞면에 걸쳐 찍는 도장 또는 그 행위이다. 결재문서에 간인을 할 때는 전후관계를 명확히 할 필요가 있는 문서, 사실 또는 법률관계의 증명에 관계되는 문서, 허가·인가·등록 등에 관계되는 문서 등이 있다.

(6) 문서의 발송

문서의 발송은 공문 기안문에 대한 기관장의 결재가 완료된 후 작성된 시행문을 기안자의 발송 요청에 따라 문서 발송 담당자가 문서발송대장에 기록한 후 발송문서번호를 부여받고, 시행문에 관인을 날인한 후 우편, 모사전송(FAX), 이메일 또는 직접 전달 등의 방법을 통해 발송하는 과정이다.

(7) 문서의 접수 및 처리

우편, 모사전송(FAX), 이메일 또는 직접 전달의 방법으로 센터에 접수되는 외부문서는 문서 담당자가 접수한다. 접수는 문서접수란에 날인 또는 서명하고 문서접수대장에 기재한 후 접수한다. 문서접수란이 없는 문서는 '문서접수인'을 찍어 기재한 후 접수하고, 해당 업무처리 담당자에게 인계한다. 처리담당자는 결재 및 공람을 거쳐 업무처리를 한다. 업무처리가 끝난 공문은 '서류색인목록'에 기록한 후 '공문접수철'에 보관한다.

(8) 문서의 보관 및 폐기

① 문서의 편철

업무처리가 끝난 문서를 보존기간에 따라 일정한 분량으로 묶는 것을 문서의 편철이라고 한다. 업무처리가 끝난 문서는 완결 일자가 최근인 문서가 위에 오도록 문서철에 묶는다. 기관별, 시기별(월별, 분기별, 반기별 등)로 구분하여 묶으며 편철된 문서는 색인목록을 작성한다. 나중에 문서를 찾아보기 쉽게 하기 위해 문서철 표지의 찾아보기와 접는 부문에 관리번호, 보존기간 등의 기재 사항을 기입한다.

② 문서의 보관

문서의 보관은 업무처리가 완료된 문서를 보존하기 전까지 소관부터 단위로 관리하는 것이다. 문서는 파일박스 또는 캐비닛에 보관하고 서류함 외부에는 문서철의 분류번호와 서류함 번호들을 기재하고 보관한다. 각각의 문서는 월별, 분기별, 반기별로 철하여 보관하며, 업무 관련에 따라 팀별로 합해 보관할 수도 있다.

문서의 '보관'이란 문서의 처리 완결 후 보존되기 전까지(문서를 생산한 연도 말까지) 소관부서 단위로 관리하는 것을 말하며, '보존'은 보관기간이 끝난 문서를 다음년도 1월 1일부터 소정의 보존기간에 따라 관리하는 것을 말한다. 문서의 '이관'이란 보관기간이 끝난 문서 중에서 보존의 필요가 있는 것을 보존 주관부서에 인계하는 것을 말한다. 사회복지시설의 경우 내규에 정해진 사항에 대해서는 그에 따르고, 그 외 사항에 대해서는 본 규정을 참고하면 된다.

[보존기간 설정기준]

가족센터 등 사회복지시시설의 문서보존기간은 다음을 참고하여 정한다.

- 준영구, 30년보존문서 보존기간을 추가로 설정 필요(「공공기록물 관리에 관한 법률」에 따라 재설정 필요)
- 영구보존문서
  - 운영위원회의 심의를 거치는 중요 정책에 관한 문서 중 영구적으로 보존할 필요가 있는 문서
  - 제규정, 지침 관련문서 중 공포 원본문서
  - 대규모 예산이 투입되는 사업의 기본계획에 관한 문서 및 도면과 그에 대한 추진실적, 그리고 심사분석보고문서
  - 역사적 의미가 있는 특별한 기념행사나 의전행사에 관한 문서(연례적으로 반복되는 일반적인 기념행사 또는 의전행사에 관한 문서는 제외)
  - 역사적 가치가 있는 간행물의 원본문서
  - 각종 인·허가 및 면허 등에 관한 원본문서
  - 이용자 차트 및 관련대장
  - 주요 대외홍보자료
- 10년 보존문서
  - 사업계획, 평가, 조사연구, 도서출판 및 보고문서로서 6년 이상 10년 이하의 기간 동안 보존이 필요한 문서
  - 예산, 결산 및 회계 관계 증빙문서
  - 각종 위원회의 회의에 관한 사항 중 6년 이상 10년 이하의 보존이 필요한 문서

- 장단기발전계획 수립을 위한 중요 연구, 검토 문서
- 역사적 활용가치가 높은 분야별 주요 통계
- 기타 업무수행에 참고하거나 사실증명을 위해 6년 이상 10년 이하의 기간 동안 보존이 필요한 문서

- 5년 보존문서
  - 각종 감사관계문서
  - 사업 시행문서
  - 직원의 연구관계 문서
  - 기타 업무에 참고하거나 사실증명을 위해 3년 이상 5년 이하의 기간 동안 보존할 필요가 있는 문서
- 3년 보존문서
  - 각종 증명서 발급관계 문서
  - 단기적 업무계획관계 문서
  - 1년 이상 3년 이하의 기간 동안 보존할 필요가 있는 문서
- 1년 보존문서
  - 일일명령, 회람자료 등 관내 단순 업무에 관한 문서
  - 부서 간의 단순한 자료요구, 업무연락, 통보 등에 관한 문서
  - 기타 1년 이상 보존할 필요가 없는 단순·경미한 내용의 문서

③ 문서의 보존 및 폐기

문서의 보존은 문서 내용에 따라 영구문서, 준영구문서, 5년, 3년, 1년 보존으로 나뉜다. 보존기간이 끝난 문서는 폐기에 따른 내부결재를 득한 후 보존문서 기록대장에 기록한 후 폐기해야 하며, 문서 폐기는 문서세단기를 활용하여 세단하거나 소각하여 완전히 폐기한다. 소장문서의 보존기한은 별도로 규칙을 두어 정해야 한다.

5 건강가정사업을 위한 재정관리 · 마케팅 및 홍보

1) 건강가정사업을 위한 재정관리

가정과 가족을 대상으로 사업을 수행하기 위해 실무능력을 갖추는 것이 필요하다. 건강가정사는 직접 서비스를 제공하는 것과 동일하게 실무능력이 중요하다. 간접 서비스인 회계 그리고 홍보업무, 지역사회 연계 등이 잘 진행되어야 직접 서비스 제공이 수월하기 때문이다(유영준 외, 2023). 따라서 건강가정을 위한 가족센터 등 기관에서 근무하고자 하는 건강가정사는 회계, 홍보업무와 지역사회 연계를 원활하게 수행하기 위해 기본적으로 이해할 수 있도록 주의 깊게 살펴보도록 한다.

(1) 재정관리의 개념

재정관리는 건강가정 관련 기관의 경영목적을 실현하기 위하여 재산이나 채무, 수입과 지출을 통제하고 활용하는 것을 의미한다. 그러나 사회복지시설은 공익성이 높은 비영리기관들이 운영하고 있기에 재정관리의 중요성이 높아지고 있다. 공익성이 높은 사회복지시설들은 지속적으로 서비스를 제공할 수 있도록 수입과 지출, 재정 상태를 관리하는 것은 필수적인 요건이다.

이러한 재정 활동은 첫째, 예상되는 수입을 검토하여 지출에 맞추어 가는 활동, 둘째, 기부와 모금, 수수료 등 기금조성과 관계되는 수입원을 찾아내어 확보하는 활동, 셋째, 이용 가능한 자원을 구분하여 할당해 주는 활동, 넷째, 지도 · 감독, 회계 등을 통해 지출을 적절히 조절하는 활동, 다섯째, 재정적인 책임을 위한 평가 등이다(신복기 외, 2021).

(2) 예산

사회복지시설은 재무 · 회계와 관련하여 사회복지법인 및 사회복지시설 재무 · 회계 규칙에 근거하여 적용되고 있다. 사회복지법인 및 사회복지시설 재무 · 회계 규칙은 사회복지법인 및 사회복지시설의 재무 · 회계, 후원금관리 및 회계감사에 관한 사항을 규정하여 재무 · 회계, 후원금관리 및 회계감사의 명확성 · 공정성 · 투명성을 기함으로써 사회복지법인 및 사회복지시설의 합리적인 운영에 기여함을 목적으로 재정되었다.

예산은 일정기간에 있어서의 수입 · 지출의 예정적 계산으로서 정해진 기간에 예상되는 수입과 의도한 사용을 목록화하는 중요한 도구이다. 사회복지시설의 관리자뿐만 아니라 모든 직원은 기관의 자원개발에 협조해야 하고 예산에 대한 제안을 하며, 효과적이고 효율적인 재정적 집행을 유지하도록 도와주어야 한다.

① 예산모형

- **품목별 예산제도**: 수입과 지출을 각 항목별로 구체적으로 제시하며 전년도와 대비하여 점증주의적으로 작성한다. 단순하고 간편하여 정부와 비영리조직에서 예산모형 중 가장 일반적으로 사용하고 있는 모형이다. 대개 1회계연도를 기준으로 작성한다. 품목별 예산을 항목별 예산이라고 한다. 예를 들어, 급여는 봉급, 수당, 일급 등을 의미하고, 소모품은 의약품, 식품, 음료, 사무용품 등이 해당된다. 품목별 예산제도는 점증주의적 특성을 지닌다.
- **성과주의 예산제도**: 성과를 중심으로 예산을 운용하여 투입보다 산출에 초점을 맞추기 위해 예산을 항목별이 아닌 정부 조직별 혹은 사업활동별로 편성하는 결과중심적 제도이다. 조직활동을 기능별 또는 프로그램별로 1차로 나눈 다음 세부 프로그램은 단위원가와 업무량을 계산하여 서로 곱한 뒤 필요한 예산 측정한다. 성과주의 예산제도는 기능주의 예산제도라고도 한다. 성과주의 예산모형은 1회당 얼마의 비용을 들여 몇 명에게 서비스를 제공할 것인가의 산출에 초점을 둔 모형이다.
- **기획예산제도**: 기획예산제도(PPBS: Planning Programming Budgeting System)는 예산과 계획기능의 연계를 강조하는 제도이다. 장기적인 사업계획을 세우고 실천하기 위한 당해 연도의 프로그램 계획과 이를 뒷받침하는 예산

을 통합하여 수립한다. 기획예산은 자원을 요청하는 사회복지시설이 그 목표를 성취하기 위해 드는 비용을 계산한 것으로, 자원을 제공해 주는 기관들에게 가장 유용한 제도이다.

- **영기준예산제도:** 영기준예산은 과거의 예산 우선순위나 관행에 구애받지 않고 영(zero)에서 출발하여 업무 계획을 수립하고 채택된 프로그램에 관해서만 예산을 편성하는 방식이다. 즉, 매년 영(zero)의 수준 또는 백지수준에서 새로이 예산을 결정하는 제도이다. 이 제도는 일몰법(sunset low)과 관련이 많다. 전년도사업이나 관행에 구애받지 않고 영(zero) 상태에서 업무계획을 수립하고, 채택된 프로그램에 관해서만 예산 편성한다.

2) 사회복지법인 및 사회복지시설 재무·회계 규칙의 이해

건강가정사는 소속된 기관에서 집행되는 수입과 지출에 대한 이해가 필요하다. 여성가족부에서 매년 발생하는 가족센터 '사업안내'에서는 예산과 관련된 내용이 포함되어 있지만, 회계에 대한 명확한 설명은 없이 사회복지법인 및 사회복지시설 재무·회계 규칙을 준용하도록 하고 있다. 따라서 회계관리를 통해 효율성을 증진하기 위해서는 사회복지법인 및 사회복지시설 재무·회계 규칙에 대한 이해가 필요하다.

회계란 재정 활동의 일부로서 금전, 물품, 기타 재산 등의 출납과 보관·관리 등 유용한 재무 정보를 종합적으로 정리 및 기록하여 그 이용자가 합리적으로 의사결정을 할 수 있도록 전달해 주는 정보 시스템이다.

- **재정**(fiance): 경제 주체로서의 종합적인 경제활동
- **예산**(budget): 회계연도 내 세입 및 세출의 재정 계획 등
- **회계**(accounting): 계수로서 연속적으로 종합 정리하는 활동

(1) 사회복지법인 재무회계규칙의 근거

① 「사회복지사업법」 제23조

- **제1항:** 법인은 사회복지사업의 운영에 필요한 재산을 소유하여야 한다.

- 제4항: 제1항에 따른 재산과 그 회계에 관하여 필요한 사항은 보건복지부령으로 정한다.

② 「사회복지사업법」 제45조

- 제1항: 사회복지법인의 대표이사와 시설의 장은 아무런 대가 없이 무상으로 받은 금품이나 그 밖의 자산(이하 '후원금')의 수입・지출내용을 공개하여야 하며 그 관리에 명확성이 확보되도록 하여야 한다. 〈개정 2012. 1. 26.〉
- 제2항: 후원금에 관한 영수증 발급, 수입 및 사용 결과 보고, 그 밖에 후원금 관리 및 공개 절차 등 구체적인 사항은 보건복지부령으로 정한다.

(2) 재무회계의 기본원칙

① 재무・회계운영의 기본원칙(규칙 제2조)

사회복지법인의 재무・회계는 그 설립목적에 따라 건전하게 운영되어야 한다.

② 예산총계주의 원칙(규칙 제8조)

한 회계연도의 모든 수입은 세입으로 하고 모든 지출은 세출로 하되 세입과 세출은 모두 예산에 계정되어야 한다.

③ 예산의 목적 외 사용금지(규칙 제15조)

법인회계 및 시설회계의 예산은 세출예산이 정한 목적 외에 이를 사용하지 못한다.

(3) 회계의 구분 및 관련 법규

① 회계의 구분(규칙 제6조)

예산은 회계별로 구분하여 편성하여야 한다. 법인회계는 당해 법인의 업무 전반에 관한 회계이고, 시설회계는 당해 법인이 설치·운영하는 사회복지시설에 관한 회계이다. 수익사업회계는 당해 법인이 수행하는 수익사업에 관한 회계로 수익사업의 목적은 법인이 운영하는 사회복지사업에 충당할 목적으로 이윤 동기에 의하여 운영되는 사업을 말한다.

② 재무회계 관련 법규

- 사회복지법인 재무회계규칙
- 「보조금의 예산 및 관리에 관한 법률」
- 「국가를 당사자로 하는 계약에 관한 법률」
- 「사회복지사업법」 및 해당 관계 법률(예: 「아동복지법」, 「노인복지법」 등)
- 「예산회계법」
- 「지방재정법」
- 「근로기준법」
- 「근로자의 퇴직급여보장법」
- 「시·도 보조금 관리조례」
- 「시·도 재무회계 규칙」
- 「시·도 물품관리 조례」
- 「소득세법」, 「법인세법」, 「부가가치세법」

(4) 예산 편성 및 집행

예산이란 사회복지시설 활동에 수반되는 수입과 지출의 예정 계획을 의미하며, 예산을 통한 재정 활동은 사업 전체에 많은 영향을 끼친다. 건강가정사가 근무하는 가족센터 등의 세입예산은 해마다 여성가족부의 사업안내지침에 따라 당해 연도 예산액이 결정되며, 예산의 재원은 국고보조금과 지방비 그리고 위탁운영기관의 자부담금으로 구성된다. 가족센터는 후원금을 포함하여 예산을 구성할 수 있다. 또한, 지방자치단체의 재정자립도에 따라 추가 예산을 배정받아 운영할 수도 있다. 센터의 세출예산은 인건비, 경상운영비, 사업비로 구성되며 예산을 수립할 때는 여성가족부의 사업안내지침에서 제시하는 기준을 지켜 센터의 사업을 충실하게 수행할 수 있도록 균형 있게 편성해야 한다.

① 예산 개요

- **세입과 세출의 정의(규칙 제7조)**: 세입은 법인과 시설의 1회계연도의 모든 수입을 세입이라 한다. 세출은 법인과 시설의 1회계연도의 모든 지출을 세출이라 한다.
- **예산의 종류**: 예산은 예산의 성립내용을 중심으로 다음과 같이 구분한다.
  - **본예산(규칙 제10조)**: 당초 이사회의 심의와 의결을 거쳐 확정된 예산을 말한다.
  - **추가경정예산(규칙 제13조)**: 예산 성립 후에 새롭게 만들어진 예산 변화의 사유로 이미 성립된 예산에 변경을 가할 필요가 있을 때, 즉 필요한 경비의 부족이 생겨서 본예산에 추가 또는 변경을 가하는 예산이다.

    ※ 추가경정예산은 항목을 신설하거나 기존 항목의 금액을 추가·증액하는 경우에 편성하는 추가예산과 기존예산의 범위 내에서 각 항목 간의 예산·조정 등을 통해 부서·소관·과목 상호 간 예산금액을 변경하는 경정예산으로 나누어진다. 일반적으로 추가예산 작성의 필요성과 경정예산 작성의 필요성이 동시에 발생하는 경우가 많아 양자를 합해 편성하는 것이 대부분이다.
  - **준예산(규칙 제12조)**: 회계연도 개시 전까지 예산이 성립되지 아니한 때에는 센터장이 시장, 군수, 구청장에게 그 사유를 보고하고 예산이 성립될 때까지 다음의 경비를 전년도에 준해 집행할 수 있는 예산이다. 준예산은 임직원의 보수, 법인 및 시설 운영에 직접 사용되는 필수적인 경비 법령상 지급 의무가 경비를 포함한다.

② 예산의 편성

- 센터장은 예산회계 업무를 수탁법인으로부터 독립적으로 수행해야 한다. 다만, 처리상 불가피한 사유가 있을 경우 시·도, 시·군·구와 협의해야 한다.
- 예산 변경 사유 발생 시 시·도 센터는 시·도지사에게, 시·군·구 센터는 시·군·구청장상 사전 승인(사유서 제출)을 거쳐 관간 전용 또는 동일 관내의 항간 전용이 가능하다. 다만, 동일 관내의 항간 전용 시 100만 원 이하의 예산 변경 시에는 센터장의 승인 후 조정이 가능하다.
- 예산 편성 시 고려사항에 관한 항목들은 다음과 같다. 우선 전년도 또는 수년간의 예·결산 분석을 고려하고, 차기 년도 물가 상승률 운영보조금의 변화, 세입 재원의 충당 가능성 보조금, 후원금, 법인 전입금, 사업수입, 기타 등도 살펴보아야 한다. 또한, 세출예산 편성 시 고려사항(사업비, 보수규정 등 인건비의 변화, 재산 조성 및 시설보수 기타 운영비 등)과 법인 예산 편성요령의 적합 여부도 고려되어야 한다.

③ 예산의 집행 및 정산

- 센터장은 수입원과 지출원으로 임명하여 예산을 관리·집행해야 한다.
- 예산 집행 시 보조금 전용 카드와 계좌이체 사용을 원칙으로 한다.
- 모든 수입 및 지출행위 시 사회복지시설정보시스템(www.w4c.go.kr)을 활용한다. 일부 사업의 경우 e나라도움시스템(http::/www.gosims.go.kr)을 추가로 사용한다.
- 지출결의서는 내부 결재를 득하여 집행하며 지출 내역은 육하원칙에 맞추어 기재한다. 지출 품의 시에는 회계의 일반원칙 준수 여부와 예산의 목적 외 사용 여부, 예산과목의 적정 여부, 예산의 합법성과 합목적성 충족 여부 그리고 지출금액의 적정 여부 등을 확인한다.
- 예산 집행 시에는 청구서, 세금계산서, 영수증, 지급 내역서 등 관련 서류를 반드시 첨부하여 집행한다.
- 물품 구매(50만 원 이상), 공사(100만 원 이상), 기타(30만 원 이상)의 경우 비교견

적서(1개 이상) 등 관련 서류를 첨부하여 내부품의 후 지출한다.

- 센터장은 매 분기별로 사업계획서를 작성하여 시・군・구청장에게 신청・집행해야 하고, 그 사업의 결과 보고서 사업정산 보고서를 제출해야 한다.

(5) 회계장부 기장과 관리

반드시 비치해야 할 필수장부는 다음과 같다. 현금출납부, 총계정원장, 총계정원장 보조부, 재산관리대장, 비품관리대장, 소모품대장, 카드관리대장을 비치해야 한다. 회계의 기장과 관리는 사회복지시설정보시스템을 활용하여 처리할 수 있다. 이때 그 출력물을 보관하는 것으로 각종 장부 등의 비치로 갈음할 수 있다. 이때 전산입력자료에 대해서는 훼손・손실 및 멸실되지 않도록 안전조치를 해야 한다.

장부 및 증빙서류의 보존기간은 5년이며 서울시 재무회계규칙 제159조에 의거한다. 모든 수입・지출의 증빙서류는 결의서를 작성한 후 센터장에게 결재를 받고 결의서 날짜 단위로 일련번호를 기재하여 월별로 편철하여 보관해야 한다.

6 마케팅 및 홍보

복지국가 위기 이후 사회복지시설의 운영 효율성에 대한 관심이 높아지고, 다양한 사회복지시설이 증가하면서 경쟁의 원리가 확대되어 지역 내 자원의 획득을 위한 보이지 않는 경쟁이 치열해지고 있다. 특히 사회복지시설은 현재와 같이 경제가 어려운 상황에서 재정적인 취약성을 해결하지 않고는 전문적인 지역복지서비스 제공에 어려움이 있기 때문에 자원을 개발하는 일은 매우 절실하다. 이러한 부족한 자원의 효율적인 관리와 사회복지서비스의 올바른 분배를 위해 합리적인 결정에 필요한 전문적인 기술을 활용할 필요가 급증하고 있다. 마케팅의 도입은 사회복지시설의 모금 또는 재정적 지원의 대상이 되는 지역주민, 기업, 유관 단체 등은 결국 시장의 논리에 매우 민감하게 작용하기 때문이다. 따라서 마케팅의 도입을 통하여 사회복지시설의 안정적인 재정확보와 책임성을 강화시켜야 한다.

이에 본 장에서 마케팅의 개념, 적용과정 방법 등을 살펴보고자 한다.

1) 마케팅의 개념

일반적으로 마케팅은 소비자에게 상품과 서비스를 제공하며, 구입하도록 격려하는 행위를 의미한다. 일반 영리기업의 마케팅은 "표적 구매자들과의 상호 유익한 교환을 창조하고 촉진하며 또 유지하기 위해 고안된 프로그램에 관련된 활동을 계획 · 조직 · 통제하는 과정"으로 정의된다(이봉수 외, 1999). 영리조직은 마케팅을 통하여 소비의 극대화, 소비자 만족의 극대화, 선택의 극대화 및 생활의 질 극대화 등과 같은 세부적 목표를 추구하여 이윤극대화를 추구 한다(Weihrich & Koontz, 1993). 드러커(Drucker)는 기업경영에서 가장 중요한 두 가지 기능을 혁신활동과 마케팅으로 규정하여 마케팅의 중요성을 강조한다.

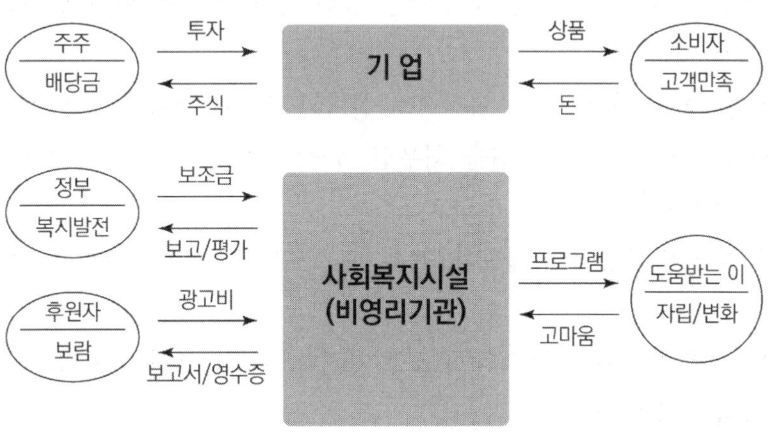

조직입장에서 경영철학과는 대조적으로, 고객의 입장에 서서 조직과 관련된 여러 가지 활동을 전개해 나가고자 하는 고객중심적 마케팅 관리철학이

마케팅 개념이다. 조직의 목표를 달성키 위해 표적시장에 속하는 고객들의 필요와 욕구를 찾아내어 그것을 경쟁자들보다 더 효과적이고 효율적으로 충족시키고자 하는 것이다. 마케팅개념과 판매개념을 혼동하는 경우가 있는데 판매개념이 기존제품의 판매와 촉진활동의 강화를 통해 매출을 증가시켜 이윤을 남기려는 생각인 데 반해서 마케팅 개념은 시장의 고객들이 가진 욕구를 통합된 마케팅 활동을 통해 만족시킴으로써 이윤을 창조하려는 생각이라는 점에서 다르다.

	출발점	초점	수단	목표
판매개념〉〉	공장	기존제품	판매와 촉진	매출증대를 통한 이윤창출
마케팅개념〉〉	시장	고객의 욕구	통합된 마케팅	고객만족을 통한 이윤창출

그림 11-1 **판매 개념과 마케팅 개념의 대조**

피터 드러커는 현대를 '산업혁명'과 '생산성 혁명'을 거쳐 '경영혁명'의 시대라고 말하고 있다. 대부분의 사람들이 '경영'이라고 하면 으레 '기업경영'을 떠올리는데 경영은 기업이 아닌 다른 조직, 즉 비영리 기관(NPO)이나 비정부 조직(NGO) 혹은 정부 기관에 더욱 필요하다. 이런 조직들이 경영을 필요로 하는 가장 결정적인 이유는 기업과는 달리 '손익계산'에 대한 인식을 갖고 있지 않기 때문이다.

비영리조직은 이윤추구를 목적으로 설립된 조직이 아니라 그 단체 고유의 목적달성과 공공이익의 실천을 최우선 과제로 삼고, 설립, 운영되는 조직으로써 영리조직과는 차이가 있다.

첫째, 다양한 대중을 상대한다. 정부기관, 지역사회주민, 학생 등 다양한 대상으로 한다.

둘째, 이익과 무관한 복수의 목표를 가진다. 비영리조직의 이익과 관련 없는 목표들을 갖는다.

셋째, 정부와 대중의 압력이 심하다. 비영리조직의 경우 공익성을 가지고 있어 정부나 시민단체의 압력이 많이 받는다.

넷째, 무형의 상품인 서비스 위주의 상품을 제공한다. 무형의 상품인 서비스는 애매 호성이 높고, 유형성의 정도가 낮은 혜택과 같은 무형의 서비스 상품을 제공하므로 전달과 설득력이 어렵다.

이러한 특성으로 인하여 사회복지시설을 포함하는 비영리조직이나 공공기관의 마케팅은 사회적 마케팅이라고 한다. 사회적 마케팅은 비경제적 영역에서 활용되는 경우에 붙인 명칭이다. 영리기업의 마케팅과는 다른 개념으로서 사회복지시설의 마케팅을 "소비자인 클라이언트, 재원제공자, 자격부여기관 및 전체 사회가 사회복지시설에 대해 좀 더 관심과 요구를 갖도록 하기 위한 제반 활동"으로 정의하고 있다(Barker, 1993: 19).

미국마케팅학회(American Marketing Association: AMA)는 마케팅은 기업, 비영리조직 및 정부 기관이 각 고객의 욕망을 파악하고 그에 합치된 상품이나 서비스 또는 아이디어 혹은 그 전체를 기획, 개발하고 이에 관한 사실을 전달하며, 각 주체가 최소비용으로 최대의 고객만족, 최대의 가치 창출할 수 있도록 당해상품 서비스를 제공하는 행위 및 처리하는 과정이다 정의하고 있다.

코틀러(Kotler)는 마케팅은 영리기업뿐만 아니라 비영리조직이나 개인에게도 거래 혹은 설득이나 커뮤니케이션 등 교환을 촉진하기 위한 모든 활동이 되는 것으로 정의하고 있다. 정익준(1996)은 비영리조직이 공중과 교환과정에 참여하면서 수행하는 마케팅이라고 정의하고 있다.

사회복지 마케팅이란 사회복지시설의 목적을 달성하기 위해 클라이언트 관리, 서비스의 개발 및 전달, 재정, 홍보, 자금확보 등에 있어 영리조직의 마케팅을 기법을 도입하여 다변화하는 사회적 환경에 부응하여 경쟁력을 확보하는 활동을 말한다(김형식 외, 2002).

이러한 사회복지 마케팅의 목적은 사회복지시설의 프로그램 홍보나 자원개발에 있어서 참여하는 개인의 발전, 입법이나 정책결정과정에서 각종 캠페인이나 탄원 등을 통한 사회적인 아이디어를 제시하고 설득하기 위해서, 지역주민들에게 이익이 되는 새로운 정보와 실천을 촉구하기 위해서, 알코올이자 약물중독자 등 개개인의 행동의 변화를 위해서라고 할 수 있다(정익준, 1999).

2) 마케팅의 필요성

최근 사회복지시설의 책무성 확보와 비용효과성의 강조로 마케팅을 중요시하고 있다. 미국의 경우도 비영리조직들의 비용증가와 수익감소로 인해 재정난에 직면하면서 재원확보수단으로 마케팅에 많은 노력을 기울이고 있다(정무성, 2000). 더불어 사회복지기관의 자본화의 필요성도 마케팅의 중요성을 부각시키는 계기가 되었다. 정무성(2000)은 사회복지기관의 자본화란 충분한 양의 재정자원을 창출하고 보유하는 것을 의미한다고 정의하고 있다.

사회복지시설이 마케팅의 필요성이 부각되면서 변화가 나타나기 시작하였다. 단순히 사회복지조직의 운영이 어려울수록 재정확보에 있어서 유리할 것으로 생각하였으나 지금은 사회복지시설의 장점을 부각시켜야 한다는 의식의 변화가 이루어지고 있다. 이는 사회복지시설이 후원자, 후원기관 및 단체들에 의한 일방적인 수혜집단에 머무는 것이 아니며, 사회복지시설 역시 이들에게 이상과 목표의 실현이라는 욕구를 충족시켜 주는 역할을 수행 한다. 즉, 사회복지시설의 마케팅이 '교환의 과정(process of exchange)'이다(Ferrell, Hartline, & Hochstein, 2021: 123-124). 로드(Lord, 1981)는 "구걸로부터 마케팅으로 전환"은 사회복지시설에서 마케팅 개념의 변화를 잘 반영해 주고 있다는 것이다.

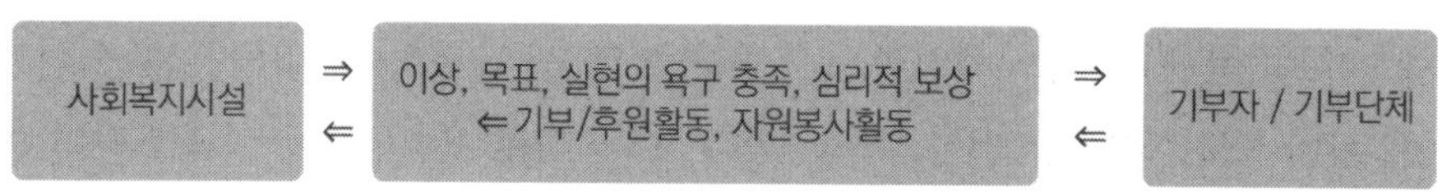

사회복지시설의 마케팅을 교환의 과정으로 정의한다면, 마케팅의 활성화를 위해서 필요한 것은 사회복지기관의 잠재적 기부자가 원하는 활동을 수행할 수 있는 충분한 능력을 가지고 있어야 한다. 따라서 로드(Lord, 1981)는 사회복지시설의 마케팅 활성화에 필요한 요인들을 다음과 같이 제시하고 있다.

첫째, 잠재적 후원자와 기관의 욕구, 가치 및 이상이 서로 일하는 정도가 높을수록 잠재적 후원자는 실제 후원자로 변화할 가능성이 높다. 둘째, 잠재적 후원자는 그가 가장 중요하다고 생각하는 사회문제를 해결할 수 있는 능력을 기관이 갖추었다고 판단할 경우 실재 후원자로 변화할 가능성이 높다.

셋째, 잠재적 후원자가 기부행위를 통해 충분한 심리적 만족감을 보상받을 수 있다고 판단할 경우 실재 후원자로 변화할 가능성이 높다. 이와 같이 마케팅은 사회복지기관에서 지역사회자원개발에 초점을 두어 실시되고 있으며, 다양한 연구결과에서도 마케팅의 성과가 가장 많은 부문을 지역사회자원개발 분야로 보고 있다.

3) 마케팅 구성요소와 과정

(1) 마케팅의 구성요소

마케팅의 개념에는 다음과 같은 구성요소를 포함하고 있다.

첫째, 소비자의 욕구와 수용이다. 소비자의 요구와 수요를 정확하게 이해하고, 원하는 것을 제공하기 위해 정보를 수집하여야 한다.

둘째, 소비자의 만족과 가치 인식이다. 제품이나 서비스를 통해 소비자들의 욕구와 수요를 가장 잘 충족시킬 수 있는 것을 소비자는 선택하고 있다.

셋째, 교환이다. 교환은 가치 있는 제품이나 서비스에 대해 대가를 제공하고 획득하는 행위이다.

넷째, 시장이다. 시장은 어떤 제품이나 서비스의 실제적 또는 잠재적 구매자들의 집합을 의미한다.

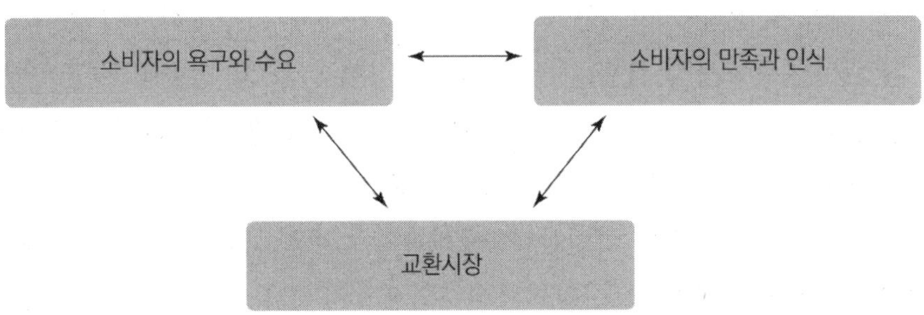

(2) 마케팅의 과정

① 마케팅의 체계

사회복지시설에서 마케팅이 구체적으로 실행되는 과정에서 기본적인 마케팅기능에는 환경분석, 마케팅 조사, 소비자 분석, 상품기획, 유통계획, 촉진계획 그리고 가격결정 등이 있다.

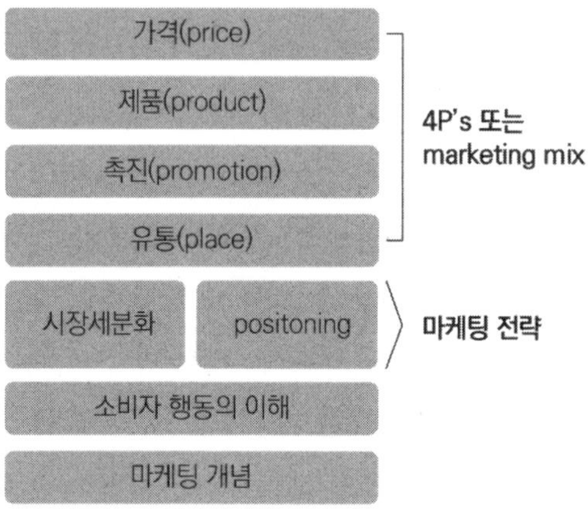

그림 11-2 **마케팅의 체계**

② 사회복지시설의 환경분석

마케팅 활동에 영향을 미치는 환경은 거시적환경과 미시적환경이 있다. 거시적 환경은 인구통계적 환경, 사회적 환경, 경제적 환경, 법률적 환경, 기술적 환경 등이 있으며 미시적 환경은 기관의 구조분석, 경쟁분석, 기관의 내부환경, 외부집단 등이 있다. 사회복지시설의 목표와 프로그램, 자원, 정당성을 등을 분석하여 준비상태를 확인한다. 사회복지시설을 둘러싼 환경을 분석하고, 강점과 약점을 분석한다. 지역사회자원개발의 가능성을 분석하기 위해 환경요인에 대한 분석이 필요하다. 가장 많이 활용하는 분석이 SWOT분석이다. SWOT분석은 조직의 경쟁력 분석하는 데 도움이 된다. SWOT분석은 기관의 강점(strength)과 약점(weakness)을 분석하며 기관이 처한 환경을 기회(opportunity)와 위협(threat)으로 구분하여 마케팅에 대처하도록 한다. SWOT분석을 위한 변수로는 재무상태, 기관장 능력, 직원, 사업, 전문성 등이 있다.

③ 시장욕구 분석 및 조사

마케팅에 있어서 제일 먼저 해야 할 일은 시장을 조사하는 일이다. 시장조사는 '가치의 욕구'를 만족시키는 상품이나 서비스에 대해 구매하고자 하는 잠재적 관심, 지불능력, 의지를 지닌 고객을 조사하는 일이다. 즉, 사회복지기관이 관심을 갖는 문제에 대하여 지역사회가 가지고 있는 인식과 태도를 분석한다.

시장조사에서는 첫째, 상품이나 서비스에 대한 욕구가 있는지, 둘째, 욕구를 지닌 사람들의 상품이나 서비스에 대한 관심이나 잠재적 욕구가 있는지, 셋째, 잠재적 고객의 상품구매를 위한 지불능력이 있는지, 넷째, 충분한 지불능력을 지닌 자들이 원하는 상품이나 서비스를 위해 기꺼이 지불하고자 하는 의지가 있는지 등을 확인한다. 사회복지 마케팅에 있어서 상품의 구매는 후원을 의미한다(박차상 외, 2009).

사회복지시설은 시장에 관해 최소한 다음 네 가지 사항을 파악하고, 시장세분화에 따라 사회복지시설의 기부자의 욕구를 분석하고 그에 따른 상품이나 서비스를 제공해야 한다. 기부자의 욕구는 기본적 욕구(Needs), 이차적 욕구(Wants), 수요(Demand)로 구분할 수 있다.

첫째, 기본적 욕구는 인간이 살아가는 데 필요한 가장 기초적인 욕구이다. 식량, 안전, 소속감, 사랑, 자기표현 등 인간이 살아가는 데 없어서는 안 될 필수적인 요소들이다. 사회복지기관차원에서 이들 Needs는 매우 중요하다. 인간의 생존에 필요한 의식주 문제는 곧 사회복지기관의 문제이기도 하다. 사회복지는 인간의 Needs 해결을 위해 클라이언트의 욕구분석을 기초로 물질적인 해결과 정신적인 문제해결을 포함한 다양한 서비스를 실시한다.

둘째, 이차적 욕구 Wants는 Needs의 충족을 위한 형태로서 사람들 각자의 개성과 사회 문화에 의하여 형성된다. 사람들이 배가 고플 때 무엇인가 먹어야 한다는 Needs를 느끼지만 사람들이 무엇을 먹고자 하는 것은 사람들마다 다르다. 사람들은 자기들의 개성과 문화에 따라 무엇을 먹을 것인가를 원하게 된다.

셋째, 수요는 인간의 욕구(Wants)는 끝이 없지만 자원은 한정되어 있다. 사람들은 자신들의 욕구와 자원을 고려하여 가장 만족을 줄 수 있는 상품이나 서비스를 선택하게 된다. 이때 바로 수요가 형성되는 것이다. 배고픔에 대한 욕구는 먹을 것(식량)을 필요로 하고 무엇(한식, 양식, 중식)을 먹을 것인가를 원하게 된다. 그러나 사람들은 자신의 지불능력으로 인하여 원하는 모든 것을 먹을 수 없다. 결국 사람들은 자신의 욕구와 지불능력을 고려하여 가장 만족할 수 있는 음식을 선택함으로써 수요가 형성된다.

④ 마케팅 목적/목표 설정

목표설정은 정확한 자료분석과 문제규명, 표적집단의 성격과 규모, 사회복지기관의 정책, 자원 동원 등의 변수들에 의해 범위와 방향이 정해진다. 사회복지기관의 사명(mission)은 구체적인 목표로 전환되어야 한다. 직무수행은 목표달성을 위한 시스템을 갖추고 있어야 한다. 사회복지기관의 미션, 목적, 목표는 일관성 있게 작성되어야 한다. 목표는 구체적으로 측정 가능한 목표가 되어야 한다. 목표의 기준은 SMART 해야 한다.

S(Specific) : 목표는 구체적이어야 한다.
M(Measurable) : 목표는 측정 가능해야 한다.
A(Attainable) : 목표는 달성 가능해야 한다.
R(Relevant) : 목표는 관련성을 가지고 있어야 한다.
T(Time-bounded) : 목표는 시간성을 명시하여야 한다.

⑤ 시장분석

시장분석은 누가, 어떠한 분야에, 어떤 방식으로, 언제, 어디서, 어떤 이유로 기부를 원하는가를 분석한다. 시장분석은 시장 세분화, 표적시장 선정, 시장 포지셔닝의 세 단계로 구성되어 있다. 이를 표적 마케팅이라 한다.

시장은 고객의 욕구와 지리적 위치, 구매태도 등에 따라 세분화된다. 시장 세분화라 함은 이들 고객 집단의 변수를 파악하여 시장을 개척하는 작업을 의미한다. 시장 세분화 작업을 통해서 다음과 같은 이익을 얻을 수 있다.

첫째, 시장 세분화 작업은 고객의 욕구에 따른 정확한 시장을 찾아내 준다.

둘째, 시장 세분화 작업은 변화하는 시장 요구에 대처할 수 있는 판매자의 능력을 강화시켜 준다.

셋째, 시장 세분화 작업은 시장 자원의 효과적인 자원을 할당해 준다.

넷째, 시장 세분화 작업은 기관이 조직과 외부환경의 강점과 약점을 올바르게 파악할 수 있도록 해준다.

다섯째, 시장 세분화 작업은 보다 정확한 판매목표를 세우도록 도와준다.

위와 같은 시장 세분화 작업의 장점이 있음에도 불구하고 표적시장이 이익을 가져올 만큼 충분한 규모인가, 충분한 시장이라 할지라도 판매촉진과 유통 채널의 노력을 통해 접근이 가능한가, 표적시장의 마케팅 조사 등에 대하여 유념하고 접근해야 한다.

시장의 세분화에 따른 변수로 인구통계학적, 지리학적, 인구지리학적, 심리묘사적, 행동적 변수로 나누어 설명된다. 인구통계학적 세분화는 고객을 구분하는 가장 보편적인 기준으로 연령, 성별, 가족구성원, 가족생활주기, 소득, 직업, 교육, 종교, 인종, 사회-경제적 집단 등과 같은 변수들에 기반하여 시장을 세분화될 수 있다. 이는 소비자의 욕구, 선호도, 이용빈도 등이 인구통계학적 변수들과 연관성이 많으며 측정이 용이하기 때문이다.

- **연령**: 고객의 욕구와 능력은 연령에 따라 변화된다. 조직은 연령에 따라 세분화된 상품을 제공하여야 한다. 연령에 따른 접근은 서비스에 대한 반응과 지불능력에 따라 접근하는 것이 용이하다.
- **성별**: 개인의 성별은 특별한 상품이나 브랜드를 구매하고자 하는 경향을 나타내는 데 적합한 방법으로 사용될 수 있다. 의류, 화장품, 다이어트 식품 등은 여성들이 민감하게 반응하는 상품들이다.
- **가족생활주기**: 시장 세분화는 서비스나 상품의 요구에 대하여 고객들의 가족발달 단계에 따라 변화될 수 있다. 미혼, 결혼여부, 결혼기간, 자녀여부, 자녀수, 주택구입 등은 고객들의 욕구에 변화를 일으킬 수 있다.

- **소득**: 소득은 지불능력과 직접 연결되므로 고객들의 상품구매에 직접적인 영향을 미친다.
- **지리학적 변수**: 역사적으로 지리학적 세분화가 최초로 개발되었다. 행정체계나 교통 시스템은 시장접근에 영향을 미치게 된다. 상품의 구입과 서비스의 이용은 지리적인 위치와 관계가 있다. 지리학적 세분화는 매우 광범위한 접근을 나타내고, 특히 소비자 시장을 조사할 때에 세분화된 방법을 제공할 수 없다. 반면에 인구지리학적인 것은 지리학적 모델의 제한점을 상당히 개선한 시도이다.
- **인구지리학적 변수**: 인구지리학적 연구는 1973년 웨버(Webber)에 의해 수행된 업무로부터 생겼다. 이 방법은 지리적인 요소에 인구, 주택, 사회-경제적 특성이 첨가된 방법으로 지리학적 세분화가 지니고 있는 한계점을 보완해 주는 시장 세분화 방법이다.
- **심리묘사적 변수**: 심리묘사적 세분화는 고객을 사회계층, 생활 형태, 개성 등의 특징에 기초하여 분류하는 방법이다. 동일한 인구통계학적 집단 안에서도 상이한 심리묘사적인 특성을 지니고 있음을 파악하는 접근 방법이다.
- **행동적 변수**: 행동적 변수에 따른 세분화는 상품에 대한 고객의 지식, 태도, 경험, 반응 등을 기초로 하여 접근하는 방법이다.

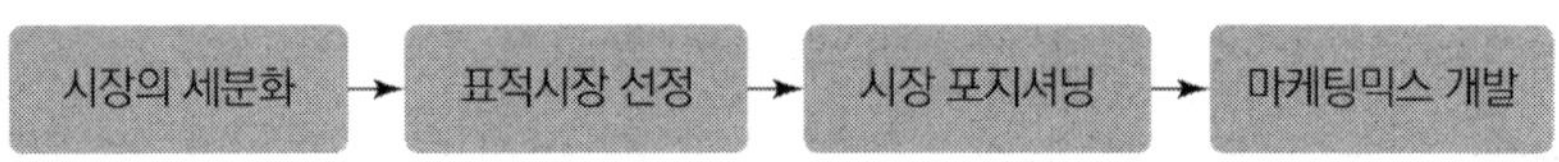

⑥ 마케팅 믹스

시장 세분화를 통하여 표적시장을 선정하고 목표를 세운 후 마케팅 믹스 프로그램을 개발해야 한다. 마케팅 믹스는 다음 4가지가 있다.

첫째, **상품**(products)이다. 상품은 기본적 욕구나 이차적 욕구를 충족시켜 줄 수 있는 것으로 고객들의 취득과 소비의 대상이 된다. 상품은 물질적인 제품, 서비스뿐만 아니라 사람, 프로그램 등이 될 수 있다. 비영리조직의 상품은 정치, 환경, 복지, 교육, 문화 등 인간들의 삶을 영위해 나가는 데 없어서는 안

될 공공재의 성격을 지니고 있다. 상품이 시장에서 구매력을 가지기 위해서는 상품의 질, 가치가 구체적으로 설명되어야 한다. 상품은 서비스내용, 가격, 질, 내구성과 같은 속성에 의해 구별될 수 있다.

둘째, **가격**(price)이다. 가격은 상품이 완성되면 상품의 가격을 결정해야 한다. 가격결정은 원가, 상품의 종류, 프로그램, 경쟁력, 수요, 고객의 소득수준 등을 고려하여 결정된다. 비영리조직의 경우 가격결정은 고객이 인지하는 필요성과 가치 그리고 수량에 크게 작용한다.

셋째, **유통**(place)이다. 유통은 상품과 가격이 결정되면 이들 상품을 팔기 위한 유통 체계가 필요하다. 높은 질과 경쟁력 있는 가격을 가지고 있다고 하더라도 이들 상품을 팔기 위한 유통을 확보하지 못하면 시장을 개척하기 힘들다. 유통은 사람, 지역조직망을 통해 이뤄진다. 인적자원과 조직망이 미흡한 사회복지기관은 기존의 유통망을 활용할 수 있다.

넷째, **판매촉진**(promotion)이다. 판매촉진은 상품이나 서비스의 판매를 촉진시키기 위한 수단이다. 기관이 상품을 만들고 가격을 결정하게 되면 이를 고객에게 알리기 위한 조직과 고객 간의 의사소통이 필요하다. 의사소통을 하는 방법에는 온라인과 오프라인이 있으며 방법으로는 광고, 홍보, 방문, 이벤트 등 다양한 방법이 동원된다.

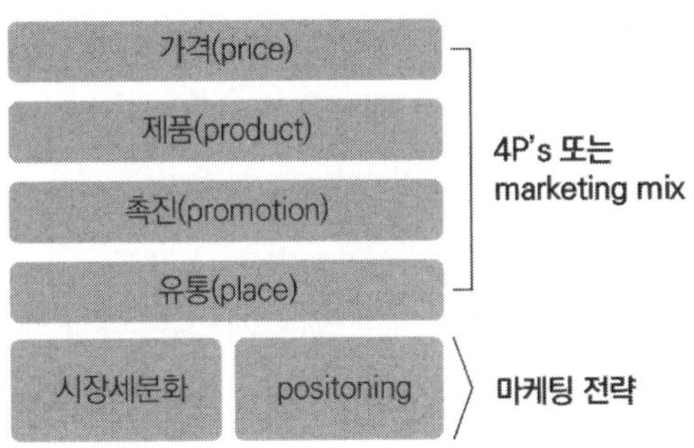

그림 11-3 **마케팅 믹스**

⑦ 마케팅 실행

마케팅 실행이란 전략적인 마케팅 목표를 달성하기 위해 마케팅 기획활동으로 옮기는 과정을 말한다. 마케팅 기획이 어떤 마케팅 활동을 왜 하는가에 관한 것이라면, 집행은 누가, 언제, 어디서, 어떻게 하는가 하는 것이다. 이러한 마케팅 기획과 실행을 통해 잠재적 후원자들에게 후원을 요청하게 된다.

마케팅의 실행과정에서 다음의 사항을 고려하여야 한다.

첫째, 마케팅 조직은 실무조직과 전사조직으로 나누어진다. 실무조직은 마케팅 담당자를 중심으로 마케팅의 기획, 수행 및 관리하는 조직원을 구성하며 그에 따른 직무를 할당한다.

둘째, 전사적 조직은 효과적인 마케팅 수행을 위해서는 이사에서부터 전 직원에 이르기까지 마케팅을 위한 전사적 조직이 필요하다. 이사회, 자문위원회, 간부진, 팀별조직, 지역조직, 자원봉사자 등 조직 활동과 관련된 모든 조직들의 특징과 성격에 따른 마케팅 업무를 할당한다.

셋째, 마케팅 예산은 마케팅 수행에 따르는 예산을 책정한다. 마케팅 프로그램별 예산과 모금목표 그리고 평가 시 목표대비 실적을 분석하도록 한다. 마케팅 예산 확보를 위한 재원분석과 개발에 대한 계획을 수립한다.

넷째, 마케팅 수행 일정 및 기술 점검에서 마케팅 준비, 수행, 평가 등의 일정을 작성하고 기술은 마케팅 수행에 요구되는 전문적인 기술(Campaign, DM, Event, Internet, Donor Service)들에 대한 점검을 한다. 이러한 것을 토대로 하여 인터넷, 전화, 언론, 우편, 이벤트 등 다양한 방법을 통하여 지역사회주민들의 관심과 참여를 유도하고 사회복지시설에 필요한 지역사회자원을 개발한다.

(3) 마케팅 방법

마케팅을 수행을 위해 활용하는 수 있는 기법은 다양하다. 사회복지시설에서 주로 활용되는 방법으로 연중모금, 자본모금, 프로그램 공모를 통한 모금 등이 있다. 사회복지기관의 재정을 견고히 유지하고 확대하는 데 목적을 두고 연중 계속적으로 진행하는 자원개발의 방법이다 연중모금의 목적은 사회복지시설의 재정자원을 안정적으로 확보하기 위하여 새로운 후원자를 발굴하고 모집하는 것이다. 연중모금의 유형에는 소액기부, 기부집단, 거액기부, 재산기부 등으로 이루어지는 경우가 많다. 연중모금 과정은 모금활동과 모금 후 활동에 의해 진행되는데 연중모금 과정은 그림 11-4와 같다.

그림 11-4 **연중모금 과정**

연중모금은 첫째, 직접 우편 발송이다. 이는 표적시장을 선정하여 지역, 나이, 사회적 지위, 소득 등에 따라 대상자 목록을 확보하여 편지를 발송함으로써 지역사회 자원개발 방법이다. 둘째, 고객관리 마케팅이다. 이것은 고객과 관련된 자료를 분석하여 고객 특성에 기초한 맞춤서비스를 지속적으로 제공하여 가치 있는 고객을 파악, 획득, 유지하는 활동을 말한다. 셋째, 기업연계 마케팅이다. 이것은 명분 마케팅이라고 한다. 이는 기업의 이미지 제고를 위해 사회복지기관의 활동과 연계하는 마케팅이다. 넷째, 데이터베이스 마케팅이다. 이것은 사회복지기관의 이용자와 직접 개별접촉을 통해 다양한 정보 획득 및 홍보, 고객정보, 다른 사회복지기관의 정보 등 시장에 관한 각종 정보를 직접 수집, 분석하고 이를 데이터베이스화하여 마케팅 전략을 수립하는 기법이다. 다섯째, 인터넷 마케팅이다. 인터넷의 홈페이지 등을 통하여 사회복지기관의 홍보와 모금을 하는 방법으로 정보화시대에 적합한 마케팅 기법이다.

연중모금은 사회복지시설의 프로그램을 원활하게 운영하기 위한 목적을 갖는다면 자본모금의 목적은 프로그램을 원활히 운영하는 데 필요한 사회복지시설의 능력을 향상시키는 데 있다. 즉, 건물, 토지 기증, 차량구입, 프로그램에 필요한 기자재 구입 등을 통하여 사회복지시설의 자산을 증식시키는 것이다.

다음으로는 교부금은 정부기관이나 각종재단, 단체 등이 사회복지시설의 특정한 프로그램이나 프로젝트의 수행을 위해 지원하는 재원을 의미한다. 기타 모금방법으로 이벤트, 대중매체광고, ARS모금, 인터넷 모금 등이 있다(황성철 외, 2020).

4) 홍보

(1) 홍보

커뮤니케이션 학자 스캇 커틀립(Scott Cutlip)과 알렌 센터(Allen H. Center)는 '홍보는 상호 만족할 만한 쌍방적 커뮤니케이션을 기초로 사회적으로 책임지고, 받아들일 수 있는 행동을 통해 여론에 영향을 주기 위한 계획된 노력'이라고 정의하였다(유영준 외, 2023). 이와 같이 홍보는 사회의 여러 단체와 공공을 연결하는 전달 수단이다.

홍보는 넓은 의미로 행정홍보의 일부라고 할 수 있다. 행정홍보란 행정 당국이 주민의 의견이나 태도를 반영하여 정책이나 서비스를 스스로 개선하며, 대외적으로 다양한 매치를 통해 정책이나 서비스를 설명함으로써 주민의 이해를 증진시켜 신뢰 및 호의 그리고 협력을 얻으려는 활동을 의미한다. 따라서 홍보는 지역주민과 긍정적인 이해관계를 구축하는 수단이 되는 커뮤니케이션 도구이며, 주민과의 상호 커뮤니케이션을 바탕으로 건강가정 관련 기관의 정책이나 서비스를 전달하고, 어떤 기관인지, 어떤 사업들을 수행하고 있는지에 대해 인식시키고 지역주민의 참여를 유도할 수 있는 프로그램의 하나라고 할 수 있다.

공공기관은 다양한 사고를 가진 사람들 또는 주민들과 끊임없이 커뮤니케이션을 수행해야 하며, 주민들에게 기관의 각종 정책을 알리고 여론을 수렴해 활동을 펼쳐야 한다. 가족센터는 지역 내 가족복지 전문기관으로 급변하는 가족을 둘러싼 환경과 다양하게 변하고 있는 가족 문제의 어려움에 도움을 받을 수 있는 전문 서비스 제공기관이다. 이러한 가족 문제에 대해 도움을 받을 수 있는 기관이 건강가정 관련 기관이라는 것을 지역주민들과 끊임없이 소통하여 알리고, 지역주민 누구나 편리하게 센터를 이용할 수 있도록 도와야 한다. 또한, 지역의 자원을 개발하고 연계하여 지역 내 가족들이 행복하고 건강한 가족관계를 영위할 수 있는 프로그램 개최 및 올바른 정보를 제공하기 위해서는 적극적인 홍보가 필요하다.

(2) 홍보의 목적

다음과 같은 목적으로 홍보를 진행한다.

① 가족센터의 운영철학 및 운영목적을 지역사회에 알린다.

② 가족센터의 활동과 사업에 대한 정보를 제공한다.

③ 가족센터의 홍보를 통해 지역주민의 신뢰를 확보한다.

④ 지역주민의 다양한 의견을 통합하여 가족센터 사업에 반영한다.

⑤ 가족센터에 대한 지역주민의 비판적 의식이나 거부감을 완화시킨다.

⑥ 가족센터가 하는 일이 지역주민에게 얼마나 유익한지 알린다.

(3) 홍보 방법

건강가정 관련 기관은 다양한 방법을 통해 홍보를 실시하고 있다. 오프라인 홍보 방법에는 지역방송, 신문보도, 전단지, 브로슈어, 책자, 현수막, 광고판, 라디오 방송, 홍보물품 등이 있다. 온라인 홍보 방법에는 전화, 문자 전송, 인터넷 홍보, SNS 등 다양한 홍보 매체가 있다. 다음은 가장 많이 활용되고 있는 홍보 활동 수단이다.

① 방송사, 신문사, 시정홍보지 등에 보도자료 제공

② 소식지 및 잡지 발간

③ 리플릿, 팸플릿, 홍보 비디오, 전단지, 포스터 제작

④ 배너, 플래카드, 입간판 제작

⑤ 홈페이지, 블로그, 카페, 밴드 이용

⑥ 홍보용품 제작(수첩, 볼펜, 메모지 등)

⑦ SNS 이용 및 지역사회 캠페인 전개

CHAPTER 12

건강가정사업을 위한 실천기술

1 건강가정사업 요구도 조사(Demand degree research)

1) 요구도 조사 목적과 필요성

요구도 조사의 목적은 크게 2가지로 나눌 수 있다.

기존 사업, 프로그램, 서비스에 대한 평가, 인지도, 만족도 등을 근거로 수정, 확장, 종결할 것인가? 또는 새로운 사업, 프로그램 수행을 위한 인력과 재원을 정당화할 만한 요구가 있는가?에 따라 조사항목, 조사방법, 분석방법을 설계해야 한다.

요구도 조사의 필요성은 4가지로 다음과 같다.

첫째, 프로그램의 실행과 성과의 준거로 볼 수 있는가? 이는 사업, 프로그램, 서비스 실행과 평가의 기준이 되기 때문이다.

둘째, 기존 사업, 프로그램, 서비스를 수정 또는 보완하는 근거자료로서 새로운 방향을 제시할 수 있다.

셋째, 인구사회학적 특성, 지역적 특성 등을 고려하여 잠재적 대상자(Client)의 지리적 분포, 규모의 확산 정도를 파악하여 객관적 지표를 구축하게 된다.

넷째, 유관기관들과 중복되는 사업, 프로그램, 서비스 유무를 파악할 수 있으며 해당 항목의 장애요인, 제공 수준 비교를 통해 보완 가능하다.

2) 요구도 조사 단계

① 1단계: 욕구조사의 목적 및 자원 확인, 목적확인, 조사에 투입될 인력, 예산, 시간 확인

② 2단계: 구체적 정보와 자료 확인: 표적집단 선정, 특성에 관한 정보 확인, 질적 또는 계량적 자료 구분, 표적집단의 분포도, 심각성, 자료의 목록 작성

③ 3단계: 조사설계–실험, 준실험, 비실험의 조사방법 결정/조사도구의 신뢰도 및 타당도 검토, 주로 비실험조사 형태로 진행되는데 주민의 대표

성을 고려하기 위해 적절한 표집이 사용되어야 한다.

④ 4단계: 자료수집과 분석

- 직간접 조사 방법 결정, 자료수집과 분석기법 숙지
- 직접 조사: 서베이, 면접법, 관찰법
- 간접 조사: 규범적 욕구 측정하기 위한 서비스 제공자 면접, 델파이기법, 사회지표조사

⑤ 5단계: 조사보고서 작성

3) 자료수집과 요구도 조사 방법

(1) 자료수집 방법

요구도 조사를 실시하는 목적은 정보를 수집하고 분석하여 지역사회에 거주하는 지역주민, 가족 단위를 위한 건강가정 사업을 운영할 때 필요한 요구를 파악하기 위함이다. 정보 수집은 크게 2가지로 직접 정보 수집과 간접 정보 수집 방법으로 분류된다.

① **직접 정보 수집 방법**: 직접 주민 만나기, 초점집단면접(FCI: Focus Group Interview), 클라이언트 면접(CI: Client Interview), 주요 정보제공자 면접(KPI: Key Person Interview), 욕구, 만족도 조사, 주민(마을) 회의, 공청회 등

② **간접 정보 수집 방법**: 사례관리기록, 기관 내부 자료, 2차 자료 등

(2) 요구도 조사 방법

요구도는 방법과 단계에 따라 조사 가능하다. 할로우와 터너(Harlow & Turner, 1993)는 요구도 조사 단계를 총 4단계로 제시하고 있다. 각 단계별로 살펴보면 다음과 같다. 1단계는 사회지표(Social indicator)를 활용하여 조사하는 방법이다. 기존 자료를 분석할 경우 조사에 소요되는 시간, 예산, 인력 등은 적게 드는 장점이 있으나, 해당 변수가 없거나 지역사회 특성을 고려하지 못하는 단점이 있다. 2단계는 초점집단(FCI: Focus Group Interview), 클라이언트 면접(CI: Client Interview), 주요 정보제공자(KPI: Key Person Interview), 공청회 및 포럼 등

의 방법으로 1단계에서의 조사결과를 지역사회 수준에 적용할 수 있는 근거를 마련할 수 있다. 반면, 표적집단의 의견이 편파적이거나 개진될 수 없는 경우가 발생하기도 한다(김기덕 외, 2016: 392). 3단계는 이용자 및 서비스 제공자나 주요 정보제공자를 대상으로 욕구, 서비스 전달에서의 문제 등을 설문 또는 면접을 통해 파악하는 방법이다. 이용자(수혜자)의 요구도 조사는 기존의 지원사업, 프로그램 등의 인지도, 만족도를 평가할 수 있으나 측정상의 오류, 응답률을 고려해야 하는 단점이 있다. 서비스 제공자나 주요 정보제공자는 표적집단과 접촉하기 쉬운 집단으로서 해당 문제, 필요한 자원 등에 대한 정보제공이 가능하다. 그러나 그들의 정보의 수준, 객관성을 검증하는 데 어려움이 있다. 4단계는 지역주민 조사로 조사 목적, 항목 등에 근거하여 대표성을 가진 표적집단을 선정한 다음, 설문조사, 면접 등으로 조사하는 방법이다. 지역주민 또는 표적집단의 특성, 욕구에 대해 알려진 정도 등에 따라 설문조사, 면접방법 또는 혼합방법을 적절하게 사용해야 한다. 따라서 위와 같은 요구도 조사 방법은 사업예산, 인력 등을 고려하여 실시되어야 한다. 요구도 조사방법(Demand degree research methods)의 구체적인 내용은 다음 표 12-1과 같다.

표 12-1 요구도 조사의 자료수집과 방법

구분	자료수집과 방법		장점	단점
1단계	사회지표 (Social indicator)	• 통계자료 • 전국 단위 조사보고서 • 정부, 지역내부 자료	• 적은 시간 • 적은 비용 • 자료 수집과 분석 용이	• 자료의 특성에 국한된 욕구만 측정 가능 • 지역적 특성을 고려하지 못함
2단계	초점집단 (FGI)	• 소수의 사람을 중심으로 해당 문제에 대한 의견을 교환함으로써 욕구, 정보를 조사하는 방법	• 참여자들의 다양한 정보 수집 • 집단 역동성을 활용한 욕구사정(assessment) 가능	• 참여자의 대표성 문제 • 진행자의 능력과 자질에 의존
	공청회 및 포럼 (Forum)	• 정부기관 관련자 또는 지역사회 사람들이 모여 의견 교환, 상호작용하는 공개회의	• 기관과의 협력 관계 형성 • 문제에 대한 대처방안 제시	• 참여자의 대표성 문제 • 소수의 의견 개진에 대한 어려움 • 이해관계를 배제할 수 없음

3단계	이용자 (수혜자)	• 사업, 프로그램 등의 지원을 받는 대상자를 중심으로 만족도, 인지도 등을 조사하는 방법	• 이용의향, 욕구 수준 파악 가능 • 기존 사업, 프로그램, 서비스에 대한 평가와 문제점 파악	• 낮은 응답률 • 측정상의 오류
	서비스 제공자 및 주요 정보제공자	• 해당 기관 실무자, 조직의 운영자 등을 대상으로 표적집단의 문제, 욕구 등을 설문조사 또는 면접방법을 통해 의견을 수집하는 방법	• 자원 동원의 편의성 • 표본 추출이 용이함 • 저비용	• 주관적 견해가 개입될 수 있음 • 정보 수준(Level), 양(Quantity), 질(Quality)의 차이가 발생할 수 있음
4단계	지역주민 조사	• 표적집단 또는 지역주민을 대상으로 특성, 문제, 욕구를 파악하는 방법	• 이용 의향, 욕구 수준 파악 가능 • 기존 사업, 프로그램, 서비스에 대한 평가와 문제점 파악	• 낮은 응답률 • 측정상의 오류

출처: 김기덕 외(2016), pp. 391-394. 문혁준 외(2021), pp. 224-226 재구성.

4) 요구도 조사 내용과 분석방법

건강가정사는 지역사회의 특성, 환경, 대상자 유형 등에 따라 상이하거나 복합적인 요구를 파악하는 역량이 필요하다. 요구도 조사에 대한 내용은 조사 설계에 해당하는 항목, 목적과 측정 수준의 형태에 따라 달라질 수 있으며, 다음 표 12-2는 예시 중 하나이다.

표 12-2 요구도 조사 내용과 분석방법

<table>
<tr><th>구분</th><th>조사항목</th><th>조사목적</th><th>조사내용</th><th>분석방법</th></tr>
<tr><td>기초자료</td><td>인구사회학적 특성</td><td>• 지역사회 특성 파악
• 기초적인 정보 수집
• 실태와 현황 파악</td><td>• 연령
• 성별
• 학력
• 종사자상 지위-소득 수준
• 주거환경 등</td><td>• 기술통계
• 비교분석</td></tr>
<tr><td rowspan="2">지원사업 개발 및 평가</td><td>지원서비스 (프로그램) 개발</td><td>• 대상 지역의 지원사업 현황
• 집단(대상자)별 서비스, 프로그램 요구도
• 필요한 서비스 정보</td><td>• 지원사업 개발에 필요한 정보 파악
• 이용자(참여자)의 의견 확보</td><td>• 기술통계
• 비교분석
• 특정 욕구 분석
• 욕구 정도별 분석</td></tr>
<tr><td>지원서비스 (프로그램) 평가</td><td>• 지역 내 인지도
• 활용도
• 만족도
• 지원서비스(프로그램) 이용 자격 조건</td><td>• 기존 지원서비스(프로그램)에 대한 문제점 파악
• 파악된 문제점에 대한 보완 방안 모색</td><td>• 기술통계
• 비교분석
• 특정 욕구 분석
• 욕구 정도별 분석</td></tr>
</table>

출처: 김기덕 외(2016), 사회복지조사론, pp. 390-391. 우수명(2023), 사회복지프로그램 개발과 평가, pp. 90-93 재구성.

2 사례관리 및 실천현장에서의 접근

1) 사례관리의 등장배경과 구성요소

(1) 사례관리의 등장배경

사례관리는 사회복지실천(Social work practice)에서 통합적, 복합적 문제, 욕구(Demand)의 관심이 대두되면서 그 필요성이 제기된다. 1970년대 미국은 대단위 수용시설에 있는 정신 장애인을 퇴소시켜 지역사회보호를 추진하는 탈시설화 정책을 실시한다. 이는 정상화(Normalization) 이념에 기초하여 지역사회와 분리된 수용시설의 문제점이 부각됨에 따라 시설에서 지역사회로 되돌아가야 한다는 의견이 상당수를 차지한다.

둘째, 탈시설화 정책으로 인해 기관마다 보유한 자원, 대상자 조건 요건이 달라서 통합 관리하는 전문체계에 대한 관심을 갖게 된다. 또한 HIV 환자, 장기 보호(Care)를 필요로 하는 대상으로 확대, 복합적인 욕구 충족이 요구된다. 이후 1980년대부터 사례관리는 서비스가 단편화(Fragmentation), 분산화, 고비용화되면서 특정문제를 가진 표적집단에 포함되지 않는 경우에는 서비스를 이용할 수 없게 된다. 1990년대 초반에 들어 국내에는 목슬리(Moxley)의 사례관리이론이 소개된다. 그러나 기존의 사회복지실천과 다른 점을 찾지 못한다는 비판 속에서 1990년대 이후 사회복지 일부 영역을 중심으로 실시된다.

셋째, 1992년부터 2004년까지를 사례관리 실천의 태동과 발전 시기로 보고 조사, 진단 기능, 욕구 조사를 통해 서비스의 종류를 선정, 제공한다. 2005년부터 2011년까지는 정착기로 지역사회복지관의 평가에 사례관리 항목이 도입되면서 사례관리 활동에 대한 표준화, 전산화, 포괄성의 항목을 중심으로 전국 단위의 사회복지관을 대상으로 2009년도에 사례관리 평가가 본격적으로 실천되고 있다. 사례관리 제도화 시기는 2012년부터 현재까지로 사회복지사업법의 시행규칙 개정에 의해 사회복지관의 3대 기능으로 사례관리가 포함된다. 이는 제한된 자원 안에서 서비스 전달의 효과를 최대화하기 위해 비용과 중복을 평가하고 관리하는 전문기술 능력을 요구하고 있다.

넷째, 과거에는 가족 체계 내에서 장애인, 노인 등의 보호, 문제를 해결했다면 가족의 다양성, 가치관이 변화함에 따라 케어(Care)의 사회화 현상을 보이고 있다. 즉, 지역사회 내 자원을 개발하고 가족과 해당 사례자(Client)에게 연계, 제공할 수 있는 서비스를 조직화하는 활동이 강조된다. 예를 들면, 가족해체로 인해 발생한 아동학대 문제를 아동복지분야, 지역사회의 자원 활용, 전문적인 보호서비스의 영역으로 확대할 수 있다.

(2) 사례관리의 구성요소

사례관리의 구성요소는 사회자원, 서비스 이용자(Client), 사례관리자로 구성된다. 구체적인 내용은 다음과 같다.

① **사회자원**

사회자원은 '누가?', '무엇을 제공하느냐?' 하는 공급주체에 따른 공식적, 비공식적 부문으로 분류한다. 행정, 법인 등과 같은 공식적 부문과 가족구성원, 친구, 동료, 자원봉사자 등과 같은 비공식적 부문이 있다. 이외에도 이용자가 가진 역량, 자산 등과 같은 내적 자원을 활용하는 경우도 있다.

② **사례관리 대상자(Client)**

사례관리 대상자는 복합적인 욕구를 가지고 있으며 하나 이상의 사회자원을 필요로 하지만 소재, 이용 방법에 대해 자력으로 확보할 수 없는 가구, 사람이다(현외성 외, 2012; 한국사례관리학회, 2021: 8). 사회보장급여 이용·제공 및 수급권자 발굴에 관한 법률에서 명시한 지원대상자 발굴 관계기관, 법인, 단체, 시설 및 인적안전망을 활용하여 발굴되고 있다.

③ **사례관리자**

사례관리자는 대상자의 복지욕구를 파악하여 개입부터 종결시점까지 사회자원을 체계적인 방법으로 연계하는 전문가이다. 또한, 다양한 서비스를 제공하고 대상자의 역량 강화, 조정, 확보하는 역할을 한다.

2) 건강가정사업 실천현장에서의 접근

(1) 사례관리의 과정

① **도입: 대상자(Case)발굴, 스크리닝(Screening), 인테이크(Intake)**

- **대상자(Case)발굴**: 사례관리는 「사회보장급여의 이용 제공 및 수급권자 발굴에 관한 법률」(제42조의 제2항)에 따라 지역 내 공공·민간 자원에 대한 체계적인 관리, 지원체계를 토대로 복합적이고 다양한 욕구를 가진 대상

자에게 복지, 보건, 고용, 주거, 교육, 신용, 법률 등 필요한 서비스를 통합적으로 연계·제공하고, 이를 지속적으로 모니터링하는 사업이다. 건강가정사는 실천현장에서의 전문가로서 복지욕구를 가지고 있는 지역주민의 위기가구, 가족을 발굴하고 건강가정사업을 수행해야 한다. 사례관리를 위한 대상자 발굴은 지역사회에서 수시로 발견, 의뢰되므로 상시 작동되는 발굴 체계로 구축, 운영할 필요가 있다. 사례발굴 경로는 공공기관, 민간단체, 지역주민에 의한 발굴을 비롯하여 대상자의 욕구에 따라 제공되는 서비스가 다를 수 있음을 사전에 공지해야 한다.

- **스크리닝(Screening)**: 대상자의 의뢰동기, 문제 상황 및 복지욕구를 파악하는 단계로 의뢰일로부터 5일 이내에 실시한다. 발굴된 대상에 대해 초기 상담을 수행하여 대상자 구분을 통한 통합사례관리 의뢰 또는 읍면동 단순서비스 연계, 급여신청 등을 할 수 있다.
- **인테이크(Intake)**: 사례관리가 필요한 대상자에 대해서 내방, 방문을 통한 초기상담을 실시한다. 이때 비밀보장, 기록에 대한 동의, 상담내용에 대한 관리 등을 설명한다. 초기상담지를 활용하여 주요 욕구영역(10개)별로 순서에 따라 질문한다. 이 단계에서는 신뢰관계 형성, 라포(Rapport) 형성이 중요하다.
- **신뢰관계 형성**: 사례관리를 위한 대상자가 아닌 모든 문제는 개인과 환경과의 상호작용 속에서 생성된 최선의 적응 결과로 이해되어야 한다. 즉, 문제 중심 시각에서 접근한다면, 사례관리 과정에 왜곡시킬 수 있기 때문에 대인원조기술, 사회사업의 기본원칙을 충분히 활용할 수 있어야 한다.
- **라포(Rapport) 형성**: 사례관리의 개념을 설명하고 상황 파악한 내용을 근거로 해당 문제를 해결 방향을 찾고 해당 문제에 대한 사례관리 필요성, 욕구 등을 탐색하고 비밀보장에 대한 원칙을 신뢰하도록 한다. 단, 지역 자원 의뢰 시 긴급 상황인 경우에는 관계기관에 인계해야 하며 위험 정도, 욕구 수준을 영역별로 객관적으로 기록한다.

② 사정(Assesement)

사회생활상의 전체적인 관점에서 대상 가구 또는 가족의 욕구별 현상 및 원인을 파악하고 사례관리 가구와 서비스 연계 가구로 구분, 선정하기 위한 심층조사단계이다. 사정기법에는 면담, 정형화된 질문항목을 활용한 조사방법이 있다.

③ 계획수립 단계: 목표설정, 서비스 계획 작성

계획에 대한 목표는 자립촉진 또는 회복, 사례관리 제공, 시설 입소 또는 지역사회 거주 여부, 지원 제공 등으로 나누어서 설정되어야 한다. 초기상담, 욕구조사, 사례회의의 내용을 확인, 지역사회 자원 및 대상자의 지지체계를 통한 적정한 서비스 파악, 대상자 상황, 목표 달성 가능성, 측정 가능성을 고려하여 욕구영역의 우선순위별 장·단기 목표를 설정한다. 역구영역별 개입목표, 서비스 제공 세부 계획은 서비스 제공자, 서비스 내용, 서비스 제공 횟수, 시간 등에 따라 작성해야 한다. 포괄적인 사정에 근거하여 장단기 목표, 문제해결 정도, 서비스 제공에 대한 세부계획을 작성한다. 이 과정에서는 욕구조사 및 위기도 조사결과를 바탕으로 사례관리 가구, 서비스 연계 가구, 미선정 가구로 분류하기 위한 사례회의를 진행한다. 그리고 사례에 대한 개입방법, 서비스 제공에 대한 변경 시 점검, 종결을 위한 사례회의를 진행하는 과정으로 이루어진다.

- 1단계: 상호 간 목표 만들기
  구체적으로 대상자에게 목표(결과)에 대해 이야기하고 행동적 언어로 설명한다.
- 2단계: 우선순위 정하기
  욕구(Want)와 요구(Need)를 구분하고 일관성 있는 목표를 수립하여 우선순위를 정해야 할 때는 대상자가 중요하다고 생각하는 것, 당장 있을 위험 여부, 달성하기 쉬운 것부터 설정한다.
- 3단계: 전략 세우기
  실천 가능하며 성과 예측이 가능한 것부터 계획으로 수립하고 대상자에게 익숙한 방법, 할 수 있는 내적 자원을 고려하여 자원을 탐색한다. 단, 공식자원이나 일회성, 물질적 자원연계에 편향되지 않도록 유의한다.

- 4단계: 전략 내용 분석
  외적 요인, 내적 요인, 강화요인, 저해 요인을 분석하여 대상자의 주저함이나 우려가 무엇인지를 듣고 대안을 고려한다.
- 5단계: 계획완성
  대상자와 함께 수행하고 대상자의 역할을 포함하여 완성, 문제해결에 참여하도록 유도한다.

④ 서비스 계획 실행

대상자의 참가 확인, 실행속도의 결정, 예산 확인, 서비스 이용 가능성 점검, 기존 서비스와의 재협의, 새로운 서비스와의 계약, 서비스 점검, 비용계산의 수정, 모니터링 체제 등을 확립한다.

⑤ 서비스 조정: 모니터링 및 Follow up

서비스 계획을 기초로 각종 서비스와 지원이 개시되었는지 확인, 점검하는 단계이다. 사례관리에서 대상자와 욕구 합의, 1차 계획표를 작성한 다음, 내부사례회의와 자문회의를 거친다. 이후 대상자의 동의를 필수적으로 획득하여 공급주체에 따른 서비스 계획을 수정, 보완하는 경우 또한 대비해야 한다. 대상자의 욕구, 목적, 목표에 맞는 서비스를 파악하고 해당기관에 서비스를 의뢰, 연계기관 및 사례관리사를 통해 대상자에게 서비스를 제공한 다음, 주기적으로 대상자의 변화, 서비스의 진행정도를 점검하고 기록한다. 점검 결과에 따라 욕구 재조사, 서비스 제공계획 재수립, 종결을 위한 사례관리 평가를 준비한다.

⑥ 평가 및 종결

사례관리의 개입목표 달성 또는 거부 등의 사유로 사례관리 개입이 불가능한 경우 종결 여부를 결정하는 단계이다. 위기도 조사, 욕구 조사를 실시하여 사례관리 가구, 가족의 위기도 변화를 측정한다. 서비스 제공 및 위기도 조사 결과를 종합하여 사례관리 개입의 적정성, 대상가구의 변화를 평가하고 종결

여부를 결정한다. 건강가정사는 종결심사서에 서비스 제공계획에 따른 목표 달성 정도, 변화정도, 사후관리계획 등을 정리하고 목표달성 여부와 수준에 대한 평가를 실시하여야 한다. 또한 사례관리 후 대상가구의 변화를 양적, 질적으로 측정하여 종결 결정에 반영한다.

- 평가 내용
  - 자원활용이 계획된 방법에 의해 제대로 이행되었는가?
  - 사회적 지지체계가 계획대로 형성, 유지되는가?
  - 서비스 지원계획과 대상자 삶의 연관성 상에서 수정되어야 하는가?
  - 특정 욕구에 대해 긍정적 변화를 가져오는가?
  - 대상자의 삶 전반에 어떤 차이를 가져오는가?
  - 지원계획, 이행, 대상자에게 전달되는 서비스 효과에 대한 대상자 만족 정도는 어떠한가?

종결 후 사후관리에 대한 계획이 포함될 수 있도록 논리적으로 연결하여 작성되어야 한다. 대상자에게 종결에 대한 안내는 일정기간을 남겨두고 종결 논의, 속도 등을 조절하여 종결 이후에도 도움을 요청할 수 있으며 새로운 욕구나 이후 문제 재발에 대한 변화에 대한 설명을 새로운 문제가 발생하거나 상황이 변화되어 위기상황 등에 대한 문제가 발생할 경우, 다시 사례관리 대상자로 접수 가능함을 고지한다.

☑ 사례 개요

[가족 구성: 한부모 2인 가족, 노인 1인]

- 2년 전 산업재해로 장애판정을 받았으며 알코올 중독 증세를 보이는 대상자(45세, 남)
- ADHD가 의심되는 자녀(13세, 남)
- 당뇨 합병증으로 한쪽 시력을 잃은 노인(71세, 여)
  - 대상자는 산업재해로 다리를 다쳤고 재활 치료를 지속적으로 받아야 하나, 치료를 받지 않음
  - 대부분의 장애급여를 술과 안주 구입에 지출하고 있음
  - 이혼 전에 발생한 빚, 대출금은 신용관리회복위원회의 개인워크아웃 제도를 통해 완납함
  - 대상자의 어머니는 대상자의 이혼, 산업재해 후유증, 손자 양육으로 당뇨 관리, 치료를 받지 못한 기간이 길어지면서 최근 한쪽 시력을 잃었음

대상자 접수

대상자의 자녀가 다니는 학교 내 사회복지사의 의뢰로 A시 가족센터에 의뢰됨

- 상담내용
  - 대상자는 5년 전 이혼했음
  - 산업재해로 다리에 기능을 상실함
  - 대상자의 빚, 대출금을 갚지 못한 상태에서 장애 판정, 전처와의 갈등이 생각나기 때문에 술에 의존하지 않으면 불면증에 시달림
  - 입·퇴원 치료를 받았던 병원 내 의료사회복지사의 도움으로 약 2개월 정도 AA 자조모임에 참여했음
  - 자녀가 ADHD 증상이 의심된다는 주변 사람들의 말을 무시하고 싶음

– 대상자의 어머니가 당뇨 합병증으로 한쪽 시력을 잃었다는 사실을 인지하지 못함

욕구 및 위기도 조사

건강영역	• 산업재해로 다리 기능 상실 • AA자조모임에 참여했으나 현재까지 알코올 중독 증세로 일상생활이 어려움 • 이혼 후, 불면증에 시달리며 감정 조절이 되지 않음
경제영역	• 기초생활수급자, 장애급여 대상자 • 신용관리회복위원회의 개인워크아웃제도를 통해 완납함
고용영역	• 장애인복지관에서 연계해 준 A시 일자리 사업에 참여했으나 건강문제(알코올 중독)로 중도 포기 • 대상자의 어머니가 A시 노인 일자리 창출 사업 참여로 받는 수입에 의존함
교육영역	• 자녀는 또래관계가 원만하지만 수업에 집중하지 못하고 산만함
주거영역	• 대상자의 어머니가 집안 위생상태를 신경 쓰지만 매번 관리되지 않음
법률영역	• 대상자는 이혼 당시 양육비부담조서, 면접교섭 이행에 관한 사항을 작성했으나, 현재까지 비양육자(자녀 어머니)는 양육비와 면접교섭을 이행하지 않음

단기목표

• 목표 1. 양육비이행관리원, 대한법률구조공단에 사례 의뢰를 통한 양육비 지급청구 및 면접교섭을 이행할 수 있도록 구조요청
• 목표 2. 자녀의 심리검사, 인지 행동 검사
• 목표 3. 대상자의 어머니가 가진 당뇨 합병증 치료 및 건강 상태 진단

장기목표

• 목표 1. 대상자의 상담, 알코올 중독(의존)에 대한 정확한 상태 진단
• 목표 2. 대상자의 재활 치료적 개입
• 목표 3. 자녀의 상담을 통한 심리·정서적 안정

서비스 제공

건강영역	• 대상자 거주지와 가까운 재활전문 의료기관 연계 • AA자조모임 참여 • 정신건강증진센터에서 정신건강의학과 검사비, 상담 지원 연계 • 대상자 어머니의 건강 상태 진단을 위한 의료기관 연계 및 진료비 지원
경제영역	• 수급비, 장애급여를 술, 안주 구입보다 생활비, 양육비 등에 사용하도록 설득함
고용영역	• A시 장애인 일자리 사업에 참여 신청
교육영역	• 정신건강증진센터에서 정신건강의학과 검사비, 상담 지원 연계로 ADHD 증상 여부 확인
주거영역	• A시 A복지관 청소 방역 사업단 연계 • 청소비용 지원
법률영역	• 양육비이행관리원, 대한법률구조공단에 구조를 신청함

서비스 점검

건강영역	• 대상자는 재활 치료를 꾸준히 받음 • AA자조모임에는 참여 거부 • 정신건강증진센터 담당자, 의료사회복지사의 독려로 술을 마시는 횟수를 줄이기로 약속함 • 대상자의 어머니가 가진 당뇨 합병증 치료 연계
경제영역	• 수급비, 장애급여를 술, 안주 구입보다 생활비, 양육비 등에 사용하도록 설득함
고용영역	• A시 장애인복지관 사업담당자와의 상담 이후, 일자리 사업에 참여
교육영역	• 정신건강증진센터에서 정신건강의학과 검사비, 상담 지원 연계로 ADHD 증상 소견이 있으나 약물치료보다는 행동 교정, 상담 치료 연계
주거영역	• A시 A복지관 청소 방역 사업단 연계 이후, 대상자와 자녀가 정리하고 있으며 위생상태가 나아지고 있음
법률영역	• 양육비이행관리원, 대한법률구조공단 구조신청 후, 비양육자(자녀 어머니)로부터 양육비 미지급 금액을 일부 지급 받음 • 양육비를 매월 *일에 지급받고 있음

종결 및 사후관리

대상자 (자녀, 어머니) 변화	• 재활전문 의료기관 이용을 통해 재활 치료를 받음 • 알코올 중독(의존)에서 벗어나기 위한 시도를 하고 있음 • 교사, 학교사회복지사, 상담사로부터 대상자 자녀가 가진 ADHD 증상 중에 산만함이 줄었다는 의견을 받음 • 대상자 어머니의 당뇨 증세는 악화되지 않음

상황 호전 → 사례관리 종결

사후관리	• 생활실태 확인 및 모니터링 실시 – 대상자는 주 1회 재활치료 전문 의료기관 내원 – AA 자조모임에는 참여하지 않는 대신, 술, 안주 구입을 최소화하고 음주량, 음주 횟수를 줄이고 있음(주 6회 → 주 3회, 1회 기준 소주 3병 → 소주 반병에서 1병) – 대상자 자녀는 ADHD 증상이 완화되어 생활에 문제가 없음 → 상담 치료 횟수를 줄임 – 대상자 어머니의 당뇨 합병증에 대한 약물치료 유지

CHAPTER 13

건강가정사업의 전망과 과제

건강가정에 대한 응원과 격려, 지지 등은 건강가정을 유지하는 데 중요하면서 이를 위한 국가와 사회의 제도적 지원이 매우 필요하다. 따라서 건강가정을 위한 발전방안과 해결해야 할 과업을 이행하여 건강가정에 대한 긍정적인 영향을 미칠 수 있도록 해야 한다. 이 장에서는 건강가정사업에 대한 성과와 전망, 과제를 살펴보고자 한다.

1 건강가정사업에 대한 전망

「건강가정지원법」의 제정과 실행은 다양한 논란을 유발하였지만 건강가정사업의 근거 법률로써 자리 잡고 있다. 이를 근거로 건강가정사업의 전달체계와 가족 관련 전문가 양성을 위한 사업을 확장하고 있다. 2004년 시범사업과 함께 2017년에는 건강가정지원센터가 151개소가 운영되고 있고, 다문화가족지원센터도 217개소에 달하고 있다. 이와 함께 건강가정·다문화가족지원센터도 2014년과 2015년 시범사업을 시작으로 2016년 통합서비스가 시작되었고, 통합서비스를 제공하는 기관도 2017년 101개소, 2018년 152개소, 2019년도 183개소, 2021년 203개소로, 건강가정지원센터와 다문화가족지원센터의 통합서비스를 확대하고 있는 실정이다.

건강가정지원센터와 다문화가족지원센터가 모두 건강가정사업의 일환으로 접근했다면, 점차 두 센터의 기능과 역할이 통합서비스 운영기관으로 재구성되고 있다. 다만 통합서비스 운영기관은 새로운 전달체계로서의 역할을 수립해 나가야 할 것이다(유영준 외, 2023). 이와 함께 한국건강가정진흥원, 시·도, 시·군·구, 지역 내 센터 등은 건강가정사업을 주도하고 있는 추진기관으로서 상호협력체계를 구축하면서 지역사회 내에서 건강가정사업이 의미 있는 성과를 도출해 내도록 함께 노력해야 할 것이다. 이러한 논의를 고려하면서 건강가정사업의 성과와 전망을 제시하면 다음과 같다.

첫째, 2005년의 호주제 폐지, 「가족관계 등록 등에 관한 법률」 등은 우리사회 내에서 가부장적 가족관계를 개선하고 양성평등한 가족문화 형성에 기여했다는 점이다. 이러한 법률의 변화로 인하여 가족과 사회인식의 변화에 영향을 미쳤다는 것이 적절하다고 볼 수 있다. 양성평등에 기반을 둔 가족문화의 형성은 지속적으로 나타날 것으로 보이며, 가족 내 성역할에 대한 인식이나 사회의 다양한 조직 내에서 남녀평등을 지향하는 방향으로 변화하고 있으나 여전히 가정 내 가사노동이나 돌봄영역에서 남녀 간의 갈등, 사회 내 젠더 갈등 문제는 지속될 것으로 예상된다. 이는 단순히 가족정책이나 가족지원서비스로 해결되기 어려운 사회문제로 인식하고 젠더갈등 문제를 해결할 수 있는 접근이 요청되고 있다(유영준 외, 2023).

둘째, 가족다양성을 고려한 사회적 돌봄 체계 강화를 위해 다함께 돌봄센터 운영, 공동육아나눔터 운영, 긴급돌봄지원, 공공돌봄서비스 지원대상자 확대하여 핵가족화로 약화된 기존 돌봄기능을 보완하여 부모의 육아부담을 경감하고 지역사회가 참여하는 돌봄공동체 조성이 이루어질 계획이다. 가족 규모의 축소, 가구세대 구성의 단순화, 맞벌이·한부모가족 증가 등 가족유형의 다양화는 가족 내 돌봄, 교육, 정서적 지지 등 가족기능의 약화로 이어질 것으로 추정된다(여성가족부, 2016). 이에 건강가정사업은 공동육아나눔터가 2010년 14개소에서 2015년 109개소, 2017년 160개소, 2019년 218개소, 2020년 268개소로 확대하고 인력도 개소당 전담 1명에서 2020년에는 개소당 전담 1명, 시간제 1명으로 증원하는 등 지역사회 내 돌봄노동을 지원할 수 있는 여건을 조성하는 데 기여하였다. 또한, 가족기능의 악화에 따른 정부 차원에서 공공보육시설 확대와 무상보육의 지원과 대상이 확대되어야 한다.

셋째, 일·가정 양립지원을 통한 가족친화 사회환경 조성이 증가할 것으로 추정된다. 특히, 2007년에 제정된 「남녀고용평등과 일·가정 양립 지원에 관한 법률」은 남녀 모두에게 일·가정 양립지원에 기여할 것으로 기대된다 함께 일하고 돌보는 성 평등한 지역사회 조성을 위해 아버지역할지원사업, 상호 돌봄 부모교육 등을 실시하여 가족친화적 사회문화 확립으로 함께 일하고 돌보는 사회조성에 기여할 것으로 예상된다.

넷째, 결혼이주여성과 외국인 근로자, 북한이탈주민의 증가에 대한 가족지원서비스의 필요성이 예상된다. 결혼이주여성의 경우 최근 증가세가 감소되었지만 현재 외국인 주민수가 총인구의 3.4%인 170만여 명에 이르고 있으며, 북한이탈주민 수도 3만 명이 넘고 있다. 외국인과 북한이탈주민들이 우리사회에 정착하는 과정에서 경험할 수 있는 어려움도 늘고 있다. 또한, 이들을 지원하기 위해서는 이주여성을 수혜자가 아닌 생산적 기여자로 보는 패러다임의 전환이 요청된다(장명선 · 김성욱, 2016).

다섯째, 최근 1인 가구의 증가에 대한 관심과 사회적 고립 세대에 대한 지원방안을 강화해 나가야 할 것이다. 사회적 고립세대의 경우는 단지 1인 가구만 해당되는 것은 아니며, 사각지대에 있는 다양한 가족들이 포함될 수 있다. 대표적으로 우리사회에서 일어나는 고독사의 문제이다. 이러한 고독사는 노인의 문제만 아니라 점차 연령대가 낮아지는 경향이 있음에 유의할 필요가 있을 것이다.

여섯째, 다양한 가족유형에 대한 사회적 포용성 강화를 위해 가족 다양성 인식개선 교육 운영, 아동학대조사 내실화, 결혼이민자 인권보호를 위한 통번역서비스 지원, 1인 가구 사회적 관계망 형성 지원 사업 등을 추진하여 가족 문제를 사전에 예방하고 안전하고 건강한 일상생활 유지를 지원할 전망이다. 모든 가족의 안정적 생활 여건 보장을 위해 부모교육, 청소년쉼터 퇴소자 자립정착금 지원, 통합사례관리사업 등 다양한 서비스 연계를 통한 맞춤형 관리로 가족 기능 회복 및 정서 · 경제적 자립 역량을 강화할 예정이다.

이 외에도 가족센터를 중심으로 한 보편적 가족 서비스 지원체계를 구축하고 꾸준한 사업홍보를 통해 지역사회 내 유관기관과의 협력체계를 구축과 건강한 지역사회 구성원으로서 더불어 사는 삶이 되도록 노력한다.

우리사회의 가족과 관련된 변화들은 가족지원의 필요성을 인식하게 하고, 가족의 변화에 사회가 적절하게 대응을 위한 방안을 마련하기 위해서는 가족 구성원뿐만 아니라 정부나 지방자치단체, 기업, 지역사회 등이 함께 대안을 모색해야 한다.

2 건강가정을 위한 과제

1) 새로운 가족 개념을 정의할 필요성이 있다.

가족 개념은 다양한 의미로 정의 내릴 수 있으며, 사회적으로 구성되는 개념이다. 가족 개념에는 동시대를 살고 있는 다양한 사회구성원들의 인식들이 반영되어 있으며, 세대나 사회적 상황이 변화함에 따라 재구성되기도 한다(유영준 외 2023). 전통적으로 가부장제를 중요한 가치로 삼았던 우리나라는 개인의 일상생활 속에서 가족중심성이 강하게 나타나며, 가족 내에서뿐만 아니라 사회생활에서도 성별 분업이 고착화되어 왔다. 특히, 가부장제와 가족중심주의의 결합은 가족 내에서 발생하는 문제들을 사적 영역으로 간주하고, 사회적 개입이 필요한 가족문제들도 개별가족이 해결해야 하는 것으로 인식하게 하였다. 또한, 가족생활과 사회생활 속에 뿌리 깊은 성별 분업의 암묵적 승인은 양성평등과 탈가족화에 기반을 둔 가족정책 발전을 지연시키는 데 일조하였다. 그럼에도 불구하고 여성의 교육 수준 향상과 노동시간 진출 확대, 보편주의에 기초한 무상보육의 확대, 출산휴가와 육아휴직의 점진적 확대 추세 등은 가족 개념에 대한 사회구성원들의 인식이 변화하고 있음을 보여준다. 또한, 노인인구 증가와 저출산 문제해결은 국가와 사회구성원이 함께 해결해야 할 사회문제라는 점에서는 계층 간 차이에도 불구하고 사회적 합의에 이르고 있다. 다문화가족의 증가, 이혼율 증가로 인한 한부모가족의 증가, 1인 가구의 급격한 증가 등은 전통적 가족 개념으로는 담아낼 수 없는 다양한 가족이 출현하고 있음을 보여준다.

따라서 변화는 가족 개념을 어떻게 설정할 것인가는 건강가정사업에 있어서 중요한 의미를 차지한다. 이는 가족 개념이 건강가정을 규정하는 기준을 제공하기 때문이다. 가족 개념과 건강가정 개념은 국가의 가족정책 수립과 가족 지원의 목적과 목표를 설정하는 데에도 중요한 근거를 제공한다. 또한, 건강가정이라는 개념을 구성하는 요소 안에는 우리사회가 이상적으로 생각하는 가족상이 있으며, 가족 개념이 변화하는 속성을 지녔다면 건강한 가족에 대한 이미지도 달라질 수밖에 없다(유영준 외, 2023).

이러한 의미에서 「건강가정기본법」의 가족담론과 가족에 대한 정의는 수정될 필요가 있다. 「건강가정기본법」은 가족을 '혼인, 혈연, 입양으로 이루어진 사회의 기본단위'로 규정하고 있으며, 이러한 가족담론은 새롭게 등장하고 있는 다양한 형태의 가족을 반영하지 못한다. 또한, 건강가정이 전제하고 있는 가족의 이분법적 접근방법은 건강가정이 무엇인가에 대한 논쟁거리를 여전히 남겨두고 있다. 이는 「건강가정기본법」의 내용에서 '모든 국민은 혼인과 출산의 사회적 중요성을 인식하여야 한다.', '가족구성원 모두는 가족해체를 예방하기 위하여 노력하여야 한다.', '개인과 가정은 건전한 가정의례를 확립하도록 노력하여야 한다.', '국가 및 지방자치단체는 이혼하고자 하는 부부가 이혼 전 상담을 받을 수 있게 하는 등 이혼조정을 내실화할 수 있도록 필요한 조치를 강구하여야 한다.' 등 사회구성원의 혼인・출산・이혼・육아 등을 선택해야 하는 주체들의 입장이 반영되어 있지 않고, 건강가정담론이 지향하고 있는 가족의 보수성을 명확히 보여주고 있기 때문이다(윤홍식, 2003; 김인숙, 2007; 윤홍식・송다영・김인숙, 2010).

어떤 사회이든 가족 개념은 그 사회의 지배적 가족담론이 만들어지는 과정에서 탄생한다. 그러나 지배적인 가족담론이 변화하는 가족 개념을 반영하지 못하면 가족의 변화에 대한 국가와 사회의 대안들이 실패할 수 있다. 따라서 국내에서도 기존 가족담론과 다양한 대안담론을 충분히 논의하는 과정이 필요하며, 이러한 과정을 거치면서 새로운 가족담론과 가족정책의 틀을 만들어 가야 하는 과제를 안고 있다.

2) 건강가정사업 전달체계 재확립이 필요하다.

한국가족 지원정책은 일회성, 선심성, 시혜성 사업 운영 및 중앙부처 정책과의 유사 중복성 등의 문제에 대해 담론이 이루어지고 있다. 2004년 「건강가정기본법」이 제정되고 가족지원을 위한 다양한 정책과 프로그램들이 다양하게 만들어지고 있다. 건강가정지원센터도 시범사업 이후 지방자치단체를 중심으로 가족을 지원하기 위한 전달체계로 자리 잡으면서 2023년 현재 203

개소에 이른다. 그럼에도 불구하고, 건강가정지원센터는 거시적인 안목에서 변화하는 사회에 걸맞은 가족정책을 비전으로 제시하기보다는 사회 서비스 중심의 미시적인 접근에 그치는 경향이 있다. 이는 건강가정지원센터가 한국사회의 가족정책에 어느 정도 영향력을 미치고 있으며, 한국의 가족 변화에 적절히 대응하고 있는가에 대해 성찰을 요하는 부분이기도 하다.

2014년부터 가족센터는 가족의 유형별로 이원화되어 있는 기존의 가족지원 서비스를 가족의 유형에 상관없이 한곳에서 다양한 가족에 대한 보편적이고 포괄적인 서비스 제공이 가능하도록 하였다(여성가족부, 2019). 또한 다문화가족의 안정적인 정착과 가족생활을 지원하기 위해 가족 및 자녀 교육·상담, 통·번역 및 정보제공, 역량강화지원 등 종합적인 서비스를 제공하여 다문화가족의 한국사회 조기 적응 및 사회·경제적 자립지원 도모를 위해 건강가정지원센터와 다문화가족지원센터를 통합·운영한다(여성가족부, 2020).

가족센터는 「건강가정기본법」 제21조(가정에 대한 지원), 제35조(건강가정지원센터의 설치) 국가 및 지방자치단체는 가정문제의 예방·상담 및 치료, 건강가정의 유지를 위한 프로그램의 개발, 가족문화운동의 전개, 가정 관련 정보 및 자료제공 등을 위하여 건강가정지원센터(이하 센터라 한다)를 운영하고, 「다문화가족지원법」 제6조(생활정보제공 및 교육 지원), 법 제12조(다문화가족지원센터의 설치·운영 등) 국가와 지방자치단체는 다문화가족지원센터(이하 지원센터라 한다)를 설치·운영할 수 있음에 근거하여 다양한 가족지원사업을 운영하고 있다(여성가족부, 2021). 한국가족복지의 전달 체계 안에서 가족센터는 「건강가정기본법」, 「다문화가족지원법」에 근거하여 다양한 가족복지사업을 운영하고 있으며, 건강가정기본계획, 다문화 가족정책 기본계획을 토대로 정책과 연계되어 서비스를 진행하고 있다(여성가족부, 2023).

3) 건강가정사업 전문가 양성을 위한 체계가 확립되어야 한다.

가족정책을 실천하는 과정에서 건강가정사업 전문가들은 건강가정사업의 질을 결정하는 핵심적인 인력이다. 「건강가정기본법」 제35조에는 '국가와 지방자치단체가 건강가정지원센터를 설치·운영하고, 센터에서 건강가정사업을 수행하기 위하여 관련 분야에 대한 학식과 경험을 가진 전문가를 두어야 한다.'라고 명시되어 있으며, 여기에서 전문가란 건강가정사를 의미한다. 또한, '건강가정사는 대학 또는 이와 동등 이상의 학교에서 사회복지학·가정학·여성학 등 여성가족부령이 정하는 관련 교과목을 이수하고 졸업한 자이어야 한다.'라고 규정하고 있다.

건강가정사가 되기 위해서는 여성가족부령이 정하는 관련 교과목을 이수해야 한다. 이들 과목은 건강가정론, (건강)가정(족)정책론 가족상담(및 치료), 가정(족)생활교육, 가족복지론, 가족과 젠더, 가족(정)과 문화, 건강가정현장실습, 여성과 (현대)사회, 비영리기관 운영관리 중 5과목 이상이며, 기초이론 4과목, 상담·교육 등 실제 3과목 등 관련 과목 7과목을 이수하면 별도의 자격시험이 없이 건강가정사가 될 수 있다. 그러나 이러한 절차들이 건강가정사로서 건강가정 관련 분야의 지식과 현장에 대한 이해가 충분히 습득될 수 있는가에 대해서는 의문의 여지가 있다.

특히, 「건강가정기본법 시행령」에 따른 건강가정사의 직무는 '가정문제의 예방·상담 및 개선, 건강가정의 유지를 위한 프로그램 개발, 건강가정 실현을 위한 교육(민주적이고, 양성평등적인 가족관계 교육을 포함한다), 가정생활 문화운동 전개, 가정 관련 정보 및 자료 제공, 가정에 대한 방문 및 실태 파악, 아동보호 전문기관 등 지역사회 자원과의 연계' 등이다. 이러한 직무내용들은 매우 추상적이고 포괄적이면서 구체적인 사업 내용은 전문성을 필요로 한다. 따라서 대학 교육과정에서 필수과목이나 선택과목의 이수로 건강가정사 자격을 획득하는 데 그칠 것이 아니라 강화된 현장실습 과정을 도입하거나 건강가정사로서의 자질을 담보할 수 있는 교과정의 개선 등이 이루어져야 한다(유영준 외, 2023).

4) 가족정책의 패러다임 변화가 이루어져야 한다.

가족정책은 사회정책의 일환이지만 국가나 지방자치단체가 지향하는 가치를 실현하기 위한 수단으로도 활용될 수 있다. 특정 가족정책은 사회적 가치가 반영되어 있으며, 목표 달성을 위한 가족정책은 결과적으로 가족들에게 영향력을 미친다. 따라서 가족정책이 담아내고자 하는 지향이 무엇인가는 가족정책 패러다임이 무엇인가에 따라 결정된다. 가족지원의 필요성에 대한 사회적 공감들은 어떤 방법과 내용으로 가족정책들을 펼쳐 나갈 것인지와 관련하여 가족정책 패러다임에 대해 충분한 논의와 검토가 필요하다(유영준 외, 2023).

가족정책의 핵심은 국가가 기존의 여성이 가족 내에서 수행해 왔던 자녀양육, 돌봄노동 등을 돌봄의 사회화를 통해 국가와 가족이 역할을 어떻게 분담할 것인가, 서비스 제공의 공공성과 시장화 정도, 부모의 권리 보장제도 등에 따라 다양한 양상으로 구분될 수 있다. 그러나 무엇보다 한국의 가족정책은 탈가족화와 가족화 정책을 병행하는 패러다임을 지향하는 방향으로 나아가야 할 것이다. 한국의 가족정책은 「건강가정기본법」이 제정되기 이전에는 이렇다 할 명시적 정책이 없었던 점을 감안하면 구체적인 가족정책 패러다임이 무엇인지 결정하기 힘든 상황이었다. 따라서 탈가족화 정책이나 가족화정 책 중 어느 하나의 가족정책 패러다임을 선택하기보다는 탈가족화·가족화 정책을 병행해 가면서 2가지 측면의 가족정책을 모두 발전시킬 수 있는 기회를 늘려 가는 것이 현실적으로 한국 상황에 적합한 가족정책 패러다임이라고 생각한다(윤홍식 · 송다영 · 김인숙; 2010).

한국의 가족정책 패러다임은 우리사회가 양성평등에 기반을 둔 일·가정 양립지원을 적극적으로 지원할 수 있어야 한다. 그러나 한국의 영아보육시설 이용률을 살펴보면, 2012년 OECD 국가 평균인 66.8%(2013)보다 낮은 51.7%로 나타나고 있다. 이러한 결과는 영아보육시설 이용에 대한 보육료 지원이 부모의 고용 여부와 무관하게 보편적으로 확대되었음을 시사하고 있어 일·가정 양립지원을 위한 가족정책의 성과들을 명확하게 점검할 필요가 있다(신윤정, 2016). 이와 동시에 가족정책에서 성인지적 관점이 반영되어야 한다는 입장도 추가할 수 있다. 성인지적 관점은 여성의 재생산기능을 보호하는 정책들은 가족 내 여성의 성별 분업을 강화하고, 남녀 간의 불평등을 더욱 조장한다는 입장에 있다. 성인지적 관점은 사회정책뿐만 아니라 가족정책의 수립과정에 중요한 영향을 미칠 수 있다.

5) 가족정책과 국가의 역할 정립이 필요하다.

가족정책을 실천하는 과정에서 국가의 역할은 매우 중요하다. 물론 가족정책은 어떠한 형태이든 국가의 역할을 전제로 한다. 그러나 가족에 대한 지원과 가족정책들이 가족들에게 미치는 영향력을 감안할 때 국가의 역할을 어느 정도 설정할 것인가에 따라 가족정책의 내용은 달라진다. 국가의 역할은 크게 2가지 입장으로 구분할 수 있다(유영준 외, 2023).

첫째, 자유주의적 복지국가와 보수주의 시각에서 정부의 가족정책은 가족들을 더욱 빈곤하게 만든다는 주장이다. 이는 국가의 지원이 가족들로 하여금 국가나 사회에 대한 의존심을 강화시킨다는 입장이다. 이러한 입장에서 가족지원의 방향은 전통적인 가족유형을 유지하고 지지하기 위한 목적으로 수립되며, 주로 저소득층의 가족을 지원하는 경향이 있으며 가족에 대한 국가의 개입을 최소화한다.

둘째, 가족에 대한 국가의 지원을 적극적으로 수행해야 한다는 입장이다. 이는 탈가족화 정책과 맥락을 같이한다. 가족정책 발달의 직접적인 요인 중 하나가 인구사회학적 변화에 기인한다는 점을 감안한다면 출산율 저화, 여성취업률 증가, 자녀양육에 대한 사회화, 요보호 노인인구의 증가 등은 국가가 가족정책을 통해 가족에 개입하는 것을 피할 수 없다. 따라서 건강가정사업도 국가의 가족정책에 영향을 받고, 건강가정사업을 통해 국가의 가족정책에 영향을 미칠 수 있다는 점을 고려할 때 가족정책을 통한 국가의 역할의 입장을 명확하게 설정해 나가야 한다.

6) 통합서비스에 따른 이용자의 특성, 다양한 수요 등을 고려하여 지원체계 및 지원 서비스의 품질을 높일 필요성이 있다.

통합서비스 이용자의 다양화가 이루어지고 있어 보다 포괄적이고 종합적인 지원이 필요하다. 통합지원에 따른 법적인 기반이 마련되어 있지 않으며, 가족센터 중심의 초기 적응지원에 대한 전문성의 약화, 노동 이주, 교육 이주 등 다변화에 따른 지원 수용의 다양화 대응역량 및 기반축소에 따른 우려가 제기되고 있다. 또 통합에 따른 사업의 조정과 효율화, 체계화가 아닌 물량 확대로 이어지면서 현장의 업무 부담이 증가하고 있으며, 종사자 처우의 불일치, 지도·감독 체계의 이원화 등 운영상의 문제점 등이 노출되고 있다. 따라서 통합 추진을 위한 법률과 제도적 기반을 마련하여 전문적이고 종합적 지원대책 및 서비스체계를 마련해야 할 필요가 있다.

참고문헌

REFERENCE

경제기획원(1980). 「인구 및 주택센서스 보고서(1960-1980)」 각 연도.

고선강 · 손서희 · 서찬란(2022). 가족다양성을 고려한 가족센터 사업 운영에 대한 연구: 가족센터 실무자를 중심으로. 가족자원경영과 정책, 27(2), 19-33.

김경숙 역(2021). 화성에서 온 남자 금성에서 온 여자. 동녘라이프.

김기덕 · 김용석 · 유태균 · 이기영 · 이선우 · 정슬기(2016). 사회복지조사론(제8판). Allen Rubin, Earl R. Babbie(2014). Research Methods for Social Work 8th Edition. Cengage Learning Korea.

김보기 · 김병년 · 김효준 · 박지유 · 서정자 · 양준의(2022). 복지국가론. 서울: 동문사.

김연진 · 김진욱(2022). 스웨덴은 어떻게 아버지 친화적인 복지국가가 되었는가? 스웨덴의 남성 부모휴가정책 발전과정과 한국에의 함의. 한국사회복지조사연구, 73(-), 5-46.

김윤재 · 김종배 · 황지영(2022). 가족복지론. 지식공동체.

김은수(2008). 사회복지실천기술론. 홍익재.

김태근(2021). 미국 정부의 확장적 사회정책: 아동수당 확대를 중심으로. 국제사회보장리뷰, 17(-), 59-66.

김하열(2022). 헌법강의(제4판). 서울: 박영사.

김혜경(2003). 가족정책과 젠더관점의 결합을 위한 연구: 서구 복지국가의 케어정책 체제를 중심으로. 여성연구, 31-56.

김효선 · 김녹현 · 이경희 · 이우언 · 조성욱 · 최영자 · 황동섭(2023). 사회복지실천론. 경기: 공동체.

김희성(2011). 건강가정론. 양서원

김희성 · 나용선 · 김충식 · 박경아 · 박미은(2009). 건강가정론. 양서원.

박병현 · 박선희 · 서보경(2010). 미국의 저소득층을 위한 주거보조제도와 가족자활프로그램 분석: 우리나라 주거복지정책에 대한 시사점을 중심으로. 사회복지정책, 37(4), 97-124.

박인옥(2022). 상호문화주의 관점에 기초한 건강가정, 다문화가족지원센터의 사업 분석. 문화교류와 다문화교육, 11(6), 1-21.

박정윤 · 김영란 · 손서희 · 진미정(2019). 가족서비스 전달 체계 개편방안 연구. 서울: 한국건강가정진흥원.

박해남(2022). 20세기 프랑스 가족 정책의 변화와 복지 엘리트의 역할. 프랑스학연구, 98, 117-149.

보건복지부 · 한국사회보장정보원 사례관리정책지원센터(2021). 통합사례관리 실천가이드.

성낙인(2022). 헌법학(제22판). 서울: 법문사.

손동기(2022). 프랑스 가족정책 개혁 내용과 시사점: 아동수당을 중심으로. 유럽연구, 40(2), 219-250.

송효진 · 선보영 · 성경 · 정가원 · 박수경(2020). 젠더관점에서의 고령사회 가족관련 법 · 제도 대응 방안 연구. 배우자 관계의 변화와 여성 노인의 경제적 취약성을 중심으로. 서울: 한국여성정책연구원.

신복기 · 박경일 · 이명헌 · 윤기혁 · 권진아(2021). 사회복지행정론. 경기: 공동체.

신윤정(2017). 프랑스 가족수당의 현황과 시사점. 국제사회보장리뷰, 2, 25–34.
여성가족부(2020). 가족다양성에 대한 국민 인식조사결과 보고서. 서울: 여성가족부.
여성가족부(2021). 제4차 건강가정기본계획(2021~2025). 여성가족부.
여성가족부(2021). 제4차 다문화가족정책 계획. 여성가족부.
여성가족부(2023). 2023년 가족사업안내 1. 여성가족부.
여성가족부(2023). 2023년 가족안내사업. 여성가족부.
여성가족부(2024). '온가족보듬사업'으로 가족 누구에게나 맞춤형 서비스 지원. https://www.mogef.go.kr/(검색일 2024.1.2.)
오지호(2023). 청년의 고립 · 은둔, 진단과 대책. GRI이슈&진단 535호. 경기: 경기연구원.
우수명(2023). 사회복지 프로그램 개발과 평가. 지식공동체.
유계숙 · 유영주(2002). 서울시민의 가족 개념 인식 및 가치관에 관한 연구. Family and Environment Research, 40(5), 79–94.
유계숙 · 최연실 · 성미애 편역(1999). 가족학이론. 문음사.
유계숙 · 최연실 · 성미애(2003). 가족학이론: 관점과 쟁점. 하우.
유영주 외(2017). 새로운 가족학. 서울: 신정.
유영주 · 김순옥 · 김경신(2015). 가족관계학. 교문사.
유영준 외(2023). 건강가정론. 서울: 동문사.
유영준 · 이성희 · 김민경 · 조금랑 · 홍우정 · 오봉욱(2018). 건강가정론. 정민사.
윤경자(2009). 건강가정론. 공동체.
윤홍식 · 송다영 · 김인숙(2010). 가족정책: 복지국가의 새로운 전망. 서울: 공동체.
이선영 · 정유진(2018). 대학생이 인식하는 가족 다양성 수용도에 영향을 미치는 요인. 한국가족관계학회지, 23(3), 3–29.
이태희(2008). 건강가정론(개정판). 형지사.
이태희 · 나혜숙 · 백창환 · 신민정(2023). 지역사회복지론. 공동체.
정무성(1998). 사회복지관과 기관평가. 사회복지관 평가모형 개발 연구. 한국사회복지관협회, 41–64.
정지영 · 송정애 · 임혜경 · 조성은 · 황희숙(2013). 건강가정론. 경기: 양서원.
조흥식 · 김혜란 · 김인숙 · 신은주 · 김혜련(2017). 가족복지학. 서울: 학지사.
조희금 · 송혜림 · 김경신 · 정민자 · 이승미 · 성미애 · 이현아(2018). 건강가정론. 서울: 신정.
최경석 · 김양희 · 김성천 · 김진희 · 박정윤 · 윤정향(2003). 한국가족복지의 이해(2판). 인간과복지.
최일섭 · 최성재(1998). 사회문제와 사회복지. 나남.
통계청(2000). 『인구주택총조사(1990–2000)』.
통계청(2022). 『인구총조사』 각 연도.
통계청(2022). 『장래가구추계』 각 연도.
통계청(2023). 『신혼부부통계』 각 연도.
한국건강가정진흥원(2023). 양육비이행확보지원. https://www.childsupport.or.kr/(검색일: 2024.1.2.)
한수웅(2017). 헌법학(제7판). 서울: 법문사.
한은주 · 설무란 · 오민영(2021). 다양한 가족 수용성 증진교육을 통해 본 강북구 주민들의 다양한 가족에 대한 이해 및 변화. 한국가족자원경영학회 2021 추계학술대회자료집.

허민숙(2023). 양육, 자립의 이중고: 해외 사례를 통해 본 청소년부모 지원 과제. 여성연구, 119(4), 67-97.

황덕순 · 이바르 뢰드멜 · 히더 트릭키(2002). 근로연계 복지정책의 국제비교. 세종: 한국노동연구원.

황성철(2020). 사회복지행정론. 정민사.

건강가정기본법

건강가정진흥원

국가공무원복무규정 별표2

근로기준법

남녀고용평등과 일 · 가정 양립 지원에 관한 법률

법제처 국가법령정보센터(2023). https://www.law.go.kr/(검색일: 2024.1.2.)

여성가족부 홈페이지.

해율 심리상담센터 홈페이지(20240106 인출).

Blood, R. O. & Wilfe, D. M. (1960). *Husbands and Wives: The dynamics of married living.* New York: Free Press.

Bratt, R., Newman, S., Basgal, O., Temkin, K., & Seminar, I. (1995). *Housing policy and family self-sufficiency.* Washington, DC: Family Impact Seminar.

Bronfenbrenner, V. (1979). *The Ecology of Human Development.* Cambridge, MA: Harvard University Press.

Carter, B., & McGoldrick, M. (1988). *The family life cycle: A framework for family therapy* (2nd ed.). Boston: Allyn & Bacon.

Dörr, N.(2020). As far as Numbers are concerned, we are beaten: Finis Galliae and the Nexus between Fears of Depopulation, Welfare Reform, and the Military in France during the Third Republic, 1870-1940. *Historical Social Research, 45*(2), 68-113.

Duvall, E. M. (1977). *Marriage and family development* (5th ed.). PA: Lippincott.

Esping-Anderson, G. (1990). *The Three Worlds of Welfare Capitalism.* New Jersey.

Esping-Andersen, G. (2009). *The Incomplete Revolution.* Oxford: Polity Press.

Fairfield County Job & Family Services. (2022). Learning Earning and Parenting. https://cdn5-hosted.civiclive.com/UserFiles/Servers/Server_230780/File/Forms/misc_community-services/LEAP%20Brochure.pdf. (검색일: 2024.1.3.)

Ferrell, O. C., Hartline, M., & Hochstein, B. W. (2021). *Marketing strategy.* Cengage Learning.

Gorden, T .(1975). *PET: Parent effectives training.* New York: New American Library Inc.

Hearn, J., Nordberg, M., Andersson, K., Balkmar, D., Gottzén, L., Klinth, R., ... & Sandberg, L. (2012). Hegemonic masculinity and beyond: 40 years of research in Sweden. *Men and masculinities, 15*(1), 31-55.

Hobson, B., & Morgan, D. (2002). Introduction: making men into fathers. Making Men into Fathers: Men, Masculinities and the Social Politics of Fatherhood(pp. 1-24).

Cambridge: Cambridge University Press.

Kamerman, S. B., & Kahn, A. J. (1978). *Family policy: Government and families in fourteen countries.*

Lord, E. M. (1981). Cleistogamy: a tool for the study of floral morphogenesis, function and evolution. *The Botanical Review, 47,* 421–449.

Lundqvist, Å. (2013). Regulating the family in Times of Economic Crisis. Sweden in the 1930s and the 1990s", In M. Benner (Ed.), *Before and Beyond the Global Economic Crisis: Economics, Politics and Settlement.* Edward Elgar Publishing.

Lundqvist, Å. (2017). *Transforming Gender and Family Relations: How Active Labour Market Policies Shaped the Dual Earner Model.* Edward Elgar Publishing.

Lundqvist, Å., & Roman, C. (2008). Construction(s) of Swedish family policy, 1930–2000. *Journal of Family History, 33*(2), 216–236.

Nygård, M., & Duvander, A. Z. (2021). Social inclusion or gender equality? Political discourses on parental leave in Finland and Sweden. *Social Inclusion, 9*(2), 300–312.

Roman, C. (2009). Academic discourse, social policy and the construction of new families. In Gender equality and welfare politics in Scandinavia (pp. 101–116). Policy Press.

Sainsbury, D. (Ed.). (1999). *Gender and welfare state regimes.* Oxford University Press.

SCB. (2022). Inkomster för personer i Sverige [Income for people in Sweden]. https://www.scb.se/hitta-statistik/sverige-i-siffror/utbildning-jobb-och-pengar/inkomster-for-personer/(검색일: 2024.1.2.)

Stinnett, N., Walters, J., & Kaye, E. (1984). *Relationships in marriage and the family.* New York: MacMillan Publishing Co.

Swedish Social Insurance Agency. (2023). Barnbidrag och flerbarnstillägg. https://www.forsakringskassan.se/(검색일: 2024.1.2.)

Washington Office of Superintendent of Public Instruction. Graduation, Reality and Dual-Role Skills(GRADS). https://www.k12.wa.us/student-success/learning-alternatives/graduation-reality-and-dual-role-skills-grads(검색일: 2023.12.30.)

Zimmerman, B. J. (1995). Self-regulation involves more than metacognition: A social cognitive perspective. *Educational psychologist, 30*(4), 217–221.

저자소개

김성수

현) 경북과학대학교 사회복지과 전임교수

대구가톨릭대학교 대학원 철학박사

현) 경상북도 사회복지 심의위원

이태희

현) 경북전문대학교 사회복지과 전임교수

서울기독대학교 대학원 문학박사

전) 명지대학교 사회교육원 가족복지과 주임교수

이종운

현) 경북과학대학교 사회복지과 겸임교수

계명대학교 대학원 사회복지학 박사

전) 사회복지관 등 사회복지시설 근무

강라현

현) 경북과학대학교 보육복지계열 외래교수

인제대학교 대학원 사회복지학 박사

현) 한국건강가정진흥원 정보공개심의회 심의위원

한승협

현) 부산여자대학교 사회복지학부 전임교수

법학박사

현) 부산시 사회복지법인협회 부회장

건강가정론

초판 1쇄 인쇄 / 2024년 2월 20일
초판 1쇄 발행 / 2024년 2월 26일

●

공저자 / 김성수 · 이태희 · 이종운 · 강라현 · 한승협
발행인 / 이 중 수
발행처 / **동 문 사**

●

서울특별시 서대문구 홍제원 1길 12
(홍제동 137-8)
Tel : 02)736-3718(대), 736-3710, 3720
Fax : 02)736-3719
등록번호 : 1974.04.27 제9-17호
가격 : 25,000원

●

ISBN : 979-11-6328-579-3(93330)
E-mail : dong736@naver.com
www.dongmunsa.com